前　言

《植物学实验指导》(第 2 版）是依据植物学实验教学大纲要求编写而成的。教学大纲规定，植物学实验是紧密结合植物学理论课程的一门独立课程，它由种子植物形态解剖学和植物系统分类学（包括孢子植物和种子植物）两大部分组成。通过实验认识植物的细胞、组织和器官的形态特征，掌握营养器官和繁殖器官解剖的基本知识、技能和技巧，使学生熟悉和运用分类学的原则、原理，去识别和鉴别植物种类。本教材第 1 版于 2006 年出版后，受到广大读者和使用本教材的高校的欢迎，但在使用本教材的过程中，也发现了一些不足和存在的问题，鉴于此，我们决定修订《植物学实验指导》一书。本次修订，在维持第 1 版框架的基础上，在实验内容的编排上做了调整，把校园植物观察放到所有植物形态解剖实验结束之后，对实验材料的解剖、描述做了修改和充实，在实验材料的选择上兼顾了不同地区实际物种的替代性，更换和增加了 79 幅插图，新增了 134 个种的彩色植物照片，重新彩绘了附录中的芽、叶、花和果实形态解剖图。为了减少篇幅和降低成本，以及避免和植物学理论教材内容的重复，删去了第 1 版中的附录“常用术语解释”。

本教材包含 41 个实验，包括基本操作训练、基本实验和研究性设计实验三个层次的实验。每个基本实验均包括实验目的和要求、实验材料、作业和思考题，这可为教师备课提供参考。实验内容的编排，其要旨是引导学生如何观察，观察什么，观察重点，培养和提高学生的实验技能及终身学习能力。由于受课时和条件的限制，各高校可以根据实际情况有选择地安排实验和实验的内容。

本次修订工作分工如下：辛国荣、石祥刚负责形态解剖部分实验；刘蔚秋负责孢子植物部分实验；叶创兴、冯虎元负责种子植物部分实验；黄椰林负责分子植物系统学实验；金建华负责植物化石实验；冯虎元负责植物标本制作实验；叶创兴负责植物石蜡切片法、现代植物孢粉的制备和观察实验。刘蔚秋、石祥刚、叶创兴提供了植物彩色照片。华南和西北两地的植物名录分别由叶创兴、石祥刚、冯虎元提供。谢庆建、刘运笑、李佩瑜重摹和绘制了全部插图。李植华、李筱菊、蒲训、黎运钦不同程度地参加了本教材的修订工作。全书由叶创兴、冯虎元、廖文波统稿。

在本书编写修订中，中山大学设备与实验室管理处和生命科学学院分别给予了经费支持，兰州大学教务处和生命科学学院自始至终对本教材的修订十分重视，清华大学出版社罗健编辑为本教材的顺利修订给出了指导性的意见。对上述单位和个人编者谨表示我们诚挚的谢忱。

由于编者业务水平有限，书中的缺点和错误在所难免，恳请读者惠予批评指正。

编者谨识

2012 年 5 月 20 日

高等院校生命科学与技术实验教材

植物学实验指导

（第2版）

叶创兴 冯虎元 廖文波 主编

清華大學出版社
北京

内 容 简 介

本书包括35个实验和6个开放性实验，它们较好地涵盖了植物形态解剖基础和系统分类学的基本内容，其目的在于通过这些基本的实验训练，巩固学生从植物学理论课获得的基本知识，掌握基本实验技能和技巧，培养学生独立工作能力。为了介绍植物分子系统学研究的基本方法，有意安排了2个实验。在实验材料的选择上，尽量兼顾我国南北不同地区的植物，可根据不同情况，选用当地容易获取的类似植物。为了帮助学生理解植物结构的细节，每个实验均附有典型植物的解剖图。

本书还编入了植物检索表的编制、植物标本制作方法、石蜡切片技术、现代孢粉和化石孢粉的制备、化石植物叶表皮和木化石材料的制备等实验。书后有3个附录：其一是华南地区和西北地区常见维管植物名录，为使用本教材的师生提供方便；其二是植物各大类群代表植物照片；其三是植物营养器官和繁殖器官形态、解剖结构彩色图版。

本教材适合生命科学各专业植物学实验教学使用，也可供农业、林业、师范院校和医药院校有关专业师生使用和参考。

图书在版编目(CIP)数据

植物学实验指导/叶创兴等主编. —2版. —北京：清华大学出版社，2012.11（2023.8重印）
（高等院校生命科学与技术实验教材）
ISBN 978-7-302-29075-9

Ⅰ. ①植… Ⅱ. ①叶… Ⅲ. ①植物学—实验—高等学校—教学参考资料 Ⅳ. ①Q94-33

中国版本图书馆CIP数据核字(2012)第130305号

责任编辑：罗 健
封面设计：戴国印
责任校对：刘玉霞
责任印制：杨 艳

出版发行：清华大学出版社
网　址：http://www.tup.com.cn，http://www.wqbook.com
地　址：北京清华大学学研大厦A座　**邮　编**：100084
社 总 机：010-83470000　**邮　购**：010-62786544
投稿与读者服务：010-62776969，c-service@tup.tsinghua.edu.cn
质量反馈：010-62772015，zhiliang@tup.tsinghua.edu.cn
印 装 者：三河市铭诚印务有限公司
经　销：全国新华书店
开　本：185mm×260mm　**印　张**：16.25　**插　页**：14　**字　数**：400千字
版　次：2006年2月第1版　2012年11月第2版　**印　次**：2023年8月第12次印刷
定　价：35.00元

产品编号：036763-01

编委会名单

主　编　叶创兴　冯虎元　廖文波

编　者　（按姓氏笔画排列）

石祥刚　叶创兴　冯虎元　刘蔚秋

李植华　李筱菊　辛国荣　金建华

黄椰林　廖文波　黎运钦

目　录

绪 论

植物学是生命科学各专业学生的必修课，植物学实验是与之同样重要的实践课。只学习植物学理论课，不经过植物学实验课的训练，就不能掌握比较全面的植物学知识。分不清细胞类型、组织类型、器官类型，将无法从事植物形态解剖学研究。同样的，对营养器官和生殖器官的特征不能正确判断和归纳，也不可能进行植物系统分类学的研究。再者，对植物资源的利用，如各种植物药、淀粉、糖、纤维、维生素、脂肪、蛋白质等，都必须分清保存这些物质的器官。腰果油来自果柄，棕榈油来自果皮；还有姜黄与郁金，乌头与附子，当归头、当归身、当归尾均可当作药用，其名称虽异，却是分别来自同一植物的不同部分；姜黄是根状茎，郁金是它的块根；乌头是主根，附子是子根……，最重要的是在药用时它们的功用不同，治疗的病症不一样。

在自然界，我们面对的是植物的宏观形态——它的整体以及它的生态环境；在实验室，我们面对的实验材料既有完整的个体，但多数时候只是它的部分，营养器官和生殖器官的整体或部分，如根、茎、叶、花、果实、种子，有时是它们的玻片材料、腊叶标本、浸制标本、化石标本等。通过具体的实验材料的解剖研究，可以了解细胞、组织、营养器官和生殖器官的结构特征，进而可以与各植物的种类联系起来。从个别到一般，从特殊性到普遍性，这正是植物学实验应该遵循的方法。要充分认识到一切生物包括植物在内，是在漫长的地质长河中大浪淘沙后形成的结果，这就是赫胥黎的“物竞天择”和达尔文总结的“适者生存，不适者淘汰”的生存竞争法则。可以用一句话来概括，结构决定命运，植物营养器官、生殖器官的结构是否适应环境，是否能得到生存所需要的空间和资源，这就决定了它过去、现在和将来的命运。每当我们解剖研究植物的一种结构时，也应与它的植物习性、生存环境、分类地位、演化地位等加以联系，以扩大我们的视野。种子植物的生殖结构千差万别，兰科植物花柱、柱头与雄蕊合而为合蕊柱，以及连带发展出来的花粉块、黏盘、花粉块柄、弹丝，凹陷带黏液的柱头，拟态，高度异花传粉情况下突而又具自花传粉的现象，是否就是造就了它成为被子植物种类最多的类群（3 万种）的原因？而在萝摩科植物中与合蕊柱不同的合蕊冠，其副花冠、花药、柱头顶端结合成帽状体，遮盖着柱头的受粉面，与夹竹桃科长春花柱头面围以钟罩状结构隔离自花传粉，似乎都在传递着一个信息：保证异花传粉获得更有生活力的后代；雌雄蕊异长如胡蔓藤、报春花植物、蓼科植物，菊科植物的雌雄蕊异熟及聚药雄蕊花药内向开裂，壳斗科、桑科植物常为雌雄异序，这些现象的存在似乎表明自然界的进化就传粉而言，就是尽力维持异花传粉。然而在涉及到生存策略时，高度异花传粉植物如菊科植物也出现了自花传粉的现象。不同的植物类群之间，花的结构会有非常大的差别，禾本科与莎草科小穗的组成是不同的。在植物学实验课上，对植物结构的细节观察往往很关键，而且也可以藉此触发许多有意义的研究兴趣，姜科植物其发育雄蕊只有1枚，理论上的6枚雄蕊中5枚雄蕊的去向就很有趣，可以拿艳山姜和姜花进行比较。对叶榕为何雄花与瘿花要长在同一个隐头花序上，而雌花又在另一株对叶榕的隐头花序上，其传粉瘿蜂为何要如此舍生忘死把全部希望寄托在后代？野牡丹为何药隔下部延长成鱼钩状？为什么自然界雌雄异株的植物如银杏、单性木兰、柃属植物均是雌株多、雄株少。诸如此类的问题还有很多。在植物学实验中，要探究植物结构的细节，见微知著，并且要多问为什么，如果走马观花，可能会错过很多细节，学习的兴趣也会降低，如为什么麻叶绣线菊蜜腺环生于花冠与雄蕊之间，菊科植物花的蜜腺生于花冠筒内面基部，水仙的蜜腺环生于花冠与副花冠之间。从全局的观点出发，针对具体的结构进行观察，是学习传承前人知识的过程，但有时会成为发现新结构，对前人结论进行纠错补漏的机会。植物实验课的绘图作业常常是不可少的，通过绘图可以进一步认清结构，加深记忆，锻炼和提高绘图能力，教材中有多幅插图是由上植物学实验课的当年学生李佩瑜、程翘楚绘的，她们细致入微的观察使所绘的插图成为经典。植物画大家冯钟元在解剖花的结构绘图中发现新的分类群，也表明结构的细节是多么的重要。我们不能因为植物学是经典学科就鄙视它，更不能认为经过二三百年的研究，植物学研究已走到山穷水尽的地步了。借助于手持放大镜、显微镜、电子显微镜对植物的研究结果是不同的，运用分子生物学手段研究植物，以其他生理学方法、遗传学方法、动物和植物以及微生物共存生态系统的方法研究植物必然又有另一番天地。也许植物学实验只是认识植物学的出发点，但作为基础学科，它对有志于植物科学研究的人来说其重要性是可想而知的。

由此看来，植物学上的许多问题还有待我们去探索，只要抱持认真的态度去深入钻研，我们就会不断地有所发现。

力求从全方位来理解植物系统中的各大类群，其出发点当然是好的，但由于植物的种类繁多，不必说种间差异，个体差异就足以让人眼花缭乱了，因此，在照顾知识的完整性时，选择实验植物进行研究时往往会受到很多限制。换句话说，研究所有的植物类群是有困难的，我们用有限的植物材料，从具体的实验中提高我们的观察能力、动手能力，掌握研究方法，触类旁通，举一反三，从而达到锻炼科学思维、发展科研潜力的目的。认真对待每一个实验，通过自己的观察和解剖，形成整体概念，掌握对某种植物识别的要点，再上升到探求造成各种结构现象的原因，这是一个飞跃。

最重要的是要通过实验课来培养终身学习的能力、解决实际问题的能力，这就是我们的目的。

植物学实验须知

一、实验室规则

1. 实验课应遵守上课时间，不迟到，不早退。

2. 实验前应认真阅读实验指导和教材的有关内容，了解实验的目的、内容和方法。

3. 每次实验须带教材、纸张、铅笔、直尺、橡皮擦等绘图用具。

4. 实验开始前，不要随意移动实验材料和实验器具。

5. 实验过程要保持实验室的宁静、紧张、有序的学习气氛，不随意走动和互相攀谈，更不要高声喧哗。

6. 对规定的实验内容，应严格按照要求依次完成，养成认真细致，一丝不苟的科学精神和探索求真的学习态度，提高实验的操作技能和解决问题的能力。

7. 要爱护公物，保持实验室整洁，不随意抛丢垃圾。用过的物品要整理好，放回原处。注意将用过的玻片等放回玻片盒或玻片盘，不要置于手肘边、实验台边缘，以免将玻片碰落地上损坏。如有损坏公物要及时报告老师，登记被损坏的物品和责任人，视造成后果，给予处理。

8. 实验完毕，每个同学要将自己用过的器具清洁、整理好，清理自己的实验台；值日生要认真做好清洁卫生工作；整理使用过的实验用品。

9. 离开实验室时，要关好水、电、门窗，防止发生安全事故。

二、绘图注意事项

1. 准备好绘图用具，实验时应带备下列绘图用具：

(1) 绘图纸：16 开道林纸或复印纸。

(2) 铅笔：笔芯的硬度要适中，通常用 2H 铅笔。

(3) 橡皮擦：以白色质软为宜，不宜用质地坚硬或其他颜色的橡皮擦。

(4) 小尺子（或三角板）。

(5) 铅笔刀。

2. 认真观察：绘制生物图要准确忠实反映所观察的材料的形态结构，绘图时应选择正常的，而不是畸形的，或者发育不全的材料作为绘图对象。因此，首先要认真观察标本，按实验指导要求选择需要绘图的部位。生物图不同于一般绘图，一张完好的生物图是科学性与艺术性相结合的产物，尤其要注重科学和准确性。在选择要绘图的部位时，要注意它的整体形态及其细微部分的结构。

3. 合理布局：根据每次绘图的数量和要求，在绘图纸上安排好图的位置，力求布局合理美观。所绘的图不必与所观察的标本大小一致，可视需要按一定比例放大或缩小。绘图应注明比例。

4. 打好图稿：在纸上用铅笔轻轻描出所绘物体的轮廓，要注意整体的长宽比例是否恰当，也要注意整体中的各部分之间的比例是否正确，若有不妥之处，用橡皮擦轻轻擦去不合理部分，直到修改正确为止。

5. 誊清图稿：在图稿的基础上用清晰、连续而均匀的线条绘出详细结构、标本的生活部分或明暗处可用疏密不同的圆点表示。疏点表示较亮部分，密点表示较暗部分，要先疏后密地打点。以 3 点为一个单位，逐渐铺开，而不要毫无规律地乱点，打圆点时铅笔要与纸面垂直，笔锋要保持削尖，打出来的点以圆浑、用力均匀、疏密得体为好，绘图步骤见图 0-1。

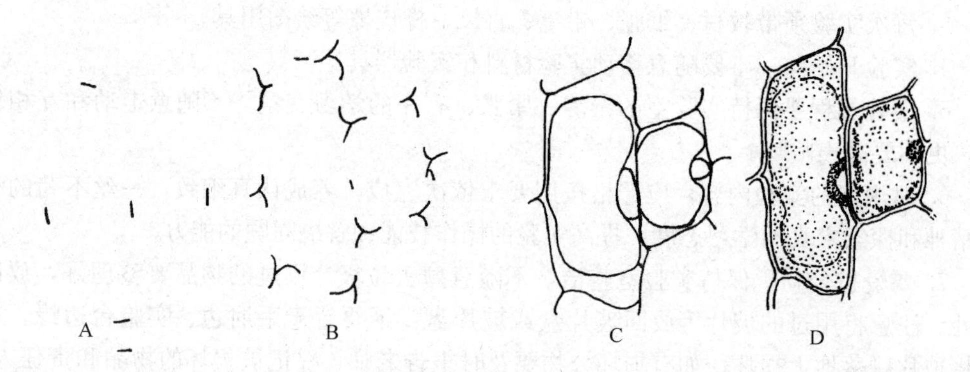

图 0-1　绘图步骤

（引自 воронин，1953）

A、B、C、D 表示绘图顺序

6. 纸面清洁：应尽可能少用橡皮擦，需要时也只细擦轻拭，经常保持橡皮擦清洁。只在绘图纸的一面绘图。

7. 书写规格：图纸的上方写上实验编号和题目，右下角自上而下写上姓名、学号、班级、日期。表示组织结构的名称一律放在图的右侧，以平行横虚线引出。图的正下方写图的名称，包括植物名称、所属器官、显示的内容等。

实验一　生物显微镜和体视显微镜的构造及使用方法

一、实验目的和要求

掌握生物显微镜和体视显微镜的构造及使用方法；掌握水藏玻片标本的制作方法。

二、实验材料

（1）染色纤维玻片标本。

（2）水绵（*Spirogyra* sp.）新鲜材料。

（3）胜红蓟（*Ageratum conyzoides* L.）的花。

三、显微镜的基本知识

（一）Nikon ANTI-MOULD 型显微镜的构造

生物显微镜由机械部分和光学部分组成。机械部分是用以支持光学部分的支架，光学部分则起调节光线、放大物像的作用。参见图 1-1。

1. 机械部分

（1）镜座：显微镜的基底部分，用以固定和支持全镜。

（2）镜臂：装于镜座之上，外形弧状弯曲，便于握取。

（3）双目镜筒：连接于镜臂的部分。

（4）转换器：固定于镜筒的下端，呈盘状，有 4 个圆孔用以装置不同放大率的接物镜，转动换镜转盘以选择所需倍数的接物镜。

（5）调焦手轮：位于镜臂左、右两侧，粗、微调控制旋钮同轴，旋转可使载物台垂直移动，移动范围 26.5mm。粗调焦手轮是靠内方大的调节轮，每转能使载物台移动 3.77mm。微调焦手轮是靠外方小的调节轮，每转能使载物台移动 0.2mm。由于它的构造精细，因此操作时必须先用粗调焦手轮调整看到物像后，再用微调焦手轮调准焦点。

（6）载物台：一方形平台，用以放置玻片标本。在中央有一透光孔，使光线从该孔通过。玻片用移动尺弹簧夹紧，旋转载物台右下方的调节钮，使玻片纵向或横向水平移动。

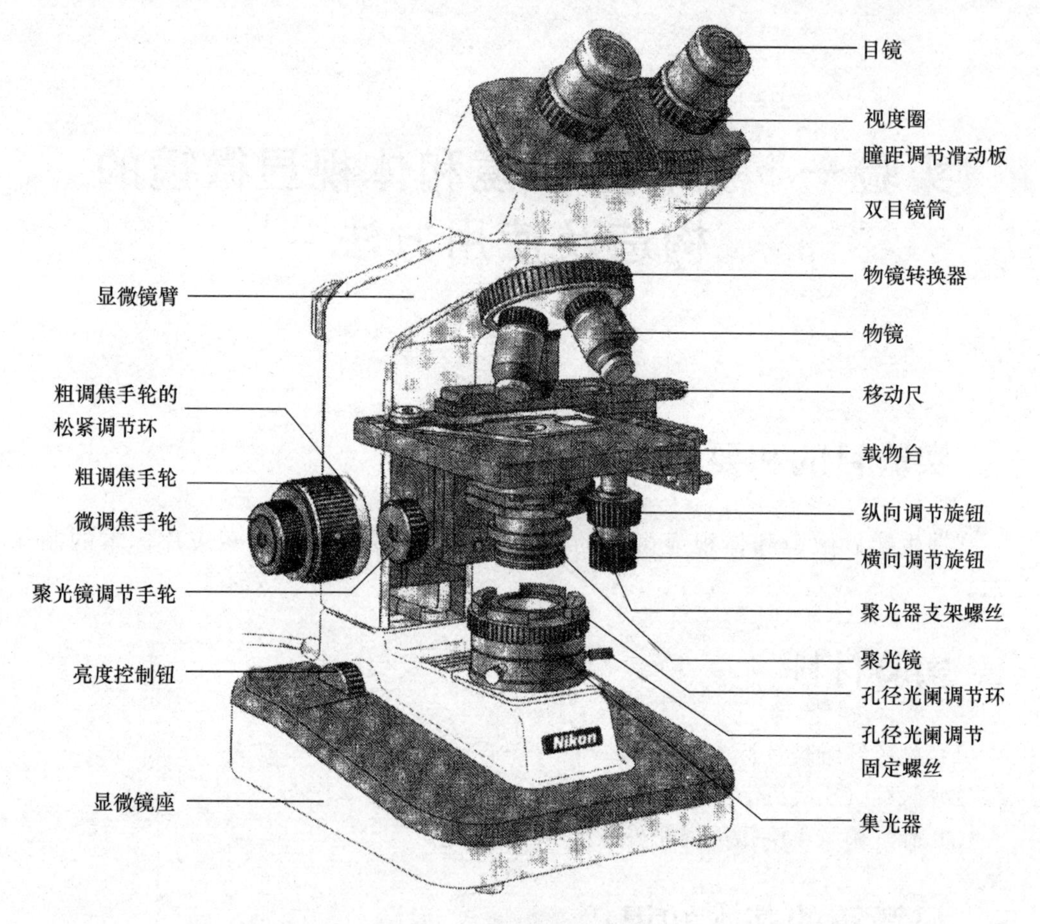

图 1-1　生物显微镜构造图

2. 光学部分

（1）聚光镜：装置在载物台通光孔的下方，多由几个透镜组成，用以聚集来自钨卤素灯的光线（钨卤素灯光线的亮度可用控制钮调节），使照射于标本物体上。聚光器可以上下移动，以调节光线的亮度。聚光镜中装有视场光阑，扳动视场光阑操纵杆，可使光阑扩大或缩小，以调节入射光束的大小。若嫌光线过强，可使孔径光阑口径缩小，若亮度不够，光圈将扩大。

（2）物镜：旋固在换镜转盘上的圆孔中，通常有 4 种：低倍物镜，根据其放大倍数有 4×和 10×两种；高倍物镜，通常有 40×，油镜 100×。植物学实验通常只用低倍和高倍两种。有些物镜上标有表示该物镜主要性能参数，如在 10 倍的物镜上标有 10/0.25 和 160/0.17，其中 10 是指它的放大倍数，0.25 是镜口率（即数值孔径，简写为 N・A 或 A，是接物镜和聚光器的主要参数，与显微镜的分辨率和清晰度成正比），160 是镜筒长度（mm），0.17 为盖玻片的标准厚度（mm）等。有些物镜上刻有 16mm 或 4mm，表示它的焦距。

（3）目镜：装在镜筒的顶端，上面刻有 10×字样，以表示放大倍数。目镜的作用是把物镜放大了的实像进一步放大，相当于 1 个放大镜，教学上用的显微镜常在目镜中装有1根钢丝做成的指示针，可以根据需要转动目镜或前后左右平移载物台，使物像的某一部分落在指示针的末端。

显微镜放大倍数的计算方法：接目镜的放大倍数×物镜的放大倍数＝显微镜的放大倍数。

（二）显微镜的放大原理

用显微镜观察标本时，光线先由集光镜反射到聚光镜，汇集成1束较强的光束，然后通过载物台的透光孔射到载玻片标本上。标本被接物镜第一次放大，并在接目镜内形成1个倒置的实像，再通过接目镜第二次放大，进入观察者的眼帘，这时眼睛所看到的物像是经过两次放大的倒置虚像。

（三）显微镜的使用方法

1. 低倍镜的使用方法

（1）显微镜的放置：将显微镜置于身体前方。

（2）对光：转动换镜转盘，使10×接物镜与镜筒成1直线，然后打开电源开关，调节亮度控制钮，直到获得所需亮度。

（3）放置玻片标本：把待观察的玻片标本放在载物台上，有盖玻片的一面朝上，用弹簧夹卡住，使观察的材料正对载物台中的通光孔。

（4）参阅图1-2、图1-3，正确调节瞳距与视度。

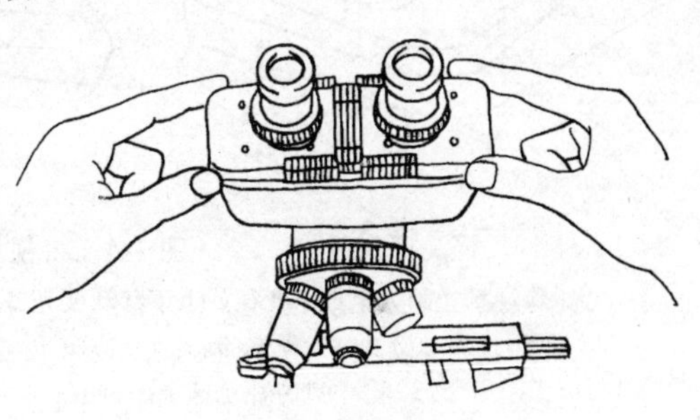

图1-2　瞳距的调节

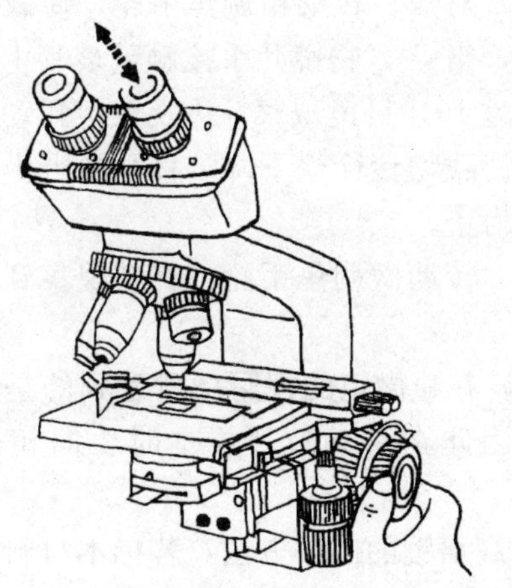

图1-3　视度的调节

步骤：

1）旋转视度圈，使其下端面与刻线（沟槽）对齐，此时是零视度位置。

2）旋转物镜转换器至40×物镜，调节调焦旋钮，对标本准确调焦。

3）转换器旋至 4×和 10×物镜，不动调焦旋钮，旋转目镜视度圈，使每个目镜中的图像分别调节清楚。

4）重复上述步骤两次、正确调节视度。

5）通过补偿使用者左、右眼视度差别的视度调节。修正了显微镜的筒长，这能使我们充分利用高品质物镜的优点，包括齐焦。

（5）参阅图 1-4 将视场光阑调节至中心。

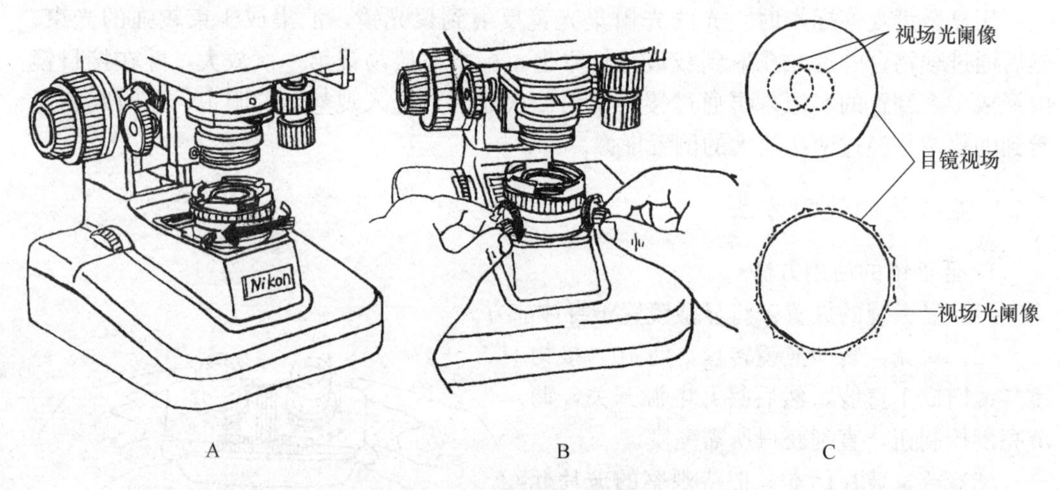

图 1-4　将视场光阑调节至中心

A. 将视场光阑关至最小孔径，上下移动聚光镜把视场光阑像对焦到标本面上；B. 调节调中心螺钉，把视场光阑像调到与视场同心；C. 改用 40×物镜，调节视场光阑像使其与视场大小基本一致。如果还不能对中心，可再次使用调中心调节螺钉

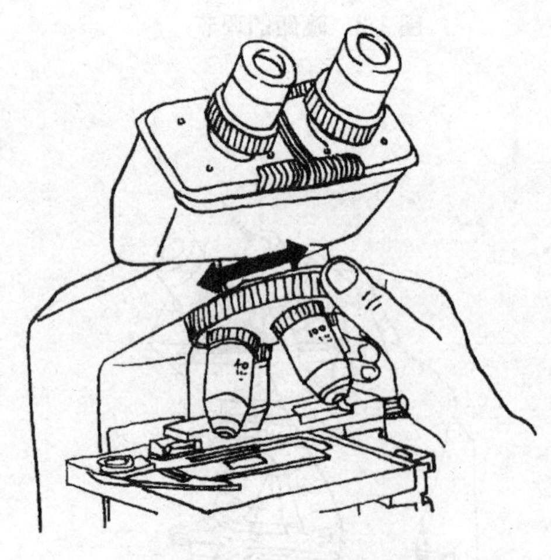

图 1-5　物镜的选择

转动物镜转换器，使所需物镜进入光路，并准确定位

（6）参阅图 1-5、图 1-6 调节好显微镜。

（7）对焦；转动粗调焦手轮，使载物台向上移动，当 10×物镜几乎接触到玻片上，然后双眼通过 10×目镜观察。边观察边转动粗调焦手轮，使载物台徐徐下降，直至视野中出现放大物像为止。

（8）转动微调焦手轮：直到观察到最清晰的物像。

（9）在显微镜的视野中所看到的是放大的虚像。因此在移动玻片标本时要向相反方向移动。

2. 高倍镜的使用方法：若标本材料需要在高倍镜下观察，一定要先在低倍镜下观察，然后再转高倍镜观察，切记不可不经低倍镜而直接使用高倍镜。

（1）在低倍镜下看到物像后，移动玻片标本，把要放大的部分移至视野中央，然后转动换镜转盘，改用 40×物镜，这时如果能看到模糊的物像，则转动微调焦手轮，

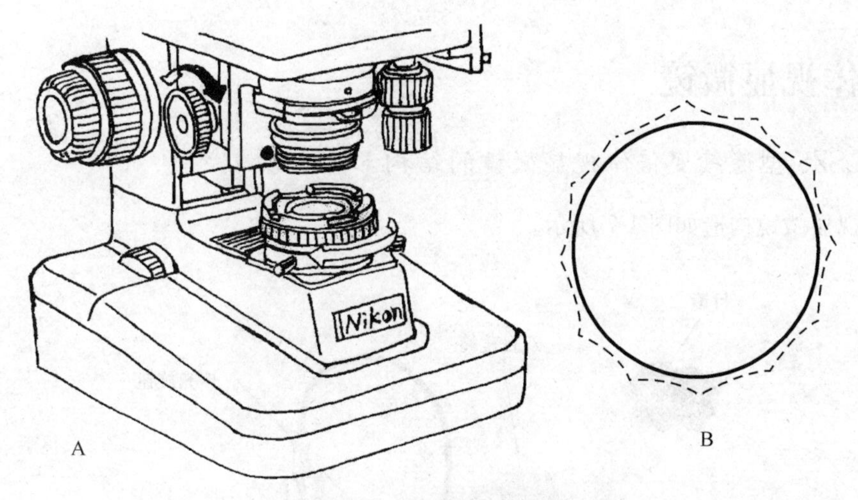

图 1-6 视场光阑的调节

A. 调节视场光阑的大小，使之与目镜视场边缘外切；B. 视场光阑用来控制标本的被照明区域与显微镜的视场相一致，如果开得过大，则额外的光线将进入视场，从而减弱图像的衬度，影响像质

就能看到清晰的物像。在使用高倍镜时，由于物镜与玻片标本非常接近，稍有不慎就会使镜头压碎玻片标本，昂贵的镜头也会受损。因此在转动调焦手轮过程中要特别小心。

（2）显微镜观察时，要养成用手一面转动微调焦手轮，一面观察的习惯，以便更清楚地观察物体的立体构造，若光线不适宜，可调节聚光镜孔径光阑。

（四）使用显微镜应注意的事项

（1）拿取显微镜的正确姿势是右手握镜臂，左手托镜座，正置胸前，以防碰撞和脱落零件。

（2）每次使用显微镜前，应检查镜头和附件有无损坏和损失，电源开关有无关闭，亮度控制钮是否最小；接目镜、接物镜、聚光镜可用擦镜纸小心抹拭，不得用手指或纱布等抹擦；其余部分则用干净纱布抹去尘埃。

（3）若粗调焦手轮较松，使载物台下滑而不能观察，此时应逆时针方向旋转粗调焦手轮的松紧调节环进行调节。

（4）显微镜属于精密仪器，应放在干燥、阴凉、无尘的地方，不得将显微镜置于阳光下暴晒，及阳光照射强烈的地方，也不要在灰尘大的环境中使用显微镜。要随时保持它的清洁，勿让污物、水分、化学药品等玷污它的各个部分。若不慎玷污，应立即用擦镜纸（对于光学部分）和干净纱布（对于机械部分）擦拭干净。

（5）学生不得自行拆卸显微镜的任何部分。如显微镜的某一部件失灵或操作困难，应及时报告检修。

（6）显微镜使用完毕后，应及时取下玻片标本，清洁载物台，各部分复位。最后，用显微镜罩套好，放回原来的显微镜保管柜中。

（7）及时做好使用记录。

四、体视显微镜

（一）LSZ8型连续变倍体视显微镜的结构

体视显微镜构造如图1-7所示。

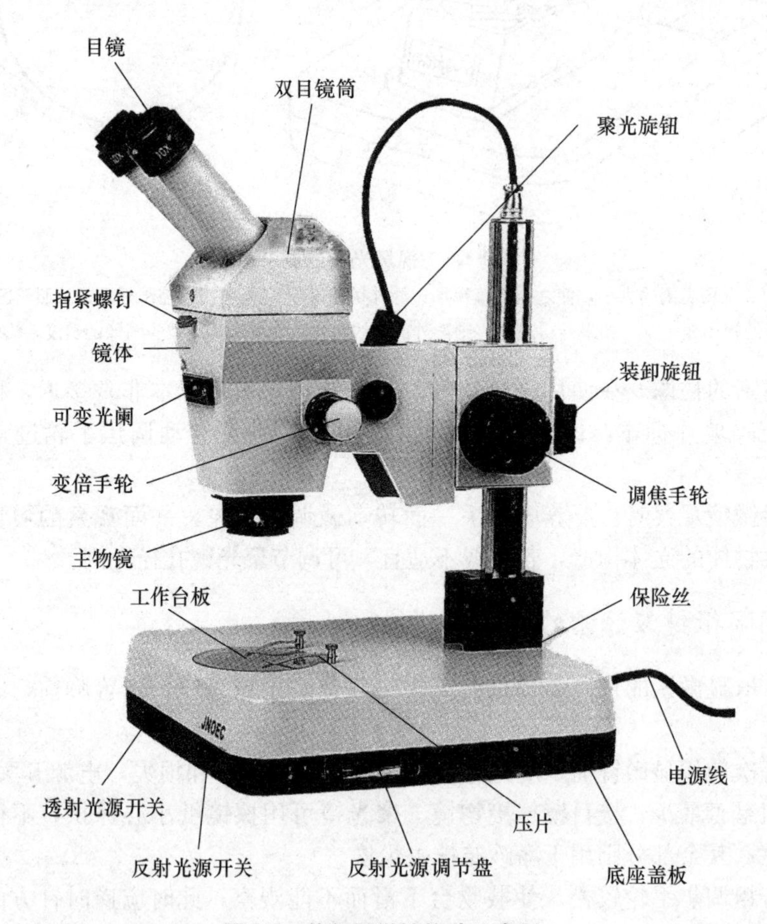

图1-7 体视显微镜构造示意图

（二）体视显微镜的操作

（1）打开透射和反射光源开关，并调节聚光装置直到获得所需亮度。

（2）调焦：将标本置于工作台中间，先把变倍手轮旋至对应0.8数字时，调节调焦手轮，使标本在目镜成像清晰。然后再旋转变倍手轮至6.3数字时，如标本不很清晰，再转动微调焦手轮，直到清晰为止。

（3）目镜视度调节，以补偿视差。调节双目瞳距与观察者眼距一致。

（4）可变光阑：观察时适当调节可变光阑大小，可提高成像衬度。

（5）摄影装置：如需要摄影时，取下双目镜筒，接上摄影接座并锁紧，再装上双目镜筒，锁紧后再把取景目镜插入右目镜筒内。在摄影目镜筒内插入摄影目镜，套上摄影接筒，旋紧锁紧圈，将照相机镜头卸下装上卡圈，在摄影接筒上装好相机，将指紧螺钉指紧。

在观察过程中需要摄影时，只要拉动手柄即可摄影，其摄影范围可在取景目镜中选取。2.5×摄影目镜拍摄，为取景目镜内分划板上最大的框格，4×摄影目镜为中间的框格，6.3×摄影目镜为最小框格。

(6) 当需要使用描绘器时，取下双目镜筒接上描绘器，并锁紧。再装上双目镜筒并锁紧。同时取一可调光强的工作灯置于描绘工作台上，调整描绘器上的两个调节圈，同时调整工作灯之光亮度（调节主机照明灯强弱）直到在目镜视场内同时看清被观察物和描绘之笔尖为止。这样就可边观察边描绘出观察到的图像。

五、实验内容

(一) 染色纤维

取染色纤维玻片标本，先在低倍镜下观察，可见玻片内有3束不同颜色的纤维彼此交错重叠，转动微调焦轮，注意观察3束纤维的交叉点，判别染色纤维自上而下的次序。

(二) 水藏玻片标本

用水把要观察的材料封藏起来所做成的临时性玻片标本称为水藏玻片标本。它的制作方法简便易行，在生物学的研究中应用广泛，应正确掌握它的制作方法。制水藏玻片的材料可以是生活的或用固定液浸制的。如果是干标本则要先用70%乙醇浸泡，或用热水浸泡，待材料完全浸润后再使用。由于实验材料的类型以及观察目的和要求不同，水藏玻片制作应有不同的处理。

将载玻片和盖玻片用纱布擦拭干净。通常是用左手的拇指和示指将载玻片或盖玻片的侧面捏紧，以右手的拇指和示指拿纱布，夹住载玻片的上下两面来回抹拭，盖玻片很薄，擦拭时用力要轻而均匀，以免压碎。

1. 单细胞或群体类型：用吸管吸取含有材料的水液，滴一两滴在清洁的载玻片中央，加上盖玻片即成，对于能自由运动种类，如：衣藻、裸藻、角甲藻、羽纹硅藻等，如果观察对象运动太活泼，可用下列方法之一处理。

(1) 用吸水纸自盖玻片边缘吸去一部分水液，这样，观察对象的运动就会减慢。

(2) 在盖玻片一侧的边缘加1滴稀的碘液（碘-碘化钾溶液），再从相对的一侧用吸水纸吸去部分的水液（图1-8），这样，不但可将材料固定，而且又能达到把蛋白核、鞭毛等染色的目的。

2. 丝状体类型：对于丝状体类型，如水绵、丝藻、无隔藻、鞘藻、水霉、根霉、青霉、曲霉、白粉病菌等，用解剖针或镊子连同基质取少许材料，或用刀片刮取白粉病菌等真菌病菌，放在载玻片中央的水滴中，用解剖针小心将材料分散，然后盖上盖玻片。注意镊取材料要适量，不要太多，否则不易将丝体分散，如果丝体密集重叠就会妨碍观察。对颤藻类，因藻丝胶在一块，实验时，用解剖针挑取少许材料，放在载

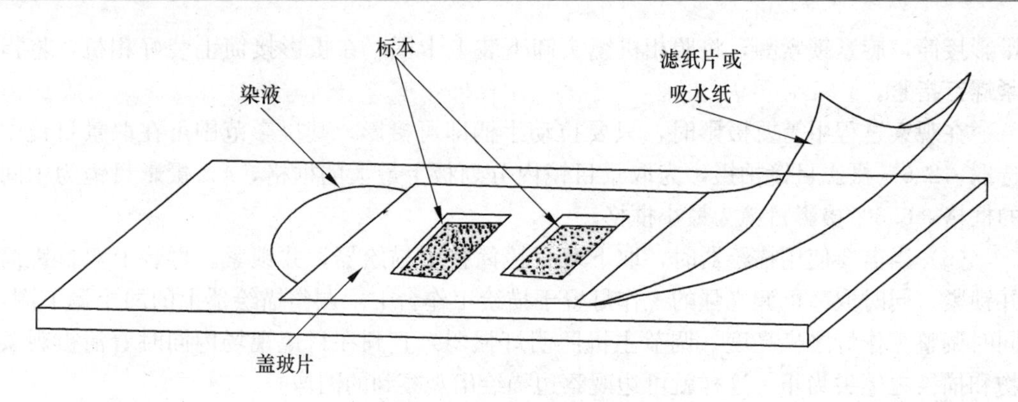

图 1-8　碘液固定材料方法

玻片的水滴中，用培养皿盖住，1h 后藻丝即自行散开，加上盖玻片，即可观察。

被胶质包被或成片状的种类，如念珠藻、满江红叶腔中的项圈藻等，则先用镊子和解剖针将材料分裂成碎片，镊取一碎片放在载玻片中央的水滴中，用镊子轻压材料使向四周均匀分散，盖上盖玻片，置显微镜下观察。注意材料不要太多，要压得薄而均匀。

在低倍镜下观察已做好的水绵水藏玻片标本，可见由单列细胞构成，呈绿色的丝状体。如果盖玻片有气泡，则要注意气泡的形态。小的气泡呈圆形，中央部分发亮，边缘色较暗。这样，在以后的实验中就不会把气泡误认为植物细胞了。

3. 片状体类型：片状体材料只有一两层细胞的厚度，例如石莼、紫菜等，不需要切片就能观察其细胞形态，只需用镊子镊取一小部分即可。苔藓的叶片、蕨类植物的鳞片及原叶体则取其整体放在载玻片中央的水滴内，盖上盖玻片即成。

4. 拟茎叶体类型：例如海带、马尾藻、草菇、地衣、苔藓植物等，若需要观察内部构造，必须进行徒手切片，将所要观察的部分，按徒手切片方法制片。

轮藻藻体较大，不能整体封藏在盖玻片内，只能截取一小部分做水藏玻片进行显微观察。

（三）胜红蓟花解剖

使用体视显微镜观察胜红蓟新鲜花，注意观察：胜红蓟的头状花序、总苞、托苞片、花序托、花的组成（苞片和小苞片）、子房、冠毛、蜜腺、聚药雄蕊、花药尾端以及花柱、柱头面、附器等结构。

（四）实验材料的封片及保存

1. 水藏玻片水分易蒸发，只能供临时的显微镜观察用，干后就不能继续观察，因此观察时间若需要几小时甚至几天，则要改用 10%甘油封片，即把封藏液由水改为甘油即可，但是材料必须先用 4%甲醛溶液固定，以免材料腐烂变质。如果观察材料需要较长时间保存，则甘油浓度要逐级更换，由 10%～20%～40%直至纯甘油封藏材料，最后在盖玻片的边缘用毛笔蘸取磁漆油封固即可。

2. 碘-碘化钾溶液（鲁哥液，Lugols solution）的配备方法：碘化钾 6g 溶于 20ml

水中，待完全溶解后加入碘 4g，摇荡，待碘完全溶解后加入 80ml 水，即可取用。本配方因使用目的不同，I_2与 KI 的量可增减，用作固定标本时注意碘易升华，碘液能腐蚀皮肤和木质瓶塞。

六、作业

1. 将你观察的染色纤维玻片（记上编号），其纤维自上而下重叠的次序写在临图作业的右上角（在写下染色纤维的次序之前，可请老师检查你的判断是否正确）。

2. 针对体视显微镜观察，绘制胜红蓟花冠毛和总苞片形态图。

实验二　植物细胞的形态结构

一、实验目的和要求

（1）通过对植物叶表皮细胞的观察，了解植物细胞的基本构造。
（2）认识质体类型。
（3）了解后含物的形态和化学鉴定方法。
（4）了解植物细胞壁的结构与化学组成。
（5）了解细胞胞间连丝和原生质流动现象。
（6）掌握徒手切片技术。

二、实验材料

（1）洋葱（*Allium cepa* L.）鳞茎。
（2）水竹草（*Zebrina pendula* Schnizl.）叶。
（3）水王荪（黑藻）（*Hydrilla verticillata*（L. f.）Royle）叶。
（4）胡萝卜（*Daucus carota* var. *sativa* DC.）根。
（5）印度橡胶树（*Ficus eleastica* Roxb.）叶。
（6）金盏菊（*Calendula officinalis* L.）花。
（7）西红柿（*Lycopersicon esculentum* Mill.）果。
（8）夹竹桃（*Nerium indicum* Mill.）叶。
（9）马铃薯（*Solanum tuberosum* L.）块茎。
（10）玉米（*Zea mays* L.）果实。
（11）蓖麻（*Ricinus communis* L.）种子。
（12）倒挂金钟（*Fuchsia hybrida* Voss.）叶。
（13）秋海棠（*Begonia evansiana* Andr.）叶柄。
（14）马齿苋（*Portulaca oleracea* L.）茎和叶。
（15）大丽花（*Dahlia pinnata* Cav.）花。
（16）月季（*Rosa chinensis* Jacq.）花。
（17）洋绣球（*Pelargonium hortorum* Bailey.）花。
（18）苹果（*Malus pumila* Mill.）果实。

(19) 紫丁香(*Syringa oblata* Lindl.)茎。

(20) 辣椒(*Capsicum annuum* L.)果实。

(21) 灯笼椒(*C. annuum* var. *grossum*(L.)Sendt.

(22) 南瓜(*Cucurbita moschata*(Duch.)Poiret.)新鲜茎尖。

(23) 棉花(*Gossypium hirsutum* L.)种皮毛。

(24) 柿子(*Disopyros kaki* L. f.)胚乳永久玻片。

三、实验器材与药品

载玻片、盖玻片、镊子、解剖针、吸水纸、蒸馏水、苏丹Ⅲ、1mol/L 硝酸钾溶液、甲紫蓝溶液、1%镣红、碘化钾溶液、70%硫酸溶液、70%乙醇溶液、50%乙醇溶液、30%乙醇溶液、20%醋酸溶液、间苯三酚酒精溶液、25%盐酸溶液。

四、实验内容

(一) 植物细胞的基本构造

1. 洋葱(*Allium cepa*):撕取洋葱鳞片叶表皮细胞 1 小块,迅速将它置于载玻片已准备好的水滴内,用镊子和解剖针将其展平,盖上盖玻片,用吸水纸吸去多余的水,置于光学显微镜下观察。先用低倍镜(×4 和×10)观察细胞的整体形态,然后换成高倍镜(×40)观察 1 个细胞的细微结构。如果颜色较淡,不易分辨时,可加 1 滴碘化钾溶液染色后观察,效果会较好。

(1) 细胞壁:位于细胞的最外面,包在细胞原生质体的外部,是植物细胞所特有的结构,由初生壁、次生壁、胞间层 3 层组成。在光学显微镜下,一般只能看到 1 层,它的主要成分是纤维素、半纤维素和果胶质。

(2) 细胞质:贴附于细胞壁的内侧,光学显微镜下为半透明的基质,可以流动。

(3) 细胞核:在幼小细胞中位于细胞的中央;在成熟细胞中,中央大液泡的形成导致细胞核和细胞质一起被挤向细胞壁一侧。细胞核形状常呈扁圆形,核内有 1~2 个核仁,也有多个的。

(4) 液泡:在细胞质中透明的部分即液泡。幼年细胞中不明显,成熟细胞内为中央液泡,其内含细胞液,其外有液泡膜包被。液泡中含有水、各种无机盐、色素、单宁、生物碱和有机物等。

2. 水竹草(*Zebrina pendula*):用刀片在水竹草叶背面中脉处割一浅斜口,然后用镊子沿中脉撕取表皮 1 小块,使表皮的一面朝上,撕离叶片的一面朝下,放在滴有 1 滴水的载玻片上。材料如有卷曲或重叠,可用解剖针小心地展平,盖上盖玻片,尽量避免产生气泡,先在低倍镜下观察,可见众多的表皮细胞呈整齐排列。后在高倍镜下详细观察其中 1 个表皮细胞的构造。

(1) 表皮细胞呈__________形。

(2) 细胞壁位于细胞的最外围,由__________和__________组成。

（3）细胞质呈一薄层，位于中央液泡与细胞壁之间，为半透明胶质，在一般显微镜下不易看到。

（4）细胞核位于细胞质内，注意核的数目、形状、核内有1个至多个折光性较强的核仁。

（5）液泡占据细胞腔内较大体积，其间充满溶液，有__________等物质的细胞液，使水竹草叶的表皮呈现紫色。

（二）质体类型

质体分为3种：白色体、叶绿体和有色体。

1. 白色体：是不具任何色素的质体，体积小，多呈球形，见光后转化成叶绿体，还可以转化成有色体。观察洋葱鳞片叶内表皮细胞，在细胞质中无色透明的小球即为白色体。水竹草的白色体为圆形白色小球体，较常群集于细胞核的周围。

2. 叶绿体：是一类含有叶绿素的质体，其主要成分是叶绿素a（$C_{55}H_{72}O_5N_4Mg$），深绿色；叶绿素b（$C_{55}H_{70}O_6N_4Mg$），绿色；胡萝卜素（$C_{40}H_{56}$），黄色；叶黄素（$C_{40}H_{55}O_2$），黄色。

（1）用印度橡胶树（*Ficus eleastica*）叶或夹竹桃（*Nerium indicum*）叶作徒手切片，放在显微镜下观察，其叶肉细胞中呈球形或椭圆形的绿色小颗粒即为叶绿体。

（2）用镊子摘取水王荪（黑藻）（*Hydrilla verticillata*）嫩叶，做成水藏玻片，在显微镜下观察。

注意观察叶片边缘或靠近中脉部分的细胞，细胞质是否在旋转式运动？（由叶绿体的移动而显示）注意细胞内叶绿体的形状、颜色、数目。如需观察细胞核，可用醋酸洋红染液染色。

3. 有色体：由白色体或叶绿体转化而来，所含色素为叶黄素和胡萝卜素，由于二者比例不同可呈黄色、橙黄色、橙色、橙红色，常见于花瓣和果实中。

（1）取胡萝卜（*Daucus carota* var. *sativa*）根和西红柿（*Lycopersicon esculentum*）果肉进行徒手切片或压片，做成水藏玻片放在显微镜下观察，可看到细胞内含许多黄色或橙黄色、橙红色棒状或颗粒即为有色体。

（2）撕取金盏菊（*Calendula officinalis*）花瓣薄壁细胞，制成临时装片观察。细胞内含许多浅黄色或黄色颗粒状有色体。

（3）用徒手切片法切取辣椒（*Capsicum annuum*）果实表皮1小薄片，在显微镜下观察。表皮细胞呈__________形。注意细胞内有色体的形态、颜色。细胞壁在初生壁的基础上强烈增厚，增厚的部分为__________，不增厚部分留下的小缝隙为单纹孔。

有色体存在于细胞质中，具有一定形状，当细胞成熟衰老时，它的蛋白质解体，呈现不规则形状的色素结晶。

（三）后含物的鉴定及观察

1. 淀粉粒：取马铃薯（*Solanum tuberosum*）块茎切1薄片，放在载玻片上，加1滴蒸馏水，盖上盖玻片，在显微镜下观察，可见许多卵形颗粒，即为淀粉粒。是否能看到轮纹和脐点？有几种类型？加1滴碘化钾溶液有何反应？

2. 蛋白质粒：取蓖麻种子切薄片观察，可见每一个细胞中有数个糊粉粒（蛋白质粒），其外是1层蛋白质膜，内含红色无定形胶层和1个至数个透明的球晶体与多边形拟晶体。

取浸泡过的蓖麻（*Ricinus communis*）种子，在胚乳细胞加上95%乙醇溶液1滴，再加上1滴碘化钾溶液可见染成黄色的糊粉粒。

3. 蛋白质结晶：在观察马铃薯（*Solanum tuberosum*）块茎中的淀粉粒、白色体时，可观察到形状为多边形的蛋白质结晶。

4. 糊粉层：禾本科植物小麦、玉米等果实的糊粉粒集中在胚乳外层细胞中而形成糊粉层。取1粒浸泡过的玉米粒作徒手切片，滴1滴碘化钾溶液染色，观察在果皮、种皮之内有1层大而排列整齐的方形细胞，黄色。这层细胞是含有蛋白质的糊粉层，遇碘变成黄色，胚乳其他部分细胞含淀粉，遇碘变成蓝色。

5. 脂肪：脂肪多为油滴状态分布在某些植物种子的子叶或胚乳细胞中，用苏丹Ⅲ染色呈黄色、橙黄色、橙红色或红色。

取浸泡吸胀过的蓖麻种子去种皮作徒手切片，用苏丹Ⅲ染色后，稍加热，封片后置于显微镜下观察，可见许多橙黄色或橙红色的球体，即为油滴。当然，苏丹Ⅲ也能使树脂、挥发油、角质和栓质染成橙红色，因此要注意区分。

6. 液泡内后含物

(1) 花青素：取红色大丽花（*Dahlia pinnata*）、洋绣球（*Pelargonium hortorum*）花和月季（*Rosa chinensis*）花瓣表皮1小块置于显微镜下观察。细胞呈红色，即花青素呈现的颜色。

(2) 晶体：取印度橡胶树（*Ficus eleastica*）叶子1小块作徒手切片，将切片置于显微镜下观察，可见叶复表皮细胞内，有呈桑椹状的钟乳体结晶。

取倒挂金钟（*Fuchsia hybrida*）叶表皮1小块，制成临时装片，置于显微镜下观察，可见细胞内有许多针状结晶，即草酸钙结晶。

用秋海棠（*Begonia evansiana*）叶柄、马齿苋（*Portulaca oleracea*）茎、叶或月季（*Rosa chinensis*）花瓣，作徒手切片或撕取表皮制成临时装片，可以看到不同形状的草酸钙结晶体。

(四) 植物细胞壁的结构及组成

1. 中胶层（胞间层）：中胶层为相邻两个细胞共有的一层，主要成分为果胶质，具有黏性和弹性。果胶用镣红染色反应来鉴定。取洋葱鳞片叶表皮1块，用镣红溶液染色5～10min，自来水冲洗掉染料，封片观察，可见相邻两细胞壁中间有1条红线，这就是含果胶的中胶层。

2. 初生壁与次生壁：纤维素是植物细胞初生壁和次生壁的主要成分，其鉴定方法如下：

取少许棉花（*Gossypium hirsutum*）纤维放在载玻片中央，先加上1滴碘化钾溶液，然后再加1滴70%硫酸溶液，封片观察。棉花纤维呈蓝色反应。注意硫酸为强腐蚀性的溶液，一定要用吸水纸把盖片外的硫酸吸干，以免腐蚀镜头和手指。一旦沾在手指和其他部位，应尽快用大量清水冲洗干净。严重时应到医院治疗。

取洋葱鳞片叶表皮，用上面的方法重复操作1遍，观察洋葱相邻两细胞间有1条黄色亮线为胞间层。壁的其余部分均呈蓝色。

3. 细胞壁化学性质

（1）角质化：常在表皮细胞的外壁沉淀，即为角质膜，可以增加细胞壁的不透水性。

取印度橡胶树叶或苹果（*Malus pumila*）果皮作徒手切片，置放载玻片上，加几滴苏丹Ⅲ酒精溶液，染色15min左右，然后用蒸馏水洗去染料，封片观察角质膜被染成橙红色。

（2）栓质化：栓质化后的细胞壁不透水，不透气，原生质体消失，细胞死亡，仅留下栓质化细胞壁。

取带皮的马铃薯块茎1小块作徒手切片，用苏丹Ⅲ染色后，封片观察。块茎最外几层染成橙红色的是栓质化细胞。

（3）木质化：是木质素渗入细胞壁内的变化。木质化后的细胞壁变硬，可以增强机械支持力。

取紫丁香（*Syringa oblata*）细茎作徒手切片，先加1滴间苯三酚酒精溶液，然后再加1滴25%盐酸溶液，封片观察。木质化细胞壁被染成玫瑰红色。取下切片，再用苏丹Ⅲ染色，观察有什么变化？

（五）植物细胞胞间连丝及原生质流动的观察

1. 胞间连丝的观察：先用低倍镜观察柿子（*Disopyros kaki*）胚乳永久玻片，可见许多圆形或椭圆形、大小不同的细胞腔，有染成蓝紫色的很厚的细胞壁。它的主要组成成分是纤维素。转换高倍镜后，稍调暗光线，可以看到两个相邻细胞间有许多成束的细线穿过加厚的细胞壁。这些细线称为原生质连丝（或称胞间连丝）。它使细胞间的物质运输进一步加强，而且可接受和传导外界的刺激。由于细胞壁的存在，使原生质体被区分为许多基本单位——细胞，执行着各种不同的生理功能。但由于纹孔和胞间连丝的存在，又使细胞间的各种生理活动密切联系起来，使植物体成为一个统一整体。

取灯笼椒（*Capsicum annuum* var. *grossum*）果皮1小块，用刀片刮去果肉（中果皮和内果皮），只留下很薄的外果皮，装片，显微镜下可以观察到胞间连丝。

2. 植物细胞内原生质流动：取生长的南瓜（*Cucurbita moschata*）茎尖或叶柄，置于有清水的烧杯中，光照半小时以后，用镊子取下其上的表皮和表皮毛，制成临时装片，在低倍镜下观察，选多细胞表皮毛的1个细胞，换高倍镜后可发现，叶绿体等小颗粒正沿着原生质在缓慢移动。

附：徒手切片法

徒手切片法是便于随时将观察材料制成临时玻片标本以供观察的1种方法。

用左手的拇指和示指捏紧材料，示指比拇指稍高一些，右手手执刀片。将刀片托于左手示指之上，刀口向着切片者自身的方向（图2-1），切取材料时，利用臂部移动的力量、带动手中的刀片迅速地做水平切割移动。并要1次切下1片薄片，勿拉锯式地锯切材料。必须尽量把标本切薄些，如材料太大，而且构造是辐射对称的（如根、茎则不需要切得完整的 1 片），切去 1 片后，左手示指，拇指尖向下微缩少许，继续切第二片，第三片……连切数片。把切下的薄片放在盛有水的培养皿中，选取其中最薄的透明状切片，以供镜检。

初次切下的切片往往太厚，不适合显微镜下观察，要耐心反复操作至切片合乎要求为止（一般玻片标本切片的厚度通常为 10～20μm，1μm=0.001mm）。

若难以用手夹紧材料进行切片，如细薄和柔软的器官（叶、幼根等）则可将材料夹于较硬的组织中（如胡萝卜根、木通髓部等），一同切下。

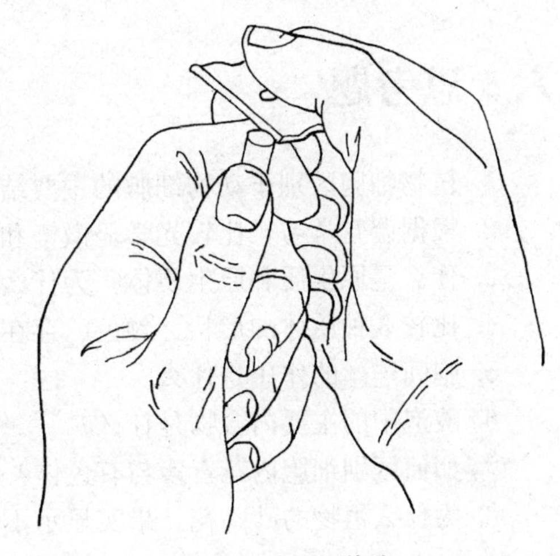

图 2-1　徒手切片法

用过的刀片要及时把其上的水液及污物擦干净，薄薄涂上少许凡士林以防生锈，把刀片放回原来的包装纸内，以备下次再用。

五、作业

1. 绘洋葱鳞片叶内表皮细胞图，并注明细胞壁、细胞质、细胞核、液泡。
2. 绘水竹草叶的 1 个表皮细胞（表示与周围细胞的关系）。
3. 将在本实验中观察到的储藏物质填在下列表内：

植物名称及取材部位	鉴定物质	化学试剂	反应及观察到的现象

4. 将实验所作的细胞壁化学成分鉴定列表总结：

植物材料名称	鉴定物质	化学试剂	反应结果

六、思考题

1. 植物细胞区别于动物细胞的主要结构是什么？
2. 根据课堂学习，比较光学显微镜和电子显微镜下植物细胞的结构。
3. 什么是原生质和原生质体？为什么原生质在流动？它的生物学意义在哪里？
4. 比较 3 种质体的形状、颜色、存在器官和功能。
5. 胞间连丝的作用是什么？
6. 液泡中的主要内含物是什么？
7. 如何区别细胞内花青素与有色体？
8. 为什么植物的叶、花、果实显示不同的颜色？

实验三　植物细胞的有丝分裂

一、实验目的和要求

（1）掌握压片法制作有丝分裂装片的方法。

（2）熟悉植物细胞有丝分裂的全过程及其主要特征。

二、实验材料

（1）洋葱（*Allium cepa* L.）的鳞茎。

（2）洋葱根尖玻片。

三、实验器材

载玻片、盖玻片、镊子、解剖针、吸水纸、蒸馏水、显微镜、酒精灯、烧杯、FAA固定液（95%乙醇溶液 90 ml、37%甲醛溶液 5ml 和冰乙酸溶液 5ml）、离析液（95%的乙醇溶液：冰乙酸溶液＝3∶1（*v*/*v*）配制而成）、甲紫蓝溶液、改良碱性品红染色液、45%冰乙酸溶液、醋酸洋红染液、20%冰乙酸溶液、乙醇溶液（30%、50%和 70%）。

四、实验步骤

（一）洋葱根尖压片制作过程

1. 取材：实验前 3～5 天，将洋葱浸泡在水中，室温下培养，使其产生幼根。每天换水，待根长 2～3cm 时，可用。

2. 材料处理

（1）离析固定：取生长良好的洋葱根尖（约 0.5cm 长），将材料放入有少许 FAA 固定液和离析液的小瓶中，处理 5min 左右。处理时间应适度，时间过长，会使细胞的染色体受到破坏，而不能很好地染色；时间过短则材料离散不好。

（2）清洗：吸走固定离析液，用清水浸洗材料 3 次，每次 5min。也可经 30%、50%乙醇溶液脱水，放入 70%乙醇溶液中保存，待后压片观察。

（3）压片：将材料小心地取出，放在载玻片上，用镊子轻轻将材料捣碎，加上染料，染色约5min。用吸水纸小心地吸走多余的染料，加上45％冰乙酸溶液，进行分色处理，此种处理可以使细胞质地染色较淡，使细胞核与染色体染色效果较好。加上盖玻片，用铅笔或吸管的橡皮头轻压，使细胞彼此离散。

3. 镜检：对照图3-1，根据你的判断，找出玻片中细胞分裂期各个时期。

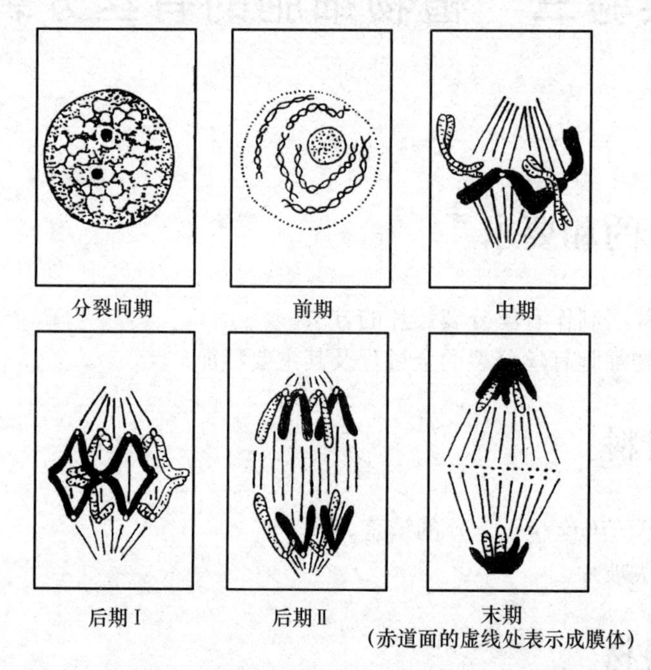

图3-1　细胞有丝分裂各个时期染色体数目和形态变化示意图

（二）观察洋葱根尖细胞的有丝分裂

用自己制作的玻片观察，找到有丝分裂各个时间的典型代表细胞。若看不清楚，可配合洋葱根尖纵切片观察。

有丝分裂（或称为间接分裂）是细胞最普遍的一种分裂方式。一般营养细胞的繁殖大都以有丝分裂方式进行。有丝分裂是一个很复杂的过程，被人为地分为4个时期（前期、中期、后期、末期）。其实细胞的分裂过程是一个连续性的过程。整个过程是不间断的，从前期到末期并没有截然的界限。

1. 分裂间期（生长期）：细胞核具有均匀的结构。核仁明显，表面上处于静态，实际上是细胞分裂前的准备阶段。组成染色体的主要化学成分（DNA和组蛋白）均在这个时期内复制。此期特点是细胞质浓、核大，有正常核仁和核膜。

2. 分裂期

（1）前期：分裂的开始，染色质形成细长的螺旋状丝，通过螺旋作用变短变粗最后成为染色体。每个染色体由两个染色单体组成，仅由着丝点连在一起不分开。核仁、核膜开始消失，至此前期结束。

（2）中期：染色体聚集在细胞中央的赤道板上。细胞质中出现纺锤丝。可区分为哪几种纺锤丝？此期特点：纺锤体的形成。

（3）后期：纺锤丝收缩。染色单体从着丝点分开，分别向两极移动，至两极为止。部分纺锤丝残留在赤道面上，成为未来新细胞壁的基础——成膜体。此期间主要观察染色单体分别移向两极的各个阶段。

（4）末期：被拉向两极的子染色体重新形成染色质，核仁、核膜重新出现。细胞最后又恢复到分裂间期。留在赤道面上的成膜体形成细胞板，扩展，一直达到老细胞壁，形成子细胞的壁。此期间主要观察子细胞形成的各阶段。

在细胞进行分裂时，细胞质也开始分裂，细胞器等一分为二，分配于子细胞中。

五、作业

1. 列表总结植物细胞有丝分裂各阶段的特点。

时　期		特　点
分裂间期		
分裂期	前期	
	中期	
	后期	
	末期	

2. 洋葱根尖压片过程的关键环节是什么？

六、思考题

1. 什么是细胞周期？
2. 什么是染色体？你观察到洋葱有几条染色体？
3. 讨论细胞周期中细胞核中的染色质与染色体周期性变化意义。细胞周期各期的细胞核中 DNA 含量有什么变化？
4. 为什么选择根尖 0.5cm 以内的部分进行制片？
5. 你认为要观察到有丝分裂各个阶段，对材料应该有何要求？
6. 茎顶端和幼芽是否可以作为植物染色体计数的材料？
7. 从组织角度讲，观察有丝分裂的理想组织属于哪类？

实验四 植物组织

一、实验目的和要求

掌握植物分生组织、薄壁组织、保护组织、输导组织、机械组织、分泌组织的形态构造及特点。

二、实验材料

（1）洋葱（*Allium cepa* L.）根尖纵切面玻片标本。
（2）紫丁香（*Syringa oblata* Lindl.）茎尖纵切永久制片。
（3）水王荪（黑藻）（*Hydrilla verticillata*（L. f.）Royle）茎顶端纵切面玻片标本。
（4）灯心草（*Juncus effusus* L.）茎纵横切面玻片标本。
（5）南瓜（*Cucurbita moschata*（Duch.）Poir.）茎纵横切面玻片标本。
（6）接骨木（*Sambucus* sp.）茎横切面玻片标本。
（7）黄麻（*Corchorus capsularis* L.）茎纵横切面玻片标本。
（8）马尾松（*Pinus massoniana* Lamb.）茎纵横切面玻片标本。
（9）莲藕（*Nelumbo nucifera* Gaertn.）根状茎横切（示储藏薄壁组织）。
（10）南瓜（*Cucurbita moschata*（Duch.）Poir.）茎横切面（示孔纹导管）。
（11）蒲公英（*Taraxacum mongolicum* Hand-Mazz.）根纵切（示有节乳汁管）。
（12）小麦（*Triticum aestivum* L.）根（新鲜标本）。
（13）水竹草（*Zebrina pendula* Schnizl.）叶新鲜标本。
（14）大红花（*Hibiscus rosa-chinensis* L.）叶新鲜标本。
（15）油茶（*Camellia oleifera* Abel.）叶横切（示分枝石细胞）。
（16）蚕豆（*Vicia faba* L.）叶片。
（17）茄（*Solanum melongena* L.）叶片。
（18）天竺葵（*Pelargonium hortorum* Bailey.）叶片。
（19）苹果（*Malus pumila* Mill.）叶片。
（20）芹菜（*Apium graveolens* L.）叶柄。
（21）睡莲（*Nymphaea tetragona* Georgi）叶横切片。
（22）大麻（*Cannabis sativa* L.）纤维玻片。

（23）油松（*Pinus tabilaeformis* Carr.）茎的横切面玻片和木材离析装片。

（24）梨（*Pyrus* sp.）果实横切面玻片标本。

（25）苹果（*Malus pumila* Mill.）果皮横切（示角质层）。

（26）柠檬（*Citrus limon*（L.）Burm. f.）果皮横切（示溶生性分泌囊）。

（27）柑橘（*Citrus reticulata* Blanco）果实。

三、实验内容

（一）分生组织

1. 根尖分生组织：取洋葱（*Allium cepa*）根尖纵切面玻片，观察分生区（生长锥），细胞正进行有丝分裂。细胞排列紧密整齐。

2. 茎端分生组织

（1）取水王荪（*Hydrilla verticillata*）茎顶端纵切面玻片标本于显微镜下观察，可见茎的顶端有一群细胞形状较小，排列较整齐，紧密，细胞质浓厚，核较大，无大液泡或有小而分散的液泡，这是茎顶端分生组织。

（2）取紫丁香（*Syringa oblata*）茎尖纵切面永久制片观察，茎尖切片中有很多幼叶，幼叶的中央包藏着锥形的生长锥，即为顶端分生组织。茎的顶端分生组织同样也有原分生组织和初生分生组织，初生分生组织中同样分化为原表皮层、基本分生组织和原形成层，注意与根中的区别是什么？

在茎尖切片中，除最前端的原分生组织外，还可找到位于茎尖侧芽（腋芽）原基中的原分生组织，在一些发育较早的侧芽中还可以看到原形成层。

（二）薄壁组织

细胞近乎等径，细胞壁薄，有细胞间隙，细胞质较浓厚，液泡多而分散。

1. 储藏薄壁组织：将莲藕（*Nelumbo nucifera*）根状茎做徒手切片，然后制成水藏玻片进行观察。可见细胞内储藏大量淀粉粒等营养物质，主要存在于各类储藏器官中。

2. 同化薄壁组织：取大红花（*Hibiscus rosa-chinensis*）叶做徒手切片，显微镜下观察，可见叶片的上、下表皮之间有呈绿色的同化薄壁组织，上表皮由 1 层大而排列整齐的细胞所组成，在上表皮下方有 1 层排列整齐，呈圆柱形的长形细胞是栅栏组织，细胞内的叶绿体数量较多，在栅栏组织下方（下表皮内侧）是排列疏松，不规则形的细胞——海绵组织，细胞中叶绿体数量较少。

3. 通气薄壁组织：取灯心草（*Juncus effusus*）茎纵横切面玻片标本，先观察横切面，再观察纵切面，可见，表皮细胞 1 层；表皮下的数层薄壁组织含有叶绿体，称同化薄壁组织。薄壁组织之间有大小不等的圆形空腔，称为通气道，与维管束相间，围成 1 圈；茎的中央为大量疏松的，分枝的薄壁组织，构成发达的通气组织（图 4-1）。

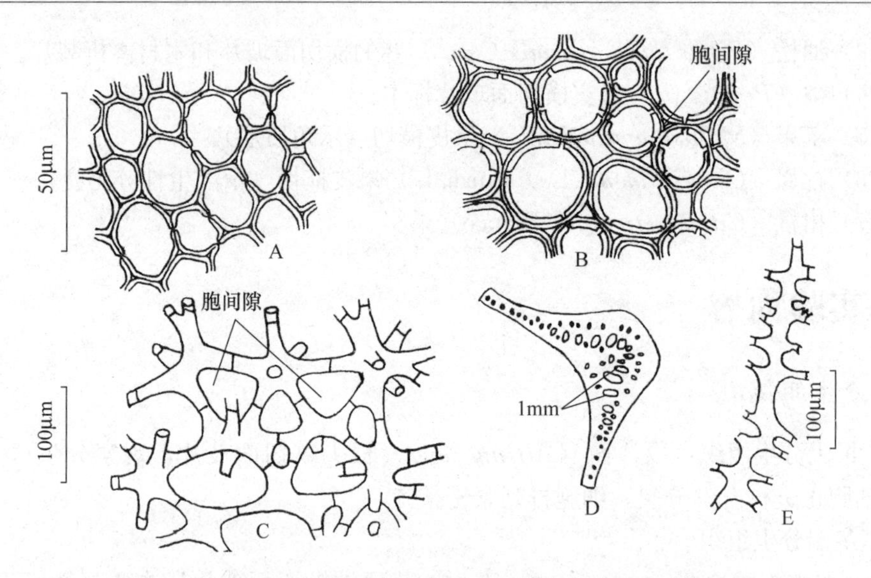

图4-1　薄壁组织细胞的形状和细胞壁结构（细胞内容物未绘出）

A、B. 桦属（*Betula*）茎髓部的薄壁组织。较幼小的茎，细胞只有初生壁（A）；较老的茎，并已有次生壁（B）；
C、D. 美人蕉属（*Canna*）叶的通气组织。薄壁组织（C）和在叶柄和中脉内的腔隙（D）；
E. 天人菊属（*Gaillardia*）盘花薄壁组织的长臂细胞

4. 吸收薄壁组织：取生活的小麦（*Triticum aestivum*）幼根，先用肉眼观察，可见在根毛区有许多毛状突起，这是根毛，然后以幼根制成水藏玻片，用手轻轻压盖玻片，把盖玻片下的幼根压扁，在低倍镜下观察根毛的形态。

（三）保护组织

1. 用撕片法制作水竹草（*Zebrina pendula*）叶表皮水藏玻片。

2. 用同样方法制作大红花（*Hibiscus rosa-chinensis*）叶下表皮水藏玻片。

从上述两种植物看，表皮细胞是生活细胞，细胞壁互相嵌合，相互之间排列致密，无胞间隙。在表皮细胞之间可见气孔器，它是由两个半月形的含有叶绿体的保卫细胞及其间的开口所组成，围绕保卫细胞，可见不同排列的副卫细胞。

3. 观察蚕豆（*Vicia faba*）叶表皮：用镊子撕取蚕豆叶下表皮1小片，放在载玻片上，滴1滴清水后，盖上盖玻片，制成临时装片。在显微镜下观察，注意细胞排列有何特点？可以见到两种形态不同的细胞：一种是不规则的普通的表皮细胞，有细胞核，但无叶绿体；另一种是成对的肾形保卫细胞，有明显的叶绿体，也有细胞核。如果看不清楚，可滴加碘-碘化钾溶液使叶绿体变成紫黑色，而细胞核呈暗黄色。每对保卫细胞之间的窄缝，即气孔的开口，其两侧的保卫细胞能控制与调节气孔的开闭，合称气孔器。注意观察气孔器在表皮上的分布情况。以上是叶表皮结构的表面观（实验时如无新鲜蚕豆叶可用永久制片代替）。

4. 观察小麦（*Triticum aestivum*）叶表皮：取小麦叶下表皮装片观察，可见其表皮细胞呈纵行排列，普通的长形表皮细胞外，还有成对发生的短细胞：一为硅质细胞；一为栓质细胞，有时短细胞形成毛状突起。在普通的表皮细胞中，还有特化成气孔器的细胞，它由 4 个细胞组成，1 对围着气孔裂缝的保卫细胞呈哑铃形，其外侧是两个三角形的小细胞，叫副卫细胞。保卫细胞狭窄，壁厚，两端膨大成球状，壁薄，并可见到叶绿体。副卫细胞核明显，无叶绿体。

如无叶表皮的永久性玻片，可自制临时装片进行观察。由于禾本科植物的表皮组织与叶肉连接紧密，不易撕取，故须改用刮取的方法。具体方法如下：取新鲜的小麦叶 1 段，平放载玻片上，上表皮朝上。用左手紧压其两端，右手持钝刀片把表皮和叶肉等其他组织一起刮掉，仅剩 1 层透明的、薄膜状的下表皮，然后用剪刀剪取 1 小块没有破损的表皮组织，用 10%甘油封片观察，也能达到上述的效果。

5. 观察表皮附属物——表皮毛：由于植物种类的不同，表皮附属物形态也各异，可用撕取表皮的办法，制成临时装片，或直接在解剖镜（体视显微镜）下观察各种类型的表皮毛状附属物，比如番茄叶的分枝毛；南瓜叶片的多细胞毛；苹果叶的单细胞毛；天竺葵的腺毛等。

（四）输导组织

取南瓜（*Cucurbita moschata*）茎玻片标本：先用肉眼观察（图 4-2），在横切面上，可见 5～7 个维管束，排列成环状，显微镜下仔细观察其中 1 个维管束。

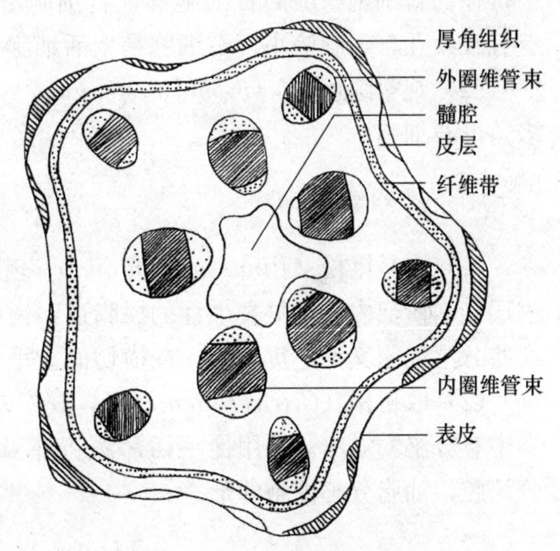

图 4-2　南瓜茎横切面模式图

占据维管束中部的是木质部（染成红色），维管束外侧为外韧皮部，内侧为内韧皮部（皆染成绿色）。此为复并生型维管束，木质部内有管径大小不等的圆孔，为导管的横切面观。注意大、小导管的位置和分布。导管是生活细胞还是死细胞?

在内外韧皮部可见筛管横切面观为多边形的薄壁细胞，有的筛管可见筛板。筛板上有许多小孔——筛孔。筛管是生活细胞还是死细胞? 在筛管旁边有呈三角形或四边形的较小的薄壁细胞——伴胞，伴胞是生活细胞吗?

再观察南瓜茎纵切面，在木质部可见导管分子的横壁消失，彼此相连成筒状。导管管壁有环纹、螺纹、梯纹、网纹和孔纹等不同程度的木质化增厚，注意各种导管的排列位置及管径大小的变化。

在韧皮部中筛管呈长筒形，在两个筛管分子的连接处可见筛板和其上的筛孔。在筛管旁有较小的长形细胞——伴胞。

（五）机械组织

1. 厚角组织

（1）观察接骨木（*Sambucus* sp.）茎横切面，最外层为表皮细胞。紧贴表皮下方为周皮，周皮内侧局部位置上（不呈连续环状）为数层厚角组织细胞。细胞幼嫩时呈多角形，角隅上有纤维素的初生壁增厚，变老时，主要在细胞的切向壁上加厚，称板状厚角组织。

（2）徒手切片观察芹菜（*Apium graveolens*）叶柄，制作临时装片，用番红染色，置于显微镜下，观察叶柄的棱角处，在表皮和维管束之间有一团厚角组织，细胞壁较厚，并有光泽，可被番红染成红色。

2. 纤维

（1）观察黄麻（*Corchorus capsularis*）茎的纵横切面。先观察横切面，在韧皮部可见纤维细胞数个至数十个聚集在一起，纤维细胞呈多边形，细胞壁全面增厚，中空部分为细胞腔。再观察黄麻茎纵切面，纤维细胞聚集成束状，每个纤维细胞呈狭长纺锤形，两端细尖，纤维细胞的顶端之间彼此贴合，组成牢固坚韧的结构。

（2）观察大麻（*Cannabis sativa*）纤维装片，可见长纺锤形的纤维细胞。

3. 石细胞

（1）观察梨（*Pyrus* sp.）果肉横切面玻片标本，可见在薄壁组织中，分布有由多个等径的石细胞组成的石细胞群，石细胞呈多边形或近圆形，细胞壁强烈增厚，壁上有分枝纹孔，细胞腔小，石细胞是生活细胞吗？

（2）观察睡莲（*Nymphaea tetragona*）叶横切片。在叶肉组织内可见染成红色的多角形石细胞。

（六）分泌组织

（1）取马尾松（*Pinus massoniana*）茎横切面玻片标本，在显微镜下观察，在茎的皮层，木质部内，可见裂生性的树脂道，树脂道是由分泌细胞围成的管道状的胞间隙。这些分泌细胞又称上皮细胞，在横切面上呈半月形，富含细胞质。

（2）取柑橘（*Citrus reticulata*），观察外果皮上透明的油囊，用手挤压外果皮，油囊中有分泌物溢出。采用徒手切片法将外果皮制成临时装片，在显微镜下观察溶生性分泌腔，油脂分泌细胞的形态。

四、作业

1. 绘大红花叶上表皮的数个细胞。
2. 绘各种类型导管的纵切面图。
3. 列表比较导管、管胞、筛管和伴胞在形态、结构、输导功能以及在植物体分布上的异同。
4. 比较厚角组织、厚壁组织在形态结构与功能上的异同。

五、思考题

1. 试比较根尖分生组织与茎端分生组织构造特点。
2. 薄壁组织分布在植物体内哪些部位？执行何种生理功能？
3. 水竹草叶片的表皮与大红花叶片的表皮细胞其形状、排列有何不同？

4. 试比较导管与筛管的形态、构造与功能。
5. 为什么管胞输导水分的效率比导管低？
6. 厚角组织和厚壁组织的分布、结构特点如何与它们的功能相适应？
7. 导管是细胞还是组织？
8. 举例说明简单组织和复合组织的区别。
9. 初生分生组织分布在植物体的哪些部位？

附：开放性实验一　植物组织

自采或由实验室提供新鲜植物材料如芹菜（*Apium graveolens*）叶柄、美人蕉（*Canna indica*）叶柄、凤仙花（*Impatiens balsamina*）茎等，练习徒手切片、装片并观察植物组织。

1. 凤仙花茎横切面

（1）观察皮层及髓中的薄壁组织细胞，注意观察细胞的形状，细胞之间的间隙，细胞内的细胞核、叶绿体和结晶，以及细胞壁等。

（2）观察表皮层下面的厚角组织，这种厚角组织主要在细胞角隅处加厚，称为角隅厚角组织，也称真厚角组织。

2. 美人蕉叶柄横切面：观察气腔中的薄壁细胞，呈多突起伸展放射状或臂状，各细胞壁呈分枝状突起相互连接，围成很大的空腔。

3. 芹菜叶柄横切面：观察皮层厚角组织，细胞壁角隅增厚，细胞中具有叶绿体和细胞核。

实验五　根的初生构造和次生构造

一、实验目的和要求

（1）了解根尖的结构及其顶端生长。
（2）掌握双子叶植物根的初生构造。
（3）了解双子叶植物根的维管形成层和木栓形成层的产生及其活动，根的次生构造特点。
（4）掌握单子叶植物根的结构。
（5）了解侧根发生的部位及形成规律。

二、实验材料（玻片标本）

（1）小麦（*Triticum aestivum* L.）根尖纵切面。
（2）水稻（*Oryza sativa* L.）根横切面。
（3）蒜（*Allium sativum* L.）根横切面。
（4）毛茛（*Ranunculus japonicus* Thunb.）根横切面。
（5）栓皮栎（*Quercus variabilis* Bl.）根横切面。
（6）蓖麻（*Ricinus communis* L.）根横切面（示维管形成层出现）。
（7）蚕豆（*Vicia faba* L.）根横切面。
（8）砂仁（*Amomum villosum* Lour.）根横切面。
（9）广东土牛膝（*Achyranthes aspera* L.）根横切面（示内皮层）。
（10）向日葵（*Helianthus annus* L.）的老根与幼根横切面。
（11）玉米（*Zea mays* L.）根横切面。
（12）苜蓿（*Medicago* sp.）根横切面（示维管形成层出现）。

三、实验内容

（一）根尖的结构

1. 取小麦（*Triticum aestivum*）根尖纵切面玻片标本：显微镜下，可见根尖区分为4个部分：

（1）根冠：在根尖的前端，呈帽状的__________组织。根冠外层的细胞较大，排列疏松，内层的细胞较小，排列紧密。

（2）分生区（生长锥）：位于根冠的上方，为__________组织，细胞的形态构造可参阅实验四。

（3）伸长区：在分生区上方，细胞作伸长生长，液泡出现。

（4）根毛区（成熟区）：在伸长区上方，表皮细胞向外突出，延长而成根毛。同时维管束逐渐分化成熟，可见有导管出现。

2. 洋葱根尖纵切面玻片标本观察：由根尖逐渐向上辨认以下各区。

（1）根冠：在根尖的最前端，略呈三角形，套在生长点之上，是一群薄壁细胞，排列不整齐，外层较大，内部细胞较小。在根冠内部贴近生长点的一些细胞，形小而质浓，是特殊的分生组织，为根冠不断补充新细胞。

（2）分生区：在根冠之内，长仅1～2mm，由排列紧密的小型多面体细胞组成。细胞壁薄、核大、质浓，属分生组织，包括原生和初生分生组织。细胞分裂能力很强，在切片中可见有丝分裂的分裂相。

（3）伸长区：位于分生区的上方，长2～5mm，此区细胞停止分裂。细胞一方面沿长轴方向迅速伸长，另一方面逐步分化成不同组织，向成熟区过渡，细胞中液泡明显。有的切片中能见到一种特别宽大的成串的细胞，是正在分化中的幼嫩的导管细胞。

（4）根毛区（成熟区）：在伸长区的上方，此区细胞伸长已基本停止，并已分化出各种成熟组织，表面密生根毛。注意根毛由表皮细胞壁突起而成。根毛内含有细胞质、细胞核。此区是根的主要吸收部位。此外，位于此区的中央部分可以看见已分化成熟的组织。注意观察环纹和螺纹导管。

由于上述各区是逐渐变化并不断向前推进的，因此各区之间没有明显的界限。

（二）根的初生结构

1. 毛茛（*Ranunculus japonicus*）根的横切面玻片标本观察：在显微镜下毛茛根的横切面由外至内可分为：

（1）表皮：只存在于根尖部分，为吸收组织，位于根的最外层，为1层形似砖形的扁平生活细胞。排列整齐、紧密。有些地方有突出物形成根毛。

（2）皮层：位于表皮与维管柱之间，由以下部分组成：

1）外皮层：皮层最外的1层细胞，紧接表皮，排列整齐，细胞小。表皮脱落后外皮层细胞经木栓化后行保护作用，代替表皮。

2）皮层薄壁组织：外皮层与内皮层之间的数层薄壁细胞，排列疏松，有胞间隙，内含物丰富，为储藏组织。

3）内皮层：是皮层最内的1层紧靠维管柱的1层细胞。细胞排列紧密，没有细胞间隙，细胞的径向壁和上下横壁呈带状的加厚，并且木质化和栓质化，称为凯氏带增厚。是否5面增厚？细胞壁未增厚的细胞称为通道细胞，起皮层和维管柱之间物质交流的作用。

（3）维管柱（中柱）：内皮层以内的所有组织统称为维管柱，在切片中占面积较小。其细胞一般比皮层细胞小，由数种不同的组织组成，有输导和支持的作用，由以下几部分构成：

1）中柱鞘：是维管柱最外层、紧靠内皮层的1层薄壁细胞，细胞较大，排列紧密，具有潜在的分裂能力，可产生侧根、木栓形成层和不定根等。

2）初生木质部：位于根内的中央部分，常成4束（呈4个星芒），芒尖端是原生木质部，细胞形状较小；后生木质部在中心，细胞形状较原生木质部大。初生木质部成熟方式属外始式（即由外向内渐次成熟），其结构成分有导管、管胞、木薄壁细胞、木纤维（切片中被染成红色的部分）。

3）初生韧皮部：位于初生木质部星芒之间与木质部交错排列。原生韧皮部在外，后生韧皮部在内，也属外始式，其组成有筛管、伴胞、韧皮薄壁细胞和韧皮纤维。

4）未发育的形成层：是位于木质部和韧皮部之间的薄壁细胞，在次生生长时，发育成形成层。

2. 观察蒜（*Allium sativum*）根横切面玻片标本：在显微镜下，蒜根横切面由外至内可见下列部分：

（1）表皮：根的最外一层细胞，是__________组织。注意有无根毛。

（2）皮层：由外皮层、薄壁细胞及内皮层组成，占据根横切面的最大面积。

1）外皮层：皮层最外1层细胞，细胞排列紧密，根表皮将脱落时，外皮层细胞壁栓质化。

2）皮层薄壁组织：由多层薄壁细胞组成，细胞的排列疏松，细胞间隙大。

3）内皮层：皮层的最内1层细胞，细胞排列紧密，细胞壁5面增厚，正对木质部的内皮层细胞的细胞壁不增厚为通道细胞。双子叶植物内皮层细胞的细胞壁具有凯氏带增厚结构。

（3）维管柱：初生根的维管柱面积小于皮层面积。

1）中柱鞘：内皮层内方的1层薄壁细胞。

2）初生木质部与初生韧皮部呈辐射状相间排列，木质部为4～6原型，注意木质部的发育方向是__________始式。

3. 观察玉米（*Zea mays* L.）根横切面切片

（1）表皮：最外层，排列整齐，细胞外壁无角质化，常见有突起根毛。

（2）皮层：属基本组织，靠近表皮的1～2层，细胞小，排列紧密，可称外皮层。在较老的根中可见2～3层厚壁细胞，细胞壁木质化与栓质化，以后可代替表皮起保护作用，常被番红染成红色，其内皮层细胞与毛茛根比较，幼时结构差不多，也可以有凯氏带增厚的现象，但稍老的玉米根就出现了明显的不同，细胞多为5面增厚的细胞壁，并栓质化，在横切面上呈马蹄形，仅外切向壁不增厚，但在正对原生木质部处的内皮层细胞常不增厚，为通道细胞。

（3）维管柱：在皮层之内，其外有中柱鞘包围。中柱鞘为1层个体较小、排列整齐的薄壁细胞，有形成侧根的功能。在中柱鞘之内，初生木质部与初生韧皮部相间排列。原生木质部约有12组导管，口径小，发生早，具有螺纹状和环纹状的增厚；后生木质部约为6束口径增大的导管，成熟较晚，故在切片上染色较浅，待其成熟时为孔纹或网纹增厚。每个后生木质部导管常与2个原生木质部导管相对应，韧皮部细胞不太明显，须换高倍镜观察。维管柱中央是由薄壁细胞组成的髓。

（三）根形成层出现及其发育（图 5-1）

1. 蓖麻（*Ricinus communis*）根横切面共有 4 个切面，从右至左的排列顺序，显示形成层的出现，根由初生构造向次生构造发展。

选择蓖麻根的初生构造切片：可见表皮、皮层、内皮层、中柱鞘，呈 4 原型的初生木质部，与初生木质部相间排列的初生韧皮部。

在蓖麻根初生构造横切面玻片，可见：内皮层细胞壁可见凯氏带，紧贴内皮层的 4～5 层扁平细胞是中柱鞘，在初生木质部辐射棱之间，可见 1～2 层排列较整齐的扁平细胞，此为片断的维管形成层。

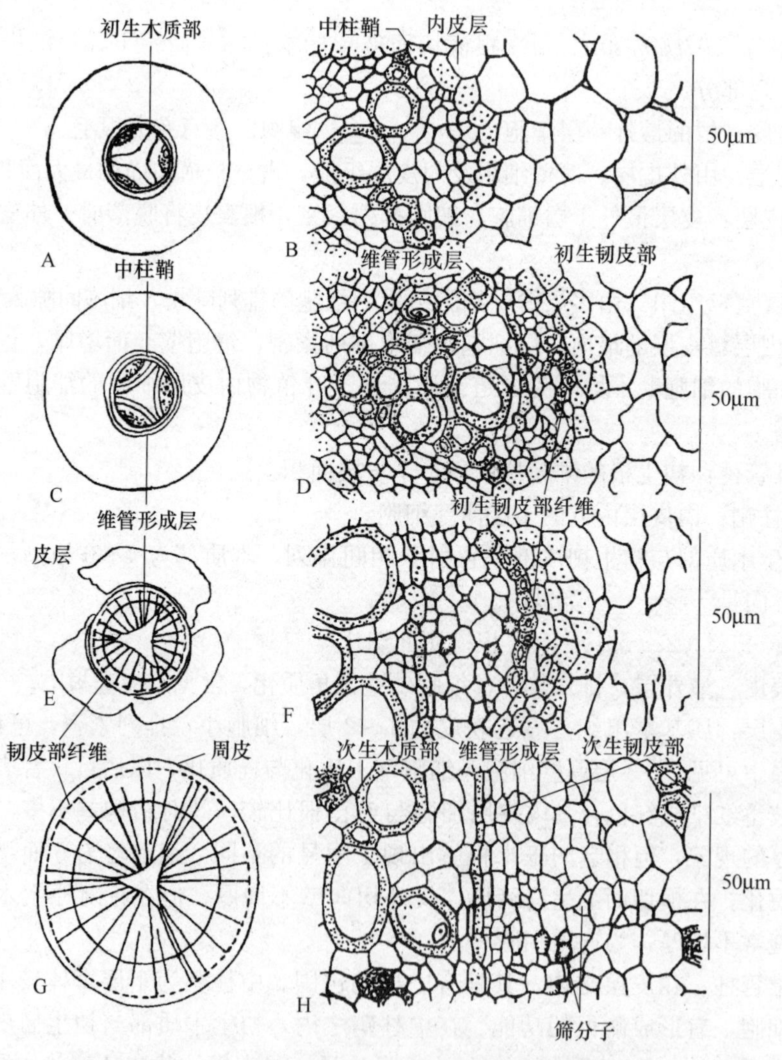

图 5-1　苜蓿（*Medicago* sp.）根在不同发育时期的横切面图解（左）和详图（右）

A、B. 初生生长时期；C、D. 维管形成层的开始发生；

E、F. 维管柱的次生生长，中柱鞘有细胞分裂，皮层破裂；G、H. 次生生长已经完成

在蓖麻根次生构造横切面玻片中，可见：由片断的维管形成层发展成一维管形成层环，因为维管形成层细胞正在分裂，因此有多层细胞，称为维管形成层区。

选择蓖麻根另一具次生构造横切面玻片，继续观察蓖麻根的次生构造，注意与它的初生构造进行比较。

2. 观察苜蓿（*Medicago* sp.）根的横切面玻片标本。

（四）根的次生构造

1. 栓皮栎（*Quercus variabilis*）根的横切面玻片标本：在显微镜下观察栓皮栎根的次生构造。

（1）根的外方还有表皮吗？如果没有，什么组织代替了它？

（2）观察周皮的结构、由数层整齐、放射状排列的细胞所组成，注意区分木栓层、木栓形成层和栓内层。

（3）找出维管形成层区的位置。次生韧皮部位于形成层的外侧，它由筛管、伴胞、薄壁细胞、韧皮纤维、石细胞群、韧皮射线、含晶细胞和被挤压破的韧皮部组织组成。次生木质部位于形成层的内侧，占面积最大，由导管、木薄壁细胞、木纤维、木射线及含晶细胞组成。

（4）木射线与韧皮射线相连，两者统称维管射线，与初生木质部相对应的射线薄壁组织往往由多列细胞组成。

（5）细心观察可见初生木质部保留在根的中央，5～6 原型，呈辐射星芒状。

2. 向日葵（*Helianthus annus*）老根与幼根的横切面玻片标本：在显微镜下向日葵（*Helianthus annus*）根的初生构造和次生构造进行对比观察。注意在根的次生构造中，它有哪些结构是与幼根不同的。幼根的初生构造，大致与毛茛幼根相同；而老根不但有初生构造，而且有次生构造，由外至内可以观察到：

（1）表皮：为 1 层细胞，有的地方破裂，是否有根毛？

（2）皮层：位于表皮与中柱鞘之间的数层细胞，分为外皮层、皮层、内皮层，细胞内有后含物，有时还有结晶。内皮层具凯氏带加厚。在表皮破裂皮层外露的部分，由皮层外部的细胞壁加厚并栓质化，起保护作用。

（3）维管柱：皮层以内所有组织的总称，位于根的中央部分，可分为：

1）中柱鞘：维管柱的最外 1 层薄壁组织，有再分生能力，可产生侧根、木栓形成层等。

2）维管组织：包括以下 3 部分。

a. 木质部：位于根的中央，由初生木质部和次生木质部组成（切片内染成红色的部分）。初生木质部呈星芒状。次生木质部位于形成层与初生木质部之间。

b. 形成层：位于韧皮部和木质部之间，数层细胞，排列紧密，形似砖形，属次生分生组织。

c. 韧皮部：位于中柱鞘和形成层之间，由初生韧皮部和次生韧皮部组织（在切片中略呈蓝色）。次生韧部位于形成层与初生韧皮部之间。

（五）侧根的形成

取向日葵和蚕豆（*Vicia faba*）根横切面玻片标本，在显微镜下观察，可见侧根起源于与初生木质部相对应的中柱鞘。因此，侧根是__________起源。中柱鞘细胞分裂形成侧根的生长点，生长点继续分裂生长，突破内皮层、皮层、根、表皮而进入土中。侧根的生长、分化过程和主根相同。在玻片标本中，主根是横切面，侧根则是纵切面。

四、作业

1. 绘蒜根横切面构造图（内皮层以内绘详图，内皮层以外只绘1/4详图）。
2. 绘蓖麻根横切面构造图（内皮层以内绘详图、内皮层以外绘简图）。
3. 绘毛茛根横切面示意简图，并标明各部分名称。

五、思考题

1. 根尖的分区依据是什么？
2. 什么是初生生长和初生结构？
3. 维管柱和中柱有何区别？
4. 什么是外始式？植物根中韧皮部和木质部成熟方式如何适应其功能？
5. 凯氏带的结构如何与功能相适应？
6. 侧根发生在什么部位？如何形成？
7. 比较单子叶植物和双子叶植物根的构造有何不同。

实验六　茎的初生构造和次生构造

一、实验目的和要求

（1）认识茎顶端生长及茎尖生长分化的特点。
（2）掌握草本双子叶植物茎的初生构造特征。
（3）掌握木本双子叶植物茎的次生构造及木材三切面特点。

二、实验材料

（1）水王荪（黑藻）（*Hydrilla verticillata*（L. f.）Royle）茎尖纵切面玻片标本。
（2）铁线莲（*Clematis florida* Thunb.）茎横切面玻片标本。
（3）南瓜（*Cucurbita moschata*（Duch.）Poiret.）茎纵、横切片玻片标本。
（4）向日葵（*Helianthus annus* L.）茎纵、横切片玻片标本。
（5）枫香（*Ligudambar formosana* Hance）茎纵、横切面玻片标本。
（6）椴树（*Tilia tuan* Szyszyl.）茎横切片玻片标本。
（7）小麦（*Triticum aestivum* L.）茎横切片玻片标本。
（8）玉米（*Zea mays* L.）茎横切面玻片标本。
（9）水稻（*Oryza sativa* L.）茎横切片玻片标本。
（10）马尾松（*Pinus massoniana* Lamb.）茎三切面玻片标本。
（11）油松（*Pinus tabulaeformis* Carr.）木材三切面切片。

三、实验内容

（一）水王荪（*Hydrilla verticillata*）茎尖纵切面标本

（1）显微镜下观察水王荪茎尖纵切面玻片标本，茎顶端光滑部分即为生长锥。

（2）生长锥的下方两侧各有 1 小突起，此为叶原基。位于更下方的叶原基有些已发展为幼叶，幼叶将进一步发展为成熟叶。

（3）某些叶原基腋生腋芽原基，腋芽原基将来发展成腋芽。

（二）茎的初生构造

1. 观察铁线莲（*Clematis florida*）茎纵横切面：取铁线莲玻片标本，在显微镜下先观察横切面，由外至内可见：

（1）表皮：位于茎的最外层，角质层薄，注意有无气孔。

（2）皮层：由薄壁组织（含有叶绿体）、厚角组织和纤维束（仅分布在茎突起的棱部）组成，注意皮层和维管柱的比例。

（3）维管柱：包括维管束、髓部和髓射线。辨别：

维管束：分离束状、排列成环。每个维管束的内方为木质部，外方为韧皮部（__________型维管束）。

木质部：染成红色，从导管管径的大小来看，木质部的发展方向为__________始式，除导管外，还有木薄壁细胞组成。

韧皮部：由筛管、伴胞和薄壁细胞组成。

（4）髓射线，为维管束之间的薄壁细胞。

（5）维管形成层区：在木质部与韧皮部之间及髓射线相应位置上，有数层扁平排列整齐的细胞为维管形成层。

（6）髓部：由薄壁细胞组成。

对照观察铁线莲茎纵切面，使对它的茎的初生构造有一立体认识。

2. 观察南瓜（*Cucurbita moschata*）茎的横切面：在低倍显微镜下观察茎横切面全貌，辨清各组织在茎中的部位和比例，然后换高倍镜观察各种组织的细微结构，由外至内可看到：

（1）表皮：位于茎的最外层，由1层生活细胞组成（来源于原表皮层），形状比较规则，一般呈砖形，并附有单细胞或多细胞的表皮毛，在茎的表皮上气孔的数目比较少，外壁角质化，具有较厚的角质层，起保护作用，属于初生保护组织。

（2）皮层：位于表皮以内，维管柱以外的部分，由基本分生组织发育而来，近表皮的薄壁细胞常具叶绿体，有细胞间隙。在南瓜茎中皮层由4种组织构成：

1）厚角组织：位于表皮之下，有数层细胞，细胞间隙加厚，是机械组织的一种，呈弧形或环形围绕在皮层的外部，在切片中染成紫红色。

2）同化组织：位于厚角组织内侧，由数层大小不一、排列不规则的薄壁细胞组成，内含叶绿体。

3）环管纤维：由数层细胞排列成圆筒状，包围维管柱，细胞壁全部加厚，为厚壁组织，属于机械组织的一种。

4）储藏组织：在环管纤维内侧还有数层薄壁细胞，细胞较大，壁薄具有储藏作用。

（3）维管柱：位于茎中心，皮层以内所有部分的总称，可分为：

1）中柱鞘：在茎中一般不明显或缺如。

2）初生维管束：在南瓜茎中呈卵圆形，排列为内外两轮，由3部分组成：

外韧皮部（初生韧皮部）：位于维管束的外方，由筛管、伴胞、韧皮薄壁细胞和韧皮纤维组成。注意它们的形状特征。

形成层：初生韧皮部和初生木质部之间的1层或数层排列整齐的砖形细胞，具有分裂能力。

初生木质部：位于形成层内侧，由导管（分环纹、螺纹、梯纹、网纹和孔纹导管）、管胞、木纤维、木薄壁细胞组成。

内韧皮部：南瓜的维管束为双韧维管束，它的内韧皮部位于木质部的内方，在木质部与内韧皮部之间还具有内形成层，但不活动。

3）髓：位于茎的最中央，来源于基本分生组织，由薄壁细胞组成，排列较疏松，是储藏组织。

4）髓射线：位于维管束之间，内起髓部外达皮层，也来源于基本分生组织，由薄壁细胞组成，有储藏和横向运输的作用。茎的最中央为髓腔。

（三）双子叶植物茎的次生构造

1. 观察枫香（*Ligudambar formosana*）茎次生构造：在显微镜下，观察枫香茎横切面玻片标本，找出维管形成层区的位置（图 6-1）。维管形成层区以外，称为树皮，包括表皮、周皮、皮层、初生韧皮部、次生韧皮部。维管形成层区以内，称为木材，包括

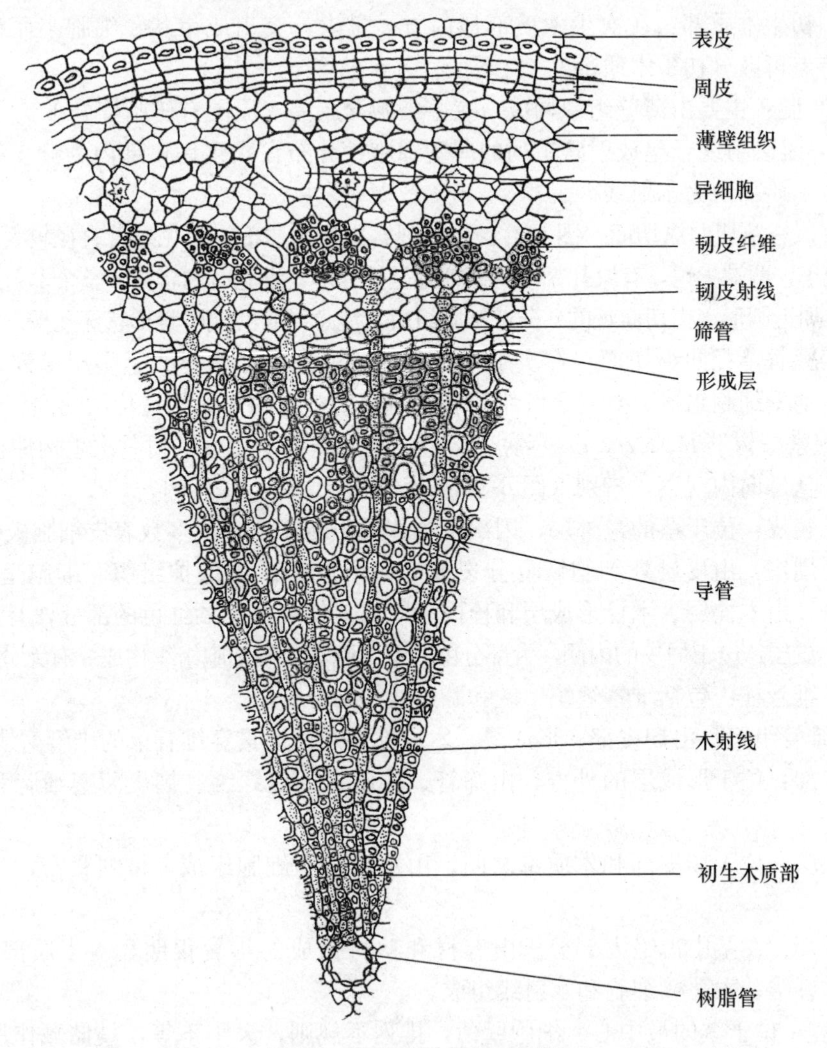

图 6-1　枫香茎的横切面图解

（自中山大学植物学教研室教学图库，刘运笑重绘）

次生木质部、初生木质部和髓部。然后依次观察下列各部分：

（1）表皮：残余的表皮细胞位于茎的最外层。

（2）周皮：表皮之下有数层扁平，染成红色，整齐辐射排列的组织为周皮。试区别：木栓层、木栓形成层和栓内层。此外，在周皮某些部位可见皮孔。

（3）皮层：在周皮内方，由厚角组织和排列疏松的薄壁组织组成，某些细胞含有簇晶，另有分散的异细胞。

（4）初生韧皮纤维：在皮层内方，被染成蓝色。

（5）初生韧皮部：在韧皮纤维和次生韧皮部之间，可见被挤毁的初生韧皮部。

（6）次生韧皮部：由筛管、伴胞与薄壁细胞（常具内含物）组成。

（7）维管形成层：由数层排列整齐的细胞所组成，其中 1 层为维管形成层。

（8）次生木质部：由导管（管径大、多边形）、纤维管胞（管径小、四边形或多边形）、木薄壁细胞（有内含物）组成。

（9）初生木质部：在次生木质部最内方，量少，突出成束状，细胞小而密集，根据什么特点可区分初生木质部？

（10）髓：主要由薄壁组织构成，有些细胞含簇晶，周围有树脂管分布。

（11）维管射线：呈放射状单列的薄壁细胞，分布在次生韧皮部内为韧皮射线。分布在次生木质部内为木射线。

观察枫香茎切向纵切面（图 6-2）：主要观察次生木质部，可见导管直径较大。纤维管胞直径较小，两端尖锐，有纹孔。木薄壁细胞呈长方形，细胞有内含物。整个木射线呈纺锤形，由单列近圆形（横切面观的）薄壁细胞组成，注意导管的端壁具梯状穿孔板。

观察枫香茎径向纵切面：在次生木质部中，可见整个木射线呈多层横列，由横走的长方形薄壁细胞组成。导管、纤维管胞、木薄壁细胞的形态构造均同切向切面。

2. 观察椴树（*Tilia tuan*）茎次生构造。在显微镜下观察椴树茎次生构造横切面玻片标本，从外向内观察，辨别（图 6-3）：

（1）表皮：位于茎的最外层，因次生构造的不断产生，使多数表皮细胞破碎脱落。

（2）周皮：由皮层外细胞恢复分裂能力而形成的次生保护组织。细胞呈长方形，排列紧密，由木栓层、木栓形成层和栓内层组成。切片内呈橘红色的部分，有无皮孔？

（3）皮层：位于周皮的内侧，大部分由薄壁细胞和厚壁细胞组织构成。有无分泌结构？

（4）维管柱：包括维管组织、髓和髓射线 3 部分。

1）维管组织：由韧皮部、形成层、木质部以及横向贯穿维管束的维管射线组成。

韧皮部：位于形成层的外方，由筛管、伴胞、韧皮纤维、韧皮薄壁细胞和韧皮射线组成。

形成层：位于韧皮部和木质部之间，由数层砖形细胞组成，排列紧密，为次生分生组织。

木质部：在茎中占绝大部分。由春材和秋材构成的年轮很明显。木质部由导管、管胞、木纤维、木薄壁细胞和木射线组成。

2）髓：位于茎的最中心。细胞壁薄，排列不规则，大小不等，具储藏作用，为储藏组织。注意观察环髓鞘、髓中的分泌结构和机械组织。

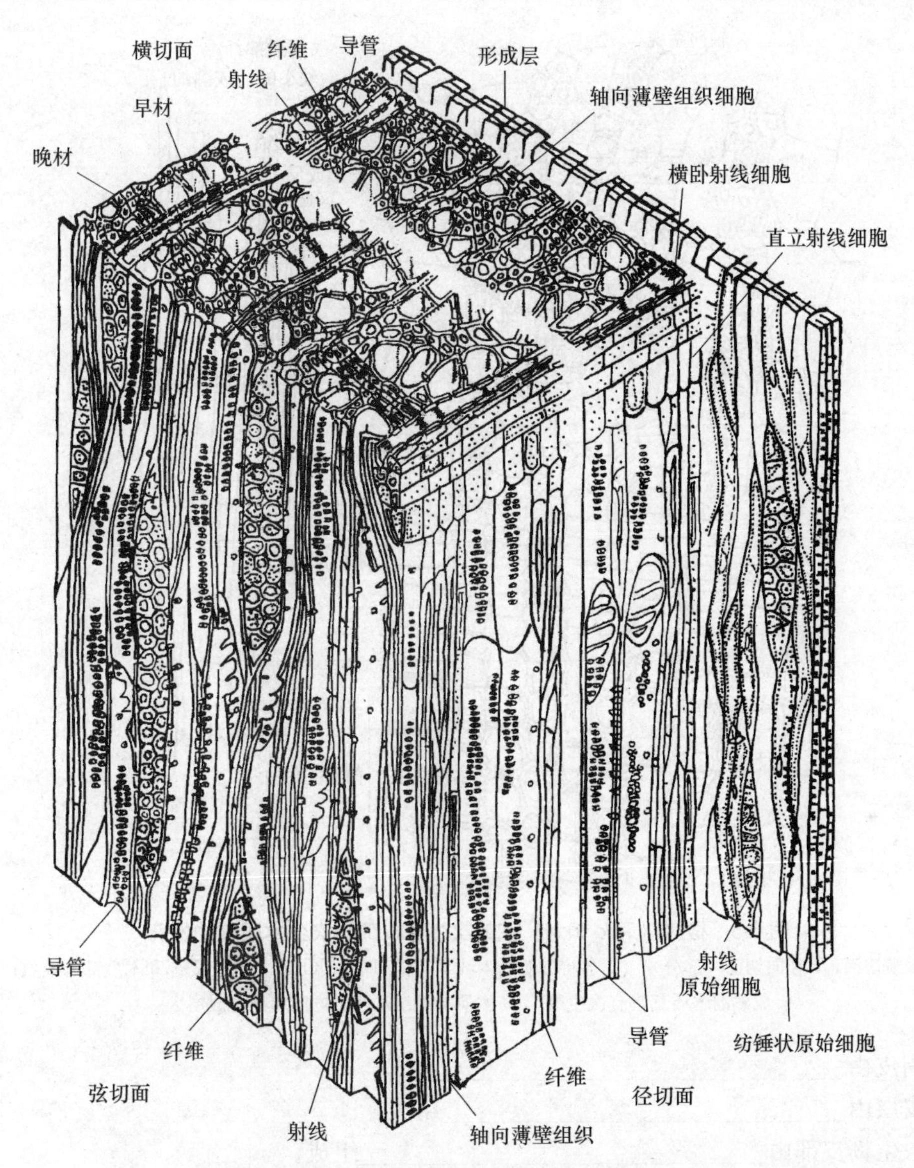

图 6-2　美国鹅掌楸（*Liriodendron tulipifera*）的木材 3 切面的立体图解

（自中山大学植物学教研室教学图库，刘运笑重绘）

轴向系统包括具有梯状穿孔板的导管分子、

纤维细胞和在临界薄壁组织上的轴向木质部薄壁组织束

（四）裸子植物的次生构造

取马尾松（*Pinus massoniana*）或油松（*Pinus tabulaeformis*）茎纵、横切面玻片标本：显微镜下先观察茎横切面的构造（图 6-4 横切面）。

（1）首先识别维管形成层区，在维管形成层区的外方为树皮（染成褐绿色），内方为木材（染成红色）。

（2）树皮由周皮、皮层（有树脂道）初生韧皮部残余，次生韧皮部组成，最外方可见表皮残余。

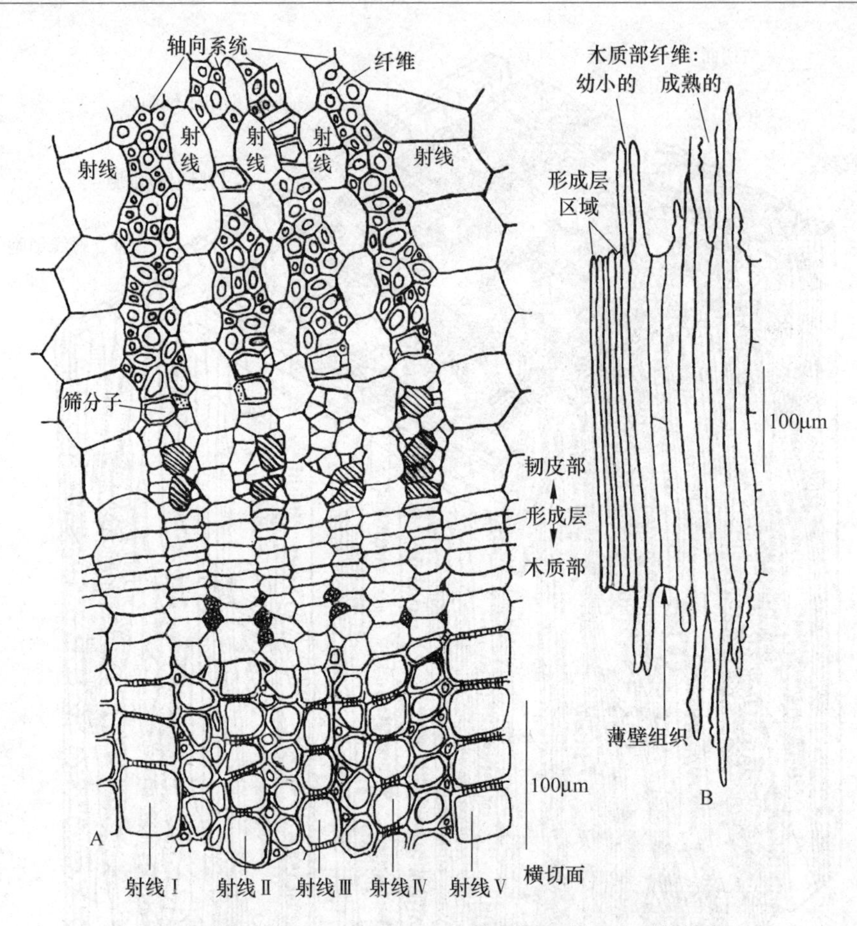

图 6-3　椴树（*Tilia tuan*）茎的次生韧皮部和次生木质部的发育

A 横切面，B 径向切面（部分）。A. 各行细胞与射线交替排列；靠近形成层的韧皮部和木质部未成熟；成熟的木质部具有次生壁。B. 木质部纤维从两个方向超出形成层区

周皮由______________________________组成。

皮层由______________________________组成。

次生韧皮部由______________________________组成。

（3）木材主要由次生木质部组成，有树脂道。

注意有无年轮，如有则注意早材与晚材的区别。

次生木质部由管胞组成，管胞呈四方形或多边形，排列整齐，在径向壁上可见具缘纹孔的切面观。

初生木质部邻接髓的周围，髓部位于茎的中央。注意它们的组成分子。

（4）维管射线包括韧皮射线和木射线，单列。

（5）观察马尾松茎切向纵切面：在次生木质部可见管胞呈纺锤形，可见具缘纹孔切面观。木射线呈纺锤形。

（6）观察马尾松茎径向纵切面，次生木质部可见管胞呈纺锤形，可见具缘纹孔的表面观。木射线由横走的长方形细胞组成。在纵切面能找到树脂道吗？

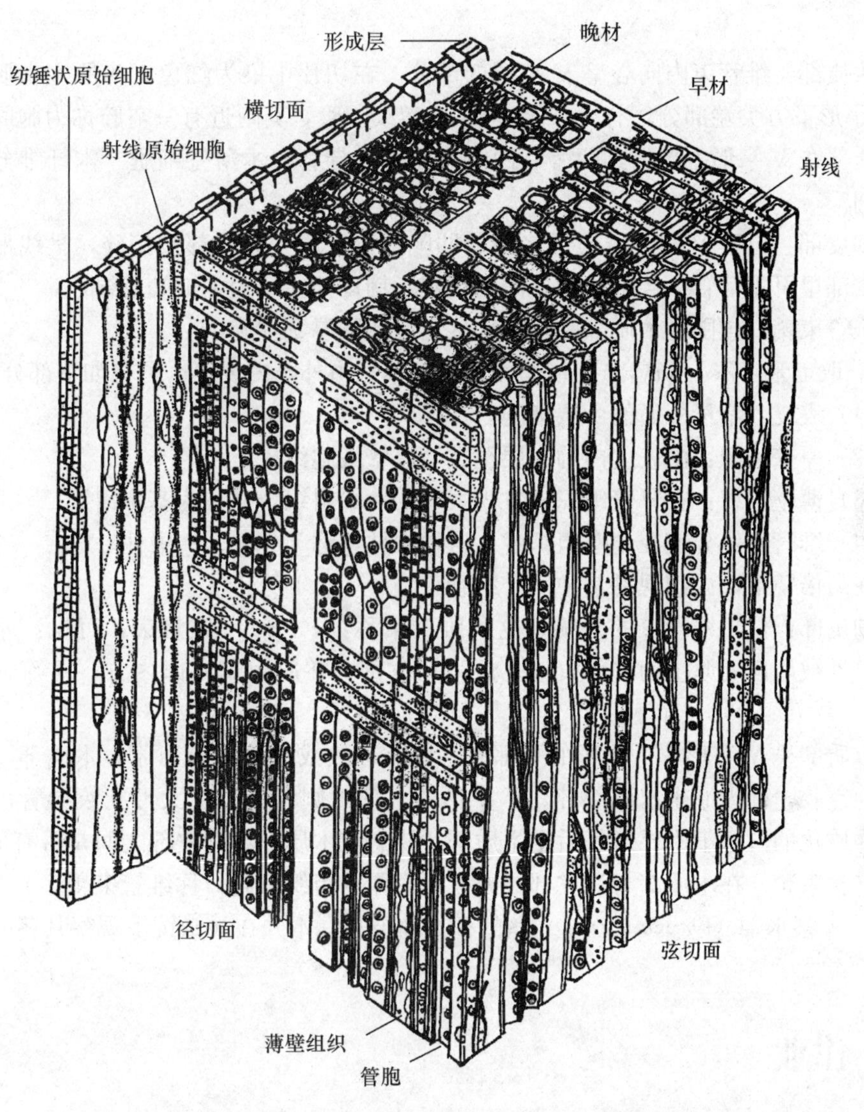

图 6-4　金钟柏（*Thuja occidentalis* L.）木材 3 切面的立体图解

（自中山大学植物学教研室教学图库，刘运笑重绘）

轴向系统由管胞和一些薄壁组织细胞组成，射线只含有薄壁组织细胞

（五）单子叶植物茎的构造

1. 小麦（*Triticum aestivum*）茎横切片：小麦茎内维管束为两轮。皮层、中柱鞘、髓射线与髓之间无明显的界限。茎的最中央为髓腔。从外至内可以观察到：

（1）表皮：由 1 层砖形的活细胞组成，其细胞壁高度硅质化，起保护作用。

（2）机械组织及同化组织：位于表皮之下。机械组织与含叶绿体的同化组织相间排列。

（3）基本组织：位于机械组织以内，由大、小不等的薄壁细胞组成。

（4）维管束：形似卵圆状，在茎中呈两轮排列，外较小，内较长，由下列部分组成：

木质部：维管束内向心呈V字形的部分。在切片中染为红色者为原生木质部，位于V字形下方尖端部分，有1～2个环纹或螺纹导管，其附近有一空腔称为胞间道；后生木质部在V字形上部，其两旁有两个大型孔纹导管。木薄壁细胞、木纤维分布于导管之间。

韧皮部：位于V字形木质部之间的凹陷部分。原生韧皮部被挤碎，呈线形；在后生韧皮部里可见筛管、伴胞和韧皮薄壁细胞。韧皮部在切片中被染成绿色。

维管束鞘：包围在木质部和韧皮部外面的一圈厚壁细胞。

2. 取玉米（*Zea mays*）茎横切面玻片标本，由外至内观察，可见如下部分。

（1）表皮：茎最外面的1层细胞。

（2）厚壁组织：由表皮内的1层至数层厚壁细胞组成。

（3）薄壁组织：在厚壁组织内方为大量的薄壁组织，又称为基本组织。

（4）维管束：分散在基本组织中，这种中柱，称__________中柱。

在高倍镜下，详细观察其中1个维管束。

韧皮部：位于维管束的外侧，这种维管束称__________维管束，可见：原生韧皮部，只见被压扁的原生韧皮部痕迹。后生韧皮部，在原生韧皮部内方，由筛管与伴胞组成。

木质部呈V字形，V字形的下部有一两个环纹或螺纹导管为原生木质部，导管的附近为空腔，称为原生木质部腔。V字形的上部两侧各有1个大形孔纹导管，导管之间有木质化的薄壁细胞，这是后生木质部。注意在木质部和韧皮部之间是否有形成层。

维管束鞘：在木质部与韧皮部外方有1圈厚壁组织细胞，称维管束鞘。

3. 观察水稻（*Oryza sativa*）茎的横切面玻片标本并在显微镜下观察其茎的各部分结构。

四、作业

1. 绘铁线莲茎横切面模式图。
2. 绘玉米茎横切面模式图。
3. 绘枫香茎横切面1/12的详图。
4. 绘玉米茎横切面的简图，并绘其中1个维管束详图。注明各部分名称。
5. 绘南瓜茎横切面简图，并注明各部分名称。
6. 绘椴树茎1/10横切面简图，并注明各部分名称。

五、思考题

1. 种子植物根尖和茎尖在形态构造上有何异同点？
2. 试比较根、茎初生构造的异同点。
3. 根的维管形成层与茎的维管形成层出现过程有何不同？

4. 如何区分维管束、维管柱、维管组织和输导组织?

5. 草本双子叶植物茎初生构造有哪些主要特点?

6. 你根据什么特征来区分次生茎三切面?

7. 什么是春材（早材）和秋材（晚材)?

8. 树皮由哪些部分组成?

9. 比较裸子植物、双子叶植物和单子叶植物茎各自的构造特点。高大的单子叶植物如棕榈科、禾本科、龙舌兰科、百合科等植物茎有形成层吗?

附：开放性实验二　次生分生组织和次生生长

1. 周皮：周皮是具次生生长的茎和根上代替表皮的一种保护组织，其组成结构有何特点?

(1) 马铃薯（*Solanum tuberosum* L.）块茎在生长中表皮已破坏，最外面的部分是周皮，起保护作用。将具有周皮的马铃薯小块进行徒手切片（横切面），制作水藏玻片，观察辨认周皮的组成，由外到内：木栓层、木栓形成层、栓内层。

(2) 接骨木（*Sambucus* sp.）或棠梨（*Pyrus calleryana* var. *koehneid* T. T. Yü）枝条带树皮部分做横切，装片观察周皮的组成。

2. 维管形成层：维管形成层是次生分生组织，它使植物不断加粗生长。

将麻梨（*Pyrus serrulata* Rehd.）或紫藤（*Wisteria sinensis* Sweet.）1 年生枝条树皮剥下，用小刀或镊子刮取或撕下木质茎上的形成层，做成水藏玻片，观察纵向排列形成层细胞，构成形成层的细胞有两种：一种为纺锤形原始细胞，衍生出次生维管组织（次生韧皮部、次生木质部）；另一种为等径的射线原始细胞，衍生出维管射线（韧皮射线、木射线）。

观察麻梨形成层细胞的排列，纺锤状原始细胞不排列成水平层，而且互相部分交叠，这是非叠生形成层。观察紫藤形成层细胞排列纺锤状原始细胞排列整齐，细胞两端几乎在同一水平，这是叠生形成层（图 1）。

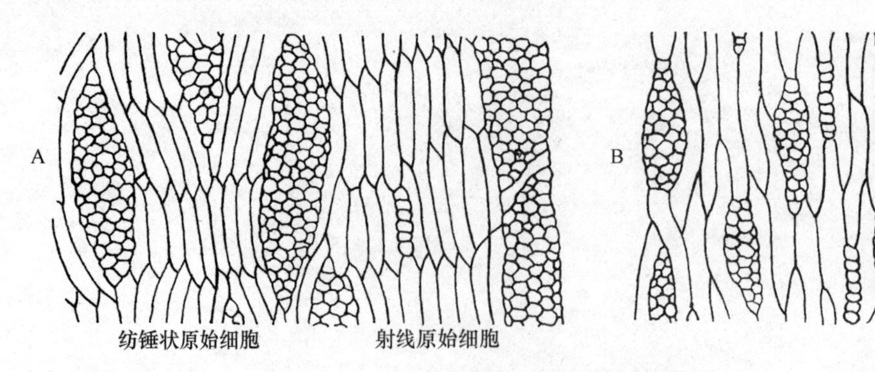

图 1　不同类型形成层弦切面

A. 洋槐属（*Robinia*）叠生形成层；B. 梣属（*Fraxinus*）非叠生形成层

实验七　叶的形态及其构造

一、实验目的和要求

（1）认识双子叶植物叶的表皮特征和内部构造。
（2）认识单子叶植物叶的表皮特征和内部结构。
（3）了解裸子植物针叶横切面的结构特点。
（4）观察分析气孔器的结构特征。
（5）了解植物叶片的形态构造与其生长环境的统一性。
（6）认识叶的外形及复叶的组成，认识各种变态叶及其适应性。

二、实验材料

（1）桑（*Morus alba* L.）叶横切面玻片标本。
（2）马铃薯（*Solanum tuberosum* L.）叶横切面玻片标本。
（3）紫丁香（*Syringa oblata* Lindl.）叶横切面玻片标本。
（4）烟草（*Nicotiana tabacum* L.）叶横切面玻片标本。
（5）棉花（*Gossypium hirsutum* L.）叶横切面玻片标本。
（6）小麦（*Triticum aesitivum* L.）叶横切面玻片标本。
（7）水稻（*Oryza sativa* L.）叶横切面玻片标本。
（8）玉米（*Zea mays* L.）叶横切面玻片标本。
（9）小麦（*Triticum aesitivum* L.）叶表皮装片。
（10）马尾松（*Pinus massomiana* Lamb.）叶横切面玻片标本。
（11）油松（*Pinus tabulaeformis* Carr.）叶横切面玻片标本。
（12）甘蔗（*Sacchrum sinensis* Roxb.）叶横切面玻片标本。
（13）夹竹桃（*Nerium indicum* Mill.）叶横切面玻片标本。
（14）眼子菜（*Potamogeton distinctus* A. Benn.）叶横切面玻片标本。
（15）倒挂金钟（*Fuchsia hybrida* Voss.）叶横切面玻片标本。
（16）有各种叶形变态叶的新鲜标本或腊叶标本。

三、实验内容

（一）双子叶植物叶片的结构

1. 取桑（*Morus alba*）叶横切面玻片标本在显微镜下观察。

（1）表皮：区别上、下表皮。表皮角质层薄，偶见单细胞表皮毛和气孔器（图 7-1）。注意气孔器的分布，在上表皮多还是下表皮多？上表皮细胞中还可见碳酸钙晶体——钟乳体。

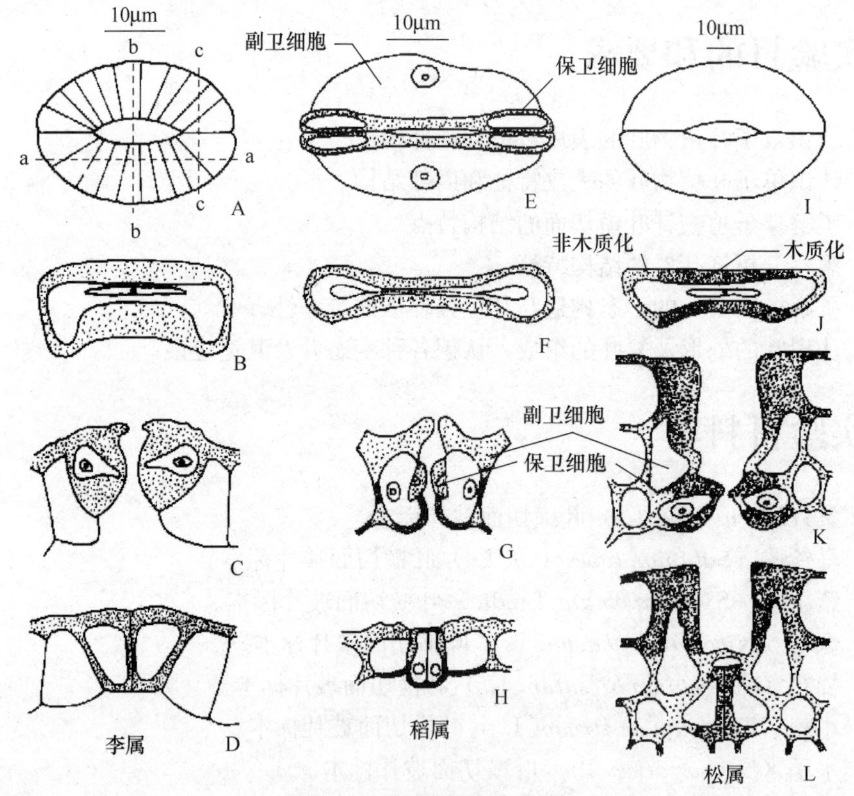

图 7-1 各类植物的气孔器

（引自 K. 伊稍. 种子植物解剖学. 李正理译. 1982）

A～D. 双子叶植物的气孔器；E～H. 单子叶植物的气孔器；I～L. 裸子植物的气孔器。气孔器的表面观 A、E、I；其他图示气孔器的各种切面：沿 a-a 面（B、F、J），沿 b-b 面（C、G、K），沿 c-c 面（D、H、L）

（2）叶肉

1）栅栏组织：位于上表皮的下方，细胞长柱形，排成栅栏状，与上表皮相垂直，细胞内有叶绿体。

2）海绵组织：位于栅栏组织和下表皮之间，细胞形状不规则，排列疏松，细胞内叶绿体的数量较栅栏组织的少。

（3）中脉：叶片两面中部隆起部分，常在叶背更为突出，中脉大维管束外韧型，侧脉处可见较小的维管束。

1）注意区别韧皮部（位于叶的背面，被染成绿色，细胞较小，包括筛管、薄壁细胞）及木质部（位于叶的腹面，主要是导管，管径大，被染成红色）。

2）韧皮部和木质部之间有形成层区。

3）在导管之间，可见整齐排列的薄壁细胞。

4）在主脉上、下表皮的内侧，有染成绿色的厚角组织。

5）在薄壁细胞内，常见簇晶，偶见方晶。

2. 在显微镜下分别观察烟草（*Nicotiana tabacum*）、棉花（*Gossypium hirsutum*）、马铃薯（*Solanum tuberosum*）和紫丁香（*Syringa oblata*）叶的横切面玻片标本。先用低倍镜，然后转用高倍镜观察。

（1）表皮：最外面的长方形细胞，无叶绿体，外壁常被角质膜。在表皮细胞间分布气孔。气孔器是由两个半月形的保卫细胞组成，下接 1 个较大的气室。有无副卫细胞？表皮分上、下表皮。注意观察表皮毛的结构特征，下表皮分布的气孔较多。

（2）叶肉

1）栅栏组织：紧靠上表皮，通常为 1 层长柱形的薄壁细胞，含沿壁分布的大量叶绿体。

2）海绵组织：位于栅栏组织与下表皮之间，细胞形状不规则，排列疏松，胞间隙大，细胞内也含叶绿体。在气孔的内方，有 1 个较大的胞间隙叫做孔下室（气室）。

（3）叶脉

1）主脉：由机械组织和维管束组成。木质部与韧皮部的排列是茎中维管束的延伸，注意外韧维管束与双韧维管束排列。

2）侧脉：二级脉，连接主脉，其组成与主脉相同，由侧脉再分出细脉，构成叶脉脉序，随着从主脉到二级脉，再到三级脉，形成网脉，脉越来越细，组成也越来越简化，在脉梢有时只余 1 列导管。

由观察可知，烟草、棉花、马铃薯和紫丁香叶结构基本相似，但马铃薯和烟草具双韧维管束。

（二）叶表皮的特征

撕取倒挂金钟（*Fuchsia hybrida*）叶的下表皮，制作水藏玻片，在显微镜下观察，所见到的叶表皮细胞形状一般不规则，彼此紧密镶嵌，可见表皮毛及腺毛。仔细观察气孔器的正面，两个内含叶绿体的肾形保卫细胞围成气孔。

用离析的小麦叶片自制成水藏玻片观察。表皮细胞由 1 种长细胞（侧壁波浪形）和两种短细胞（栓细胞和硅细胞构成，还可看到泡状运动细胞）。气孔器由两个哑铃形保卫细胞和两个半圆形副卫细胞组成。也可见表皮毛。可看到叶肉细胞有明显的峰、谷、腰、环等结构，沿褶壁分布的叶绿体，可见细胞核。其叶肉细胞的峰和环可多达 11 个，最多可达 23 个，因而可提高光合效率。

（三）禾本科植物叶片的结构

1. 取水稻（*Oryza sativa*）叶横切面玻片标本，在显微镜下观察。

（1）表皮：① 表皮有长细胞和短细胞。细胞表面有硅质突起；② 上表皮还有一些特殊的大型细胞称泡状细胞，它的位置一般在两侧脉（维管束）之间；③ 气孔在上、下表皮都有，气孔的内方有较大空腔，称孔下室（图 7-2）。

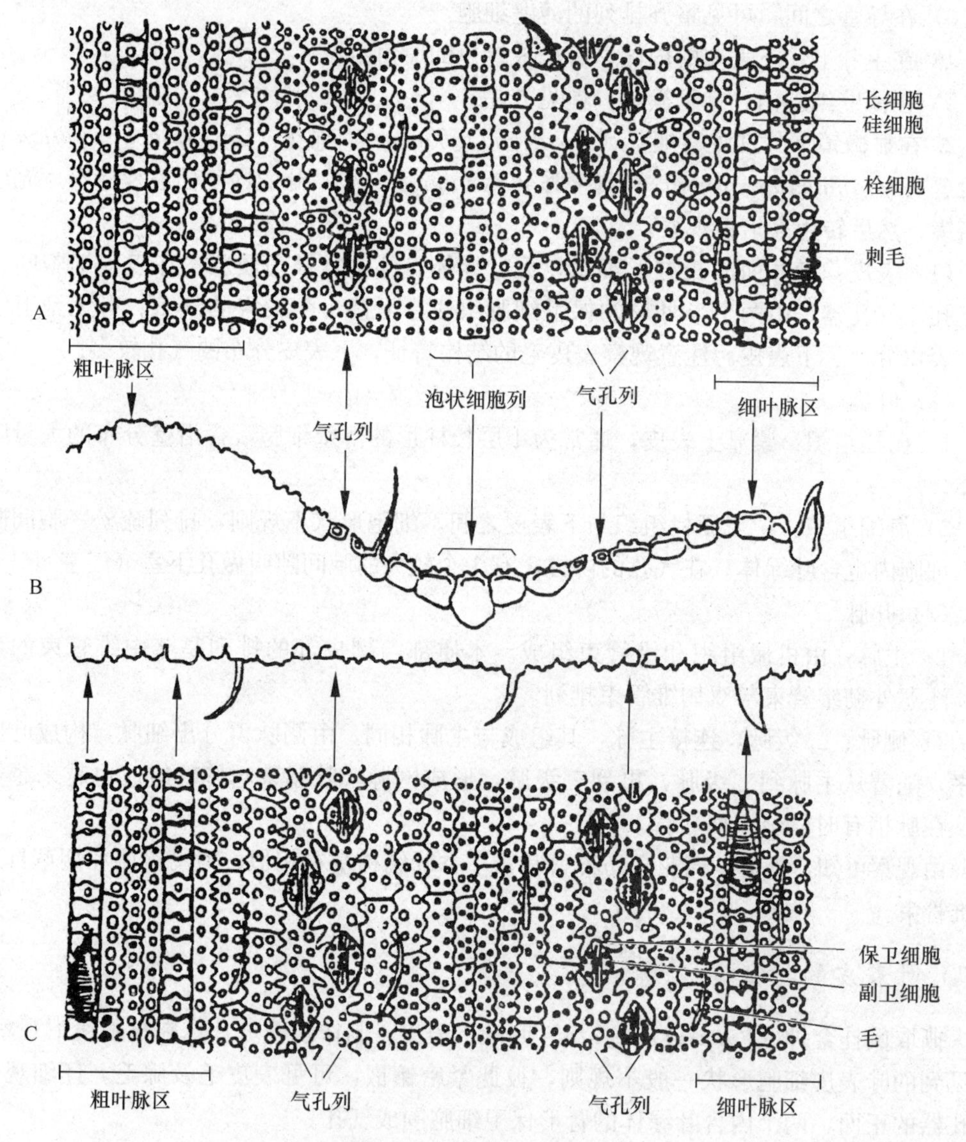

图 7-2　水稻叶表皮的结构

（自中山大学植物学教研室教学图库，刘运笑重绘）

A. 叶上表皮顶面观；B. 叶片横切面示意图（示上下表皮）；C. 叶下表皮顶面观

（2）叶肉：水稻叶为等面叶，叶肉没有分化，叶肉组织细胞间隙比较小，细胞壁向内褶皱，叶绿体沿褶壁分布（细胞壁向内皱褶，有何生理意义?）。

（3）叶脉

1）直出平行脉。在横切面，可见维管束呈平行排列，在维管束与上、下表皮之间有发达的纤维厚壁组织。

2）主脉的中央有两个左右对称的大气腔。主脉上、下表皮内方，（气腔的上、下方）各有1个维管束，维管束属于单子叶植物茎维管束结构，是外韧维管束，注意有无形成层。

3）木质部由3～4个导管组成，两侧各有1个管径较大的孔纹导管，其下方是1个空腔，残留着环纹或螺纹导管的次生加厚壁。韧皮部由筛管和伴胞组成。

维管束外有两层细胞围着，称为维管束鞘。内层细胞较小，是厚壁组织，外层较大，是薄壁组织。

2. 取小麦（*Triticum aesitivum*）叶横切面玻片标本，在显微镜下观察。

（1）表皮：最外1层长方形薄壁细胞，外壁高度角质化，上表皮还有数个大型薄壁细胞，称为运动细胞，有何作用？气孔器保卫细胞呈哑铃形，保卫细胞的两侧各有1个小的副卫细胞。可见表皮毛。

（2）叶肉：无栅栏组织与海绵组织分别，细胞多呈卵圆形，含叶绿体，细胞间隙小而气室较大。

（3）叶脉：为平行脉，由机械组织和维管束组成。小麦的维管束是有限维管束，没有形成层。木质部靠上表皮，韧皮部靠下表皮。维管束外有两层维管束鞘，外层细胞大而壁薄，叶绿体比叶肉细胞的少。内层细胞壁厚，细胞小，几乎不含叶绿体。维管束上方位于表皮内侧，通常可见成束的厚壁细胞。中脉的这一特点尤为突出。

3. 取玉米（*Zea mays*）叶横切面玻片标本在显微镜下观察。

（1）表皮：区别上、下表皮，注意其细胞的形状，大小和排列是否整齐？上表皮细胞中的运动细胞，有何功能？并注意表皮的气孔器和双子叶植物叶有何不同？

（2）叶肉：有无栅栏组织和海绵组织之分？

（3）叶脉：玉米的维管束鞘只有一层薄壁细胞，细胞较大，内含有比叶肉细胞内个大而多数的叶绿体。

4. 取甘蔗（*Sacchrum sinensis*）叶的横切面玻片标本在显微镜下观察。

注意区分表皮、叶肉、叶脉和维管束鞘，并与其他单子叶植物叶片结构进行比较。

（四）裸子植物针叶横切面的结构特征

取马尾松（*Pinus massoniana*）或油松（*Pinus tabulaeformis*）叶横切面玻片标本，在显微镜下观察：

马尾松针叶横切面呈半圆形，依次可以看到。

（1）表皮：细胞壁很厚，高度角质化，具有很厚的角质膜（被染成红色）。气孔内陷很深。副卫细胞成喙状突出于保卫细胞的上面，使气孔口变小，在气孔凹陷处尚分泌有些许树脂，借以减少水分的蒸发。

（2）皮层和叶肉组织：表皮下有几层厚壁的下皮层细胞（下皮层属于机械组织），可减少蒸腾和增加叶的支持力。叶肉细胞壁内凹成皱褶。叶绿体沿褶壁分布，无栅栏组织与海绵组织分化。在叶肉中分散有若干树脂道。在叶肉细胞最里而，有1层细胞，它们的细胞壁较厚，并栓质化加厚，这层细胞明显地具有凯氏带，称为内皮层。具有下皮层、内陷气孔和内皮层是松柏类植物叶特有特征。

（3）维管束：在内皮层以内有1～2个外韧维管束。维管束中被染成红色的是木质部，绿色的是韧皮部。木质部组成成分为管胞和薄壁组织，它们互相间隔排列，形成整齐的径向行列。在韧皮部的外方还分布着一些厚壁细胞。在内皮层与维管束之间还有转输组织（转输管胞，转输薄壁细胞）分布。

观察油松叶横切面结构可参照观察马尾松叶的顺序进行。

（五）不同生境下植物叶片结构

1. 取旱生植物夹竹桃（*Nerium indicum*）叶片横切面玻片标本进行观察。

（1）表皮：细胞壁厚，由2～3层细胞组成复表皮，表皮细胞排列紧密，靠外的表皮细胞外壁有角质膜，特别发达。如果制作徒手切片观察，角质膜是非常清晰的1亮层。下表皮也是复表皮，但比上表皮层数少，也有发达的角质膜。下表皮由一部分细胞构成下陷的气孔窝，在下陷气孔窝里的表皮细胞常特化成表皮毛，下表皮气孔数较多。

（2）叶肉：表皮之间是叶肉细胞，靠近上表皮，是由多层栅栏组织的细胞构成，细胞排列紧密。有时下表皮之内也有栅栏组织。海绵组织层数较多。叶肉细胞中常含有晶簇。

（3）叶脉：主脉粗大，具双韧维管束。在主脉上还可以观察到形成层细胞。

2. 取水生植物眼子菜（*Potamogeton distinctus*）叶片横切面玻片标本进行观察。

（1）表皮：细胞壁薄，外壁没有角质化，表皮细胞含有叶绿体，没有气孔和表皮毛。

（2）叶肉组织：表皮细胞以内的叶肉细胞不发达，没有栅栏组织和海绵组织之分。叶肉细胞间隙大，特别是在主脉附近形成较大的气腔通道。

（3）叶脉：眼子菜叶片的叶脉维管束退化。木质部简化，韧皮部细胞外具有1层厚壁细胞。

（六）叶片的形态（附录Ⅲ 芽、叶、花、果形态彩图Ⅰ、Ⅱ、Ⅲ）

（1）以叶尖、叶基、叶缘的形状来分

1）叶尖：长尖、短尖、急尖、圆钝、渐尖、凸尖、尖凹等。

2）叶基：心形、耳垂形、箭形、楔形、戟形、截形、不等侧、歪斜等。

3）叶缘：全缘、细锯齿、圆锯齿、重锯齿、粗锯齿、钝锯齿、缺刻、波纹、浅裂、半裂、深裂、全裂等。

（2）以整叶区分：圆形、扇形、三角形、针形、披针形、卵形、倒卵形、倒披针形等。

（3）以叶脉分：平行脉、网状脉、弧形脉、射出脉、二叉脉等。

（4）以单叶与复叶分：三出掌状或羽状复叶、单生复叶、羽状复叶、掌状复叶等。

（5）以叶着生的位置分：对生、互生、轮生、基生叶、簇生叶等。

（七）叶的变态

（1）总苞叶：一品红苞叶、向日葵总苞叶、玉米雌花序外总苞片等。

（2）叶卷须：豌豆等豆科植物的卷须。

（3）叶刺：小檗属、仙人掌类植物的刺。

（4）捕虫叶：食虫动植物的叶。

四、作业

1. 绘出桑叶横切面详图（主脉及一部分叶片）。
2. 绘出水稻叶横切面详图，并注明各部分名称。
3. 绘出玉米叶横切面详图，并注明各部分名称。
4. 绘出松针叶横切面简图，并注明各部分名称。

五、思考题

1. 如何从叶的结构区分叶的上表皮（腹面）和下表皮（背面）?
2. 双子叶植物的叶有无次生构造?
3. 通过本实验的观察，简述单子叶植物与双子叶植物叶的形态特点。
4. 如何区分单叶全裂、缺刻和复叶?
5. 怎样从来源、位置和形态上区分枝刺、叶刺和皮刺?
6. 怎样区别叶轴与枝条?
7. 比较旱生植物和水生植物叶片的结构特征。
8. 从松针叶的结构特征看，哪些特征可以表明松柏类植物适应于旱生环境?

附：开放性实验三　不同生境下植物叶的形态与构造、C_3和C_4植物的叶

植物生长在不同的生境，可表现出结构上的变异，特别是叶的变化最为显著；C_3和C_4植物光合作用途径的不同，是由其叶片特殊结构决定的？

1. 旱生植物：将夹竹桃（*Nerium indicum* Mill.）或油茶（*Camellia oleifera* Abel.）叶作徒手切片（横切面），制作成水藏玻片，在显微镜下进行观察，辨别它们气孔、表皮、栅栏组织、海绵组织、含晶细胞、分枝石细胞、叶脉维管束组成等结构。

2. 水生植物：将大薸（*Pistia strtiotes* L.）或眼子菜（*Potamogetum distinctus* A. Benn.）叶作徒手切片（横切面），制作成水藏玻片，在显微镜下进行观察，辨别它们表皮、气腔（通气组织）、叶肉、黏液细胞和含针晶细胞等结构。

3. C_3和C_4植物维管束鞘的比较：将C_4植物玉米（*Zea mays* L.）或甘蔗（*Sacharum officinarum* L.）叶与C_3植物小麦（*Triticum aestivum* L.）或水稻（*Oryza sativa* L.）叶作徒手切片，制作横切面水藏玻片，在显微镜下观察它们的维管束鞘的形态有较大差异，C_4植物的维管束鞘细胞含较多体积较大的叶绿体，与周边的叶肉细胞排列也紧密；而C_3植物的维管束鞘细胞含叶绿体数少，体小。有的C_4植物的叶肉组织细胞与维管束鞘细胞的壁互相嵌合，结合紧密，形成花环状结构。

4. C_4植物格兰马草（*Bouteloua gracilis*（H. B. K）Lag. ex Steud.）叶的横切面。

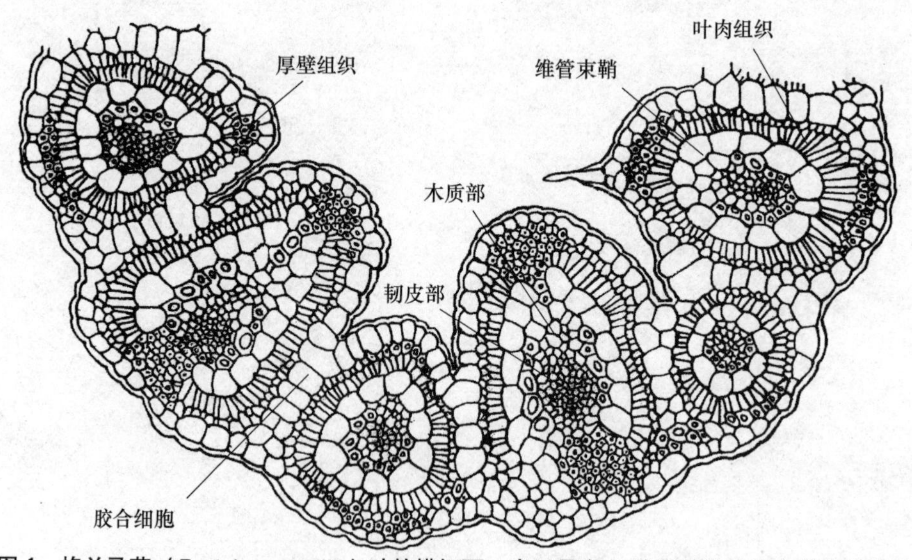

图 1　格兰马草（*Bouteloua gracilis*）叶的横切面，表示具有C_4途径的结构和自然内卷的叶

（自中山大学植物学教研室教学图库，刘运笑重绘）

实验八　花、花序、雌雄蕊的结构和发育

一、实验目的和要求

（1）掌握花的基本结构及其形态，花冠、花序和胎座的基本类型。

（2）认识被子植物雌雄蕊的结构和发育。

二、实验材料

（1）大红花（*Hibiscus rosa-chinensis* L.）或木槿（*H. syriacus* L.）花。

（2）百合（*Lilium brownii* var. *viridulum* Baker）花药横切面玻片标本（不同发育时期）。

（3）百合子房横切面玻片标本（不同发育时期）。

（4）具花的新采标本或腊叶标本：

1）菜心（*Brassica* aff. *parachinensis* Bailey）。

2）猪屎豆（*Crotalaria mucronata* Desv.）。

3）水茄（*Solanum torvum* Swartz.）。

4）五爪金龙（*Ipomoea cairica*（L.）Sweet.）。

5）软枝黄蝉（*Allemanda cathartica* L.）。

6）龙船花（*Ixora chinensis* Lam.）。

7）吊钟花（*Enkianthus quinqueflorus* Lour.）。

8）蟛蜞菊（*Wedelia chinensis*（Osbeck）Merr.）。

9）一串红（*Salvia splendens* Ker.-Gawl.）。

10）向日葵（*Helianthus annuus* L.）。

11）茴香（*Foeniculum vulgare* Mill.）。

12）芫荽（*Coriandrum sativum* L.）。

13）麻叶绣线菊（*Spiraea cantoniensis* Lour.）。

14）假连翘（*Duranta repens* L.）。

15）垂柳（*Salix babylonica* L.）。

16）海芋（*Alocasia macrorrhiza*（L.）Schott.）。

17）对叶榕（*Ficus hispida* L. f.）。

18）唐菖蒲（*Gladiolus gandavensis* Van Houtt.）。

19）勿忘草（*Myosotis silvatica* Hoffm.）。

20）草莓（*Fragaria×ananassa Duch.*）。

21）毛茛（*Ranunculus japonicus* Thunb.）。

22）油菜（*Brassica campestris* L.）。

23）荠菜（*Capsella bursa-pastoris*（L.）Medic.）。

24）牵牛（*Pharbitis nil*（L.）Choisy.）。

25）田旋花（*Convolvulus arvensis* L.）。

26）金盏菊（*Calendula officinalis* L.）。

27）蒲公英（*Taraxacum mongolicum* Hand.-Mazz.）。

28）蚕豆（*Vicia faba* L.）。

29）洋槐（*Robinia pseudoacacia* L.）。

30）耧斗菜（*Aquilegia viridiflora* Pall.）。

31）珍珠梅（*Sorbaria kirilowii*（Regel）Maxim.）。

32）车前（*Plantago asiatica* L.）。

33）小麦（*Triticum aesitivum* L.）。

34）苹果（*Malus pumila* Mill.）。

35）绣线菊（*Spiraea salicifolia* L.）。

36）蒜（*Allium sativum* L.）。

37）胡萝卜（*Daucus carota* var. *sativa* Hoffm.）。

38）菊花（*Chrysanthemum morifolium* Ramat.）。

39）马蹄莲（*Zantedeschia aethiopica*（L.）Spreng.）。

40）天南星（*Arisaema heterophylum* Blume）。

41）杨树（*Populus* sp.）。

42）核桃（*Juglans regia* L.）。

43）板栗（*Castanea mollissima* Blume）。

44）无花果（*Ficus carica* L.）。

45）附地菜（*Trigonotis peduncularis*（Trev.）Benth. ex Barker et Moore）。

46）石竹（*Dianthus chinensis* L.）。

47）大戟属（*Euphorbia* spp.）。

48）麝香百合（*Lilium longiflorum* Thunb.）。

49）黄瓜（*Cucumis sativus* L.）。

50）梨（*Pyrus pyrifolis*（Burm. f）Nakai）。

51）樱草（*Primula sieboldii* E. Morren.）。

52）辣椒（*Capsicum frutescens* L.）。

53）桑（*Morus alba* L.）。

54）桃（*Amygdalus persica* L.）。

55）葱（*Allium fistulosum* L.）。

56）香葱（*Allium ascalonicum* L.）。

三、实验内容

（一）双子叶植物花的形态构造

取大红花（*Hibiscus rosa-chinensis*）或木槿（*H. syriacus*）的1朵花，从下至上，从外到内，逐一观察花的各部分。

（1）花梗和花托：花梗着生在茎上，支持花朵；花梗顶端着生花叶的部分，称花托。

（2）花萼：是花的最外轮，绿色，基部联合成筒状，称为花萼筒，花萼筒与花托合生，上部分离为5个萼裂片。在花萼的下方，有6～8片条状的小苞片，称为副萼。

（3）花冠：位于萼内面的1轮，红色，花冠漏斗状，花瓣5，基部贴生于雄蕊管。注意花瓣在芽时为________状排列。

（4）雄蕊群（附录Ⅲ彩色插图Ⅲ）：雄蕊多数，花丝联合成雄蕊管（或称花丝管），称为单体雄蕊，雄蕊管的基部与花瓣基部联合。花药呈黄色，背着药，花药退化为1室。

（5）雌蕊群：位于花的最内轮，用解剖针自下而上纵剖开雄蕊管，小心剥离雄蕊管，可见雌蕊。雌蕊由柱头、花柱及子房（图8-1）构成，注意柱头数目多少？用刀片对子房做一横切面，用放大镜观察，可见子房由________个心皮组成，有________个子房室，胚珠着生在________上，属于________胎座。

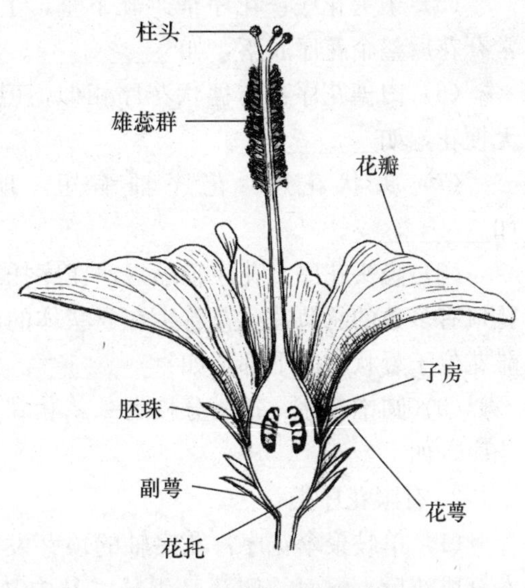

图8-1　大红花纵剖示花的基本组成（刘运笑 绘）

（二）花冠类型（附录Ⅲ 芽、叶、花、果形态彩图Ⅳ）

根据附录Ⅲ彩色插图Ⅳ，填入具有以下花冠类型的植物：

1. 十字形花冠：________________。
2. 蝶形花冠：________________。
3. 轮辐状花冠：________________。
4. 漏斗状花冠：________________。
5. 高脚碟状花冠：________________。
6. 钟状花冠：________________。
7. 筒状花冠：________________。
8. 舌状花冠：________________。
9. 唇形花冠：________________。
10. 假蝶形花冠：________________。

（三）花序类型

参考附录Ⅲ芽、叶、花、果形态彩图Ⅴ，举出具有下列类型花序的植物：

1. 无限花序类

（1）总状花序：花轴长，上面着生等长花梗花，如＿＿＿＿＿＿。

（2）伞形花序：花序轴缩短，各花自花序轴顶端生出，花梗近于等长，因而各花常排列成一圆顶形，或在1个平面上，如＿＿＿＿＿＿。

（3）伞房花序：与伞形花序相似，但花梗长短不等，下部的花梗较长，越向顶端花梗越短，因而花差不多排列在1个平面上，如＿＿＿＿＿＿。

（4）穗状花序：具一直立花序轴，上面着生许多无梗的两性花，如＿＿＿＿＿＿。

（5）柔荑花序：花序轴柔软下垂，上面着生许多无梗的单性花，花缺少花冠，经常开花后整个花序脱落，如＿＿＿＿＿＿。

（6）肉穗花序：与穗状花序相似，但花轴肥厚肉质化，呈棒状，花序轴周围着生无梗花，如＿＿＿＿＿＿。

（7）头状花序：花序轴缩短，顶端膨大，上面密集排列许多无梗花，如＿＿＿＿＿＿。

（8）隐头花序：花序轴缩短，花序托顶端膨大，从顶部下陷成囊状，顶部有1孔，孔口有多数的总苞片。花着生在囊状体的内壁上，花单性。雄花分布在囊状体的上部，雌花位于囊状体的下部，如＿＿＿＿＿＿。

（9）圆锥花序：每一分枝为一总状花序，整个花序近于圆锥形，实际上是复总状花序，如＿＿＿＿＿＿。

2. 有限花序类

（1）单歧聚伞花序：花序轴的顶芽发育成花后，后面的侧芽取而代之，当其侧芽发育成花后，下面的侧芽又生长。其中又分蝎尾状聚伞花序，如＿＿＿＿＿＿，侧枝是左右间隔形成；螺状聚伞花序，如＿＿＿＿＿＿，所有侧枝都向一个方向生长。

（2）二歧聚伞花序：花轴顶端发育为1花后，停止生长，然后往下面同时生两等长的侧枝，每个侧枝端各发育出1枝花，然后又以同样方式产生侧枝，如＿＿＿＿＿＿。

（3）多歧聚伞花序：花轴顶端发育为1花后，发生几个侧枝，侧枝长度超过主轴侧枝，顶端形成一花后，又以同样方式分枝，如＿＿＿＿＿＿。

（四）百合小孢子（单核花粉粒）的发生及形成

取百合（*Lilium brownii* var. *viridulum*）花药横切面玻片标本，先在低倍镜下观察，可以看到百合花药具有4个药室，形状呈蝴蝶形，花药正中是一些薄壁细胞，上方由薄壁细胞包围的是药隔维管束。依次观察百合花药幼期、发育分化期及成熟期的横切面玻片标本。

先观察百合花药发育分化初期横切面玻片标本：可见4个角隅处分别有许多圆形细胞，称为造孢细胞的，由造孢细胞分化，形成了花粉母细胞，观察材料的花粉母细胞尚未开始减数分裂。

观察发育分化后期百合花药横切片：此时花药的壁已达分化完全的程度，各层细胞明显可分，由外至里：

（1）表皮：最外面的1层细胞，排列紧密，形态大致相同，细胞较小，具角质膜，有保护功能。

（2）药室内壁：通常只有1层，为近于方形的、较大的细胞，又称为纤维层，在花药成熟时，细胞有条纹状木质化不均匀加厚的壁，有助于花粉囊的开裂。花粉囊之间的纤维层不连续。在花粉囊交界处出现几个薄壁的唇细胞。开裂时由此处形成裂缝称为裂口。

（3）中层：2～3层扁平细胞，位于纤维层内侧，环绕每个花粉囊（花粉粒成熟时中层消失）。

（4）绒毡层：中层内侧，大多数细胞壁被破坏，细胞彼此融合，形成多核的原生质团，供花粉母细胞发育时需要（成熟时消失）。

（5）单核花粉粒：位于药室中心部分，整个呈球形的细胞是正在进行减数分裂的花粉母细胞。有的有较明显的二分体、四分体（每个细胞内含有1个细胞核）。四分体彼此分开，形成单核花粉粒，也称小孢子。

继续观察百合成熟花药横切面玻片标本：此时花粉囊已开裂，成熟花粉粒（内包括1个营养核，1个生殖细胞）开始散出。营养核呈圆形较大，生殖细胞呈长形。花粉外壁较厚，有各种花纹。

（五）胎座类型（附录Ⅲ　芽、叶、花、果形态彩图Ⅳ）

（1）边缘胎座：单子房（单心皮形成），胚珠着生于腹缝线上，如＿＿＿＿＿。

（2）侧膜胎座：单室复子房（多心皮单室），胎珠着生在从中央后退的腹缝线上，如＿＿＿＿＿。

（3）中轴胎座：多室复子房（多心皮多室），各心皮腹缝线在子房中央汇合形成中轴，隔膜完全，胚珠着生在中轴上，如＿＿＿＿＿。

（4）特立中央胎座：多心皮构成一室或不完全多室，系从中轴胎座心皮在缝合处后退，保留着生许多胚珠的中轴在子房中央，胚珠着生在此游离中轴上，如＿＿＿＿＿。

（5）顶生胎座：子房1室，单心皮或多心皮来源，仅1枚胚珠着生在子房的顶部，悬垂室中，如＿＿＿＿＿。

（6）基底胎座：子房1室，单心皮或多心皮来源，仅1枚胚珠着生于子房的基部，如＿＿＿＿＿。

（六）百合大孢子（单核胚囊）的发生及胚囊的形成

取百合子房横切面玻片标本于低倍镜下观察，获得百合子房的整体观。可以看到百合子房由3个心皮组成3室，在每1个子房室中具有两个卵形倒生胚珠，属于中轴胎座（图8-2）。

在低倍镜下选择1个通过胚珠正中的切面，在高倍镜下仔细观察识别外珠被、内珠被、珠孔、珠柄、珠心和胚囊等结构。注意百合的珠柄和珠孔在同一端，所以是倒

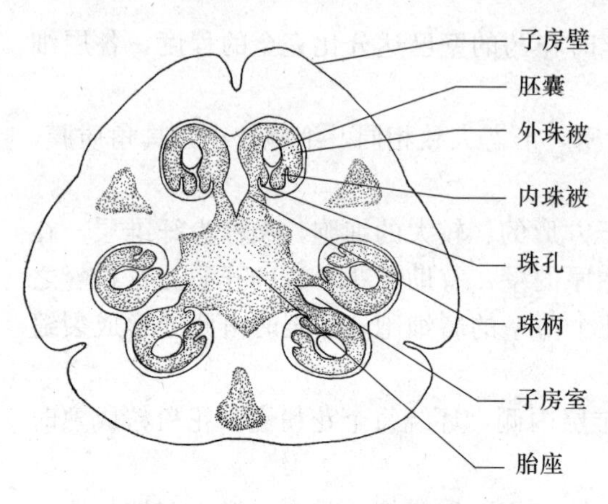

图 8-2 百合（*Lilium brownii* var. *viridulum* Baker）子房横切面

（自中山大学植物教研室教学图库，刘运笑重绘）

生胚珠的类型。

百合胚囊发育属于贝母型，为四孢胚囊，在减数分裂的过程中均不形成细胞壁，即只有核分裂。经过初生 2 核大孢子至初生 4 核大孢子，靠近合点端 3 个核合并，形成次生 2 核胚囊，再经过有丝分裂，形成次生 4 核胚囊至 8 核胚囊，以后各核形成新的细胞壁，最后形成 7 细胞 8 核胚囊，这就是成熟胚囊。

用高倍镜观察不同时期的胚珠，由外向内可以看到，胚囊外有数层细胞，其原生质浓，细胞核大，这是珠被细胞，可明显地区分外珠被和内珠被。在靠珠柄一侧，外珠被与珠柄愈合。注意左、右两侧内珠被之间的缝隙就是珠孔。与珠孔相对的一端是合点端。珠被里面是胚囊，呈长椭圆形。分别观察正在进行减数分裂的大孢子母细胞、初生 2 核大孢子（它们的核大小均匀）、初生 4 核大孢子（核大小一致，排成 1 列或 3 个近合点端）、次生 2 核胚囊（大小差异明显，1 个为 N，1 个为 $3N$）、次生 4 核胚囊（核 2 大 2 小）、8 核胚囊（不可能同时看见 8 个核在同一切面上，在 1 个胚囊中若能看到 5 个核，就证明已进入 8 核胚囊阶段）、成熟胚囊（7 细胞 8 核胚囊）时期。

胚囊中，靠合点端有 3 个细胞，叫做反足细胞；靠近珠孔端有 3 个细胞，中间 1 个为卵细胞，两侧两个为助细胞；胚囊中央为两个极核，以后 2 核融合形成中央核。

四、作业

1. 在本实验每项观察内容后的下画线上填上适当的植物代表。
2. 写出大红花（或木槿）的花公式并绘大红花花图式。
3. 绘百合花药横切面的模式图。
4. 绘百合 1 个胚珠纵切面细胞图。

五、思考题

1. 试述花粉粒和胚囊发育和形成过程。
2. 归纳花序的形态和分类及区分花序类型的依据。
3. 论述被子植物的双受精过程及其意义。
4. 花粉母细胞、花粉粒、胚囊母细胞、单核胚囊、8 核胚囊的染色体数目是 $2N$ 还是 N？

实验九　植物胚胎发育和种子的结构与类型

一、实验目的和要求

（1）了解双子叶和单子叶植物胚胎发育过程及胚和种子结构的异同点。

（2）了解种子的基本类型。

（3）区分种子植物有胚乳种子与无胚乳种子。

二、实验材料

（1）荠菜（*Capsella bursa-pastoris*（L.）Medic.）幼胚、中胚及成熟胚的纵切面玻片标本。

（2）玉米（*Zea mays* L.）胚和胚乳纵切面玻片标本。

（3）蓖麻（*Ricinus communis* L.）种子。

（4）小麦（*Triticum aestivum* L.）胚纵切面玻片标本及小麦颖果。

（5）大豆（*Glycine max*（L.）Merr.）种子。

（6）蚕豆（*Vicia faba* L.）种子。

（7）花生（*Arachis hypogaea* L.）种子。

（8）棉花（*Gossypium hirsutum* L.）种子。

三、实验内容

（一）双子叶植物胚的发育

1. 取荠菜（*Capsella bursa-pastoris*）短角果用肉眼和手持放大镜观察：十字花科荠菜果实的短角果的外形三角状或倒心形，由两个心皮构成，其边缘相互连接，形成1室，在心皮的边缘着生两串胚珠，为侧膜胎座。但在两个心皮相连接的腹缝线处胎座伸出1个膜质隔膜，将子房分为2室。由于这个隔膜不是心皮折向子房内形成的，故称假隔膜或胎座框。如何辨认它是假隔膜？

2. 取荠菜幼胚、中胚和成熟胚纵切面玻片标本在显微镜下观察：在低倍镜下，先寻找切片中比较完整的胚珠，然后识别胚珠的各个部分，即珠柄、珠孔、珠被、珠心和胚囊等。在内珠被的内侧，有1层染色深的细胞，可能是内珠被的内表皮细胞，沉积有色素，称特化层。此特化层在囊状基细胞处不分化。荠菜胚囊呈马蹄形：

（1）胚柄：在紧挨珠孔之内方，有一大型的囊状细胞，称囊状基细胞，它与一串近方形的细胞相连，共同组成胚柄，可将幼胚推送到胚囊的中部，以便更好地吸收营养。

（2）原胚和分化胚：一般原胚多呈球形，位于胚柄的远端；而分化胚先呈心脏形，当胚可以辨认出子叶和下胚轴时，整个胚体呈鱼雷形，继续生长，胚体弯曲。子叶伸展到合点端。注意观察切片是胚发育的哪一个时期，其细胞结构如何？

此外，在合点端常见染色深的细胞，一般称为“反足细胞”。

荠菜胚囊内胚乳为核型胚乳，当胚发育成熟，它就消失了。

（3）荠菜老胚的结构和种子的形成：观察荠菜成熟胚纵切片，识别成熟胚的胚根、胚轴、胚芽和子叶 4 个部分：胚根位于近珠孔或基细胞的一端；胚根之上为胚轴。子叶位于远珠孔一端，大形。夹在两子叶之间的小突起为胚芽。此时，珠被已发育成种皮。整个胚珠便发育成了种子。

（二）单子叶植物胚和胚乳的发育

玉米（*Zea mays*）胚的发育

1. 玉米幼胚纵切面玻片标本：在低倍显微镜下，寻找切片中比较完整的视野，然后在高倍显微镜下观察发育在某一个时期的幼胚，如原胚、棒状胚和子叶胚等。注意子叶（盾片）和胚芽鞘的发育。

在幼胚中，靠近胚囊的边缘，有游离状态的胚乳细胞核，分布在共同的细胞质中。玉米胚乳的发育是核型胚乳的发育方式。

2. 成熟玉米胚的纵切面玻片标本：在低倍显微镜下，可以辨别胚和胚乳两大部分。胚中又可分为子叶、胚芽鞘、胚芽、胚轴、胚根和胚根鞘。其中胚芽和胚根染色较深。

（三）种子的构造

1. 有胚乳种子的形态和结构如下：

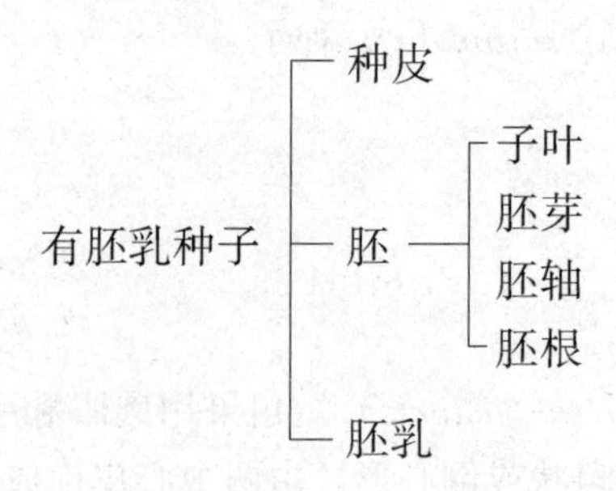

（1）蓖麻（*Ricinus communis*）种子（图 9-1）。

1）取蓖麻种子，观察外形、颜色、花纹以及种阜、种脐等结构（观察新鲜果实里的种子种脐更为明显）。另取新鲜种子或经浸泡过的种子，剥去种皮，并做纵切，观察胚乳和胚的结构，注意观察：子叶的数目和特点以及种孔的位置（可在体视显微镜下观察）。

2）取蓖麻胚乳做徒手切片，制成水藏玻片，用 I_2-KI 染液染色，在细胞内可见到

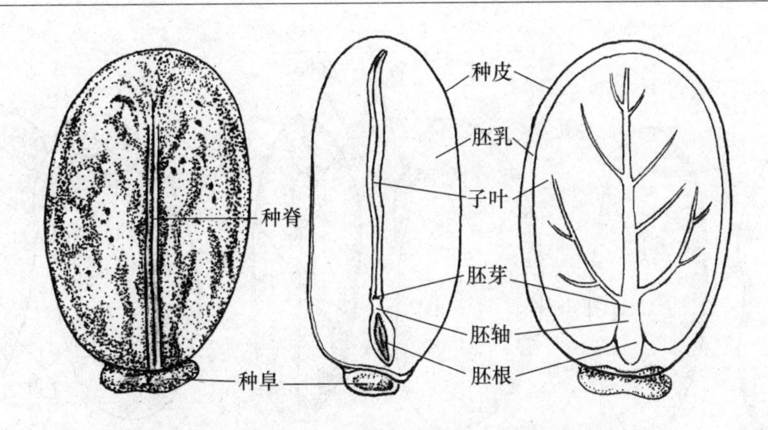

图 9-1　蓖麻（*Ricinus communis*）种子结构图

（自中山大学植物学教研室教学图库，刘运笑重绘）

黄色的糊粉粒。蓖麻的糊粉粒是复合糊粉粒，外为蛋白质膜，里面包含 1 个至多个黄色、多边形的拟晶体和 1 个无色、球形的球晶体。

（2）玉米或小麦（*Triticum aestivum*）籽粒

1）取新鲜或浸泡过的玉米籽粒，观察外形，顶端残留有花柱的痕迹，下端是果柄，去掉果柄可见到黑色的种脐。然后，沿胚的长轴做籽粒的纵切，用手持放大镜或体视显微镜从纵切面观察果皮与种皮、胚乳、胚。区分胚根和胚根鞘、胚芽和胚芽鞘、胚轴、盾片和外胚叶。胚轴还可分上胚轴和下胚轴。用 I_2-KI 染液染色，观察各部分的颜色变化。

2）取玉米胚纵切面永久性玻片标本，在显微镜下观察胚的各部分结构，注意观察胚根鞘和胚芽鞘，以及与胚乳相接触处的子叶表皮细胞有什么特点。

3）取浸泡过的小麦籽粒，观察外形、腹沟和果毛。其他观察同玉米。另取小麦胚纵切永久制片观察，注意与玉米胚的差异。

4）取玉米或小麦的胚乳做徒手切片，制成水藏玻片，用 I_2-KI 染液染色，在细胞中可观察到蓝色的淀粉粒。注意观察单、复粒淀粉以及脐点和轮纹。

2. 无胚乳种子的形态和结构：

（1）大豆（*Glycine max*）种子（图 9-2）：取已浸泡过的大豆种子，观察外形、颜色、种脊、种脐和种孔。轻捏泡涨的种子，有水从种孔溢出。种脐紧靠着种孔。想想种脊应该在什么位置？剥去种皮，是两片肥厚的子叶，子叶着生在胚轴上。胚轴对着种孔的一端是胚根。另一端是胚芽，有两片幼叶，挑开幼叶，可见到生长点和叶原基。

（2）蚕豆种子：取已浸泡过的蚕豆（*Vicia faba*）种子，观察外形、颜色、种脊、种脐和种孔。注意它与大豆种子的区别。

（3）花生种子：取花生（*Arachis hypogaea*）的种子，观察外形、颜色、种脊、种脐和种孔。注意它与大豆种子、蚕豆种子的区别。剥去花生的种皮，取其子叶做徒手切片，制成水藏玻片，用 0.1% 苏丹Ⅲ染色，在显微镜下可见细胞中被染成橙红色的油滴。

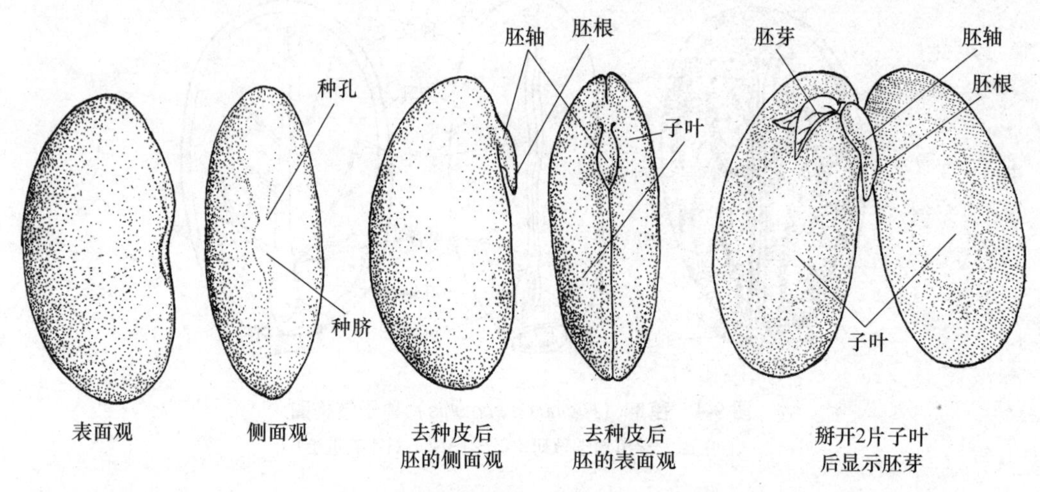

图 9-2　大豆（*Glycine max*）种子结构图

（自中山大学植物学教研室教学图库，刘运笑重绘）

（4）棉花种子：取棉花（*Gossypium hirsutum*）种子观察：从外形看，棉花种子一般被两种纤维覆盖。长纤维白色，称绒毛；短纤维随品种不同各异，称茸毛。用手除去绒毛就可见到不规则梨形或椭圆形种子。茸毛不用化学方法是很难去掉的。种子钝圆的一端，是合点端。相对的一端较狭尖，是珠孔端，在种子萌发时胚根由此穿出，该端的棘状突起就是珠柄的遗留。

一般无胚乳双子叶植物的种子构造如下：

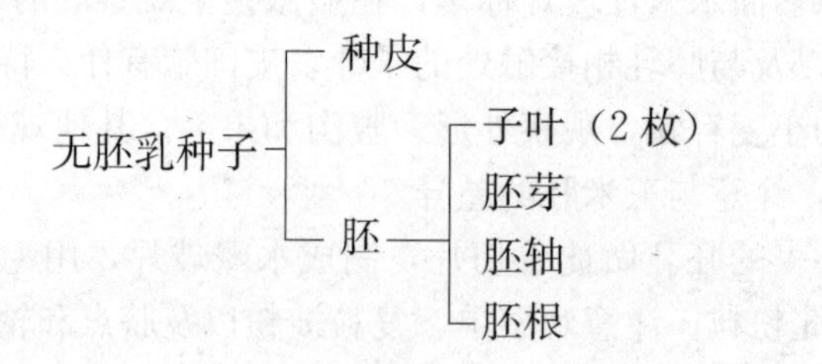

（四）种子的类型

种子的形状、大小、颜色及其他表面特征，在不同的植物种类之间差异很大，我们可以根据这些差异鉴别和认识各种植物的种子。

1. 种子的形状：种子的形状多种多样，就外形来说，有卵形、椭圆形、球形、矩圆形、肾形、条形、菱形及双凸镜状等。

2. 附属物：种子的表面除有不同的颜色和斑纹外，还有因种皮凹陷而形成的沟槽、脊、点、网纹、翅以及有时候果皮与种皮不可分时的瘦果、菊果、颖果、翅果或者核果所显现出来的钩、刺、突起、翼翅、冠毛和芒等附属物。

3. 种子重量：种子重量相差悬殊。如塞舌尔椰子最大鲜重达9kg，小的种子如兰科种子植物千粒重只有0.0029～0.0049g。

4. 种皮颜色：种皮的颜色与种子的成熟度相关，种皮的颜色一般有黑色、黄色、褐色或近褐色等。

四、作业

1. 绘玉米颖果的纵切面图，并注明各部分结构。
2. 绘蓖麻种子剖面图，注明各部分结构。
3. 绘大豆种子剖面图，注明各部分结构。

五、思考题

1. 单子叶植物和双子叶植物的胚发育及其结构有何异同点?
2. 蓖麻与蚕豆的种子有何区别?
3. 小麦籽粒是种子吗? 为什么?
4. 种子萌发需要什么条件?

实验十　果实的结构和类型

一、实验目的和要求

了解果实的结构和类型。

二、实验材料

各种类型新鲜果实、干燥果实标本和浸泡果实标本：

(1) 番茄（*Lycopersicum edsulentum* Mill.）。
(2) 番木瓜（*Carici papaya* L.）。
(3) 葡萄（*Vitis vinifera* L.）。
(4) 龙葵（*Solanum nigrum* L.）。
(5) 茄子（S. *esculentum* Nees）。
(6) 柿子（*Diospyros kaki* L. f.）。
(7) 黄瓜（*Cucumis sativus* L.）。
(8) 南瓜（*Cucurbita moschata* Duch.）。
(9) 葫芦（*Lagenaria siceraia*（Molina）Standl.）。
(10) 西瓜（*Citrullus lanatus*（Thunb.）Mansfeld.）。
(11) 橙（*Citrus sinensis*（L.）Osb.）。
(12) 柚（*C. grandis*（L.）Osb.）。
(13) 柑（C. *reticulata* Blanco.）。
(14) 桃（*Amygdatus persica* L.）。
(15) 梨（*Pyrus pyrifolis*（Burm. f）Nakai）。
(16) 樱桃（*Cerasus pseudocerasus*（Lidl.）G. Don）。
(17) 杏（*Armenniaca vulgaris* Lam.）。
(18) 椰子（*Cocos nucifera* L.）。
(19) 苹果（*Malus pumila* Mill.）。
(20) 豌豆（*Pisum sativum* L.）。
(21) 蚕豆（*Vicia faba* L.）。
(22) 刺槐（*Robinia pseudoacacia* L.）。

（23）牡丹（*Paeonia suffruticosa* Andr.）。
（24）大车前（*Plantago major* L.）。
（25）曼陀罗（*Datura stramonium* L.）。
（26）虞美人（*Papaver rhoeas* L.）。
（27）烟草（*Nicotiana tabacum* L.）。
（28）石竹（*Dianthus chinensis* L.）。
（29）马齿苋（*Portulaca oleracea* L.）。
（30）连翘（*Forsythia suspensa*（Thunb.）Vahl.）。
（31）芸苔（*Brassica campestris* L.）。
（32）芥菜（*Brassica juncea*（L.）Czern. et Coss.）。
（33）玉米（*Zea mays* L.）。
（34）小麦（*Triticum aestivum* L.）。
（35）水稻（*Oryza sativa* L.）。
（36）榆树（*Ulmus pumila* L.）。
（37）枫杨（*Pterocarya stenoptera* C. DC.）。
（38）槭树属（*Acer* spp.）。
（39）板栗（*Castanea mollissima* Bl.）。
（40）白蜡树属（*Fraxinus* spp.）。
（41）蜀葵（*Althaea rosea*（L.）Cavan.）。
（42）锦葵（*Malva sinensis* Cavan.）。
（43）茴香（*Foeniculum vulgare* Mill.）。
（44）芹菜（*Apium graveolens* var. *ducle* DC.）。
（45）当归属（*Angelica* spp.）。
（46）羊角拗（*Strophanthus divaricatus*（Lour.）Hook. et Arn.）＋。
（47）大花紫薇（*Lagerstroemia speciosa*（L.）Pers.）。
（48）向日葵（*Helianthus annuus* L.）。
（49）花椒（*Zanthoxylum bungeanum* Maxim.）。
（50）华北珍珠梅（*Sorbaria kirilowii*（Regel）Maxim.）。
（51）毛茛（*Ranunculus japonica* Thunb.）。
（52）荷花玉兰（*Magnolia grandiflora* L.）。
（53）观光木（*Tsoongiodendron odorum* Chun）。
（54）草莓（*Fragaria ananassa* Duchesne）。
（55）莲（*Nelumbo nucifera* Gaertn.）。
（56）唐松草属（*Thalictrum* spp.）。
（57）铁线莲属（*Clematis* spp.）。
（58）对叶榕（*Ficus hispida* L. f.）。
（59）桑葚（*Morus alba* L.）。
（60）菠萝蜜（*Artocarpus heterophyllus* Lam.）。

（61）凤梨（*Ananas comosus*（L.）Merr.）。

三、实验内容

果实：依不同的分类标准，对果实的命名也不同。从来源看，由子房单独发育而来的称真果，有花托、花萼筒等子房以外部分参与者为假果，由离生心皮发育而来的果实称为聚合果；果实分类更常用果皮的性质，可以划分为肉果和干果两大类，其中每类又可分为若干类型（附录Ⅲ芽、叶、花、果形态彩图Ⅵ）。

（一）单果

由单雌蕊或合生复雌蕊形成的果实。

1. 肉果：成熟后果皮肉质。

（1）浆果：中果皮和内果皮都肉质浆化，内含1个至多个种子。如__________。

（2）瓠果：是浆果的一种，中果皮和内果皮肉质多浆，由合生心皮的下位子房并有花萼筒参与形成，这是葫芦科植物特有的肉果。如__________。

（3）柑果：外果皮呈革质，并有发达的挥发油腺；中果皮较疏松，内果皮缝合成囊（子房室），内有无数肉质多浆的腺毛，是食用的主要部分，是柑橘属果实特有的浆果，如__________。

（4）核果：含1枚种子，1个心皮。外果皮薄，中果皮肉质，内果皮坚硬木质化，由石细胞组成。如__________。

（5）梨果（图10-1）：为假果，中轴胎座，子房下位，与被丝托一起膨大为食用部分。外果皮和中果皮肉质化，内果皮革质。如__________。

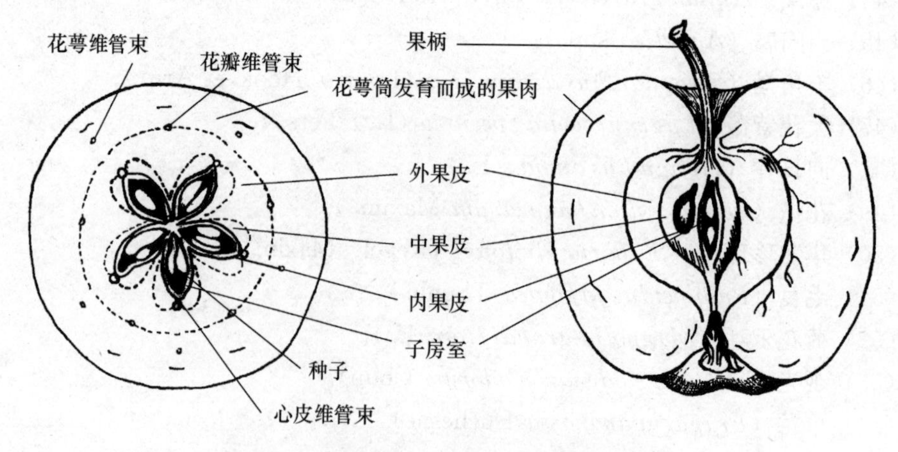

图10-1　苹果果实的横切面和纵切面图解

（自中山大学植物学教研室教学图库，刘运笑重绘）

2. 干果：成熟后果皮干燥，从果皮开裂或不开裂可分为裂果和闭果两类。

（1）裂果：成熟时果皮以各种方式开裂。

1）荚果：由单心皮雌蕊而来，成熟时沿背和腹两缝线开裂。如__________。

2）蓇葖果：由单心皮雌蕊或离生心皮雌蕊而来，成熟时仅沿心皮的背缝线开裂。

如________。由多数、分离的心皮形成的蓇葖果称为聚合蓇葖果。

3）蒴果：由合生雌蕊而来，有1室或多室，每室多数种子，成熟时有背裂、腹裂、孔裂、盖裂等。如__________。

4）角果：由2个心皮的合生雌蕊而来，具假隔膜为假2室，成熟时沿腹缝线开裂，有长角果和短角果之分。如__________。

(2) 闭果：果实成熟时果皮不开裂。

1）瘦果：只含1枚种子。果皮易与种皮分开。如__________。

2）菊果：过去称为连萼瘦果。菊科植物子房下位，1室1种子，常有变态的萼或附属物毛、钩、刺等附着。如__________。

3）颖果：仅含1枚种子。果皮与种皮愈合，不易分开。如__________。

4）翅果：果皮延伸成翅。如__________。

5）分果：由2个或2个以上心皮的合生雌蕊发育而成。各室只含1枚种子。成熟时以心皮（即分果瓣）为单位彼此分裂，但分果瓣本身并不开裂。伞形科植物的果实成熟时分成2个分果瓣，有的悬挂于心皮轴（柄）上，叫双悬果。如__________。

6）坚果：合生心皮，果皮坚硬，内含1枚种子。如__________。

（二）聚合果

由1朵花中的数个离生雌蕊发育而成。每1雌蕊形成1单果，这些单果聚集在1个花托上成为聚合果。其中又可分聚合瘦果和聚合蓇葖果，成熟后由背缝线开裂，如__________；聚合瘦果，成熟后不开裂，如__________。

（三）复果（聚花果或花序果）

是由整个花序发育而成的果实，如__________。

四、作业

1. 绘苹果纵切和横切面轮廓图，并注明各部分的结构。
2. 在本实验每项观察内容后面的底画线上，填上正确的植物。

五、思考题

1. 果实分类的依据是什么？
2. 不同类型的果实散布或帮助果实内种子散布是与它们的果皮形态、开裂方式等相适应的，试举出果实散布的各种方式，并证明其适应性。
3. 常见水果草莓、荔枝、西瓜、南瓜和椰子，我们食用的是它们的哪个部分？它们属于何种类型果实？

实验十一 校园植物观察：植物各大类群和多样性

一、实验目的和要求

通过观看录像和观察校园植物，初步了解各大类群植物的习性和生态环境，以及植物的多样性。

二、实验材料

（1）录像片。
（2）校园植物。

三、校园植物观察

沿用林奈二界系统把生物划分为动物界和植物界。植物界的类群在形态结构、生殖结构和生态习性上是多种多样的，植物界的种类从低等到高等非常丰富。

（一）绿色植物与非绿色植物

被称为植物的生物，绝大多数都具有光合色素（如叶绿素等），能够利用太阳能、大气中的二氧化碳、水和无机盐合成有机物，构建植物体的各部分，贮藏糖类，它们被称为绿色植物。绿色植物由于含有以叶绿素为主的光合色素，通常看到的植物一般呈绿色，无论是陆生植物还是水生植物，它们都能进行光合作用，属于自养植物或光自养植物。另外一部分被称为植物的生物是非绿色植物，称为异养植物。它们不含叶绿素等光合色素，植物体一般不呈绿色，不能进行光合作用，靠分解动植物尸体，或由活体上吸收营养，如各种菌物植物、寄生植物或腐生植物等。

（二）植物各大类群

根据植物体的形态和生殖结构的差异，可把植物分为 6 大类群（图 11-1）。

1. 藻类植物：是一个原始的植物群，植物体是无根茎叶分化的叶状体（原植体）。植物体的形态有单细胞体，或群体；有多细胞体，包括丝状、片状和拟根茎叶形态的

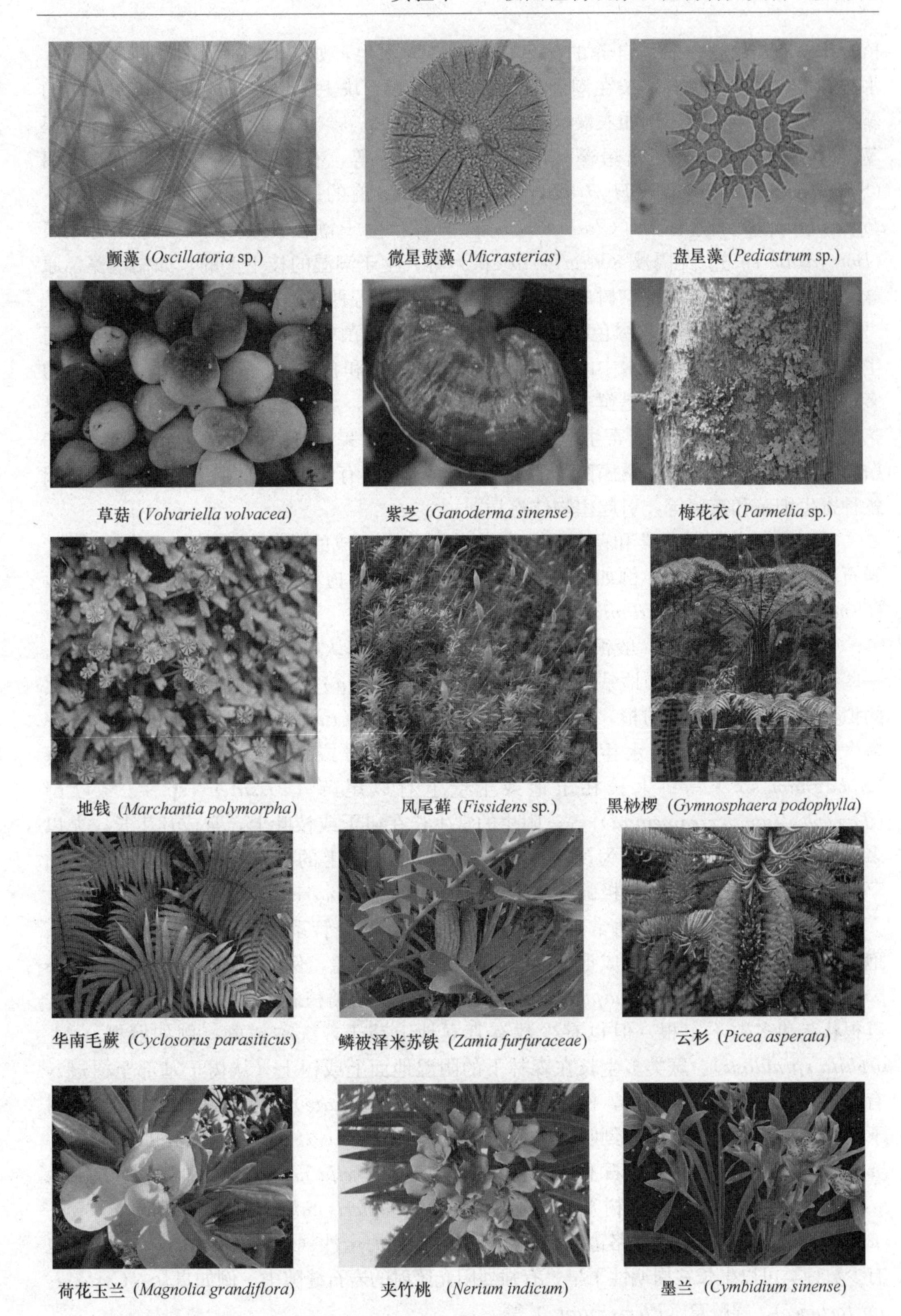

颤藻（*Oscillatoria* sp.）　微星鼓藻（*Micrasterias*）　盘星藻（*Pediastrum* sp.）

草菇（*Volvariella volvacea*）　紫芝（*Ganoderma sinense*）　梅花衣（*Parmelia* sp.）

地钱（*Marchantia polymorpha*）　凤尾藓（*Fissidens* sp.）　黑桫椤（*Gymnosphaera podophylla*）

华南毛蕨（*Cyclosorus parasiticus*）　鳞被泽米苏铁（*Zamia furfuraceae*）　云杉（*Picea asperata*）

荷花玉兰（*Magnolia grandiflora*）　夹竹桃（*Nerium indicum*）　墨兰（*Cymbidium sinense*）

图 11-1　植物界各大类群

植物体。藻类植物一般是自养的绿色植物，多为水生，如生长在大海、江河、池塘、水沟等水环境中，也有生长在潮湿的土壤、树干和石块上亚气生藻类。生长在水中的藻类有的是浮游藻类，例如衣藻（*Chlamydomonas* sp.）、小球藻（*Chlorella* sp.）、裸藻（*Euglena marina*）、盘星藻（*Pediastrum* sp.）等，有的是漂浮藻类，例如水绵（*Spirogyra* sp.）、水网（*Hydrodictyrum* sp.）等；有的是附生藻类，例如鞘藻（*Oedogonium* sp.）、刚毛藻（*Cladophora* sp.）等。生于潮湿土壤中的，例如气球藻（*Botrydium* sp.）、无隔藻（*Vaucheria* sp.）等；生于潮湿的枝干上的，如橘色藻、原球藻等。气生藻生于墙壁、树皮和岩石表面上，例如各种蓝藻，以及雪地上的冰雪藻。

2. 菌物：是异养的非绿色植物。水生或陆生异养菌类营腐生和寄生生活，腐生菌生于水中或土壤中，例如水中的水霉，土壤中、衣物和食品上的各种霉菌；木材上的多种真菌，很多大型真菌是鲜美的食用菌和名贵药材，如草菇（*Volvariella* sp.）、灵芝（*Ganoderma* sp.）等。寄生菌有的生活在稻、麦、果树、蔬菜上危害农作物，例如白粉菌（*Ustilago* sp.）、锈病菌（*Puccinia* sp.）等。有的生活在人和动物体内，例如各种寄生细菌和霉菌等，引起生物体疾病。

3. 地衣植物：是藻类和菌类两类植物共同组合而成的植物复合体。通常在土壤、岩石和树干上可以看到，例如文字衣（*Graphis* sp.）、梅花衣（*Parmelia* sp.）、松萝（*Usnea* sp.）、石蕊（*Cladonia* sp.）等。

4. 苔藓植物：体形一般很小，小至肉眼几乎不能辨认，大者高度也仅有几十厘米。一些种类是叶状体，例如地钱（*Marchantia polymorpha*）；另一些种类是有茎叶分化的拟茎叶体，但无真正的根，只有假根，例如葫芦藓（*Funaria hygrometrica*）。苔藓多生长在阴湿的地方，水生的常生长于水湿的地方或沼泽，例如地钱、泥炭藓（*Sphagnum* sp.）等；生长在土地或土壁上有凤尾藓（*Fissidens* sp.）、鳞叶藓（*Taxiphyllum taxiramenum*）等；附生的常生长在树干或枝叶上，常成片生长，尤以多云雾的山区林地内生长最为茂密，例如在大叶桉树皮上的网藓等；也有生长在高山草地，阳坡裸露石面上，有极强的耐旱性，例如黑藓（*Andreaea* sp.）。

5. 蕨类植物：植物体通常有典型的根、茎、叶和维管系统的分化。产生孢子囊、孢子穗，孢子囊进一步聚合成孢子囊群，具或不具囊群盖，例如华南毛蕨（*Cyclosorus parasiticus*）、芒萁（*Dicranopteris dichotoma*）等。蕨类植物一般为多年生草本，常具根状茎和多数不定根，但也有少数有直立地上茎干，统称树蕨，例如桫椤（*Alsophila spinulosa*）。蕨类多生长在森林下的阴湿地面上或树上（从树干基部至树冠），有的生长在沼泽地或池塘中，例如满江红（*Azolla imbricate*）等；有的生长在溪边或树下潮湿的酸性土壤上，例如剑叶凤尾蕨（*Pteris ensiformis*）、紫萁（*Osmunda japonica*）等；有的生长在树下岩石上，例如翠云草（*Selaginella uncinata*）、骨碎补（*Davallus* sp.）等；有的附生在林内树干上，例如巢蕨（*Neottopteris nidus*）、崖姜（*Pseudodrynaria coronans*）等；有的生于路边或山坡灌丛中，例如海金沙（*Lygodium japonicum*），也有少数种类可以生长在周期性干旱，有强烈阳光照射的岩石缝隙中，例如贯众（*Cyrtomium fortunei*）、蜈蚣草（*Pteris vittata*）等。

6. 种子植物：植物体具有典型的根、茎、叶和维管系统分化。产生种子并用种子繁殖后代，故称种子植物。种子植物从其生殖器官结构、生殖过程和种子结构又分为裸子植物和被子植物。原始裸子植物如松柏纲，种子是裸露着生于开放的珠鳞上的，例如马尾松（*Pinus massoniana*）。被子植物形成了真正的果实，种子包被在果实中，例如荷花玉兰（*Magnolia grandiflora*）、苹果（*Malus pumila*）等。种子植物植物体的营养器官和繁殖器官更加复杂和完善，能适应各种环境，在陆地上这是最繁茂的植物类群，无论平原、山地、沙漠、河谷，甚至盐碱地和海岸潮汐带，到处都有种子植物特别是被子植物的踪迹。适应不同气候环境、不同地域的种子植物，是地球上最壮丽的景观之一。

藻类、菌物、地衣、苔藓和蕨类植物，它们用孢子繁殖，称为孢子植物，由于没有“花”这种繁殖器官，所以又称为隐花植物。苔藓、蕨类和种子植物有性生殖过程中产生了胚，被称为有胚植物。蕨类植物和种子植物具有发达的维管系统，被称为维管植物。裸子植物和被子植物是用种子繁殖的，称为种子植物。由于有“花”这种繁殖器官，所以又叫显花植物。通常把藻类、菌类和地衣合称为低等植物，苔藓、蕨类和种子植物合称为高等植物。

四、思考题

在野外，可以根据哪些特征明确鉴别出藻类、菌物、苔藓、蕨类和种子植物？举出实例证明植物界的多样性表现在哪些方面。

实验十二　藻类植物（一）：蓝藻门、裸藻门、甲藻门、硅藻门、金藻门、黄藻门、绿藻门

一、实验目的和要求

（1）了解蓝藻门（Cyanophyta）、裸藻门（Euglenophyta）、甲藻门（Pyrrophyta）、硅藻门（Bacillariophyta）、金藻门（Chrysophyta）和黄藻门（Xanthophyta）的主要特征。

（2）了解绿藻门（Chlorophyta）各主要类群的特征。

二、实验材料及试剂

1. 实验材料

（1）蓝藻门：色球藻属（*Chroococcus*）；颤藻属（*Oscillatoria*）；鱼腥藻属（*Anabaena*）；念珠藻属（*Nostoc*）；发菜（*Nostoc flagelliforme* Born. et Flah.）；地木耳（*Nostoc commune* Vauch.）；海雹菜（*Brachytrichia quoyi* Born. et Flah.）。

（2）裸藻门：裸藻属（*Euglena*）。

（3）甲藻门：多甲藻属（*Peridinium*）；角甲藻属（*Ceratium*）。

（4）硅藻门：直链硅藻属（*Melosira*）；圆筛硅藻属（*Coscinodiscus*）；小环藻属（*Cyclotella*）；羽纹藻属（*Pinnularia*）；舟形硅藻属（*Navicula*）。

（5）金藻门：合尾藻属（*Synura*）。

（6）黄藻门：无隔藻属（*Vaucheria*）。

（7）绿藻门：衣藻属（*Chlamydomonas*）；团藻属（*Volvox*）；栅藻属（*Scenedesmus*）；鞘藻属（*Oedogonium*）；石莼属（*Ulva*）；水绵属（*Spirogyra*）；新月藻属（*Closterium*）；轮藻属（*Chara*）；丽藻属（*Nitella*）；海松属（*Codium*）；浒苔属（*Enteromorpha*）；礁膜属（*Monostroma*）；羽藻（*Bryopsis pulumosa* C. Agardh）。

2. 试剂：I_2-KI 溶液。

三、实验内容

（一）蓝藻门

1. 色球藻属（*Chroococcus*）：为水生或亚气生类群，常生长于阴湿的石块或墙壁上，

或浮游于湖泊、池塘中。观察亚气生的色球藻时，先用解剖针或镊子挑取小块标本，置于载玻片的水滴上，用镊子轻压材料，使之尽量分散，然后加上盖玻片观察。对于浮游的色球藻，用滴管直接吸取少量标本滴于载玻片中央，先在低倍镜下找到观察材料并将其移至视野中央，然后转高倍镜观察。

色球藻为单细胞或群体，其群体细胞数目不多，常有 2 个、4 个、6 个等，是由于细胞分裂后子细胞不分离聚在一起而形成的。色球藻细胞形状为球形、半球形或四分体形，每个细胞外有厚的个体胶质鞘，群体外有明显的公共胶质鞘，公共胶质鞘有时具明显的层理，两细胞相连处平直。注意观察个体胶质鞘和公共胶质鞘是否有颜色，是否具层理，细胞有无细胞核和色素体，核质和色素分布在哪里，注意区分中央质和周质。

2. 颤藻属（*Oscillatoria*）：多生于有机质丰富的潮湿处或水体中，温暖季节生长最旺盛，常在浅水底形成 1 层蓝绿色膜状物或成团漂浮在水面。为得到纯净的颤藻，可在实验前一两天把采来的标本放在盛有水的培养缸中，颤藻可借滑行或摆动而移到水面线的缸壁上。实验时用解剖针或镊子挑取数条颤藻放在载玻片中央的水滴中，再用解剖针分开藻丝，盖上盖玻片，先在低倍镜下观察。注意颤藻的藻丝由单列短筒形的细胞组成，无分枝，能左右摆动和前后移动。

在高倍镜下观察细胞内部结构：原生质体分为中央质和周质，中央质的颜色比周质的颜色稍亮，在周质中具一些细小的颗粒，为蓝藻颗粒体等。丝体上有时能看到无色、双凹形的死细胞或胶化膨大的胶质隔离盘，丝体常在死细胞或隔离盘处断裂成小段，在 2 个隔离盘或死细胞之间断裂出的这一段丝体称藻殖段，每一段藻殖段又能长成 1 个新丝体。

3. 鱼腥藻属（*Anabaena*）：常生活在水中或潮湿土壤表面，鱼腥藻也可生活在满江红（*Azolla imbricata*）叶腔内。观察与满江红共生的鱼腥藻时，取 2～3 片满江红的叶片，置于载玻片中央的水滴中，用镊子轻压材料，使鱼腥藻散出，移去叶片残渣，盖上盖玻片，制作成水藏玻片。对于独立生活的鱼腥藻，直接用滴管吸取少量标本制水藏玻片。先在低倍镜下观察，可见藻丝为单列细胞不分枝的丝状体，通常稍直或稍弯曲，藻丝单一或集合成群，其外具水样透明的不明显的胶质鞘。转高倍镜观察，仔细分辨藻丝中的营养细胞、异形胞及厚壁孢子（又称繁殖孢，较少见）。异形胞壁厚，与营养细胞相连处的内壁具球状加厚，称为节球，异形胞的原生质体比较均匀。厚壁孢子较大，壁厚，细胞质内含物比较浓厚。

问题：什么叫做藻殖段？营养细胞的周质和中央质的色泽是否一致？

4. 念珠藻属（*Nostoc*）：发菜（*Nostoc flagelliforme*）为亚气生藻类，在我国多生于西北干旱草地，特别是在含石灰质的土壤表面。发菜肉眼观察似头发丝状，实际上每一根肉眼可见的发丝状物都是由许多单列细胞不分枝的丝状体缠绕集结成的胶质群体。

取发菜的新鲜或浸泡材料，用镊子夹取一小段材料，置于载玻片中央的水滴中，并用镊子轻压材料使其散开，再加上盖玻片，用铅笔的橡皮头或指头稍加压，将材料均匀散开，在显微镜下观察，注意胶质中由许多条单列细胞组成的藻丝，每条藻丝的结构与鱼腥藻相似，也具有营养细胞、异形胞和厚壁孢子。

念珠藻属也有一些种类的藻体呈片状，如地木耳（*N. commune*）。

5. 海雹菜（*Brachytrichia quoyi*）：藻丝群体包于胶质包被中。藻体呈半球体状。

（二）裸藻门

裸藻属（*Euglena*）（图12-1）：浮游性单细胞藻类，多生活于有机质丰富的池塘、水沟或湖泊中。高温季节裸藻常在有机质丰富的水体如鱼塘等的水面形成绿色浮沫状，称为“水华”。有的裸藻在大量繁殖时可使水体呈现橘红色，这是裸藻细胞内有大量的血色素之故。

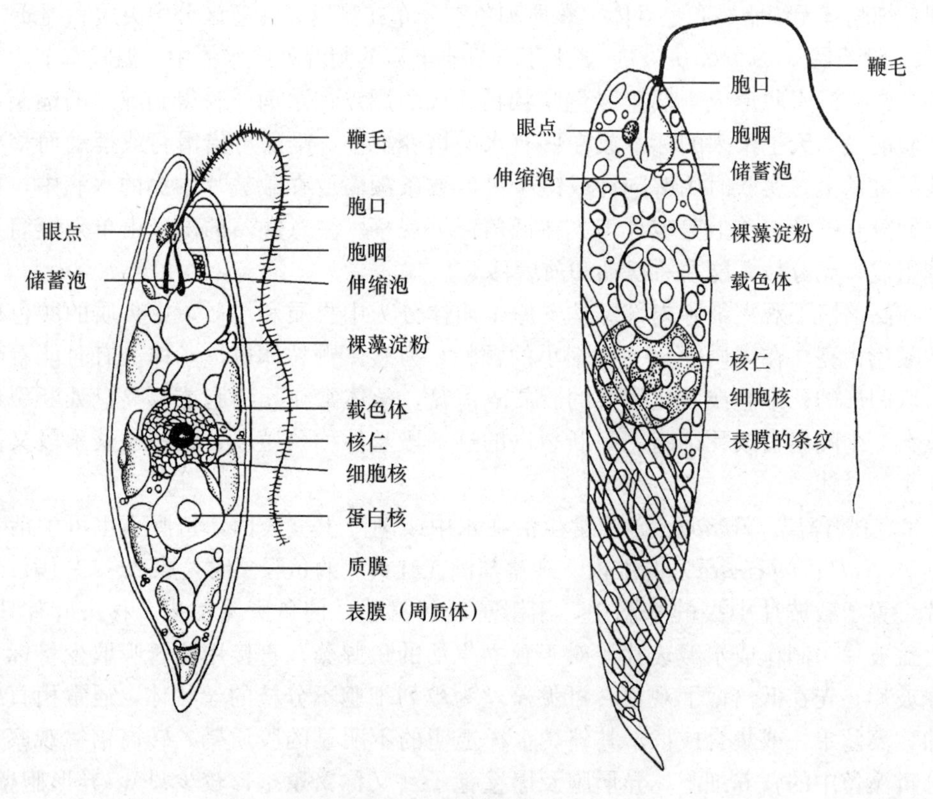

图12-1　两种裸藻属植物的示意图

（自中山大学植物学教研室教学图库，刘运笑重绘）

观察时用吸管吸取含裸藻水液，滴1滴在载玻片中央，盖上盖玻片，在显微镜下观察。裸藻为单细胞体，多为梭形，少数为圆柱形，前端钝，后端尖削。裸藻细胞表面是原生质膜和表膜，无细胞壁，故可改变形体，藻体可收缩变圆，也可伸长成梭形。前端有1条鞭毛从细胞的胞口伸出，如果用碘-碘化钾溶液染色，鞭毛易见。胞口下为颈状的胞咽，胞咽之下为袋状的储蓄泡，储蓄泡附近有1个至数个伸缩泡（光镜下不易见），储蓄泡附近有1个红色的眼点。细胞核1个，球形，位于细胞中部的原生质中。大多数种类的叶绿体颗粒状，多数，少数种类叶绿体呈星状或带状，中轴位，仅1～2个，叶绿体中往往有蛋白核（造粉核）。细胞内有1个至数个白色透明的环状、颗粒状或杆状的裸藻淀粉，是裸藻的同化产物，以I_2-KI溶液染色，不变成紫黑色。

（三）甲藻门

1. 多甲藻属（*Peridinium*）（图 12-2 左图）：海水和淡水均常见。用吸管吸取生活或浸制的多甲藻标本，滴 1 滴在载玻片上，盖上盖玻片，先在低倍镜下观察多甲藻的运动，用解剖针针尖轻压盖玻片，使藻体翻转，观察藻体的背、腹面。转高倍镜观察藻体的形态结构，最后用解剖针柄轻压盖玻片，使板片离散，以理解甲藻的细胞壁是由多块板片嵌合而成。

多甲藻属为单细胞体，呈卵形或近卵形，有背腹面之分，细胞腹面略凹入，故顶面观为肾形。细胞由多块板片嵌合而成，板片光滑或具花纹。细胞中部具横沟，把细胞分为上壳和下壳两部分，横沟中有 1 条横生的鞭毛，在下壳的腹侧有 1 条纵沟，沟中有 1 条纵走的鞭毛，横生和纵走的两条鞭毛自两沟相交处生出。细胞内具多数黄褐色盘状色素体，储藏物为淀粉，因此用碘-碘化钾溶液染色可变为紫黑色。细胞核 1 个，中央位。

2. 角甲藻属（*Ceratium*）（图 12-2 右图）：海水和淡水中均常见。观察方法与多甲藻相同。角甲藻为单细胞体，细胞前端有 1 个较长的顶角，后端有 2～3 个较短的底角，也有的仅有 1 个底角显著，而另 1 个退化。细胞壁由多块板片嵌合而成，细胞腰部有一环形横沟。腹面有一斜方形的透明区，纵沟在其左方。从两沟交叉处伸出两根不等长的鞭毛，这两条鞭毛各位于横沟及纵沟，沿着横沟的鞭毛藏于横沟之中（常不易分辨），沿纵沟的鞭毛直伸于纵沟的外方（把光圈缩小可见）。细胞内有多数黄褐色盘状的色素体，细胞核 1 个，中央位。

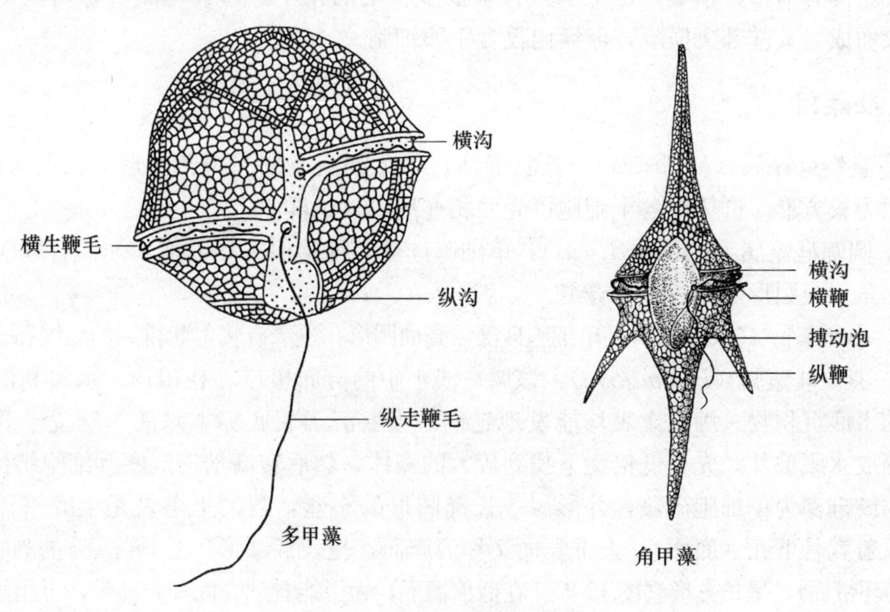

图 12-2　两种甲藻的腹面观

（自中山大学植物学教研室教学图库，多甲藻由谢庆建重绘，角甲藻由刘运笑重绘）

注： 多甲藻属和角甲藻属可任选其一观察。

（四）金藻门

合尾藻属（*Synura*）：合尾藻属大部分生于淡水水体，冬、春季在静水池塘中常大量发生。合尾藻以群体形式生活，群体无公共胶被，单个细胞呈梨形，末端具透明的胶质柄，细胞以胶质柄彼此互相黏合成放射状的群体，细胞前端有两条近等长的鞭毛，将显微镜视场调暗可见，细胞外被薄的胶质膜，其上镶嵌有螺旋状排列的硅质小鳞片，但基部和柄端无鳞片。细胞具两枚板状弯曲的色素体，无眼点。

（五）黄藻门

无隔藻属（*Vaucheria*）：无隔藻属多生于淡水，常见于田沟等水体中，也可成亚气生、毡状丛生于潮湿的土表，外观深绿色。

镊取少许无隔藻标本，制作水藏玻片，在显微镜下观察。藻体为稀疏分枝的管状多核体，无横隔壁，藻体基部有无色的假根，原生质体贴壁，内含多数的细胞核、粒状的色素体及微小的油滴，中央大液泡占据了藻体大部分。可用碘-碘化钾溶液染色，检查有无淀粉油脂的颜色反应。

注意观察无隔藻属的无性生殖和有性生殖的特征：

无性生殖时，丝体顶端成棒状膨大，其内有多数细胞核和色素体，并与藻丝间生出横隔，形成孢子囊。孢子囊内的原生质体只形成1个多核多鞭毛的复合游动孢子。

有性生殖属同宗配合，当性器官形成时通常在同一条的丝体上产生两个相邻的突起，形成藏精器（精囊）和藏卵器（卵囊），藏精器位于突起短侧枝的末端，棒状，常弯曲，基部有横壁，精囊内产生多数具单核多鞭毛的精子。卵囊呈梨状，由丝体突起后膨大而成，其基部无横隔，卵囊内仅含1卵细胞。

（六）硅藻门

1. 直链硅藻属（*Melosira*）：丝状群体，每个细胞通常为短圆柱形，壳面为圆形，壳环面为长方形。群体中各个细胞以壳面相连形成丝状群体。

2. 圆筛硅藻属（*Coscinodiscus*）：单细胞硅藻，细胞似一培养皿，壳面有辐射状排列的六角形或圆形的孔纹，无壳缝。

3. 小环藻属（*Cyclotella*）：单细胞硅藻，壳面圆形，近缘有辐射状排列的线纹和孔纹。

4. 羽纹硅藻属（*Pinnularia*）：该属在淡水中的分布极广，在田沟、水沟和池塘等水体的水底沉积物、潮湿土表均能发现它们。吸取沉于瓶底标本水液1滴置于载玻片中央制成水藏玻片，先在低倍镜下找到较大的藻体，然后转高倍镜观察其细胞结构。

羽纹硅藻为单细胞硅藻，外形似一长椭圆形的小盒，盒的上盖就是上壳（顶面），盒的下盖就是下壳（底面），上下壳面又称为瓣面，呈长椭圆形，上下壳套合的侧面称壳环带（环带面），呈长方形（图12-3）。在低倍镜下，为了能看到壳面和壳环带，可用解剖针轻压盖玻片，使藻体翻转。如盖玻片下水膜太薄，可用吸管吸取清水在盖玻片边缘处滴加，增加水膜厚度，以使藻体易于翻转。

（1）壳面观（瓣面观）：正对壳面的位置看，壳面处于观察的高位上。

藻体为长椭圆形，色素体呈两条窄的带，分布于贴近两个带面的原生质内，两片色素体之间有原生质桥相连，细胞核位于原生质桥内，原生质桥的上下两侧各具1个大液泡。壳面的长轴两侧具横向平行排列的肋纹，壳面中央有1条纵走的略弯曲的S

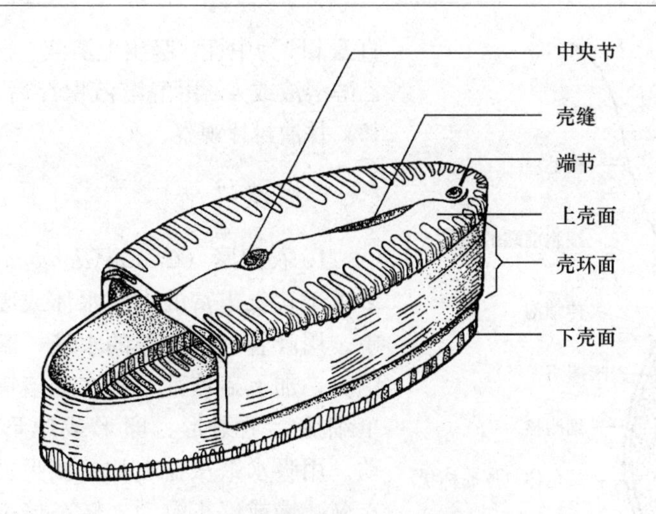

图 12-3　硅藻细胞的结构模式图

（自中山大学植物学教研室教学图库，谢庆建重绘，刘运笑重摹）

形壳缝，壳缝被中央节隔断，硅藻借助其壳缝系统内细胞质与水等基质接触才能运动。中央节和端节显微镜下呈折光性较强的小圆点，缩小光圈可见。

（2）环带面观：侧面观，正对壳环带的位置，环带面处于观察的高位上。

藻体为长方形，仔细观察细胞壁系由上壳和下壳套合而成，在上壳和下壳壳面的两端和中央分别能看到向内突起的加厚的两个端节和 1 个中央节。壁内有 1 层贴壁原生质，两片黄棕色的片状色素藏在原生质中，分别位于相对的两个环带面内侧，因此环带面观只看到一片充满整个带面的色素体。细胞中部的原生质内有 1 个细胞核，桥两边各有 1 个大液泡。原生质内具数个油滴。

观察硅藻时，常可看到硅藻细胞分裂。1 个母细胞分裂成两个子细胞，原来母细胞的上壳和下壳内方分别产生两个子细胞的下壳。这样不断产生的子细胞体除了 1 个保持原细胞大小外，其余的是否会越来越小？硅藻通过什么方式使其恢复到原来细胞的大小？

5. 舟形硅藻属（*Navicula*）：它与羽纹硅藻的主要区别是：体形较小，壳面观舟状，细胞两端变尖、钝圆。上下壳面的壳缝直，壳面的花纹为线纹或点纹。

6. 硅藻土示范观察。

附：硅藻的酸处理

由于硅藻细胞壁上的花纹是种类鉴定的重要依据，在进行硅藻观察时常常须用酸处理硅藻，破坏细胞的内含物。硅藻酸处理的基本过程如下：

（1）将标本水样摇匀。用吸管取 2 ml（可根据实际情况自行掌握），注入试管，注意尽量少带杂物和泥沙。

（2）在通风橱内操作，加入与标本水样等量的浓硫酸，再慢慢加入与标本液等量的浓硝酸，此时产生褐色的亚硝酸气体。在酒精灯上微微加热直至标本变白，液体变成无色透明为止。待标本冷却后，用离心机以 3000 r/min 的速度离心 5 min。吸出上层清液，加入适量重铬酸钾饱和溶液，离心 5 min。

（3）将标本上清液取出，用蒸馏水重复洗沉淀 4～5 次，每次换水时必须离心 5 min，

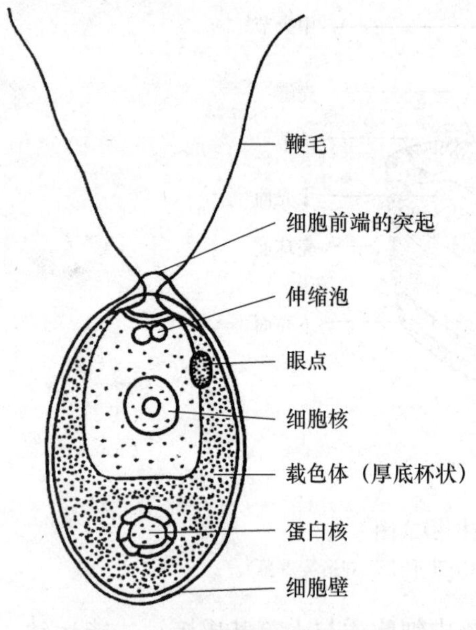

图 12-4　衣藻细胞结构平面示意图
（自中山大学植物学教研室教学图库，谢庆建重绘）

直至pH为中性，吸出上清液，硅藻标本加95%乙醇溶液或4%甲醛溶液保存后，即可用5%～15%甘油封片观察。

（七）绿藻门

1. 衣藻属（*Chlamydomonas*）（图12-4）：多生于含氮丰富的小型水体或废置的积水尿缸中。用吸管吸取衣藻的水液，滴1滴在载玻片中央，加上盖玻片，先在低倍镜下观察。藻体单细胞，呈梨形、卵形或球形等，能自由运动。用吸水纸从盖玻片一侧吸去一部分水，使衣藻减慢或停止游动，转高倍镜观察衣藻的细胞构造，衣藻细胞具有纤维素的细胞壁，前端有两条等长鞭毛，鞭毛基部附近有两个伸缩泡（光镜下不易见）。细胞前端的叶绿体上有1个红色的眼点，半圆形或椭圆形。细胞质中有1个大型的厚底杯状叶绿体，占据细胞的大部分体积。叶绿体底部有1个蛋白核（造粉体）。在叶绿体杯腔的细胞质内悬浮着1个细胞核。

从盖玻片边缘滴加1滴碘-碘化钾溶液，可以看见染色后的细胞前端伸出的两条鞭毛。观察鞭毛时注意调小光圈。不经染色，一些不大活动衣藻的鞭毛也能被看到，染色后的衣藻细胞，蛋白核周围的淀粉鞘变成蓝紫色或紫黑色。

2. 团藻属（*Volvox*）：生活在较清洁的水中，常见于池塘、田沟和其他小水体中并常成纯群出现，也生于热带海滩。团藻为群体，通常由500～60 000个细胞组成空心的球体，单层，直径约0.5～1mm，肉眼可见。每个细胞包被1层胶质鞘，细胞接触处彼此间的胶质鞘可互相融合，或与其他细胞的胶质鞘分别清楚。前者整个细胞群体藏于均匀的公共胶质鞘内；后者细胞由于互相挤压，其胶质鞘一般呈六角形。营养细胞形态结构基本和衣藻相似，有的种类细胞间有胞间连丝。

无性生殖形成子群体。团藻只有少数细胞分化成为繁殖胞，每个繁殖胞经多次垂周分裂，最后经过翻转而形成子群体，落在母群体腔中，待母体解体后子群体才被释放出来，成为新的团藻个体。

本实验材料里1个团藻内通常含有几个子群体？子群体内是否还有子群体（孙群体）？

团藻有性生殖为卵配。实验材料中可能看到精子囊为皿状排列的精子板，卵囊内仅有1个卵或已经是合子。成熟合子具有增厚的壁，其上通常有突起的花纹。合子萌发形成新的团藻个体。

3. 栅藻属（*Scenedesmus*）：是淡水中广泛分布的类群，主要分布于有机质丰富的水体中。栅藻属为绿球藻目的种类，不具鞭毛，不能运动，仅以似亲孢子进行繁殖。

在显微镜下观察，可见栅藻为4个、8个、16个细胞的定形群体，细胞椭圆形或纺锤形，细胞壁光滑或有各种突起。

4. 鞘藻属（*Oedogonium*）：淡水生绿藻，常在池塘中的水草、枯枝树叶上固着生长，或生于水族箱的壁上。可用刀片刮取固着在基物上的藻丝作水藏玻片在显微镜下观察。

藻体为单列细胞不分枝的丝状体，细胞筒状，内有1大而明显的细胞核，叶绿体网状，内藏多个蛋白核（造粉核），用碘-碘化钾溶液染色，蛋白核被染成黑色，清楚可见。有些细胞的一端具有相套叠的环状物，此结构称为冠环，调小光圈更易于观察。丝状体基部有固着器。

无性生殖产生游动孢子囊，囊内仅有1个游动孢子，游动孢子圆形或梨形，深绿色，有1个红色眼点，近顶端生1圈鞭毛，顶端裸露。

有性生殖为卵配，卵囊球形，内有1个大的球形卵细胞；精子囊短小，每个精子囊内产生两个精子。精子形态同游动孢子，但相比之下体积显著地小。

实验材料不一定都能见到无性生殖和有性生殖。

5. 石莼属（*Ulva*）：全部海产，生于潮间带。

取腊叶标本观察植物体的外形。石莼的孢子体和配子体同形，均为两层细胞厚的膜状体，以多细胞的固着器固着于岩石或其他基物上。细胞结构为丝藻形细胞结构。

6. 水绵属（*Spirogyra*）：水绵多生于水稻田、菜地的田沟、水沟、池塘、河溪等水体中，用手触摸藻体有滑腻感。

用镊子摄取数条水绵（注意不宜太多，以免藻丝重叠妨碍观察）放在载玻片的水滴中，用镊子将藻丝分散，加上盖玻片。先在低倍镜下观察水绵的形态（注意藻丝是否分枝？是单列细胞还是多列细胞？每个细胞的形状是否相似?），然后转换高倍镜观察细胞结构。细胞圆筒形，纤维素的细胞壁外有1层果胶质，壁内有贴壁原生质，细胞中央有1个细胞核，核周围有放射状的原生质丝与贴壁的原生质相连。在贴壁原生质中有1条或多条螺旋带状叶绿体。每条叶绿体含有一列蛋白核（造粉体）。用碘-碘化钾溶液染色，可以看到细胞核呈橙红色，蛋白核被染成紫黑色。

水绵接合生殖时，藻丝颜色由草绿色变成黄绿色至黄褐色。用镊子镊取数条有接合生殖的水绵做水藏玻片，在显微镜下观察水绵梯形接合生殖的过程：

（1）两条并列的水绵，在各相对的细胞壁上形成突起。

（2）两突起的接触面隔膜溶解，形成连通的接合管。此管两边的两个细胞成为配子囊，每个配子囊内全部原生质体收缩成为配子，一配子囊（雄性的）的原生质体经此管迁移至另一个配子囊（雌性的）中。

（3）两个配子的全部原生质体结合，形成合子，此合子称为接合孢子。

7. 新月藻属（*Closterium*）：单细胞绿藻，细胞新月形，由两个半细胞构成。细胞中央有1个细胞核，细胞核两侧各有1个叶绿体，叶绿体表面有纵条状突起，横切面呈星芒状，每个叶绿体上有1列蛋白核。行有性生殖时，细胞两两接近形成接合管，配子结合后产生接合孢子。

8. 轮藻属（*Chara*）：藻体高10～60cm，以假根固着在水底淤泥中。

（1）轮藻的形态：在白瓷盘内观察，必要时用放大镜帮助观察，仔细区分假根，主茎（主轴），侧枝，节，节间及节上长出的1轮轮生分枝（假叶）。注意观察轮生分枝的节上着生的精囊球（或称精囊）和卵囊球（或称卵囊）的形态和位置。

卵囊球是在精囊球的上方吗？精囊球是什么颜色？

（2）生殖器官：镊取具有精囊球和卵囊球的轮生分枝一小段放置玻片上，加上数滴水，用解剖针把材料分开，盖上盖玻片，在低倍镜下观察，轮生分枝节上生有单细胞的刺状结构（或称为"苞片"或"小苞片"）、精囊球和卵囊球。

卵囊球：生于"小苞片"上方，长卵形，卵囊球内有1个或多个卵。注意观察包围卵的5个螺旋状管细胞的形态，每个管细胞的上面有1个小的冠细胞，5个冠细胞组成卵囊球顶上的冠，冠是由1层细胞组成。

精囊球：生于"小苞片"下方，圆球形，成熟时橘红色。为了观察精囊球的构造，把原来玻片标本内的精囊球压破，或另外取1个精囊球，用镊子把精囊球压破做水藏玻片，然后在显微镜下观察。

精囊球的最外面一般有8个盾细胞（很少4个），盾细胞具橘红色色素。盾细胞中间向内伸出长的盾柄细胞。其上的次级头细胞长出数条单列细胞的精子囊丝体，每一个细胞是1个精子囊，每个精子囊内形成1个游动精子。

9. 丽藻属（*Nitella*）：与轮藻属相似，主要不同表现在：

（1）节间细胞的外面没有皮层，而轮藻则多有皮层。丽藻分枝由一简单的或分枝的单列细胞丝体组成，而轮藻的轮生分枝的构造与茎（主轴）相同；

（2）轮生分枝节上着生的精囊球通常在卵囊球之上，而轮藻属则相反；

（3）丽藻卵囊球每一个管细胞的上面有两个冠细胞，所以卵囊球的顶上有10个冠细胞，分为两层，每层5个，而轮藻属卵囊球的冠只有单层5个冠细胞。

具体观察方法与轮藻属相同。

注：轮藻与丽藻任选其一进行观察。

另外观察海松属（*Codium*）、石莼属（*Ulva*）、浒苔属（*Enteromorpha*）、礁膜属（*Monostroma*）及羽藻（*Bryopsis pulumosa*）等陈列标本。

四、作业

1. 绘鱼腥藻丝体的一段，示营养细胞、异形胞和藻殖段。

2. 绘衣藻的细胞结构图。

3. 绘水绵的1个细胞，示细胞壁、细胞质、叶绿体、蛋白核、胞质丝和中央大液泡。

4. 绘轮藻一段短枝，示生殖器官结构。

5. 绘羽纹硅藻（或舟形硅藻）的瓣面观及环带面观，示细胞核、载色体、壳缝、中央节及端节。

6. 将本次实验所观察到的藻类材料按下表所示分门列出名录，并指出其主要的形态结构及生活史特征。

实验十二　藻类植物（一）：蓝藻门、裸藻门、甲藻门、硅藻门、金藻门、黄藻门、绿藻门

材料名称	所属门	特　征

五、思考题

1. 为什么说蓝藻植物是植物界中较为原始的类群。
2. 原核藻类与真核藻类的主要区别在哪里？
3. 请结合实验材料说明为什么说裸藻是介于动物和植物之间的类群。
4. 硅藻和甲藻有相同之处吗？
5. 形成“水华”的藻类主要有哪些？
6. 为什么说轮藻属于藻类的高级类群？
7. 金藻、黄藻与硅藻在形态结构和生殖行为上有哪些异同点？

实验十三　藻类植物（二）：红藻门与褐藻门

一、实验目的和要求

了解红藻门（Rhodophyta）及褐藻门（Phaeophyta）的主要特征及其代表植物。

二、实验材料及试剂

1. 实验材料

（1）红藻门：紫菜属（*Porphyra*）、多管藻属（*Polysiphonia*）、串珠藻属（*Batrachospermum*）、江篱（*Gracilaria verrucosa*（Huds.）Papenf.）、石花菜属（*Gelidium*）、蜈蚣藻（*Grateloupia filicina* C. Agardh）、珊瑚藻（*Corallina officinalis* L.）、海萝（*Gloiopeltis furcata* J. Agardh）。

（2）褐藻门：水云属（*Ectocarpus*）、海带（*Laminaria japonica* Aresch.）、裙带菜（*Undaria pinnatifida*（Harv.）Suringar.）、鹿角菜（*Pelvetia siliquosa* Tseng et C. F. Chang）、马尾藻属（*Sargassum*）、墨角藻属（*Fucus*）、黑顶藻（*Sphacelaria subfusca* S. et G.）、萱藻（*Scytosiphon lomentarius* Link）。

2. 试剂：I_2-KI 溶液。

三、实验内容

（一）红藻门

1. 紫菜属（*Porphyra*）：海产，长在潮间带的岩礁上。

（1）藻体的形态结构：取腊叶标本或浸制标本观察紫菜叶状体（配子体）的形态，为膜状体，注意藻体基部有盘状固着器。

取玻片标本在高倍镜下观察内部构造。紫菜属多数种类的叶状体由单层细胞构成，细胞藏于丰富的胶质内。在细胞内有 1 个星形的色素体，内含单个蛋白核（造粉核），1 个细胞核（不易见）。

（2）有性生殖：紫菜生殖器官分布于叶状体的边缘，雌雄同体或异体，有性生殖时产生精子囊和果胞，取新鲜标本或浸制标本肉眼或借助手持放大镜观察：产生精子囊的叶状体边缘细胞颜色较淡，黄白色，产生果胞的叶状体边缘细胞颜色较深，紫红色。取紫菜精子囊和果胞的整体封片标本，在显微镜下观察：

1）精子囊：藻体边缘的营养细胞经过几次分裂产生 16 个、32 个、64 个或 128 个精子囊的精子囊器，每一个精子囊内只有 1 个无色的不动精子。产生精子囊的边缘细胞为无色或黄白色。注意，每个营养细胞多次分裂产生的多数精子囊排列成立方体形，因此表面观只是精子囊器的 1 个面的精子囊数目。

注意观察实验材料的精子囊器由多少个精子囊组成？如何排列？

2）果胞和果孢子囊：果胞是营养细胞不经分裂，仅略变态而成，一般为椭球形，其一端或两端突起，称受精丝，果胞内含 1 个卵，受精后形成合子，经有丝分裂产生含 8 个、16 个或 32 个二倍体果孢子的果孢子囊。

如何在显微镜下分辨果胞和果孢子？另在示范镜下观察精子囊器和果孢子囊的切片玻片标本（图 13-1），注意对比切面观与表面观细胞排列的特征，着重理解精子囊器和果孢子囊的立体结构。

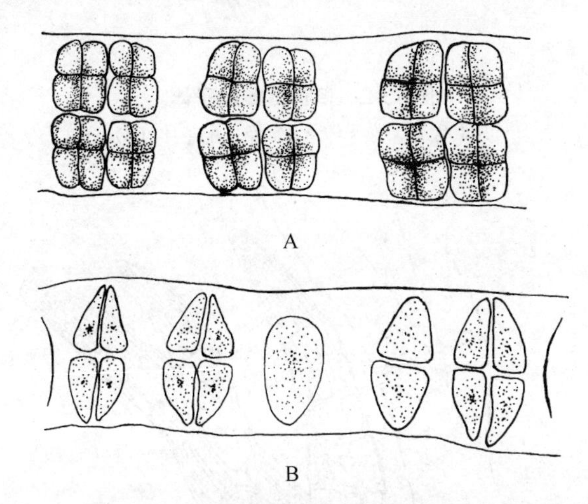

图 13-1　甘紫菜精子囊器（A）和
果胞及果孢子囊（B）的切面观

（自中山大学植物学教研室教学图库，刘运笑重绘）

（3）丝状体和壳孢子：在示范镜下观察紫菜丝状体。二倍的紫菜果孢子钻入贝壳萌发成丝状体，称为壳斑藻，壳斑藻产生壳孢子时进行减数分裂，单倍的壳孢子在不同水温下可以萌发成小紫菜或大紫菜。

2. 多管藻属（*Polysiphonia*）（图 13-2、图13-3）：海生红藻，多生长在低潮带的岩石上。

（1）藻体形态：取多管藻腊叶标本观察，藻体为分枝丝状体，行固着生活。

（2）四分孢子体（图 13-3）：显微镜下可见，藻体中央为 1 列中轴细胞，上下相连成中轴管，周围为围轴细胞包围。无性生殖时，围轴细胞形成孢子囊母细胞，经过减数分裂产生 4 个四分孢子，在正常面可看到 3 个，背面还有 1 个（四面体型），四分孢子萌发产生配子体。

（3）雄配子体（图 13-2B）：在显微镜下观察，注意其构造和四分孢子体发育有无差异？在藻体的小枝上，有单列细胞分枝的毛丝体，其一侧产生一串葡萄状的精子囊穗。

（4）雌配子体和果孢子体（图 13-2A）：在显微镜下观察，注意雌配子体的构造和

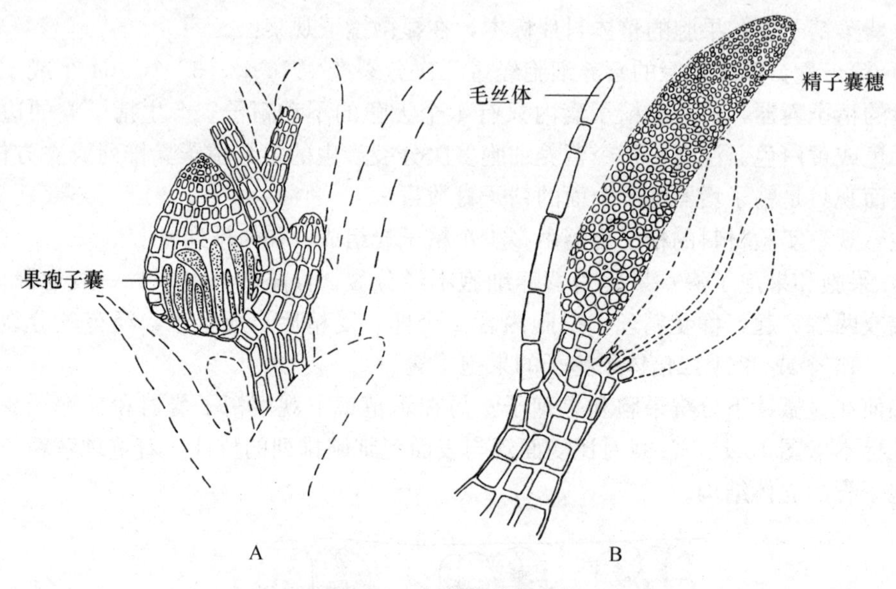

图 13-2　多管藻雌配子体

其上生有果孢子体（A）及雄配子体（B）

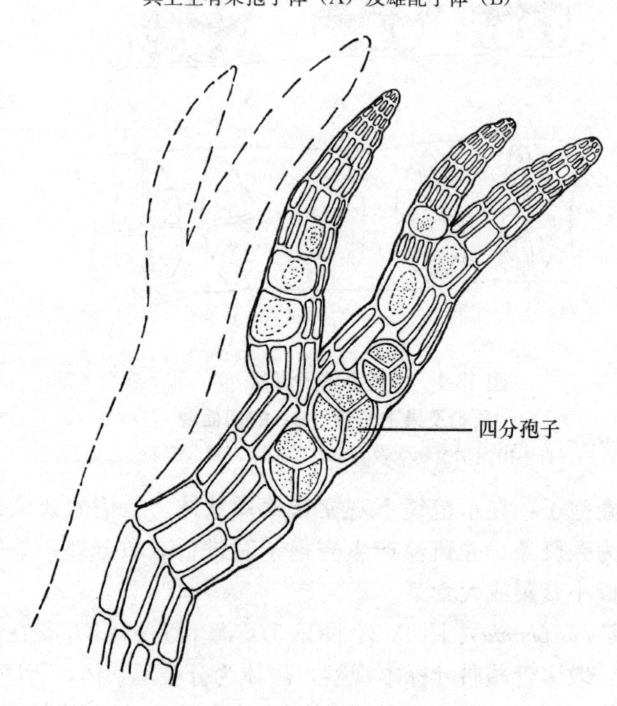

图 13-3　多管藻四分孢子体

四分孢子体是否相同？枝端的侧面有1个卵形或球形的囊果，它是雌配子体上的果胞受精后发育而成的。囊果外围有单层细胞包被，内面藏着多数果孢子囊，每个果孢子囊产生1个果孢子（2*N*），这个产生果孢子的囊果又称为果孢子体，果孢子体寄生在雌配子体上，不能独立生活。果孢子脱离囊果后发育成新的二倍植物体（四分孢子体）。

3. 串珠藻属（*Batrachospermum*）：藻体为单轴型，具明显的中轴，由长筒形细胞组成，具节和节间的分化，节上具初生枝，节间的中轴细胞外有皮层细胞包裹，其上可长出次生枝，初生枝和次生枝共同组成轮节。有性生殖时在初生枝或次生枝上产生果胞和精子囊。果孢子体被膜。四分孢子体后期为直立分枝体。

4. 江篱（*Gracilaria verrucosa*）：海生红藻，藻体圆柱形或扁平叶状，不规则或近于叉状分枝，枝端有1顶端细胞，由其分化出髓部和皮层。江篱的孢子体和配子体在外形上很难区分，但如果出现了囊果，便一定是雌配子体，囊果在藻体（雌配子体）上明显突起成疙瘩状。

5. 石花菜属（*Gelidium*）：海生红藻。藻体紫红色或淡红黄色，藻体顶端生长，数回羽状或不规则羽状分枝，主干圆柱形至压扁。

6. 蜈蚣藻（*Grateloupia filicina*）：海生红藻。藻体紫红色，黏滑，主枝直立、圆柱状或扁形。1～3回羽状分枝，形似蜈蚣。枝的侧面常有芽状副枝。固着器盘状。

另外，观察其他红藻门代表植物，如珊瑚藻（*Corallina officinalis*）、海萝（*Gloiopeltis furcata*）等的标本，了解其形态结构特征及生活史各阶段。

（二）褐藻门

1. 水云属（*Ectocarpus*）：海生褐藻，生于潮间带的岩石上。

观察水云腊叶标本或浸制标本，藻体为异丝体，褐色，高5～15cm，丛生，固着在基物上，下部多少缠结匍匐，上部直立。

在显微镜下观察藻体的构造：水云的孢子体和配子体同型，均为单列细胞分枝的异丝体，有性生殖时配子体的侧生小枝顶端细胞发育成长圆筒形、先端渐尖的多室配子囊。无性生殖时在孢子体上长单室孢子囊和多室孢子囊（中性孢子囊），多室孢子囊长卵形或锥形，外形似多室配子囊，单室孢子囊卵圆形。

2. 海带（*Laminaria japonica*）：冷温带性海藻，生长于干潮线下。

（1）海带孢子体的形态：取标本观察海带孢子体由3部分组成：根状的固着器，短圆柱状或扁而厚的柄（带柄），以及连接在柄上的扁带状叶片（带片），带柄不分枝，带片无中肋。注意观察叶片上斑疤状隆起的孢子囊群。

（2）孢子体的结构：取带片的横切面玻片标本在显微镜下观察（图13-4），或用刀片截取长2cm，宽0.5cm的带片，最好选择一面具孢子囊，另一面无孢子囊或其中一部分无孢子囊的材料，然后做横切面徒手切片，选择其中较薄而完整的数片作水藏玻片。在显微镜下观察，其组织分化出表皮、皮层和髓3部分。最外层为表皮，由1～2层方形或多角形的小细胞组成，排列齐整、紧密，内含色素体，表面有胶质层；表皮以内为皮层，细胞较大，呈多角形，壁薄，皮层内有一两列分泌腔（黏液

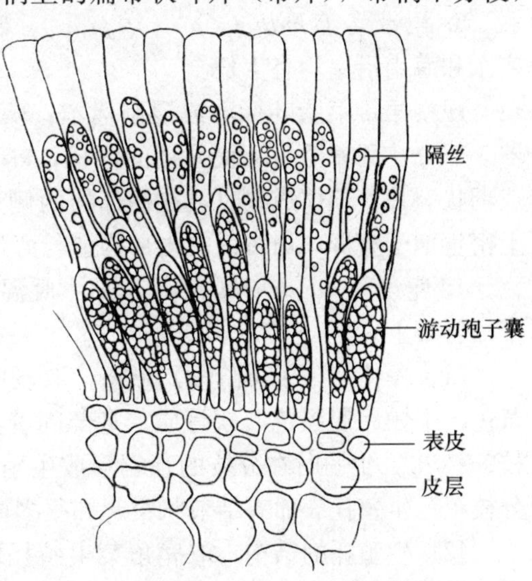

图13-4　海带叶片横切，示孢子囊及隔丝

腔）；中部为髓，髓部由无色的髓丝组成。

棒状单室的孢子囊由表皮细胞分化而来，位于带片的最外层并聚生成孢子囊群，孢子囊与隔丝相间排列。孢子囊高为隔丝的1/2～2/3。孢子囊内有32个孢子，隔丝顶端有透明的黏液帽（胶质冠），隔丝下部细长无色。孢子萌发产生配子体。

（3）雌配子体与雄配子体：在显微镜下观察雌、雄配子体玻片标本。成熟的雄配子体是由十余个细胞组成的分枝丝状体，每个顶端细胞均可形成精子囊，精子囊中只形成1个无色精子。雌配子体只有1～2个细胞（也有数个的），细胞较雄配子体的大。成熟的雌配子体只在顶端细胞形成1个卵囊，全部内含物形成1个卵，成熟的卵排出停留于卵囊顶的小孔处，受精后形成合子，进一步发育成二倍的孢子体（图13-5）。

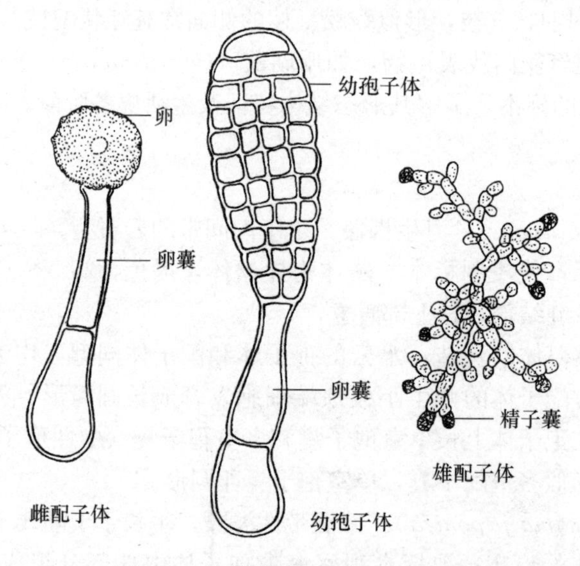

图13-5　海带雌雄配子体和幼孢子体

3. 裙带菜（*Undaria pinnatifida*）：暖温带性海生褐藻，我国辽宁、山东、浙江、广东和海南沿岸均有生长。

观察裙带菜腊叶标本或浸制标本：藻体（孢子体）黄褐色，分为叶片、柄和固着器3部分。固着器为叉状分枝的假根，叶片的中部有从柄部延伸而成的中肋，两侧形成羽状裂片。藻体成熟时，在柄部的两侧形成木耳状的重叠皱褶，这是孢子囊叶，其上密生孢子囊群，裙带菜的内部构造与海带相似，分化出表皮、皮层和髓部。

4. 鹿角菜（*Pelvetia siliquosa*）：暖温带海生褐藻，黄海特产种类，一般长在潮间带的岩石上。

（1）藻体（孢子体阶段）形态：取浸制标本或腊叶标本观察，藻体新鲜时为橄榄黄色，干燥后变黑色，软骨质。基部固着器盘状；“茎”（柄）近圆柱形，短，叉状分枝2～8次。生殖时在分枝的顶端形成生殖托。成熟的生殖托呈“长角果”状，较普通分枝粗。生殖托表面有结节状突起和很多微细的小孔，为生殖窝的开口。

（2）生殖托的结构：取鹿角菜生殖托玻片观察，在生殖托内藏有多数壶形的生殖窝，每个生殖窝内长有精囊和卵囊以及隔丝。卵囊内含有两个中分或略斜分的卵。精囊生在生殖窝壁长出的丝体上，每个分枝常有2～3个精子囊。

5. 马尾藻属（*Sargassum*）：海生褐藻，通常长在潮下带。

观察腊叶标本。马尾藻藻体（孢子体）外形分为固着器、主干和叶 3 部分，此外还有使藻体浮起直立的气囊，气囊一般为球形、卵形或椭圆形。成熟的藻体从叶腋处长出生殖托。

6. 墨角藻属（*Fucus*）：藻体（孢子体）有带状假根，上部叉形分枝，藻体横切面有明显的中肋，有气囊或否。雌雄异株。生殖托顶生、肉质膨胀。生殖窝内有精子囊或卵囊。可观察其生殖托切片玻片标本。

另外，可以观察黑顶藻（*Sphacelaria subfusca*）、萱藻（*Scytosiphon lomentarius*）等标本。

四、作业

1. 绘紫菜的果孢子囊及精子囊器的表面观。
2. 绘多管藻属的雌配子体的一部分及其上生长的果孢子体。
3. 绘海带带片横切，示带片结构和游动孢子囊等。

五、思考题

1. 我们食用的紫菜和海带是孢子体还是配子体？
2. 举例说明红藻门和褐藻门植物有何重要的经济价值。
3. 以紫菜和多管藻为例，说明紫菜亚纲和真红藻亚纲的主要特征，并扼要说明红藻门植物的有性生殖特点。
4. 以水云、海带和鹿角菜为例，说明褐藻 3 个纲的主要特征和生活史类型。
5. 从藻体的形态结构、生长方式和繁殖等说明褐藻门植物是藻类中较为高级的类群。
6. 比较红藻门和褐藻门的主要异同点。
7. 总结真核藻类的生殖结构及其及生殖过程的主要特征。
8. 藻类植物分门的主要依据是什么？试总结藻类植物的系统演化趋势。

附：开放性实验四　藻类植物的采集及检索

一、实验目的和要求

了解藻类植物的形态结构特征及生态分布特点，学习利用检索表对常见藻类进行检索和鉴定。

二、实验材料和工具

（1）采集用具：浮游生物网、吸管、标本瓶、标签纸、采集记录本、铅笔、镊子、采集刀、pH 试纸、温度计等。

（2）检索工具书：《中国淡水藻类志》，相关地区藻类图谱等。

三、实验内容

1. 野外观察：由于各种藻类对水质要求不同，所以不同水体中的藻类组成也不一样。通常可根据水色初步判断其大类群的组成，水色很绿，可能浮游绿藻为多；茶褐色的水体中可能含有较多隐藻或甲藻、硅藻类；如水面有 1 层薄的绿膜，可能是裸藻形成的“水华”。水面漂浮蓝绿色或蓝黑色，可能是微囊藻或颤藻等蓝藻，水底泥面上蓝绿色薄层，也多为蓝藻；浅水沟、水坑底泥表面黄褐色，多为底栖的硅藻。漂浮生长的丝状体藻类可用手触摸来作初步鉴别。

2. 采集方法

（1）浮游藻类：应用 25 号浮游生物网采集，有“水华”的水体可直接用水瓢取样，并测定水温及 pH 值，做好记录、编号，并在瓶上贴好标签。采集标本液不超过标本瓶的容积的 2/3。

（2）漂浮藻类：有些藻类如水绵、颤藻等可用镊子或水瓢直接将标本连水盛入标本瓶中。

（3）附生藻类：这些藻类有固着器着生在水中石头，水生植物等物体上，如刚毛藻、鞘藻等。可将其藻体连同固着器和基物一同采下，放入装有此水体的标本瓶内。

（4）气生和亚气生藻类：附生在树木、石块、土壤、墙壁上的藻类，可用小刀削刮下藻体或连同藻体着生的基物一起采集，放入标本瓶中。

3. 采集记录：每采集一号标本都要进行编号，用标签纸写上编号放入标本瓶中，同时在采集记录本上记录采集时的编号、地点、日期、生态条件（光照、气温、水温、pH 等）、生长情况等。采集记录本上的编号与标本内标签纸上的编号要一致。

4. 检索鉴定：将藻类标本带到室内在显微镜下观察，使用《中国淡水藻类志》及相关藻类志检索。鉴别到属时常要用碘-碘化钾溶液以辨别鞭毛及贮藏物质等。

5. 标本保存：采集的标本在两天内鉴定不了或需要长期保存的，可用2%～4%的甲醛溶液固定保存。

实验十四　菌物（一）：黏菌门与卵菌门

一、实验目的和要求

（1）了解黏菌门（Myxomycota）植物的一般特征，认识其代表植物。

（2）了解卵菌门（Oomycota）植物的一般特征，认识其代表植物和它在菌物中的地位。

二、实验材料

（1）黏菌门：发网菌属（*Stemonitis*）。

（2）卵菌门：水霉属（*Saprolegnia*）；白锈菌（*Albugo candida*（Pers.）Ktze.）。

三、实验内容

（一）黏菌门

发网菌属（*Stemonitis*）

生活在阴湿处的朽木、腐叶上，营养体是1团裸露多核的原生质体，能进行变形运动，称为变形体，吞食固体颗粒，进行异养生活（动物性的特征）。无性生殖时变形体移于光亮干燥处，形成许多发状突起，每个突起发育成1个具柄的孢子囊——子实体。在进行有性生殖时，孢子萌发，转变成具两条鞭毛的游动细胞，或游动细胞鞭毛收缩形成变形菌胞，由两两游动细胞或变形菌胞结合形成合子。合子萌发后，形成二倍体多核变形体。常可在朽木、腐叶上发现发网菌的子实体。在显微镜下观察发网菌子实体的结构：

（1）子实体：丛生在基物上，紫灰色。由固着部、柄及孢子囊3部分组成。

（2）孢子囊：取发网菌孢子囊玻片标本在显微镜下观察。孢子囊长筒形，孢子囊壁（包被）薄，孢子囊柄细长，囊柄向囊内延伸成囊轴，囊轴向各方向分枝形成网状的孢丝，网眼内原生质体形成1个孢子，孢子具纤维素细胞壁（植物性特征）。成熟时孢子囊壁破裂，孢子借孢丝的弹力散出。注意孢子形状及其核相。

（二）卵菌门

1. 水霉属（*Saprolegnia*）：通常生于水中腐烂的植物及昆虫、鱼类等的遗体上，也可寄生于小鱼、鱼卵或鱼的伤口上导致鱼病。实验前几天把死蝇数只投进玻璃小缸中，加进鱼塘水（因为塘水通常有水霉的孢子）加盖，注意每天换水以免细菌过多繁殖。经1周左右，蝇的尸体上长出白色绒毛状菌丝体，用镊子从死蝇体上镊取少许菌丝，置于载玻片中央的水滴中，用解剖针将菌丝分散，盖上盖玻片在显微镜下观察。

（1）菌丝体：为具无隔分枝、多核的丝状体。

（2）无性生殖：在菌丝分枝的末端略膨大成长筒形孢子囊，孢子囊基部产生一横隔与菌丝隔开，在高倍镜下观察囊内的孢子，可看到游动孢子自孢子囊顶的小孔溢出。游动孢子呈梨形，有两条顶生鞭毛。在观察材料中，是否看到空囊下的菌丝突入囊中再生新的孢子囊——孢子囊层出现象。

（3）水霉的有性生殖（图14-1）：在显微镜下观察，注意卵囊和精囊的着生位置，精囊和卵囊的基部皆产生横壁与菌丝隔开吗？球形的卵囊内有几个卵？管状的精子囊是否与卵囊相接触？能看到精囊上的受精管吗？卵囊内的卵受精后形成的卵孢子与未受精的卵的形态有何区别？

2. 白锈菌（*Albugo candida*）：白锈菌寄生于十字花科植物上，侵害其茎、叶、花及果实。取生活或腊叶标本观察，注意叶上白泡状病灶，它是孢子囊群（堆）在表皮下生长所致，白锈病因此得名。

（1）无性生殖：观察白锈菌侵染植物病灶处切片玻片标本，在寄生的表皮下可看到丛生直立的棍棒状孢囊梗，自孢囊梗顶部向基分裂出一串念珠状的孢子（图14-2）。丛生的孢囊梗基部的菌丝蔓延在寄主叶内细胞之间，这些菌丝在切片玻片标本中呈现颗粒状或短丝状。

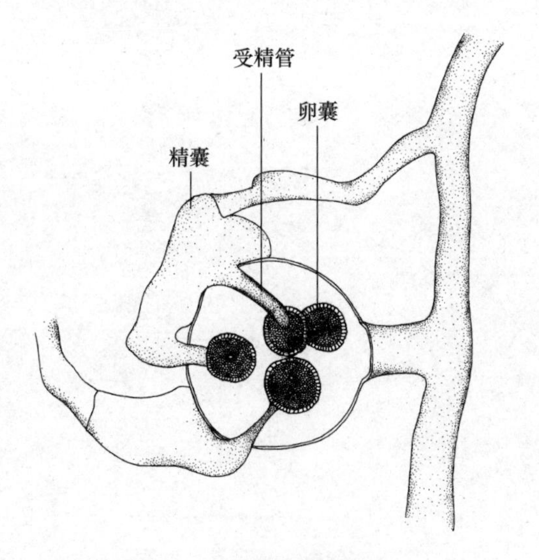

图14-1　水霉的有性生殖
（自中山大学植物学教研室教学图库，李佩瑜重绘）

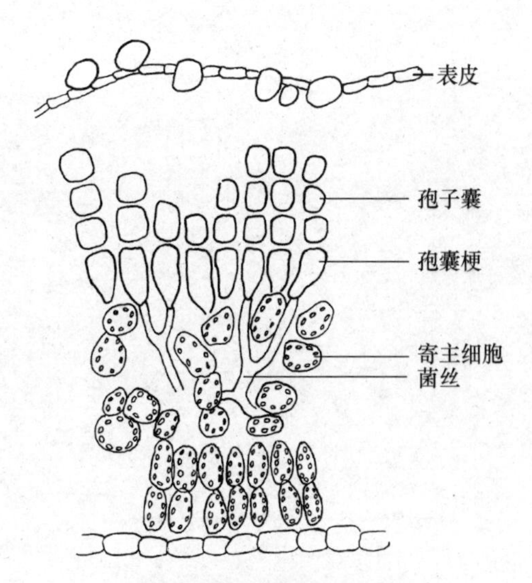

图14-2　白锈菌属孢子囊
（自中山大学植物学教研室教学图库，刘运笑重绘）

（2）有性生殖：有性生殖时在菌丝顶端分别形成精子囊与卵囊，与菌丝间有横壁分开。球形卵囊内形成1个卵吗？注意卵囊内的原生质分两层：外层为周质，有多核，中央部分为1团原生质，只含1核，这个中央部分就是卵。能看到精囊上的输精管吗？

卵囊内的卵受精后成为合子，称卵孢子，具厚壁，可分出3层。

四、作业

绘具有游动孢子囊水霉一段的菌丝，示孢子囊的层出现象。

五、思考题

1. 以发网菌为例阐述黏菌在生物系统中的地位。
2. 以水霉和白锈菌为例说明卵菌门植物的特征。如何理解水霉是水生的，白锈菌是由水生过渡到陆生的？
3. 能从白锈病的生活史中找出对该病害的防治方法吗？

实验十五　菌物（二）：接合菌门与子囊菌门

一、实验目的和要求

（1）认识接合菌门（Zygomycota）和子囊菌门（Ascomycota）的主要特征及其代表种类。

（2）了解常见的有害菌类的生活史。

二、实验材料

（1）接合菌门：匍枝根霉（*Rhizopus stolonifer*（Ehrenb. ex Fr.）Vuill.）；毛霉属（*Mucor*）。

（2）子囊菌门：酿酒酵母（*Saccharomyces cerevisiae* Han.）；青霉属（*Penicillium*）；曲霉属（*Aspergillus*）；白粉菌属（*Erysiphe*）；麦角菌（*Claviceps purpuea*（Fr.）Tul.）；冬虫夏草（*Cordyceps sinensis*（Berk.）Sacc.）；竹黄（*Shiraia bambusicola* P. Henn.）；盘菌属（*Peziza*）；羊肚菌属（*Morchella*）；马鞍菌属（*Helvella*）。

三、实验内容

（一）接合菌门

1. 匍枝根霉（*Rhizopus stolonifer*）：腐生菌，滋生于面包、馒头、蔬菜、瓜果等日常食品上，导致其腐烂变质，也可引起甘薯、芋头的软腐病。

实验前1周可将1块面包或馒头在空气中暴露数小时后，放在干净培养皿中，皿底垫上几层纱布，加少许水湿润，盖上盖以保湿，放在较温暖的地方，数天后面包上就长出1层白色的菌丝，这就是根霉。也可以在马铃薯琼脂培养基上接上菌种，在30℃恒温箱内培养，3天左右获得菌丝。

（1）观察培养基上菌丝体的形态特征，菌丝上的黑色小点为孢子囊。在显微镜下观察培养皿盖内的根霉，注意菌丝体由假根、匍匐菌丝、孢囊梗和孢子囊等部分组成。无性生殖时形成孢子囊和孢囊孢子。

（2）用镊子在培养基上镊取少许带有黑色小点的菌丝放在载玻片的水滴中，小心将菌丝分散，盖上盖玻片在显微镜低倍镜下观察。注意观察菌丝有无分隔，并区分菌丝体的各个部分。

转高倍镜观察孢子囊的结构，孢囊梗顶端膨大成孢子囊。囊内有1个半球形的囊轴，囊轴基部与孢子囊梗相连处有膨大的囊托，孢子囊内有许多黑色的孢囊孢子。注意观察孢子囊壁是否破裂。囊壁破裂后，孢子散出，但往往还看到孢子囊梗。注意观察孢子囊梗有无横壁相隔。

(3) 有性生殖：在显微镜下观察。在正（+）、负（−）两条不同宗菌丝相遇处，两菌丝各侧生1短丝，两短丝的顶端接触处膨大，成为原配子囊，以后产生横隔，将每条短丝分为两部，横壁之前（即短丝之顶端）为配子囊，其后为配子囊柄，两配子囊接合处的细胞壁消失，两配子囊的原生质体融合，细胞核配对融合，形成二倍体的合子，又称为接合孢子。成熟的接合孢子囊壁具有花纹，接合孢子无纹饰（图15-1）。

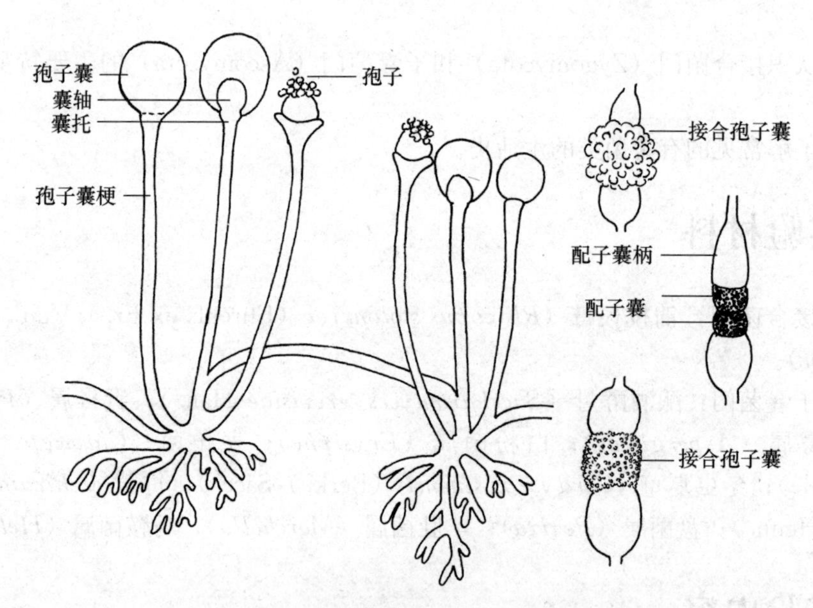

图 15-1　匍枝根霉的孢子囊及接合孢子囊

（自中山大学植物学教研室教学图库，刘运笑重绘）

2. 毛霉属（*Mucor*）：腐生菌，在动物粪便、土壤和酒曲中广泛存在。菌丝体无假根与匍匐菌丝，孢囊梗单生，多有分枝，分枝顶端生球形孢子囊，囊轴形状变化，无囊领。

（二）子囊菌门

1. 酿酒酵母（*Saccharomyces cerevisiae*）：生于含糖的基质中，例如花蜜和果实的表面常有酵母生长，常用于酿制啤酒。把酿酒酵母接种在马铃薯琼脂培养基上，于27℃左右的恒温培养箱培养3天；也可把“酒曲”均匀地拌入糯米饭中，密封，30℃下经约1周就可得到酿酒酵母。

首先观察固体培养基上酵母菌落的形态特征；其次用解剖针挑取适量酵母作水藏玻片在显微镜下观察：酵母菌为单细胞体，多为卵形，细胞中央为1大液泡，细胞质内含有小油滴等储藏物。细胞核小，要染色才能看见。酵母的繁殖通常是芽殖，细胞的一端突起形成1个小芽体，也可以多边出芽，有时小芽体尚未离开母体时又可产生新芽体，互相连成一串，形成假菌丝。有性生殖为同配，两个单倍体细胞接合成合子，合子以芽殖法产生双倍体营养细胞，经减数分裂形成4个子囊孢子，子囊孢子散出后又以芽殖法生出许多单倍体的营养细胞。单倍体营养细胞再次结合成合子，因此单倍体阶段与多倍体阶段所占的地位相等。

2. 青霉属（*Penicillium*）：腐生菌。在水果、蔬菜、肉食、皮革、面包和衣物上均常见。医用青霉素来自青霉属产黄青霉（*P. chrysogenum*）和点青霉（*P. notatum*）的次生代谢物。取一块柑皮或橙皮放在垫有湿纱布的培养皿内，培养数日就有大量青霉生长；或把青霉菌种接种到马铃薯琼脂培养基上，在27℃下培养1周即成。最初长出的菌丝白色，分生孢子也白色，但以后分生孢子变成灰绿色。先观察基物上青霉菌落的颜色和质地（对比根霉的菌落有何差异），然后在显微镜下观察菌丝的形态。菌丝有无横隔？注意在无性生殖时菌丝产生分枝的、扫帚状的分生孢子梗和成串的分生孢子，分生孢子之下的瓶状细胞称瓶梗。

3. 曲霉属（*Aspergillus*）：腐生菌。和青霉一样可在许多基物上生长，引起皮革、棉织品等霉坏或导致食物和饲料发霉变质。其中黄曲霉（*Aspergillus flavus*）使花生、玉米等发霉，产生剧毒的黄曲霉毒素。

观察培养基上菌落的特征，注意比较其与青霉及匍枝根霉菌落的异同。从培养基中镊取少许菌丝做水藏玻片，由于分生孢子太多，应先在载玻片上用吸管水冲洗菌丝多次，并用镊子轻压菌丝，冲走过多的孢子后，再制作水藏玻片观察。对比观察曲霉菌丝和青霉菌丝结构的差异，曲霉分生孢子梗顶端膨大成球，称泡囊或顶囊，泡囊表面布满了放射状排列的瓶形小梗，每个小梗顶端生一串球形分生孢子。注意观察实验材料的小梗是1层还是两层。

4. 白粉菌属（*Erysiphe*）：专性寄生菌，引起许多经济作物致病，危害果、蔬、稻、麦、橡胶和其他树木等。

观察寄生有白粉菌的朴树或其他植物叶片上的病斑：叶面上有白色菌丝和白粉状的分生孢子，以及生有许多黑褐色小点的闭囊壳。然后在显微镜下观察：

（1）闭囊壳整体封片后观察：闭囊壳球形，表面生附属丝。附属丝的形态如何？

（2）观察闭囊壳切片玻片，切面观的闭囊壳圆形，壳壁（包被）分为内外两区，外区细胞的细胞壁较厚，内区的细胞壁较薄。闭囊壳表面有由壳壁表层细胞突起形成的附属丝，壳内有1个或多个子囊（图15-2），每个子囊内有8个子囊孢子。

5. 麦角菌（*Claviceps purpuea*）：专性寄生菌，寄生于禾本科植物子房中，主要的寄主是黑麦，也侵害大麦和小麦。被侵染后的子房充满菌丝，形成大量分生孢子，菌丝体分泌黏液，最后子囊停止产生分生孢子，菌丝收缩而形成菌核，称为麦角。

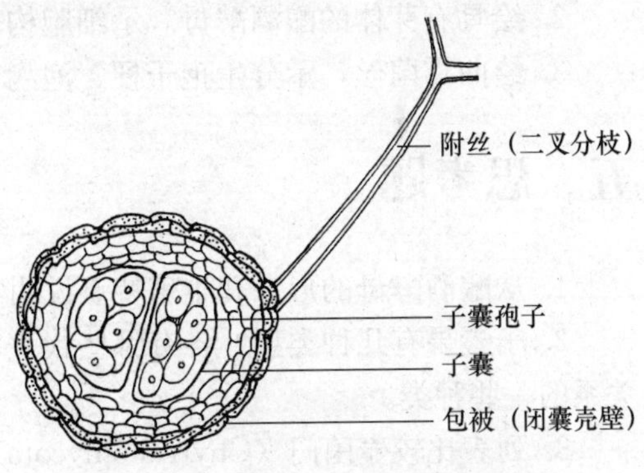

图15-2　赤杨白粉菌闭囊壳切面观

菌核在土中越冬后长出有柄的头状子座。

（1）观察菌核外形及菌核上长有子座的标本。

（2）在显微镜下观察子座纵切玻片的标本，子座头部的表层下有1层子囊壳，孔口伸出子座表面成许多点状突起，每个子囊壳内有多个圆筒形子囊，每个子囊内有8个线形的子囊孢子。

6. 冬虫夏草（*Cordyceps sinensis*）：寄生于蝙蝠蛾幼虫体中。该菌在夏秋时以子囊孢子侵染幼虫，在幼虫体内发育成菌丝体，染病幼虫钻入土内越冬，菌丝以虫体为营养生长，最后虫体被菌丝充满，形成菌核。翌年夏，土内的僵虫（菌核）前端生出1个（罕见2～3个）有柄的棒状子座，露出土外。

取冬虫夏草标本观察外形，其子座的构造与麦角菌相似。

7. 竹黄（*Shiraia bambusicola*）：在箣竹属或刚竹属竹秆上形成子座。子囊壳埋于子座近表面的组织内，在子座内层同时也可形成分生孢子。观察陈列标本或照片，注意具纵横隔的子囊孢子和分生孢子。

8. 盘菌属（*Peziza*）：腐生菌。生于林中地上或空旷处沃土上，为著名的食用菌。

取浸制标本观察盘菌外形：子囊盘盘状或碗状，近无柄。在显微镜下观察子囊盘的切片玻片标本，子囊盘凹陷处的表面有1层子实层，子实层由多数子囊与侧丝整齐排列而成，每个子囊内有8个子囊孢子。

9. 羊肚菌属（*Morchella*）：生于阔叶林中的地上和林沿空旷处，为著名的食用菌。

取羊肚菌干标本观察，子囊盘由菌盖和菌柄组成，菌盖圆锥形或近球形，表面凹凸不平，状如羊肚，菌柄平整或有凹槽。子实层分布在菌盖的凹陷处。子囊圆筒形，子囊孢子卵圆筒形，子囊之间有长的侧丝。

10. 马鞍菌属（*Helvella*）：观察采集的标本：子囊果分为菌柄与菌盖两部分，菌盖呈马鞍形，子实层位于菌盖上表面。

四、作业

1. 绘匍枝根霉具孢子囊的一段菌丝，示匍匐菌丝、假根、孢囊梗、孢子囊、囊轴及孢囊孢子。

2. 绘具有芽体的酿酒酵母，示细胞构造。

3. 绘曲霉菌丝，示分生孢子梗、泡囊、小梗、梗基和分生孢子。

五、思考题

1. 从酿酒酵母的形态和生殖特点说明它为什么属于子囊菌。

2. 子囊果有几种类型？各有哪些代表种类？请举例说出子囊菌中与人类具有密切关系的一些种类。

3. 列表比较壶菌门（Chytridiomycota）、接合菌门、子囊菌门3个门代表植物的生活史特征。

实验十六　菌物（三）：担子菌门和半知菌门

一、实验目的和要求

了解担子菌门（Basidiomycota）和半知菌门（Deuteromycota）植物的主要特征及其代表种类。

二、实验材料

（1）担子菌门

禾柄锈菌（*Puccinia graminis* Pers.）；黑粉菌属（*Ustilago*）：玉米黑粉菌（*U. maydis*（DC.）Corda）、大麦散黑粉菌（*U. nuda*（Jens.）Rostr.）、大麦坚黑粉菌（*U. hordei*（Pers.）Lagerh.）、小麦散黑粉菌（*U. tritici*（Pers.）Jens.）；小麦网腥黑穗菌（*Tilletia caries*（DC.）Tul.）；高粱黑粉菌（*Sphacelootheca cruenta*（Kudhn）Potter.）；银耳（*Tremella fuciformis* Berk.）；木耳（*Auricularia auricula*（L. ex Hook.）Under.）；猴头（*Hericium erinaceus*（Bull.）Pers.）；猪苓（*Polyporus umbellatus*（Pers.）Fries.）；灵芝（*Ganoderma lucidium*（Leyss. ex Fr.）Karst.）；茯苓（*Poria cocos*（Schw.）Wolf.）；光孢黄丛枝（*Ramaria obtusissima*（Peck）Corner.）；白丛枝（*R. secunda*（Berk.）Corner）；草菇（*Volvariella volvacea*（Bull. ex Fr.）Sing.）；蘑菇（*Agaricus campestris* L. ex Fr.）；双孢蘑菇（*A. bisporus*（Lange）Sing.）；牛肝菌属（*Boletus*）；马勃属（*Lycoperdon*）；秃马勃属（*Calvatia*）；鬼笔属（*Phallus*）；地星属（*Geastrum*）；竹荪属（*Dictyophora*）；鸟巢菌属（*Nidularia*）；黑蛋巢属（*Cyathus*）。

（2）半知菌门：稻瘟病菌（*Piricularia oryzae* Cav.）、白僵菌（*Beauveria bassiana*（Bals.）Vuill.）。

三、实验内容

（一）担子菌门

1. 禾柄锈菌（*Puccinia graminis*）：寄生在小麦、黑麦等禾本科植物上，是转主寄生的锈菌，生活史中有小麦和小檗两个不同的寄主。在生殖过程中产生5种不同的孢子：

担孢子、性孢子、锈孢子、夏孢子和冬孢子。

（1）小麦和小檗病株的观察：小麦的秆、叶鞘和叶片上红锈色的条状小疱是夏孢子堆，黑褐色的条状小疱为冬孢子堆。小檗叶片腹面褐黄色（后变为褐色）的斑点是性孢子器，叶背面橘黄色的斑点则为锈孢子器。

（2）性孢子器和锈孢子器：取小檗叶病灶横切玻片观察，小檗叶被担孢子侵染后，在叶片上部栅栏组织内形成两种瓶状有“＋”、“－”极性的性孢子器，内有棒状性孢子梗，顶端连续产生圆形、成串的性孢子；性孢子器顶有小孔露出叶表面。在靠近下表皮的海绵组织内生有由双核菌丝组成的杯状的锈孢子器，其四周有1层包被，器基部的棒形细胞产生成串的锈孢子。锈孢子器是怎样形成的？锈孢子是单核还是双核？

（3）夏孢子堆和夏孢子：取长有夏孢子堆的小麦叶片的横切面玻片标本观察，锈孢子萌发侵染小麦叶片，在小麦叶组织内形成大量菌丝并很快产生夏孢子堆。夏孢子单细胞，卵圆形，壁较薄，有小刺，孢内具双核，孢子下有长柄。

（4）冬孢子堆和冬孢子：取长有冬孢子堆的小麦叶片观察，冬孢子由两个双核的细胞组成，长卵形，下有长柄，壁较厚。冬孢子成熟后双核融合为一。

（5）担子和担孢子：取冬孢子萌发的玻片标本观察。冬孢子经越冬后翌年春萌发，其两个细胞各产生1条原菌丝（担子），其后，每个担子产生横隔分成4个细胞，每个细胞各生1小梗，其上生担孢子，为什么担孢子是单核相（1*N*）的？

2. 小麦散黑穗病菌（*Ustilago tritici*）：大麦和小麦栽培地区均能产生黑穗病。

（1）观察小麦黑穗病的麦穗，病原菌在小麦花序的雌蕊内发育，菌丝破坏寄生子房，仅留存子房外1层薄膜，当全部菌丝细胞形成黑褐色的冬孢子（或称厚垣孢子）后，麦穗充满黑粉，孢子成熟后散出，露出穗轴。

（2）在显微镜下观察冬孢子的形态：圆形至卵圆形，壁有细刺。

3. 玉米黑粉菌（*Ustilago maydis*）：是玉米黑粉病或黑穗病的病原真菌。观察标本及冬孢子装片。被感染的玉米果实膨大成瘤状，其内充满菌丝，瘤内的寄主组织全部被破坏，仅剩1层表皮。秋后菌丝断裂成许多短细胞（$N+N$），进一步发育成冬孢子，冬孢子既是玉米黑粉菌的性孢子，又是其休眠孢子和传播器官，同时也是其初级担子原始细胞。

另外可观察大麦散黑穗菌（*Ustilago nuda*）、大麦坚黑穗菌（*U. hordei*）、小麦网腥黑穗菌（*Tilletia caries*（*T. tritici*））、小麦散黑穗菌（*Ustilago tritici*）、高粱黑粉菌（*Sphacelootheca cruenta*）。

4. 银耳（*Tremella fuciformis*）：腐木生真菌。担子果白色，富胶质，由薄而卷曲的胶质瓣片组成，形似1朵白色的花。示范镜下观察担子果横切面标本：子实层埋于担子果表层下，担子下部球形，纵分成4个细胞，称为下担子，每个细胞上伸出细长的管，称为上担子，末端突出胶质体外，具短小梗，其顶生1担孢子。

5. 木耳（*Auricularia auricula*）：腐生在树木上，担子果红褐色，富胶质，耳状或杯状。较光滑无绒毛的1面（凹面）生子实层。在示范镜下观察横分隔的担子。

6. 猴头（*Hericium erinaceus*）：腐木生真菌。观察浸制标本或新鲜标本：担子果肉质，新鲜时白色，干后浅褐色，块状，满布肉质针状的刺，子实层着生于刺上。

7. 猪苓（*Polyporus umbellatus*）：多生于槭属（*Acer*）、桦木属（*Betula*）、柳属（*Salix*）及松属（*Pinus*）等植物的林下。菌核不规则块状，有光泽。担子果具1总柄，分枝丛生。菌管位于菌盖之下。

8. 灵芝（*Ganoderma lucidium*）：长在腐木或木桩上。观察干标本，担子果木质或木栓质，有柄或无柄，菌盖和菌柄表面有坚硬的漆样皮壳。菌管单层或多层。在显微镜下观察担孢子的形态：卵形，顶端平截，外壁无色，光滑，内壁褐色，往往粗糙。子实层位于何处？用手持放大镜寻找菌管。

9. 茯苓（*Poria cocos*）：菌丝体长在松木上，菌核生于松树根际。中药茯苓就是菌核。观察菌核及担子果形态：菌核球形至不规则形，担子果生于菌核表面，平伏，薄片状，管孔多角形至不规则形。

10. 珊瑚菌科（Clavariaceae）中的光孢黄丛枝（*Ramaria obtusissima*）、白丛枝（*R. secunda*）等，它们总的特征为担子果肉质，向上多次二歧分枝，形如珊瑚。子实层位于分枝表面。多生于针叶林下。

11. 草菇（*Volvariella volvacea*）：通常长在稻草或其他禾草上。

（1）子实体：观察草菇子实体浸制或生活标本，注意区分子实体各部分形态：外菌幕、菌盖、菌褶、菌柄和菌托等。菌托是如何形成的？

（2）子实层：取草菇菌褶玻片标本在显微镜下观察（或取幼子实体的菌盖做徒手切片，选取较薄的切片做水藏玻片进行观察），注意菌褶两侧的表面由担子和侧丝呈栅栏状排列形成子实层。担子棒状，无隔，其顶部生长有4个小梗，每个小梗上生有1椭圆形的担孢子。在担子之间有较短的不育的侧丝，子实层中还有少数大型的细胞称隔胞（或称囊状体），在切片标本中，隔胞往往萎缩，只留残迹。子实层内方是菌髓，由菌丝交织而成。

（3）锁状联合：在示范镜下观察草菇（或香菇）双核菌丝锁状联合的特征，锁状联合是担子菌的重要特征之一。双核菌丝细胞进行分裂时，在细胞侧面形成1喙状突起，其中1核进入喙中，另外1核在原细胞内，两核同时分裂，此时细胞生出两个横隔，形成3个细胞，上面细胞两核，下面与喙突各有1核，然后喙尖与下面细胞接触贯通，喙细胞核流入下面的细胞，最终形成两个细胞并在双核菌丝留下1个连接两个细胞的弯管状的结构。

12. 双孢蘑菇（*Agaricus bisporus*）：土生真菌，是重要的栽培食用真菌。取浸制或生活的标本观察，注意子实体各部分形态：内菌幕、菌盖、菌柄、菌环等。菌环之下有膜质白色纤毛状鳞片。菌环是如何形成的？洋蘑菇与草菇的子实体形态有何差异？另外可观察双孢蘑菇不同发育时期的担子果标本，了解内外菌幕变化情况。

13. 蘑菇（*Agaricus campestris*）：观察浸泡标本，识别菌盖、菌柄、菌环、菌褶等结构。

子实层观察：取伞菌菌盖横切面玻片标本，识别菌褶各部结构。中间是髓。菌丝是否疏松？两侧表面有许多担子。担子上有几个孢子？侧丝不生孢子，能区分出来吗？在髓与子实层之间的菌丝细胞较密集，为子实层基，你能看出界限吗？有时你也许会看到1个大细胞横跨两菌褶之间，那是隔胞，其作用如何？

14. 牛肝菌属（*Boletus*）：注意观察标本。子实层是否着生在菌管内？为什么不把它归到多孔菌中？仅仅是由于肉质吗？

15. 灵芝（*Ganoderma lucidium*）：木生。担子果木质，有柄，表面具漆样光泽。管孔单层或多层。子实层位于何处？用手持放大镜寻找菌管。

16. 马勃属（*Lycoperdon*）：子实体凸出于地面。观察干标本，子实体球形或梨形，具包被两层，外包被具刺、疣或颗粒，易脱落；内包被膜质，由顶端开裂成小口，孢子由此散出。产孢组织分为不规则的小腔室。在示范镜下观察孢丝和担孢子。

17. 秃马勃属（*Calvatia*）：子实体凸出于地面。观察干标本，子实体球形、梨形或陀螺形，外包被常为膜状，平滑或有斑纹，内包被薄，上部呈片状开裂。

18. 地星属（*Geaster*）：腹菌。包被两层。外包被星状开裂，草质；内包被闭合，仅留1孔口放出孢子。

19. 鸟巢菌（*Nidularia*）：包被如鸟巢。产孢组织的小腔室形成数个小包，如鸟蛋。

20. 黑蛋巢属（*Cyathus*）的构造与鸟巢菌相似。

21. 鬼笔属（*Phallus*）：地上生。观察采集标本：担子果幼时球形或卵形，外有包被，成长后，菌柄伸长，其顶有菌盖，原来的包被留在菌柄的基部称菌托。

22. 竹荪属（*Dictyophora*）：地上生。观察标本：担子果和鬼笔相似，但菌柄上端有网状的菌幕。

（二）半知菌门

1. 稻瘟病菌（*Piricularia oryzae*）：该菌引起水稻稻瘟病，其分布甚广，是我国水稻产区极普遍而比较严重的病害。

（1）水稻稻瘟病的病症：取腊叶标本或活标本观察，注意水稻叶片、秆和谷穗上的病斑的形态和颜色。

（2）分生孢子梗和分生孢子：取玻片标本观察，分生孢子梗自气孔或直接穿透表皮伸出，单生或分枝，有分隔，顶端着生的分生孢子5～6个，多可达9～20个；分生孢子梨形，具短柄，孢子大多数有两个分隔。

2. 白僵菌（*Beauveria bassiana*）：分生孢子梗散生在菌丝体上，其顶端着生分生孢子。寄生于蚕等幼虫体内，受害虫尸体（菌核）称作僵蚕，可入药。观察菌核标本。

四、作业

1. 绘禾柄锈菌1个冬孢子和1个夏孢子。

2. 绘银耳纵隔担子及担孢子。

3. 绘草菇菌褶一部分，示担子、担孢子、侧丝、隔胞及髓。

五、思考题

1. 担子菌门分成几个纲？它们之间的主要区别是什么？

2. 草菇和洋蘑菇子实体形态有何异同？

3. 以稻瘟病菌为例说明半知菌门的特征。

4. 叙述担子菌“锁状联合”的过程及其意义。

5. 比较子囊孢子和担孢子的产生过程。

6. 从禾柄锈病的生活史分析对该病害的防治方法。

7. 试从菌丝体、无性生殖和有性生殖 3 方面比较担子菌门与真菌界其余 3 个门植物特征。

实验十七　地衣与苔藓植物

一、实验目的和要求

（1）认识地衣植物（Lichens）的外部形态和内部结构。

（2）认识苔藓植物（Bryophyta）的一般特征及划分苔藓植物 3 个纲的依据。

（3）了解苔藓植物在植物界系统演化中的地位。

二、实验材料

（1）地衣植物门

文字衣属（*Graphis*）；梅花衣属（*Parmelia*）；茶渍衣属（*Lecanora*）；赤星衣属（*Haematomma*）；卷衣属（*Peltigera*）；石耳（*Umbilicaria esculenta*（Miyoshi）Minks）；石蕊属（*Cladonia*）；树花属（*Ramalina*）；松萝属（*Usnea*）。

（2）苔藓植物门

1）苔纲（Hepaticae）：地钱属（*Marchantia*）；光萼苔属（*Porella*）。

2）角苔纲（Anthocerotae）：角苔属（*Anthoceros*）。

3）藓纲（Musci）：泥炭藓属（*Sphagnum*）；黑藓属（*Andreaea*）；葫芦藓（*Funaria hygrometrica* Hedw.）。

三、实验内容

（一）地衣植物门

1. 地衣的形态：观察 3 种形态的地衣标本，注意其上有无粉芽等营养繁殖结构或子囊盘等有性生殖结构。地衣表面若有粉芽，可刮取少许置于载玻片中央的水滴中，用镊子稍压，分散材料，加上盖玻片，置显微镜下观察，可见粉芽是由 1 小团菌丝围绕着少量的藻细胞组成。它散出后就可长成新植物体——地衣。粉芽是地衣常见的营养繁殖结构，另外珊瑚芽和小裂片也是常见的营养繁殖结构。子囊盘常裸露于地衣的背部或边缘。

（1）壳状地衣：地衣体壳状，全体紧贴在岩石或树皮等基物上，不易剥离。可观察文字衣属（*Graphis*）等标本。

（2）叶状地衣：地衣体叶状，仅由菌丝形成的假根或脐附着于基物上，易于采下。观察长在树皮上的梅花衣属（*Parmelia*）和生于石上的石耳（*Umbilicaria esculenta*）等。

（3）枝状地衣：地衣体枝状，直立或下垂，仅基部附着在基物上。观察地生直立的石蕊属（*Cladonia*），树上悬垂的松萝属（*Usnea*）等标本。

2. 地衣植物体的内部结构：在显微镜下观察叶状体地衣横切面玻片标本：

（1）上皮层和下皮层：上、下皮层均由菌丝紧密交织而成，特称为假皮层。假根是由下皮层向外长出的菌丝束。

（2）藻（胞）层：在上皮层的下面，在排列疏松的菌丝之间夹杂着许多藻细胞，可成层排列或散乱分布，前者称为异层地衣，后者称为同层地衣，如胶衣属（*Collema*）。

（3）髓层：在异层地衣中，藻层和下皮层之间由比较疏松的菌丝和藻细胞构成，称为髓层。在同层地衣中，无藻胞层与髓层的分化。判断观察的叶状地衣的藻类属于哪个门的藻类。

3. 子囊盘：子囊盘是地衣中的子囊菌进行有性生殖的产物。在显微镜下观察具有子囊盘的地衣横切玻片标本。子囊盘生于地衣体表面。由子囊和隔丝相间排列而成，子囊棒状，内有子囊孢子，隔丝比子囊稍长，成栅栏状排列。

（二）苔藓植物门

1. 地钱属（*Marchantia*）（图 17-1）

（1）配子体观察

配子体外部形态：取地钱生活标本观察，叶状体即为配子体，扁平，叉状分枝，

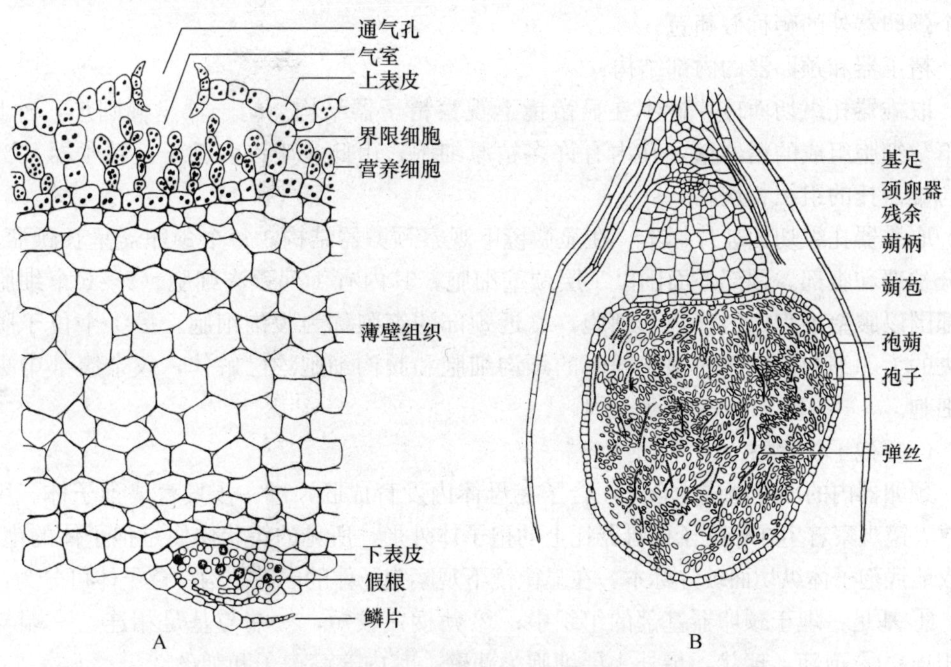

图 17-1　地钱配子体横切面（A）和孢子体纵切面（B）

（A 图由刘熠、刘亮帆绘，李佩瑜改绘；
B 图自中山大学植物学教研室教学图库，谢庆建重绘，刘运笑重摹）

分枝前端的凹陷处有生长点。配子体有背腹之分，用手持放大镜对光观察或体视显微镜下观察叶状体背面可见许多菱形或多角形小区，是为每个气室的表面形态，每小区的中央有1白点即为其通气孔。叶状体的腹面（下面）有单细胞的假根以及由单层细胞构成的紫色鳞片两列至多列。可在显微镜下观察简单假根、舌状假根和鳞片等的形态。

配子体内部结构：取地钱叶状体横切面玻片标本置显微镜下观察，由上（背面）而下（腹面）观察，最上面1层是上表皮，有通气孔，通气孔是由多个细胞围成的烟囱状结构，在切面观察则呈两个新月形结构，为什么？每侧新月形结构由4～5个细胞组成。通气孔下为气室，气室内有排列疏松，含有叶绿体的细胞列，称为营养丝，气室之间有不含或稍含叶绿体的细胞形成分隔，称为界限细胞。气室下面是数层排列紧密，较大型的薄壁组织（储藏组织）；薄壁组织的下面为下表皮，下表皮向外长出假根和鳞片。单细胞的假根在切面观常为小圆形细胞，单层细胞的鳞片的切面观为单列细胞。

营养繁殖器官：地钱配子体背面常可见杯状的胞芽杯，内藏有多数片状的胞芽，每个胞芽可萌发成新的配子体，用手持放大镜观察胞芽杯的外形，然后在体视显微镜下观察胞芽：胞芽近圆片状，其左右两侧各有一凹陷处，这是生长点的位置，胞芽基部有1无色透明的短柄。

有性生殖器官：取具有有性生殖器官的地钱生活标本或浸制标本观察，地钱为雌雄异株。雄株背面有呈伞形的雄器托（雄生殖托），由细长的托柄和边缘波状浅裂的圆盘状的托盘组成，托盘面有许多小孔，每个小孔内埋有1个精子器；雌株背面有雌器托，也呈伞形，也由托柄和托盘组成，但托柄较长，托盘呈放射状指状深裂，其指状裂片（芒线）间的下方倒悬一列颈卵器，每列颈卵器两侧有1片薄膜遮盖，称为蒴苞。每个颈卵器外的鞘称假蒴苞。

精子器和颈卵器的内部结构：

取雄器托纵切面玻片标本在显微镜下观察精子器结构。精子器呈椭圆形，外具1层不孕细胞组成的精器壁，其内有许多精原细胞，由此产生许多精子。精子器基部有柄与雄器托的组织相连。

取雌器托纵切面玻片标本，在显微镜下观察颈卵器结构。每个颈卵器呈长颈瓶状，可分颈部和腹部。颈部外面围以1层颈壁细胞，其内有1列颈沟细胞（5～6个细胞），腹部围以腹壁细胞，内有两个细胞，靠近颈部的细胞称为腹沟细胞，另1个位于腹部中央的为卵细胞。成熟的颈卵器内的颈沟细胞和腹沟细胞均已解体，仅余腹部中央的卵细胞。

（2）孢子体观察

颈卵器内的卵受精成为合子，合子在母体内发育成胚，进一步发育成孢子体。用手持放大镜观察着生在雌配子体雌器托上的孢子体外形，所见的头状体便是孢子体的孢蒴。再取地钱孢子体纵切面玻片标本，在显微镜下观察孢子体的内部结构。孢子体可分为：

①基足：埋于颈卵器基部的组织中；②蒴柄：较短，一端与基足相连，一端与孢蒴相连；③孢蒴：球状，最外1层细胞为蒴壁，其内充满孢子和弹丝。

2. 光萼苔属（*Porella*）：为苔纲中拟茎叶体的类型，配子体左右对称。将光萼苔标本腹面朝上置于载玻片上，作水藏玻片，在显微镜下观察。植物体左右对称，有背腹之分，叶排成3列，侧叶左右各1列，每一侧叶又2裂成背瓣和腹瓣，其中背瓣较大，腹瓣较小。腹面1列腹叶较小，叶无中肋。

3. 角苔属（*Anthoceros*）

（1）观察角苔生活标本或浸制标本。角苔配子体为叶状体，呈不规则的分裂，下生单细胞的假根。配子体背面有针状突起，为角苔孢子体的孢蒴。

（2）在显微镜下观察角苔孢子体纵切面玻片标本。角苔孢子体分孢蒴和基足两部分，基足埋于配子体内，无蒴柄。孢蒴的中轴为蒴轴，其外围为造孢组织，造孢组织之外为多层细胞构成的蒴壁，蒴壁细胞含有叶绿体，最外1层细胞为表皮。造孢组织成熟分化出孢子和假弹丝。孢子由上而下渐次成熟，上部的造孢组织先成熟，下部的后成熟。成熟部分可见分离的孢子，略下则为四分孢子，最下仍为孢子母细胞，孢子体成熟时孢蒴由上而下裂成两瓣，孢子散出，蒴轴残存。

4. 泥炭藓属（*Sphagnum*）

（1）观察泥炭藓浸制标本或生活标本：泥炭藓配子体为拟茎叶体，无假根，茎丛生分枝，柔弱，叶片满布枝上。孢子体蒴柄极短，但有由配子体顶端延伸而成的假蒴柄。孢蒴球形，成熟时黑褐色，盖裂，无蒴齿。

（2）在显微镜下观察叶片构造（图17-2）：叶片只有1层细胞，无中肋，由小型、狭长的绿色细胞连成网状，网眼内为1个大型的无色细胞。无色细胞的细胞壁有螺纹增厚和穿孔（水孔），因而泥炭藓叶片能吸收大量水分。

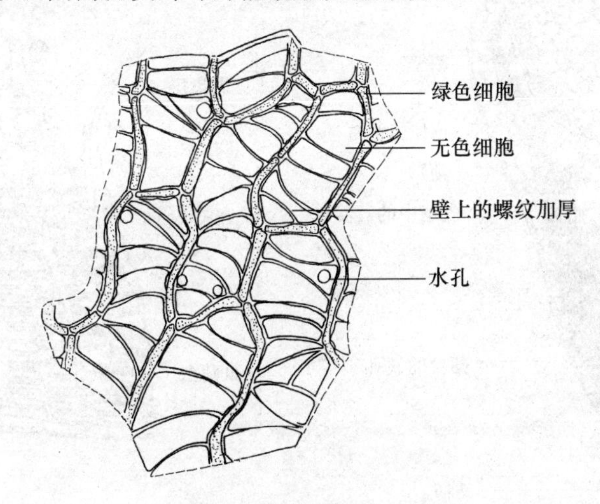

图17-2　泥炭藓叶片一部分

5. 黑藓属（*Andreaea*）：用放大镜观察黑藓属植物的浸制标本。配子体棕黑色，丛生成垫状。孢子体蒴柄极短，但有由配子体延伸形成的假蒴柄。孢蒴有蒴帽，无蒴齿，成熟时4瓣、6瓣或8瓣裂。黑藓在我国多见于海拔1800m以上的高山花岗岩石上，是耐寒和耐旱性较强的藓类。

在显微镜下观察黑藓叶片细胞的形态。

6. 葫芦藓（*Funaria hygrometrica*）

（1）配子体的观察

配子体的形态：取葫芦藓干标本观察，平常所见的拟茎叶体为配子体。用放大镜观察葫芦藓的外部形态：茎的基部有多数假根，叶丛生在茎的中上部，长舌形。整个植株不分枝，或由基部产生一两个小枝。在显微镜下观察假根的形态，注意假根为单列细胞分枝的丝状构造。

有性生殖器官：葫芦藓雌雄同株，但雌雄生殖器官分别生在不同的枝端（异枝），多个精子器着生于雄枝的顶端，多个颈卵器着生于雌枝的顶端。精子器及颈卵器的构造与地钱相似。在示范镜下观察精子器和颈卵器在茎顶的分布情况，并观察雄苞叶、雌苞叶以及隔丝等。

（2）孢子体的观察

孢子体的形态：取生活或浸制的葫芦藓标本，用手持放大镜观察葫芦藓的孢子体，经有性生殖后形成的孢子体仍着生于配子体的枝端，孢子体分为孢蒴、蒴柄和基足3部分。蒴柄细长，孢蒴梨形，不对称。孢蒴上有兜形的蒴帽，成熟时蒴帽脱落，可见孢蒴有碟形的蒴盖，中部为蒴壶，下为蒴台。用镊子压扁孢蒴，作水藏玻片，在显微镜下观察，可见脱出的蒴盖和张开的蒴齿，以及环带（图17-3）。蒴齿内外两层对生，外层橙色至棕色，有横条纹，内层黄白色，较短。

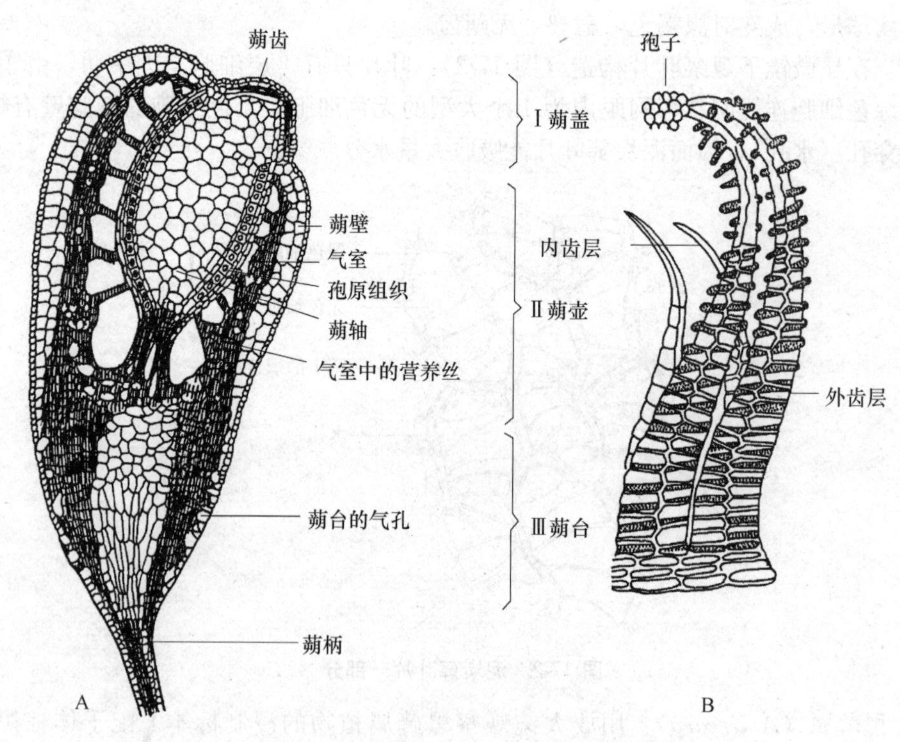

图17-3　葫芦藓孢蒴纵剖面（A）及部分蒴齿（B）

（自中山大学植物学教研室教学图库，刘运笑重绘）

孢蒴的内部结构：取孢蒴纵切玻片标本在显微镜下观察，先低倍后转高倍。近蒴盖下缘处，有几列具有外壁增厚的长形表皮细胞呈环状，称为环带细胞（在纵切面玻片标本中，在蒴盖下一般可看到3～4个表皮细胞组成的环带）。环带的内方，蒴盖之下有蒴齿层，蒴齿细胞外壁和横壁增厚。蒴壶的中轴是蒴轴，蒴轴外围有多数较细小的整齐细胞，是为造孢组织（或已形成孢子），其外有疏松的绿色同化组织

（营养丝），其中有许多空隙，称为气室。最外围就是蒴壁。造孢组织产生孢子后，蒴壁以内至蒴轴间的空间全充满孢子，疏松的绿色同化组织已被挤压破坏。有的葫芦藓孢子体切面玻片标本中，由于纵向切片不够垂直，因此有时会造成蒴轴切面不完整而部分中断。

（3）原丝体的观察：孢子萌发形成原丝体（N），原丝体形似多细胞分枝的绿藻，上面长芽体，由芽体发育为配子体。原丝体也可以由配子体的假根产生，成为次生原丝体。在示范镜下观察原丝体的形态。

四、作业

1. 绘地钱精子器和颈卵器结构。
2. 绘地钱叶状体切面观，示各部分结构。
3. 绘葫芦藓孢蒴纵切面模式图，示内部结构。

五、思考题

1. 为什么说地衣是一种特殊的原植体？简述藻菌共生关系中它们各自的作用。
2. 苔藓植物有何特点？为什么说它是植物从水生到陆生的过渡类型？
3. 描述地钱和葫芦藓生殖器官的形态结构。
4. 以地钱、角苔和葫芦藓为例说明苔纲、角苔纲与藓纲的主要区别。
5. 苔藓植物在植物界进化中有什么意义？为什么说苔藓植物门是陆生植物进化中的盲枝？

附：开放性实验五　苔藓植物的观察、采集、检索以及苔藓标本的制作和保存

一、实验目的和要求

认识苔藓植物的识别特征及生态分布，掌握苔藓植物的采集以及标本制作和保存的方法，学习对常见苔藓的鉴别方法。

二、实验工具

（1）采集用具：用纸制成的采集袋（12cm×10cm）或信封、采集刀、镊子或夹子、塑料袋、塑料瓶、小抄网、铅笔、记录本、曲别针或大头针、牛皮纸、标本袋、标签。

（2）观察仪器和用具：放大镜、体视显微镜、显微镜、剪刀、镊子、刀片、载玻片、盖玻片、解剖针、培养皿、吸管、毛笔等。

三、实验内容

（一）野外观察

首先要认真观察苔藓植物在自然界的生活习性和群落结构，再进一步观察配子体和孢子体的形态、生长方式、叶的排列、颜色及光泽等，大致判断所属纲、科或属，并做好记录。不同类群的苔藓植物在外观上表现出不同的特征，如叶状体的类型多为苔纲和角苔纲的植物，对于拟茎叶体的类型，如果植物体柔弱，两侧对称且叶无中肋则多为苔纲，如果植物体较粗壮，辐射对称或两侧对称，叶有中肋，则多为藓纲。

（二）采集方法

苔藓植物的采集要注意它们的生态分布和生活型，以及它们的生长季节和生活史发育的各个时期。这样才能在某一地区选择最恰当的季节更多更完全地采到所需的标本，当然，如果作为分类的目的，则应在1年内分不同季节采集为宜。下面简要介绍几种采集方法：

1. 水生苔藓的采集：对于生在水中或沼泽中的苔藓植物，可用镊子或夹子采取，也可用手直接采取，如水藓、大灰藓、薄网藓、柳叶藓、泥炭藓等，采集后可将标本

装入瓶中，也可将水甩去或晾一会儿，装入采集袋中。对于漂浮水面的植物如浮苔、叉钱苔，则可用纱布或尼龙纱制作的小抄网捞取，然后将标本装入瓶中。

2. 石生和树生苔藓植物的采集：对于固着生长在石面的植物可用采集刀刮取，如泽藓、黑藓、紫萼藓等。对于生长在树皮上的植物，可用采集刀连同一部分树皮剥下。生于小树枝或树叶上的植物，则可采集 1 段枝条连同叶片一起装入采集袋中，如森林中的扁枝藓、木衣藓、白齿藓、平藓和许多苔类等。

3. 土生苔藓的采集：各种土壤上生长的苔藓植物种类最多，如角苔科、地钱科、丛藓科、葫芦藓科、金发藓科等均为土生。对于这类植物，在松软土上生长者，可直接用手采集，稍硬的土壤上生长的种类，则要用采集刀连同 1 层土铲起。然后小心去掉泥土，再将标本装入采集袋中。

4. 其他：墙缝、石缝中生活的苔藓植物，如小墙藓，也可用采集刀采集。

采集标本的基本原则是尽量保持植物的完整性，还要尽量采集到配子体和寄生其上的孢子体，这对准确鉴定具有重要意义。

对于所采集的标本，必须详细记录其生境、生活型、颜色、植物群落。若是树生种类，还要记录树木的名称等，并在纸上编号，用曲别针或大头针别好袋口，放入塑料袋中带回室内进一步处理。

（三）室内观察及检索

1. 室内观察

（1）首先将标本整理和清洗干净，如泥土很多，可置于培养皿的清水中用毛笔轻洗。

（2）若为叶状体苔类，需用体视显微镜观察其气孔、气室、鳞片和生殖器官等，然后再作徒手切片在显微镜下观察其内部结构。

（3）对于茎叶体植物首先也要在体视显微镜下分辨出苔类和藓类。然后再将一段植物体置于载玻片上，加 1 滴清水，从枝端向基部的方向轻刮，尽量使刮下的叶片完整。最后加盖玻片，于显微镜下观察叶形和细胞结构。

（4）藓类叶细胞的疣和乳头，最好从其叶缘或折叠的边缘处观察。在材料上加 1 滴 10％的乳酸溶液将使观察对象更为清楚。注意将疣和乳头与叶绿体区分开。

（5）对于孢子体，除外形上观察外，应在体视显微镜下解剖，并在显微镜下观察其内部结构及蒴齿。

2. 检索：使用《中国苔藓植物志》、《中国藓类植物属志》或相应地区的苔藓植物志等进行检索。

（四）标本的制作及保存

苔藓植物体较小，易干燥，一般不易发霉腐烂，颜色也能保持较久，其标本的制作和保存简单，一般采用直接晾干入袋保存的方法：先将标本放在通风处晾干，尽量去掉所带泥土，然后将标本装入用牛皮纸折叠的纸袋中，就可入柜长期保存。注意在标签和记录表上填好名称、产地、生境、采集时间、采集人等（表 1），名称未鉴定出来可先空着，其他各项则需及时填好，统一编上号码。但要注上采集号以便查对。这种方法保存的标本占地少，简便，观察时也很方便。只要在观察前将标本浸泡入清水中几分钟至十几分钟，标本就可恢复原形原色。

表 1　苔藓植物采集记录表

苔藓植物采集记录

采集号＿＿＿＿＿＿＿时间：＿＿＿＿＿＿＿采集者：＿＿＿＿＿＿＿

地点：＿＿＿＿＿海拔高度＿＿＿＿＿＿＿m

生境和基质：＿＿＿＿＿＿＿

配子体：直立丛生＿＿＿＿＿稀疏＿＿＿＿＿混杂＿＿＿＿＿

匍匐生长＿＿＿＿＿叶向一侧弯曲＿＿＿＿＿

粗壮＿＿＿＿＿细弱＿＿＿＿＿扁平＿＿＿＿＿

有光泽＿＿＿＿＿无光泽＿＿＿＿＿鲜绿＿＿＿＿＿

灰绿＿＿＿＿＿墨绿＿＿＿＿＿紫黑＿＿＿＿＿

气室界限明显＿＿＿＿＿气室界限不明显＿＿＿＿＿

雌托＿＿＿＿＿雄托＿＿＿＿＿

其他：＿＿＿＿＿

孢子体：孢蒴形状＿＿＿＿＿直立＿＿＿＿＿倾垂＿＿＿＿＿

蒴柄颜色＿＿＿＿＿直立＿＿＿＿＿弯曲＿＿＿＿＿

蒴帽形状＿＿＿＿＿

中文名：＿＿＿＿＿科别：＿＿＿＿＿

学名：＿＿＿＿＿

实验十八　蕨类植物（一）：石松亚门、水韭亚门、松叶蕨亚门、楔叶蕨亚门

一、实验目的和要求

认识蕨类植物 4 个亚门的主要特征以及它们之间的区别。

二、实验材料

（1）石松亚门（Lycophytina）：垂穗石松（*Lycopodium cernum* L.）；翠云草（*Selaginella uncinata*（Desv.）Spring）；兖州卷柏（*S. involvens*（Sw.）Spring）。

（2）水韭亚门（Isoëphytina）：水韭属（*Isoëtes*）。

（3）松叶蕨亚门（Psilophytina）：松叶蕨（*Psilotum nudum* Griseb.）。

（4）楔叶蕨亚门（Sphenophytina）：木贼属（*Equisetum*）。

三、实验内容

（一）石松亚门

1. 垂穗石松（*Lycopodium cernum*）

（1）观察生活植物或腊叶标本：孢子体为草本，茎有匍匐茎和直立茎之分，匍匐茎平卧，二叉分枝；直立茎近似单轴分枝，具明显的主轴，但枝梢仍为二叉状。根为不定根，二叉分枝。叶小，纸质。主茎上的叶螺旋状排列，稀疏，钻形至线形，仅具 1 中肋，无叶柄。侧枝及小枝上的叶螺旋状密集排列，钻形至线形，中肋 1。孢子叶穗无柄，单独着生于枝顶，圆柱形或卵形，成熟时黄色。孢子同型，孢子囊生于孢子叶叶腋，肾形，由 1 裂口开裂。

（2）取石松孢子叶穗纵切面玻片标本在显微镜下观察：穗的中轴称孢子叶穗轴，轴上着生孢子叶，孢子囊具短柄，着生在孢子叶叶腋内，在孢子囊内的孢子母细胞经减数分裂后形成 4 分孢子。孢子同型异性。孢子囊壁由 1 层还是由多层细胞组成？

2. 翠云草（*Selaginella uncinata*）：观察生活植物或腊叶标本。孢子体为草本，茎纤细，下部匍匐地面，具背腹性，上部攀缘状，二叉分枝或不均等的二叉分枝，分枝处常生出无色无叶长 3～10cm 的根托（无叶的枝），其先端长不定根，被毛。叶异形，营

养叶成 4 纵列，排列于一平面上，生在枝的左右两侧的叶较大，称侧叶，生于茎的近轴面的 2 行叶较小，称为中叶，叶舌通常在叶成熟时脱落。孢子叶穗着生于枝端，孢子叶在穗轴上密集螺旋排列，明显的成为 4 纵列，故孢子叶穗呈方柱状。大、小孢子叶生于同一孢子叶穗上，故孢子叶穗两性，大孢子叶在孢子叶穗下部、中部及上部的下侧。

3. 兖州卷柏（*Selaginella involvens*）：取卷柏孢子叶穗的纵切玻片标本在显微镜下观察（图 18-1）。孢子叶穗轴上着生孢子叶，每个孢子叶的基部近轴面（上侧）有一叶舌。孢子囊具短柄，生于穗轴和叶舌之间。由于孢子叶分别着生有大、小孢子囊，故分别称为大孢子叶和小孢子叶。大、小孢子叶相间排列，或大孢子叶在孢子叶穗中下部。注意区分大、小孢子叶着生的位置、大孢子囊和小孢子囊的形态以及孢子囊中孢子的大小和数量等的区别。

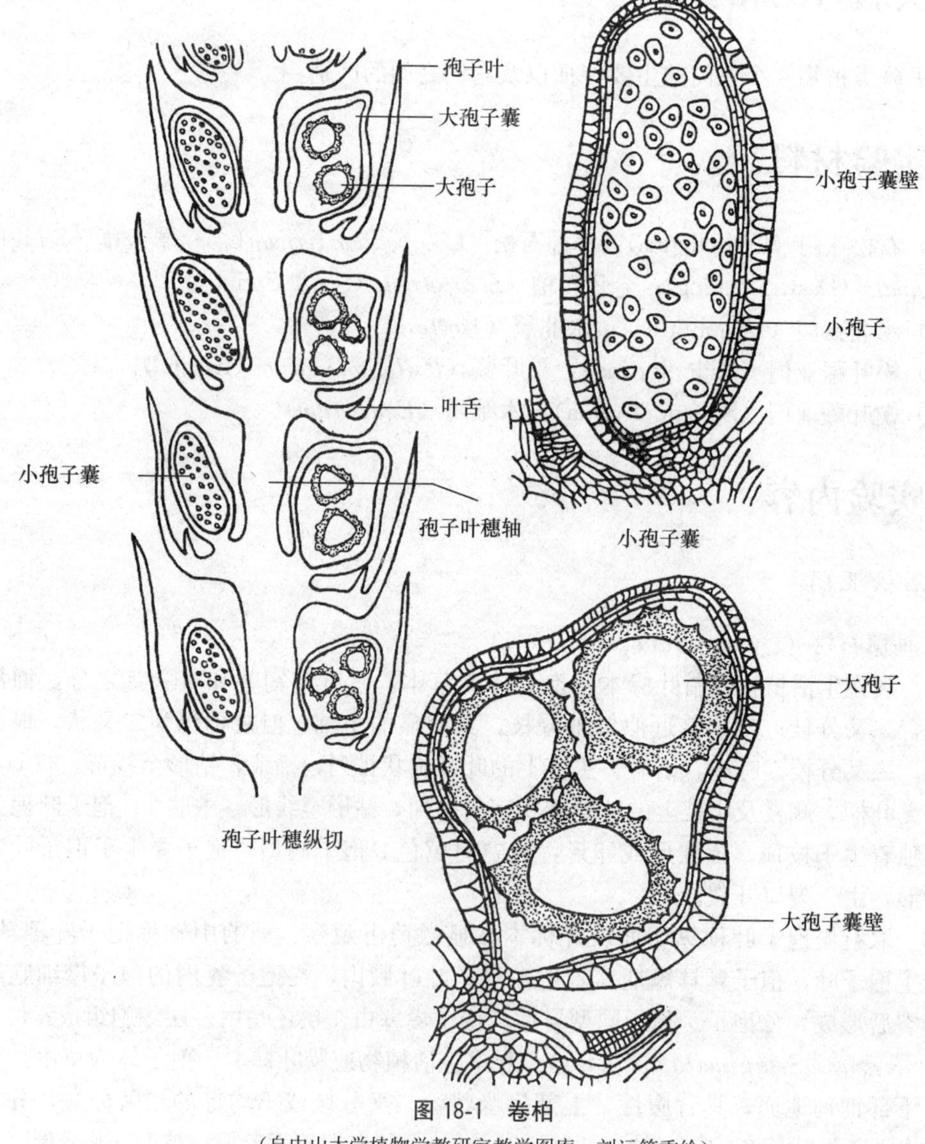

图 18-1 卷柏

（自中山大学植物学教研室教学图库，刘运笑重绘）

（二）水韭亚门

水韭属（*Isoëtes*）

观察浸制标本。孢子体为多年生草本，根茎呈块茎状，短而粗，茎下有二叉分枝的不定根，不定根生于根托上。叶在茎顶密集呈螺旋状排列，一型，狭长线形或钻形，叶基较阔，腹面有叶舌，向上突然变狭成锥状。外围的叶不育，向内依次分化为大孢子叶、小孢子叶，以及尚未成熟的孢子叶和尚未分化的幼叶。

在显微镜下观察水韭大、小孢子囊的纵切玻片标本，在阔的叶基之上部有叶舌，叶舌在叶成熟时也不脱落，孢子囊生在叶舌与叶基之间的小穴中，外有膜质突起的盖膜覆盖。注意大、小孢子囊内的隔片数目和孢子大小与数量的区别。

（三）松叶蕨亚门

松叶蕨（*Psilotum nudum*）

用手持放大镜观察腊叶标本或生活标本。注意松叶蕨无真根，但二叉分枝的根状茎上有毛状假根。地上茎直立或下垂，多回等二叉分枝；枝有棱或压扁状。叶为小型叶，散生，二型。不育叶鳞片状，互生，无中脉和叶柄。孢子叶二叉型，孢子囊常3个连成聚囊生于孢子叶的叶腋。孢子一型，肾形，具单裂缝。

（四）楔叶蕨亚门

木贼属（*Equisetum*）

观察木贼属植物生活标本、腊叶标本或浸制标本。孢子体为多年生土生或湿生草本，根为不定根。茎分地下根状茎和地上直立茎两种，有明显的节和节间。茎的表皮细胞壁强烈硅质化，节间外表有纵走的纵肋和槽相间，节间通常中空，节中实。地上茎分枝或不分枝，若分枝通常节上轮生。叶鳞片状，轮生，基部合生成筒状叶鞘，其上部边缘呈齿状（鞘齿），包围在茎上。注意，茎若分枝，则由叶鞘的腋部生出。孢子叶球（孢子囊穗）位于茎的顶端，圆柱形或椭球形。孢子叶轮生，盾状，彼此密接，孢子叶下生有若干孢子囊。

观察孢子叶球的形态结构（图18-2）：首先用放大镜观察孢子叶球的外形；然后镊取1个孢子叶，置玻片上，在体视显微镜下观察。孢子叶又称孢囊柄，盾形，分六角形的盘状体和柄两部分，沿盘状体的边缘悬挂着5～9个孢子囊，孢子囊纵裂。用针刺破孢子囊，挑取少量孢子，放在无水的载玻片上，在低倍镜下观察孢子的外形和松开的弹丝，然后加1～2滴水在孢子上，加上盖玻片，可见到孢子遇水后4条带状弹丝把孢子捆紧。

四、作业

1. 绘石松或卷柏1个孢子叶穗的纵切面图，示孢子叶、孢子囊和孢子。
2. 绘水韭的大小孢子叶基部纵切，示孢子囊的内部结构。
3. 绘木贼1个孢子叶（孢囊柄）和孢子囊的外形，以及孢子的形态图。

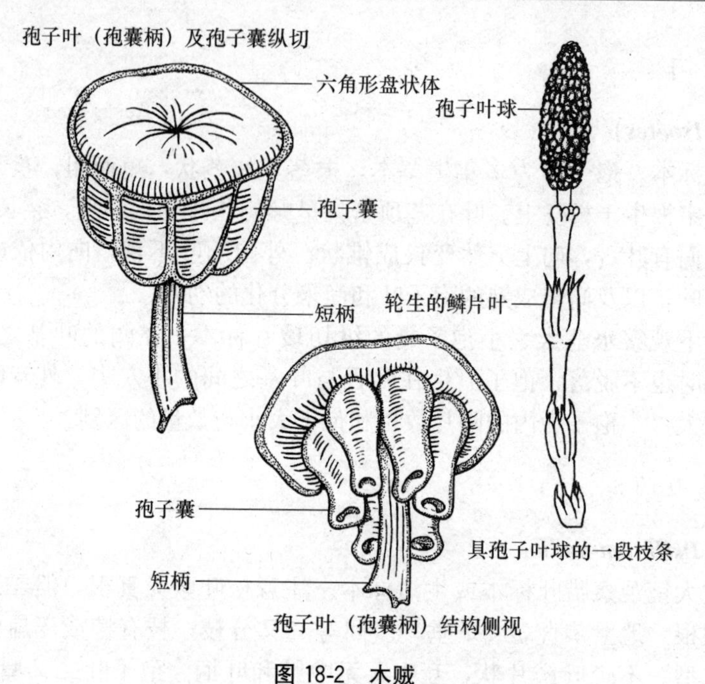

图 18-2　木贼

（自中山大学植物学教研室教学图库，刘运笑重绘）

五、思考题

1. 什么是小型叶？本实验蕨类 4 个亚门全为小型叶蕨类植物吗？
2. 松叶蕨的原始性状表现在哪里？它和裸蕨有联系吗？
3. 比较石松属和卷柏属的特征，试讨论它们在系统演化上的意义。

实验十九　蕨类植物（二）：真蕨亚门

一、实验目的和要求

（1）掌握真蕨植物的一般特征，比较其与其他蕨类的区别。

（2）了解蕨的生活史过程。

二、实验材料

真蕨亚门（Filicophytina）：

（1）瓶尔小草属（*Ophioglossum*）。

（2）莲座蕨属（*Angiopteris*）。

（3）华南紫萁（*Osmunda vachellii* Hook.）。

（4）华南毛蕨（*Cyclosorus parasiticus*（L.）Farw）。

（5）蕨（*Pteridium aquilinum* var. *latiusculum*（Desv.）Underw.）。

（6）江南星蕨（*Microsorium fortunei*（Moore）Ching）。

（7）乌蕨属（*Stenoloma*）。

（8）过坛龙（扇叶铁线蕨）（*Adiantum flabellulatum* L.）。

（9）鳞毛蕨属（*Dryopteris*）。

（10）石苇属（*Pyrrosia*）。

（11）假毛蕨属（*Pseudocys*）。

（12）新月蕨属（*Abacopteris*）。

（13）贯众（*Cyrtomium fortunei* J. Sm.）。

（14）狗脊（*Woodwardia japonica* Sm.）。

（15）蜈蚣草（*Pteris vittata* L.）。

（16）井栏边草（凤尾草）（*P. multifida* Poir.）。

（17）肾蕨（*Naphrolepis cordifolia* Persl）。

（18）海金沙（*Lygodium japonicum* Sw.）。

（19）巢蕨（*Neottopteris nidus*（L.）J. Sm.）。

（20）芒萁（*Dicranopteris dichotoma* Benth.）。

（21）瘤足蕨属（*Plagiogyria*）。
（22）苹（*Marsilea quadrifolia* L.）。
（23）槐叶苹（*Salvinia natans*（L.）All.）。
（24）满江红（*Azolla imbricata*（Roxb.）Nakai）。
（25）美国红苹（细绿苹）（*A. filiculoides* Lam.）。

三、实验内容

（一）瓶尔小草属（*Ophioglossum*）

观察生活植物或腊叶标本：根状茎短而直立，根肉质，多数，细长，不分枝。叶单生或2～3枚，自根状茎抽出。总叶柄长，纤细，绿色，或下部埋于土中，呈白色。营养叶从总柄基部之上分出，倒披针形或卵形，多全缘，具网状脉，无柄。孢子囊穗自总柄顶端营养叶的基部长出，高于营养叶。仔细观察孢子囊穗，由15～28对孢子囊组成，孢子囊无柄，横裂，取1孢子囊在体视显微镜下进行解剖和观察。孢子的形态如何？

（二）莲座蕨属（*Angiopteris*）

大形陆生植物，根状茎肥大，肉质圆球形，辐射对称。叶大，常为二回羽状复叶，有粗长总叶轴，基部有肉质托叶状的附属物。末回小羽片多为披针形；叶脉分离，二叉分枝或单一，自叶缘常生出倒行假脉，长短不一；孢子囊厚囊性发育，由腹面纵裂，孢子囊形成线形或条形排列于小羽片中脉两侧、靠近叶缘的孢子囊群。

（三）紫萁属（*Osmunda*）

孢子体陆生，根状茎粗壮，直立，树干状或匍匐状，茎上残留有叶柄和不定根，无鳞片与毛。幼叶有棕色棉绒状毛，老时脱落。羽状复叶1～2回分裂。叶二型或在同一复叶上的羽片为二型。能育叶（或羽片）紧缩，无叶绿素，叶脉分离，二叉分枝。取孢子囊在体视显微镜下观察：孢子囊大，圆球状，常有柄，裸露，于强度收缩成狭线形的羽片边缘着生。其顶端具若干增厚的细胞，顶端纵裂。注意观察孢子形状。

（四）华南毛蕨（*Cyclosorus parasiticus*）

1. 孢子体的观察：多年生草本植物，根状茎地下横走，被黑褐色、披针形全缘的鳞片。用镊子取一两片鳞片作水藏玻片在显微镜下观察，辨别是粗筛孔鳞片还是密筛孔鳞片。在根状茎上着生不定根。叶为二回羽状复叶，椭圆状披针形，叶轴细长，被短毛，羽片互生；羽片无柄，彼此接近，边缘深裂至浅裂，裂片先端圆或呈钝头，疏生短糙毛，有少数针状毛；叶脉羽状，侧脉对生，每羽片有6～8对，最下面的1对联结，脉上有橙红色腺体。在羽片背面侧脉中部见到的褐色圆点，就是孢子囊群。

孢子囊群圆形，聚生在羽片背面侧脉中部以上。先用手持放大镜观察孢子囊群：外面有小的薄膜质圆肾形的囊群盖，上面密生柔毛，常宿存。然后用镊子取两三个孢子囊群放在载玻片的水滴中，并用解剖针分散孢子囊，盖上盖玻片做成水藏玻片，在显微下观察：孢子囊壁为单层细胞，属于薄囊蕨类。囊壁上有1列纵行的内切向壁和径向壁3面增厚，而外切向壁保持薄壁的细胞是孢子囊开裂的环带。孢子囊柄与环带之间的数个薄壁细胞是裂口带，其中两个形状略扁的细胞是唇细胞。孢子囊内有多数孢子。为了观察孢子囊开裂，可用吸水纸吸去水藏玻片盖玻片边缘的水分，再从盖玻片的边缘加1～2滴浓甘油（为了吸水和透明），立刻在显微镜下观察，由于失水干燥，环带细胞径向的厚壁相互靠拢，因而向外伸展和卷曲，最后孢子囊从裂口带细胞胞壁连接最薄弱的唇细胞处裂开，孢子立即播散出来。注意孢子是同型还是异型，是四面型还是两面型？

取孢子囊群纵切面玻片标本在显微镜下观察，可见从叶表面突起的囊托，孢子囊具柄，集生于囊托上。注意孢子囊的成熟有无规律？囊群盖覆盖在孢子囊群的外面，如何理解切面观与表面观的囊群盖和囊托的形态？

2. 配子体（原叶体）的观察（图19-1）：孢子萌发形成原叶体（配子体），先用放大镜观察长在潮湿的砖上或泥土上的原叶体的形态，然后用镊子取1片原叶体，作水藏玻片，注意腹面向上（向泥土的一面为腹面），或取原叶体封片标本在显微镜下观察。原叶体心形，薄片状，顶端中部凹陷，腹面生有许多假根。假根之间有球状精子器。颈卵器生在腹面靠近前端的凹陷处，颈卵器的腹部埋在原叶体中，颈部伸出原叶体表面。

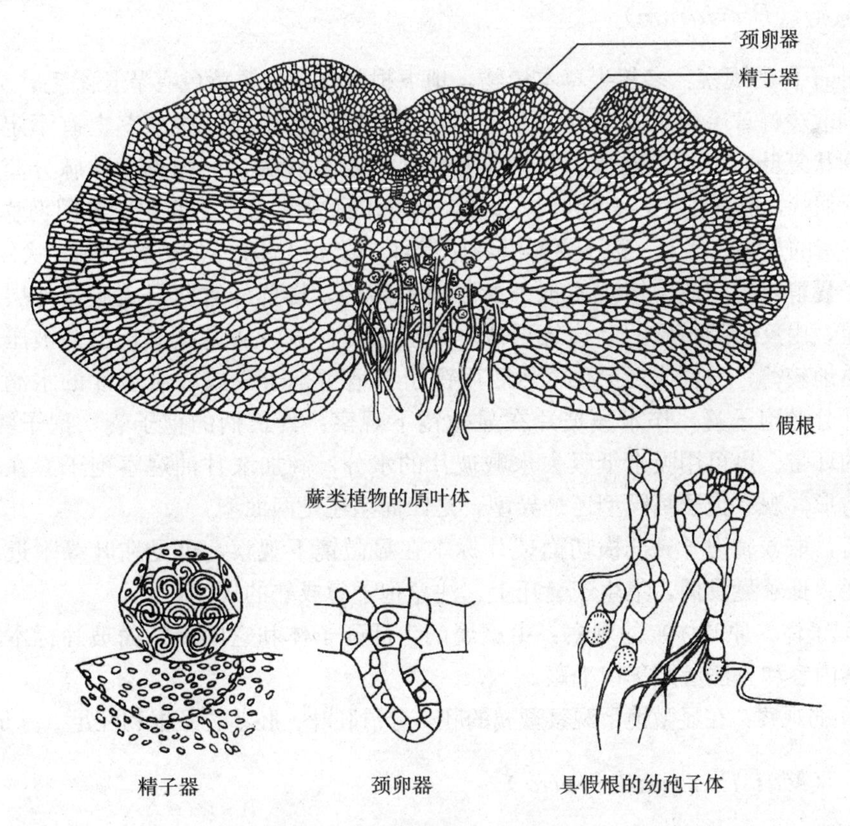

图19-1　蕨类植物的配子体

（自中山大学植物学教研室教学图库，刘运笑重绘）

另外，在显微镜下观察原叶体的横切面玻片标本，注意对照原叶体整体封片上的精子器和颈卵器的形态结构。

3. 胚的观察：在显微镜下观察胚的结构。胚是受精卵在母体（原叶体）内发育的孢子体雏形，注意区分胚叶、胚茎、胚根和胚足（基足）等部分。

（五）鳞毛蕨属（*Dryopteris*）

陆生蕨类。根状茎及叶柄密被深色鳞片。1～4回羽状复叶，羽片边缘常具锯齿，叶脉分离，羽状，单1或2～3叉，先端常具膨大水囊。孢子囊群圆形，常于羽片背面小脉顶端着生，常具囊群盖，盖为圆肾形，宿存。观察腊叶标本，并取孢子囊群制作水藏玻片观察。孢子囊具1短柄。孢子囊壁仅由1层细胞组成，在壁上有1列内切向壁和径向壁3面增厚的细胞纵向排列，称环带。认真观察环带细胞壁加厚方式。在环带附近有1列薄壁细胞形成裂口带。在裂口带中有两个扁圆形且较大的薄壁细胞，称唇细胞。也可分别取蕨孢子囊群、孢子囊制水藏玻片或孢子囊群玻片观察上述有关结构。

另外，观察贯众属（*Cyrtomium*）、肾蕨（*Nephrolepsis cordifolia*）、石苇属（*Pyrrosia*）等标本及蕨叶片模型。

（六）蕨属（*Pteridium*）

1. 孢子体的观察：多年生草本植物，地下根状茎密被锈黄色有节长柔毛，无鳞片。用刀片刮取少许茸毛做水藏玻片，在显微镜下观察毛的形态。根状茎上有不定根。叶为三回羽状复叶；羽片近对生，有柄，基部1对羽片较大，三角形。叶脉分离，小羽片上叶脉羽状，侧脉二叉，直达叶缘边脉。羽叶上面常无毛，下面尤以末回羽片下面的主脉常有密的灰棕色茸毛。孢子囊群沿羽片背面、侧脉顶端联结的边脉上成线状分布。

孢子囊群：先用放大镜观察孢子囊群盖的结构，囊群外有两层盖膜，外层为条形假囊群盖，由反折的膜质的叶边缘形成，内层为囊群盖，从囊托上长出并被压在囊托之下，质地较薄，发育或近退化。然后用镊子取适量孢子囊放在载玻片的水滴中，并用解剖针分散孢子囊，作水藏玻片在显微镜下观察：具长柄的孢子囊，孢子囊囊壁，囊壁上的环带。也可用吸水纸吸去水藏玻片的水分，滴加浓甘油观察孢子囊在环带处的开裂情形。观察孢子是同型还是异型，是四面型还是两面型？

最后，取蕨属孢子囊群横切面玻片标本在显微镜下观察，可见在叶缘附近表面突起的囊托。孢子囊具柄，集生于囊托上。注意孢子囊成熟的规律。

2. 配子体（原叶体）的观察：由蕨属的生活配子体和它的纵切面玻片标本进行观察。观察内容和方法参照华南毛蕨。

3. 胚的观察：在显微镜下观察蕨属的胚，分清胚叶、胚茎、胚根和胚足（基足）等。

（七）苹（*Marsilea quadrifolia*）

浅水生蕨类。根状茎细长横走，有背腹之分，分节，节上生根，向上长出单生或簇生的叶。复叶十字形，由4片倒三角形的小叶组成，着生于长叶轴顶端，漂浮水面或挺立。叶脉明显，从小叶基部呈放射状二叉分枝。能育叶变为球形或椭圆状球形孢子果，着生于不育的叶柄基部或近于叶柄基部的根状茎上。

孢子果观察：肾形，近柄端的正中线上有1～2个突起，其壁由羽片变态形成，外壁分化成石细胞层，坚硬，较厚，开裂时呈两瓣；内壁软骨质，上面着生有许多胶质的囊群托。囊群托顶端发育1列大孢子囊，两侧为多数小孢子囊。每一鸡冠状的囊群托上的大小孢子囊合为孢子囊群，外围有兜状囊群盖。大孢子囊中只有1个大孢子；而小孢子囊中则有许多小孢子。取苹的孢子果纵切玻片标本在显微镜下观察异型孢子。

（八）槐叶苹（*Salvinia natans*）

小型漂浮水生蕨类。根状茎细长横走，被毛，无根。叶常无柄，3片轮生于节上，排成3列，其中两列为漂浮水面，为正常叶片，长圆形，绿色，全缘，被毛并有许多乳头状突起，中脉略显；另1列叶特化成须根状，悬垂水中，称沉水叶，起根的作用，称为假根。观察生活标本，浮水叶与沉水叶有何不同？有无不定根？在沉水叶的基部为簇生的球形大、小孢子果。

取槐叶苹孢子果纵切面玻片标本在显微镜下观察，可看到大小孢子果由1总柄相连。孢子果壁由囊群盖发育而来，有两层。大孢子果体形较小，内生8～10个有短柄的大孢子囊，每个大孢子囊内只有1个大孢子；小孢子果体形大，内生多数有长柄的小孢子囊，每个小孢子囊内有64个小孢子。大小孢子的形态如何？

（九）满江红（*Azolla imbricata*）

1. 孢子体：满江红是小型漂浮水生蕨类，根状茎细弱，具明显横走或直立的主干，羽状分枝或假二叉分枝，向水下生出须根，横卧漂浮于水面或在浅水时成堆集状。叶密生茎上成两列，小形，无柄，互生，覆瓦状排列。用镊子取数片叶做水藏玻片在显微镜下观察：叶通常深裂为背、腹两片，上裂片又称背裂叶，浮在水面，肉质，绿色（秋后变红色），下表面隆起，近叶基形成空腔，腔内含有鱼腥藻（*Anabaena azollae*）；腹裂片沉水，膜质如鳞片，主要起浮载作用。

2. 孢子果的观察：孢子果有大小两种，多双生于分枝基部的沉水裂片上：大孢子果小，长卵形，生于小孢子果下面，幼小时由孢子叶所包被，长圆锥状，外面由果壁包裹，内藏1大孢子，顶部有帽状体覆盖，成熟时脱落，露出纤毛围着的漏斗状开口。小孢子果大，球形，具长柄。

取美国红苹（细绿苹）（*A. filiculoides*）的大、小孢子果封片或纵切面玻片标本，在显微镜下观察，注意大孢子果内只有1个大孢子囊和1个发育的大孢子；而小孢子果内具有多数小孢子囊；每个小孢子囊含有64个小孢子。成熟以后的小孢子囊内产生数个（5～8个）泡胶块，泡胶块表面伸出钩状突起，称为钩毛，每个包胶块包埋有数个小孢子。钩毛帮助小孢子的泡胶块固定于大孢子囊体上便于精子进入大孢囊内进行受精。大小孢子均为圆形，具有3裂缝。

满江红孢子囊的壁是单层还是多层？小孢子囊是否具长柄？

另外观察课堂上提供的其他蕨类植物标本材料，注意观察各种蕨类植物的外形、根茎、营养叶和能育叶的形态和结构，茎叶上的毛被、鳞片的形态和颜色，孢子囊群着生位置，外形，囊群盖，孢子囊排列，以及孢子囊的结构，四分孢子的排列方式，孢子形态等。

四、作业

1. 绘华南毛蕨 1 个孢子囊，示环带、裂口带、唇细胞、孢子囊柄和孢子等。

2. 绘华南毛蕨或蕨的原叶体外形图，示颈卵器和精子器的形态和着生位置。

3. 把课堂提供的蕨类植物标本材料观察结果填入下表中。

	环带的位置	孢子囊群位置	脉序	毛、鳞片的类型
华南紫萁				
海金沙				
芒萁				
凤尾草				
华南毛蕨				
星蕨				

4. 检索 1～2 种蕨类植物，并写出其检索路线。

五、思考题

1. 以华南毛蕨或蕨属为例说明蕨类植物的特征，并指出蕨类植物与苔藓植物的异同之处。

2. 以孢子囊着生方式、孢子囊有无环带、孢子同型或异型、生境及代表植物等方面，说明真蕨类植物（真蕨亚门）与拟蕨类植物（石松亚门、水韭亚门、松叶蕨亚门、楔叶蕨亚门）的区别要点。

3. 根据实验材料分析水龙骨目和苹目的主要区别。

4. 蕨类植物在适应陆生环境方面有哪些优于苔藓植物的特征？

5. 孢子囊穗和孢子叶穗有何不同？

6. 什么是孢子果？和果孢子是同样的概念吗？

7. 比较蕨类植物与苔藓植物的颈卵器。

8. 蕨类植物维管柱的多样性表现在哪里？同为维管植物，应如何看待蕨类植物与种子植物的联系？

9. 原叶体和原丝体是相同的概念吗？

附：真蕨亚门植物分类依据的主要形态特征

1. 鳞片和鳞毛：常着生在根状茎或叶柄上，它的形态和色泽是分类的依据之一。根据细胞壁的厚薄和细胞腔的大小，鳞片分为：

（1）密筛孔鳞片——细胞壁厚，细胞腔细小，故又称细筛孔鳞片。如江南星蕨

（*Microsorium fortunei*）根状茎上的鳞片。可制作它的鳞片水藏玻片，在显微镜下观察。

（2）粗筛孔鳞片——细胞壁稍薄，细胞腔较大。如华南毛蕨（*Cyclosorus parasiticus*）的鳞片。制作其水藏玻片，在显微镜下观察，注意与密筛孔鳞片对照观察。

（3）鳞毛——又称为毛状原始鳞片，下部为鳞片状，向上变为长针毛状。在显微镜下观察乌蕨（*Stenoloma*）的鳞毛。注意比较鳞毛与鳞片的异同。

2. 脉序：叶脉有开放脉序（分离型）和闭合脉序（网结型），以及中间型的脉序。

（1）开放脉序（分离型）可分为：

掌状二叉——叶脉成掌状二叉分枝。用放大镜对光观察过坛龙（扇叶铁线蕨）（*Adiantum flabellulatum.*）的小羽片叶脉。

羽状二叉——叶脉成羽状二叉分枝。观察莲座蕨属（*Angiopteris*）或华南紫萁（*Osmunda wachellii*）营养叶的背面叶脉分布。

羽状——叶脉成羽状分枝。观察假毛蕨属（*Pseudocys*）营养叶脉序。

（2）闭合脉序（网结型）可分为：

联结的网状脉——观察新月蕨。

网状脉——观察江南星蕨（*Microsorium fortunei*）和贯众（*Cyrtomium fortunei*）。注意网眼内的内藏小脉。

（3）中间型（混合型）脉序：

部分联结的羽状脉——观察华南毛蕨（*Cyclosorus parasiticus*）裂片上的羽状叶脉，注意最下面一对侧脉联结。

部分联结的网状脉——观察狗脊（*Woodwardia japonica*）羽片上的中脉附近的侧脉联结，而边缘的侧脉分离。

3. 叶：分为着生孢子囊的孢子叶（能育叶）与不生孢子囊的营养叶（不育叶）。

（1）同型叶：同一植株上无孢子叶和营养叶的分化。各叶片形状基本相似。观察华南毛蕨、蜈蚣草等。

（2）异型叶：同一植株上孢子叶和营养叶的形状不同。观察井栏边草（凤尾草）（*Pteris multifida.*）的孢子叶和营养叶。另外观察华南紫萁（*Osmunda wachellii*），其羽片异型，着生孢子囊群的羽片成狭条形，无叶绿素，孢子囊成熟后羽片即枯死。

4. 孢子囊群和囊群盖的主要类型

（1）囊群连续、条形、边缘着生，囊群盖为叶缘反折而成，这是假囊群盖，可观察蜈蚣草（*Pteris vittata*）等。

（2）孢子囊在先端羽片边缘着生，成两列穗状，孢子囊单生于小脉顶端，由叶缘表面组织形成的反折小瓣包裹，可观察海金沙（*Lygodium japonicum*）。

（3）囊群条形，沿侧脉延伸，囊群盖条形，可观察巢蕨（*Neottopteris nidus*）。

（4）囊群近球形，在侧脉中部着生，囊群盖小，圆肾形，可观察华南毛蕨（*Cyclosorus parasiticus*）。

（5）囊群肾形，在侧脉顶端着生，囊群盖肾形，可观察肾蕨（*Naphrolepis cordifolia*）。

（6）囊群小，密集，散生于叶片的背面。无囊群盖，可观察膜叶星蕨（*Microsorium membranaceum*）。

5. 孢子囊的环带：孢子囊的环带形式多样。用镊子挑取少许孢子囊，作成水藏玻片在显微镜下观察。

（1）环带盾状：在显微镜下观察华南紫萁（*Osmunda wachellii*）孢子囊的盾状环带。

（2）环带顶生：制作水藏玻片观察海金沙（*Lygodium japonicum*）孢子囊的顶生环带。

（3）环带横生：在显微镜下观察芒萁（*Dicranopteris clichotoma*）孢子囊的横行环带。

（4）环带斜行：在显微镜下观察瘤足蕨属（*Plagiogyria*）孢子囊的斜行环带。

（5）环带纵行，中断：取华南毛蕨（*Cyclosorus parasiticus*）孢子囊制作水藏玻片，在显微镜下观察其孢子囊的纵行环带。

实验二十　裸子植物：苏铁纲、银杏纲、松柏纲、紫杉纲、买麻藤纲

一、实验目的和要求

（1）认识裸子植物各大类群营养器官和繁殖器官结构的特点及共同性。

（2）了解苏铁纲（Cycadopsida）、银杏纲（Ginkgopsida）的雌雄配子体发育在裸子植物中的原始性。

（3）掌握松科（Pinaceae）、杉科（Taxodiaceae）、柏科（Cupressaceae）植物营养器官和雌雄球果构造上的特点。

（4）掌握松柏纲（Condiferopsida）与紫杉纲（Taxopsida）在雌球花、雄球花及种子结构上的差异。

（5）了解买麻藤纲（Gnetopsida）营养器官、雌雄生殖器官的构造及其生殖过程的特殊性。

二、实验材料

（1）苏铁（*Cycas revoluta* Thunb.）。

（2）华南苏铁（*Cycas rumphii* Miq.）。

（3）银杏（*Ginkgo biloba* L.）。

（4）马尾松（*Pinus massoniana* Lamb.）。

（5）油松（*P. tabulaeformis* Carr.）。

（6）杉木（*Cunninghamia lanceolata* HK.）。

（7）侧柏（*Platycladus orientalis* Franco.）。

（8）柏木（*Cupressus funebris* Endl.）。

（9）圆柏（*Sabina chinensis*（L.）Antoine）。

（10）小叶罗汉松（*Podocarpus macrophylla* var. *maki* Endl.）。

（11）粗榧（*Cephalotaxus sinensis*（Rehd. et Wils.）Li）。

（12）红豆杉（*Taxus* chinensis（Pilger）Rehd.）。

（13）榧树（*Torreya grandis* Fort.）。

（14）麻黄属（*Ephedra* sp.）（腊叶标本、玻片）。

（15）小叶买麻藤（*Gnetum parvifolia*（Warb.）Cheng）（腊叶标本、玻片）。

（16）待检植物1～2种。

三、实验观察

（一）苏铁纲

代表植物苏铁（*Cycas revoluta*）。观察校园种植的苏铁。

1. 孢子体：具有直立柱状的主干，常不分枝，茎顶端簇生大型羽状深裂的复叶，茎干上为卵形、顶端成锐刺尖的鳞片状叶密箍包裹，鳞片密被褐色毛。小叶幼时向羽轴蜷卷，成长时坚硬而有光泽，叶缘向后卷，老时枯萎脱落，但叶柄基部宿存，与鳞片状叶在茎干周围形成致密的胄甲状结构。

2. 孢子叶球：雌雄异株，大小孢子叶球均着生于茎顶，在它们成熟后，顶芽继续发育，可见到顶芽从大孢子叶球中央穿出。

（1）小孢子叶球（小孢子叶和小孢子）：小孢子叶球长圆柱形，球果状，小孢子叶多数，螺旋状紧密地排列在轴上。小孢子叶稍扁平，肉质，鳞片状条形。取出1枚小孢子叶用手持放大镜进行观察，可见背面生有许多卵球形小孢子囊，3～5个小孢子囊形成聚囊着生在小孢子叶上。小孢子囊内有许多小孢子（花粉粒）。用镊子摄取少量花粉粒作水藏玻片，在显微镜下观察，可见单核花粉粒两侧对称，宽椭圆球状，类似扁小舟状，具1条纵长的深沟。散布时的花粉粒（雄配子体）近球形，其内包含1个原叶体细胞（营养细胞）、1个生殖细胞和1个管细胞（吸器细胞）（图20-1）。

（2）大孢子叶球（大孢子叶和胚珠）：大孢子叶丛生于茎顶端，由多数螺旋状排列的大孢子叶组成。取1枚大孢子叶进行观察，可见其外密被浅黄色绒毛，上部羽状分裂，下部柄状，柄上端两侧着生2～8个橘红色大型的胚珠。在显微镜下观察苏铁胚珠纵切面玻片标本，可见在胚珠外面有1层厚的珠被包围珠心（大孢子囊）。珠被上半部与珠心分离，并在顶端形成珠孔，珠孔的下方为花粉室。在胚珠发育的早期，花粉室上方存在雌器室（颈卵器室），两者之间常有残留的珠心组织，胚珠发育后期，雌器室与花粉室相通。在珠心内大孢子发育形成胚乳（雌配子体的一部分），占据了珠心的大部分，在胚乳的上部排列着多个颈卵器。颈卵器由4个颈细胞、1个腹沟细胞（迅速消失）及1个极大的卵细胞组成。

（3）种子（成熟的种子和胚）：用刀片纵剖苏铁种子，可见种皮由3层组成，是珠被细胞分化形成的，外层肉质，中层骨质（由石细胞组成），内层薄膜状。内外种皮皆有维管束通过。种皮包围的白色部分是胚乳。胚大，埋于胚乳中，子叶两枚，胚根指向珠孔。

3. 苏铁纲大孢子叶的演化见图20-2。根据现存的苏铁植物，较原始的大孢子叶呈深而多分裂的羽状叶，多数胚珠生于大孢子叶柄的上端两侧，继而大孢子叶的羽裂变少变浅。较进化的大孢子叶羽裂渐成盾状，羽裂残存到缺如，胚珠由陷于大孢子叶柄的两侧到生于盾状体下。大孢子叶从螺旋状排列成较为疏松的球形到紧密的塔形球果状。

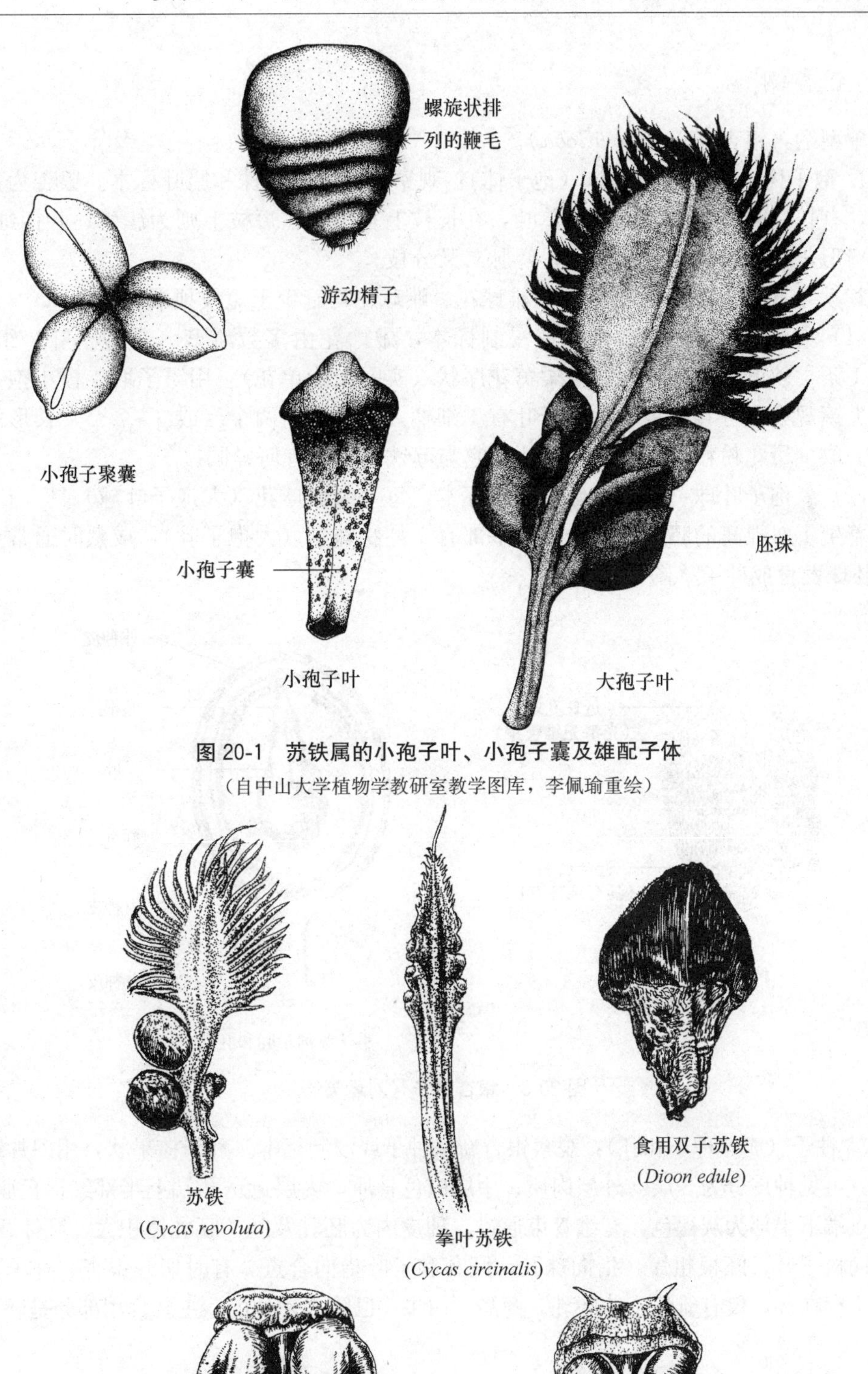

图 20-1　苏铁属的小孢子叶、小孢子囊及雄配子体

（自中山大学植物学教研室教学图库，李佩瑜重绘）

图 20-2　苏铁纲大孢子叶演化

（引自 Foster AS 等，1983，刘运笑重摹）

（二）银杏纲

单型纲，银杏（*Ginkgo biloba*）。

1. 孢子体：银杏的植物体（孢子体）：观察校园银杏植株和腊叶标本。银杏为落叶乔木，有长枝和短枝之分；叶为单叶，在长枝上互生，在短枝上则为簇生；叶柄细长，叶片扇形，顶端二裂或波状缺刻，叶脉二叉分枝。

2. 大小孢子叶球：雌雄异株，雄球花、雌球花均着生于短枝顶端。

（1）小孢子叶球：观察雄球花浸制标本，雄球花由多数雄蕊（小孢子叶）组成，生于 1 条柔软下垂的细轴上，呈柔荑花序状（实际上为单花）。用镊子取 1 枚小孢子叶用放大镜观察，可看到每个小孢子叶有 1 细柄，柄端着生两个（或 3～7 个）长形的花粉囊。取少量花粉粒作水藏玻片，比较它与苏铁花粉粒有何异同。

（2）大孢子叶球：观察雌球花浸制标本，每一朵雌球花（大孢子叶球）具 1 长柄，顶端着生 1 对裸露的胚珠，每个胚珠基部有 1 环状珠领（大孢子叶），成熟时通常只有 1 个胚珠发育成种子（图 20-3）。

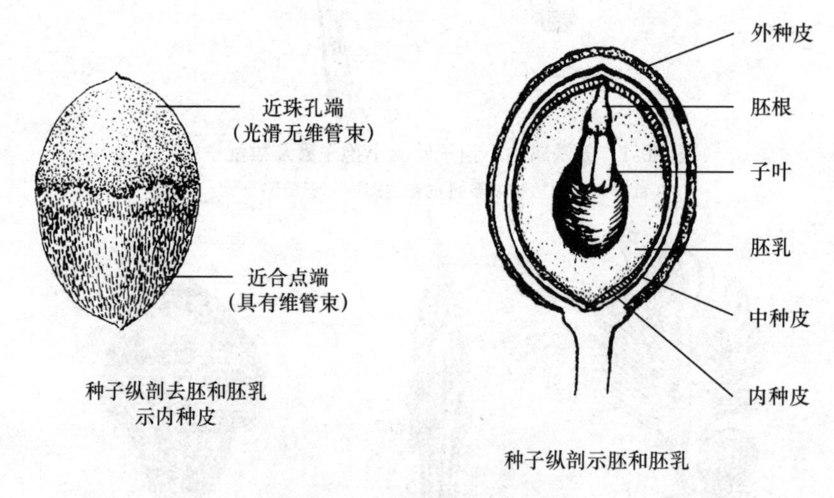

图 20-3　银杏种子（刘运笑绘）

3. 种子（成熟种子和胚）：观察银杏新采种子或浸制标本。种子核果状，用刀片纵切种子，可见种皮分为 3 层：外层肉质；中层白色骨质，内层近珠孔端上半部红褐色膜质，近合点端下半部为灰褐色，有维管束通过。种皮内为胚乳及胚，胚乳体积大，胚体积小。胚具两枚子叶，胚根粗短，指向珠孔，胚芽和子叶指向合点。有时切开银杏“种子”会发现不存在胚，仅有雌配子体胚乳。商品“白果”已除去外种皮，主要食用部分是胚乳。

（三）松柏纲

1. 松科（Pinaceae）：代表植物：马尾松（*Pinus massoniana*）或油松（*Pinus tabulaeformis*）。

（1）孢子体

观察生活的马尾松或油松。乔木，单轴分枝，主干明显，树皮红褐色到灰褐色，裂成不规则块状鳞片，具轮状排列的侧枝。枝条有长枝和短枝之分。长枝伸长，着生有螺旋状排列、呈赤褐色的鳞片叶；在鳞片叶的叶腋内着生有短枝。松属短枝顶端生有2～5枚针状叶，针叶基部有由8～12枚鳞片叶组成的叶鞘。湿地松（*P. elliottii* Engelm.）常3针叶1束，马尾松与油松常两针叶1束。

（2）大小孢子叶球：雌雄同株。

小孢子叶球：松属的雄球花呈长圆柱形，多个生于当年生长枝基部的鳞片叶腋内。取1雄球花进行观察，可见小孢子叶多数，螺旋状排列在中轴上；镊子取下1枚小孢子叶；用放大镜进行观察，可见短的小孢子叶柄和向上弯曲的鳞片状药隔；背面有两个花粉囊（小孢子囊）；囊内有多数花粉粒（小孢子）。摄取少量花粉粒制成水藏玻片，在显微镜下进行观察，可见花粉粒椭圆形，两侧有由外壁形成的气囊。1个成熟的花粉粒（雄配子体）具有4个细胞；两个退化的营养细胞（近于萎缩，通常只能见到两条横的窄条），其下方为1个生殖细胞（常呈菱形或半月形），再下为1个体积较大的管细胞（图20-4）。

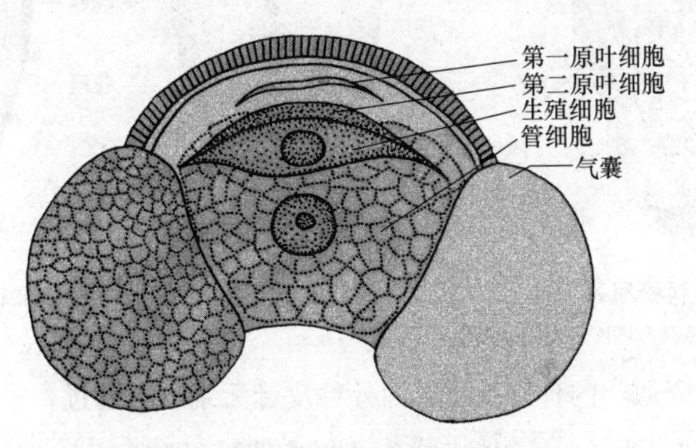

图20-4　松科松属传粉时的雄配子体

（自中山大学植物教研室教学图库，谢庆建重绘）

雌球花和胚珠：雌球花1个或数个着生于当年生长枝的近顶端，呈卵圆形或长圆形，由多数螺旋状排列在球果轴（大孢子叶球轴）上的珠鳞（果鳞、种鳞）及苞鳞（盖鳞）组成。

取1年生的雌球花进行观察，用镊子剥下1枚珠鳞，可见珠鳞肥厚，成熟后木质化，其裸露部分增厚成鳞盾，鳞盾中部隆起为鳞脐。用放大镜观察珠鳞背面（远轴面），可见薄膜状的苞鳞，珠鳞与苞鳞大部分分离；珠鳞腹面（近轴面）的基部有两个呈小突起状的胚珠。再观察第二年生雌球果的珠鳞，此时，胚珠较大，珠孔朝向珠鳞基部倒生，苞鳞则与珠鳞分离还是愈合？（图20-6）

在示范镜下观察松属胚珠纵切面玻片标本：

1）珠心内的大孢子母细胞。

2）大孢子母细胞减数分裂，产生3～4个排成1列的大孢子，称链状四分体期。

3）大孢子萌发，初期形成多核，为雌配子体的自由核时期。

4）雌配子体上方靠近珠孔出现2～7个颈卵器，每个颈卵器由1个大的卵细胞和1个小的腹沟细胞及几个颈细胞组成，腹沟细胞常很快消失，不易见（图20-5）。

5）卵细胞受精后分裂，形成8～16个细胞阶段的原胚。

种子（成熟种子和胚）：取成熟的雌球果，观察种鳞开裂的情况及带翅的种子。成熟种子的一端具有由珠鳞组织发育形成的薄膜质翅；种子种皮3层，外种皮和中

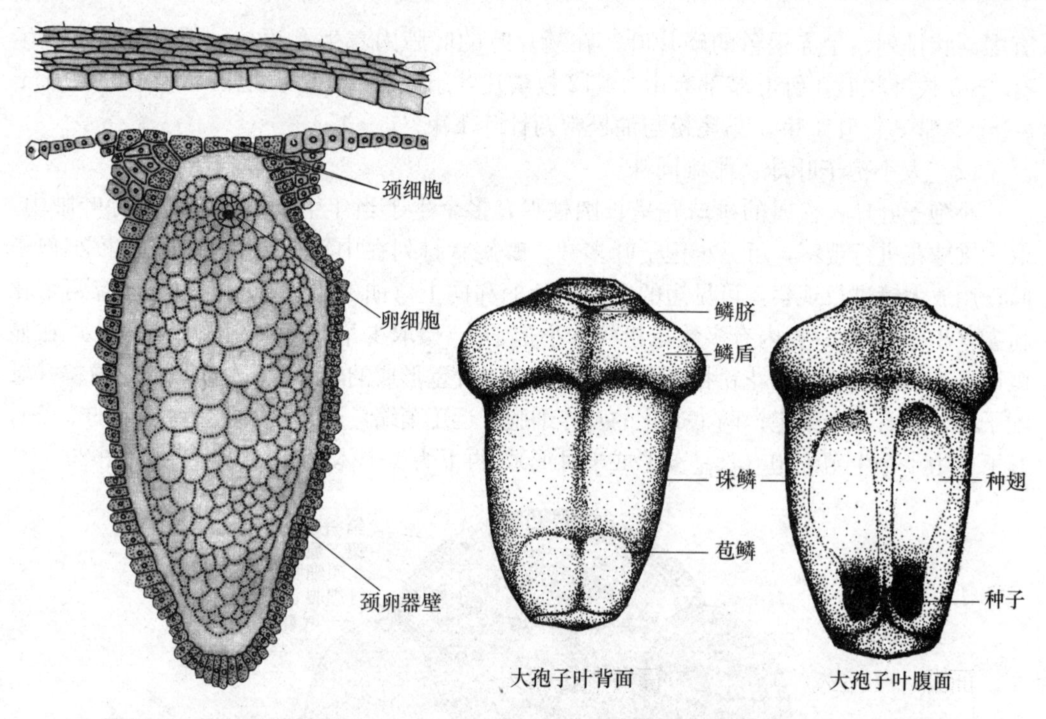

图 20-5　松科松属颈卵器

（自中山大学植物教研室教学图库，谢庆建重绘）

图 20-6　松科马尾松的种鳞和种子（李佩瑜绘）

种皮通常结合成硬壳质，内种皮纸质。内外种皮皆无维管束通过。

2. 杉科（Taxodiaceae）：代表植物杉木(*Cunninghamia lanceolata*)的腊叶标本或新采标本。

观察要点：叶条状披针形，在侧枝上叶基扭转排列成二列状，叶背中脉两侧有两条明显的白色气孔带；球果近球形，苞鳞大，革质，种鳞小，生于苞鳞腹面下部，与苞鳞合生，仅上部分离。能育种鳞有种子 3 粒，种子两侧有狭翅。小孢子叶球穗状，每小孢子叶具 3 个小孢子囊，小孢子球形，具 1 小乳状突起（图 20-7）。

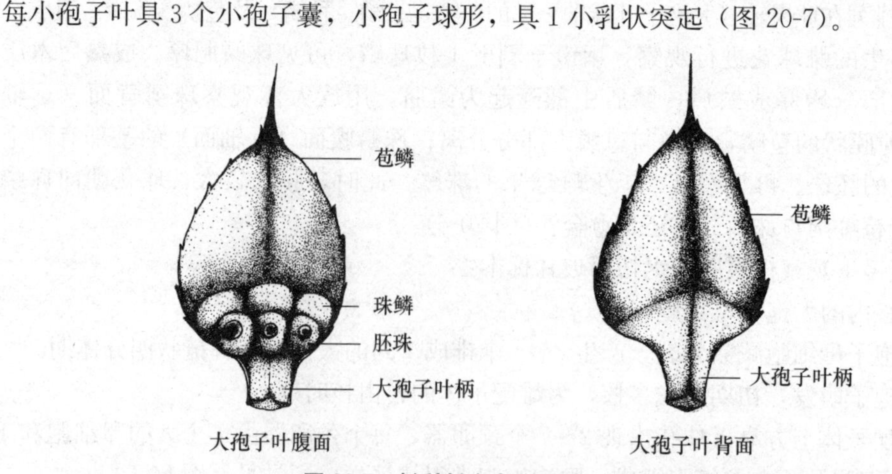

图 20-7　杉科杉木大孢子叶（李佩瑜绘）

3. 柏科（Cupressaceae）

(1) 侧柏（*Platycladus orientalis*）生活标本

观察要点：叶鳞形，交互对生，中叶露出部分呈倒卵状菱形或斜方形，两侧的叶对折覆盖中叶的基部两侧，叶背中部均有腺槽。小枝扁平，排成一平面，直展；球果当年成熟，成熟前肉质，成熟后木质，种鳞4对，交互对生，扁平，背部顶端具反曲的尖头，种子1～2枚，无翅或有棱脊。小孢子叶球具6对小孢子叶，每小孢子叶具2～4小孢子囊，小孢子球形。

（2）柏木（*Cupressus funebris*）生活标本

观察要点：小枝细长而下垂，生鳞叶的小枝扁平，排成一平面，两面同形，绿色，宽约1mm。中叶的背部有条状腺点，侧叶对折覆盖着中叶的下部，背部有棱脊。种鳞盾状，为不规则的五边形或方形，顶部中央有凸尖头或无，发育种鳞具5～6枚种子，具窄翅。比较与侧柏的异同。

（3）圆柏（*Sabina chinensis*）生活标本

观察要点：叶异型，有鳞形叶及刺形叶，鳞形叶先端钝尖，背面中部有椭圆形微凹的腺体；刺叶3枚交叉轮生，有两条白粉带。球果被白粉，种鳞肉质，彼此完全结合，熟时不张开，种子无翅。

（四）红豆杉纲

罗汉松科（Podocarpaceae）：代表植物短叶罗汉松（*Podocarpus macrocarpa* var. *maki*）观察要点：

1. 孢子体：小乔木，树皮褐色松软，成条状脱落。叶密生，螺旋状排列，条状披针形，长2.5～7cm，宽3～7mm，先端钝，两面中脉显著隆起。

2. 孢子叶球：球花单性，雌雄异株。

（1）雄球（小孢子叶球）花穗状，簇生叶腋，每小孢子叶具两个小孢子囊，小孢子具两个气囊。

（2）雌球花（大孢子叶球）不形成球果，单生叶腋或枝顶，有苞片数枚，通常下部的苞片腋内无胚珠，仅顶端1枚苞片着生1枚胚珠。种子为紫黑色的套被所全部包裹，为假种皮，下部的苞片与轴愈合，发育成肥厚肉质红色或紫红色种托，在种子与种托间，及种托基部具有苞片。

（五）买麻藤纲

1. 麻黄科（Ephedraceae）：代表植物麻黄属（*Ephedra*），观察玻片和腊叶标本。观察要点：

（1）灌木，多分枝，茎有明显的节和节间；叶对生或轮生；退化成鳞片状，或窄长披针形，基部合生成鞘状。

（2）孢子叶球：花雌雄异株。

1）小孢子叶球序（雄花序）对生或3～4个轮生；小孢子叶球具两片盖被；2～8个小孢子囊。在示范镜下观察麻黄的小孢子玻片标本；可见小孢子长球形；具5～10条纵肋（图20-8）。

2）大孢子叶球序由成对或3～4对大孢子叶球组成；大孢子叶球基部具数对苞片；顶端有1～3个胚珠；在显微镜下观察麻黄胚珠纵切面玻片标本呈聚囊状；每个胚珠均由1个肥厚肉质的囊状盖被（外珠被）包围；珠被顶端延伸成珠孔管；珠被内为珠心；

珠心内为胚乳（图 20-8）。

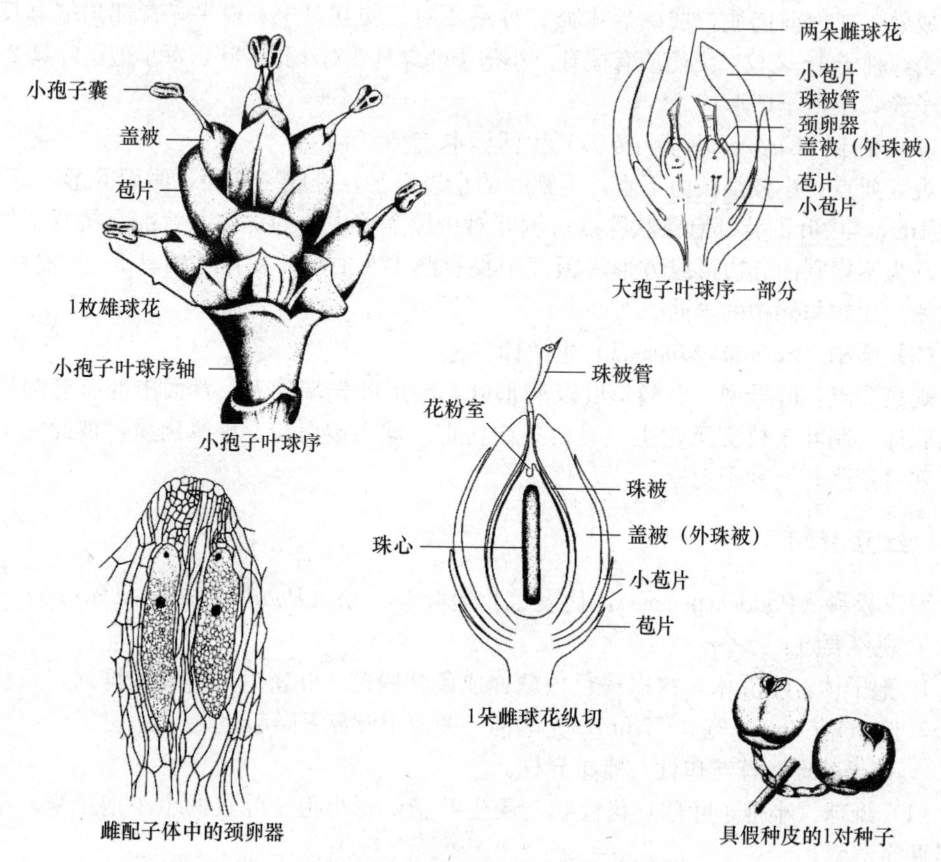

图 20-8　麻黄属的孢子叶球和种子

（自中山大学植物学教研室教学图库，李佩瑜重绘）

（3）种子成熟后基部的小苞片增厚成肉质，红色或橘红色，盖被发展成假种皮，胚乳肉质或粉质，子叶 2，出土（图 20-8）。

2. 买麻藤科（Gnetaceae）：代表植物小叶买麻藤（*Gnetum parvifolia*）（图 20-9）。

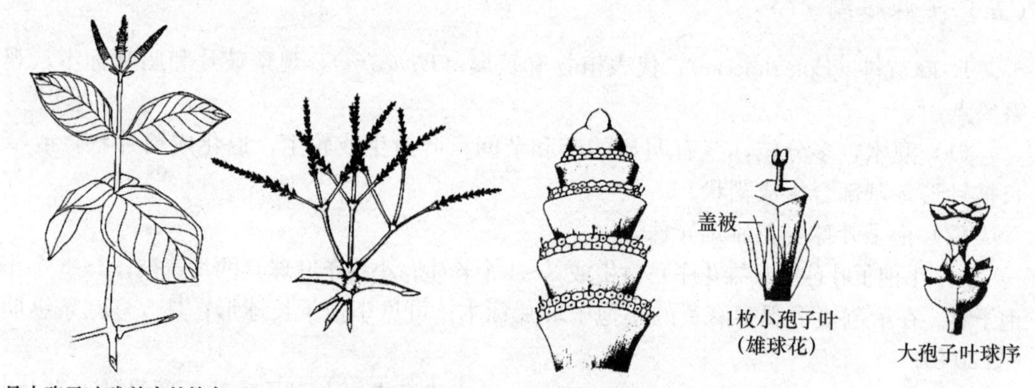

图 20-9　买麻藤属的孢子叶球序及雄球花

（自中山大学植物学教研室教学图库，李佩瑜重绘）

观察要点：

(1) 孢子体：大型木质藤本，茎具膨大的节。叶对生，革质，具椭圆形的叶片及羽状网脉。

(2) 孢子叶球：花单性，同株或异株；雄花序由多数轮生的雄花（小孢子叶球）组成，呈宝塔状；雌花序由轮生的雌花（大孢子叶球）组成，较松散。

(3) 种子：种子核果状，长 1.5～2cm，径约 1cm，包于红色或橘红色肉质假种皮中，胚乳丰富。

在显微镜下观察：

小叶买麻藤雄花序的纵切面玻片标本，可见下部数轮的苞片内具多数轮生的小孢子叶球，每个小孢子叶球外有管状的盖被，其内的小孢子叶具 1～4 个小孢子囊，囊内有许多球形的小孢子；小孢子叶球序上部的 1 轮常具不育的胚珠。

小叶买麻藤雌花序和胚珠的纵切玻片标本，可见每个大孢子叶球外有两层盖被，外盖被极厚，内盖被（又称外珠被）稍薄，其内的珠被顶端延长成珠孔管，珠心卵形。

观察小叶买麻藤茎木质部的离析标本，可见次生木质部由管胞和导管组成，管胞有圆形的具缘纹孔，导管两端具单穿孔。

四、作业

1. 绘苏铁属 1 种的 1 枚大孢子叶，示胚珠或种子的形态及着生位置；绘苏铁属 1 种的 1 枚小孢子叶，示部分孢子囊群形态。

2. 绘银杏种子纵剖面图及 1 朵雌花，并注明各部分名称。

3. 绘马尾松 1 珠鳞的背腹面观，示胚珠着生的位置。

4. 绘 1 个成熟的松属花粉粒，注明各部分的名称。

5. 绘柏木 1 珠鳞的背腹面观，示胚珠着生的位置。

6. 绘小叶罗汉松 1 枚成熟的种子和种托，注意大孢子叶球及球序。

7. 观察玻片材料绘麻黄胚珠纵切面简图，注明各部分的名称。

五、思考题

1. “裸子植物”的种子构造有何主要特征？种子植物与孢子植物的最大区别是什么？

2. 苏铁和银杏的雌、雄生殖器官在结构上有何异同？（从受精过程看）

3. “白果”是果实还是种子？为什么？

4. 苏铁纲和银杏纲在裸子植物系统演化过程中有亲缘关系吗？它们和蕨类植物有联系吗？

5. 图解松属生活史，并说明松属种子各部分结构及其来源。

6. 说明“裸子植物”的胚乳来源。剖开裸子植物的种子，但有时无胚的存在，为什么？

7. 买麻藤纲盖被从何而来？分子系统学表明它是和被子植物一样同属于“生花植

物 anthophyta”，你同意吗？

8. 苔藓、蕨类、裸子植物的世代交替现象有什么异同？

9. 裸子植物各纲雌雄配子体发育上的共同点与分异点在哪里？

10. 试述马尾松或油松的传粉生物学。

11. 苏铁是否存在虫媒传粉？

实验二十一　双子叶植物离瓣花类（一）：胡桃科、杨柳科、壳斗科、桑科、石竹科、木兰科、樟科

一、实验目的和要求

（1）认识胡桃目（Juglandales）、杨柳目（Salicales）、山毛榉目（Fagales）和荨麻目（Urticales）具有柔荑花序类群的分类特征。

（2）掌握中央子目（Centrospermae）石竹科（Caryophyllaceae）的花果结构特征。

（3）了解多心皮类木本类群木兰科（Magnoliaceae）、樟科（Lauraceae）的原始特征，它们在现存被子植物系统发育中的意义。

二、实验材料

（1）胡桃（核桃）（*Juglans regia* L.）。

（2）银白杨（*Populus alba* L.）。

（3）垂柳（*Salix babylonica* L.）。

（4）板栗（*Castanea mollissima* Bl.）。

（5）栓皮栎（*Quercus variabilis* Bl.）。

（6）对叶榕（*Ficus hispida* L. f.）。

（7）构树（*Broussonetia papyrifera*（L.）Vent.）。

（8）桑树（*Morus alba* L.）。

（9）石竹（*Dianthus chinensis* L.）。

（10）繁缕（*Stellaria media* Cyr.）。

（11）白兰（*Michelia alba* DC.）。

（12）荷花玉兰（*Magnolia grandiflora* L.）。

（13）含笑（*Michelia figo*（Lour.）Spreng.）。

（14）鹅掌楸（*Liriodendron chinense* Sarg.）。

（15）阴香（*Cinnamomum burmanni* Bl.）。

（16）樟（*C. camphora*（L.）Presl.）。

（17）潺槁（*Litsea glutinosa* C. B. Rob.）。

（18）无根藤（*Cassytha filiformis* L.）。

（19）待检植物 1～2 种。

三、实验观察

（一）胡桃科（Juglandaceae）

胡桃（*Juglans regia*）花果生活标本或浸制标本

乔木，枝干髓部片状。奇数羽状复叶，揉之有香气，小叶 5～11，小叶脉腋生簇毛。花单性同株，雄花排成下垂的长 5～10cm 柔荑花序。花有短梗，苞片、小苞片及花被片外面均被腺毛；苞片 1 枚，小苞片 2 枚，分离，位于花柄上端两侧；花被（单被）3 枚，分离，贴生于花托，其中 1 枚着生于近轴方向，与苞片相对生；雄蕊 6～30 枚，插生于扁平而宽阔的花托上，几无花丝，花药黄色无毛？雌花 1～4 排成直立的穗状花序，无梗，苞片与 2 枚小苞片合成一壶状总苞并且贴生于子房，花后随子房增大，总苞外面有短腺毛，花被（单被）4 枚，高出于总苞，前后 2 枚在外，两侧 2 枚在内，下部联合并贴生于子房；子房下位无毛，由 2 心皮组成，柱头 2，浅绿色，内面为柱头面。果序直立或俯垂。果为假核果，球形，外果皮为苞片和小苞片形成的总苞与花被发育而成，未成熟时肉质，不开裂，完全成熟时常不规则裂开，内果皮（核壳）骨质，不裂，由于内果皮基部隔膜的侵入果成不完全 2～4 室；果核稍具皱曲，有 2 纵棱，顶端短尖；隔膜略厚，内里无空隙，内果皮壁内具不规则的空隙或无空隙而仅具皱曲。种子 1，完全充满果室，种皮膜质，不易剥离，无胚乳；胚根向上，子叶肥大，肉质，富含脂肪，常成 2 裂，表面似脑纹状皱曲；胚芽小，常被盾状着生的腺体。

（二）杨柳科（Salicaceae）

1. 银白杨（*Populus alba*）：落叶乔木，树皮灰白平滑，鳞芽苞 1 至多数。单叶互生，萌生枝和长枝叶卵圆形，掌状 3～5 裂，初时两面被白绒毛，后上面脱落，下面宿存；短枝上叶较小，上面光裸，下面被白绒毛，叶柄均较叶片短。花单性，雌雄异株。花被缺如。分别取银白杨的雌、雄花序观察：柔荑花序，花序轴有毛，花生于苞片与花序轴之间，苞片脱落或宿存，边缘有不规则齿和长毛，基部具杯状花盘。雄花序长 3～6cm，常先于叶开放，雄花有短花梗，花盘宽椭圆形，歪斜；雄蕊 8～10，花丝细长，花药紫红色。雌花序长 5～10cm，雌花子房有短柄，由 2～4（5）心皮组成，侧膜胎座，胚珠多数；花柱不明显或很长，柱头 2 裂，有淡黄色长裂片。取银白杨果实观察：蒴果无毛，细圆锥形，2 瓣裂。种子多数，种皮薄，胚直立，无胚乳或有少量胚乳，种子基部有多数白色丝状长毛。

2. 垂柳（*Salix babylonica*）：中等落叶乔木，树皮灰黑，不规则开裂。枝细柔软下垂，无毛，无顶芽，侧芽芽鳞仅 1 枚。单叶互生，条状披针形，托叶有锯齿，早落。花单性雌雄异株，排成直立或斜展的柔荑花序，花序轴有毛，花常先叶开放；苞片常宿存；花无花被。分别取雌雄花序观察：雄花序长 1.5～3cm，有短花序梗；雄花苞片披针形，全缘，外面有毛，具背、腹腺体各 1；雄蕊 2，花丝与苞片等长或过之，基部有长柔毛；花药黄色。雌花序长 2～5cm，花序梗基部有 3～4 小叶；雌花苞片 1，披针形，外面有毛，背部有腺体 1；子房具柄，由 2 心皮组成，无毛或下部略有毛，侧膜胎座，胚珠多数；花柱短，柱头 2～4 裂。取垂柳果实观察：蒴果黄绿褐色，2 瓣裂，种子小，胚直立，无胚乳或有少量胚乳，基部围以多数白色丝状长毛。

（三）壳斗科（Fagaceae）

1. 板栗（*Castanea mollissima*）：观察板栗腊叶标本或生活具花序或果序标本：落叶乔木，树皮灰黑色，粗糙，纵裂；小枝灰褐色。托叶长圆形，被疏长毛及腺鳞。叶长大，椭圆形至长圆形，叶基常因一侧偏斜而不对称，叶下面被星芒状伏贴绒毛，后变无毛，叶缘有锐齿，侧脉直通齿尖。花单性同株或为混合花序时，雄花位于花序轴的上部，雌花位于花序轴下部。雄花排成直立的柔荑花序，花被 5～6 裂，1～3 朵簇生于花序轴，每簇有苞片 3 枚；雄花中央有被长绒毛的不育雌蕊，雄蕊 10～12，花丝细长，花药细小，2 室，背着药；雌花排成二歧聚伞花序，总苞（壳斗）完全封闭，外面密生锐利的长针状刺，雌花 1 朵至多朵，子房被微毛，6～9 室，每室有 2 枚顶生胚珠，最后仅 1 室 1 胚珠发育，花柱 6～9 枚，柱头与花柱等粗，细点状。果实成熟时，壳斗 4 瓣开裂，内有 1～6 枚坚果，其果皮革质，不裂。种子 1 枚，种皮红棕色至暗褐色，被伏贴的丝光质毛，不育胚珠位于种皮的顶部，子叶半球形或平凸，富含淀粉质和糖，萌发时留土。

2. 栓皮栎（*Quercus variabilis*）：观察栓皮栎的腊叶标本和生活具花序或果序标本：落叶乔木，树皮黑褐色，深纵裂，木栓层发达。小枝浅棕色，具鳞芽。托叶常早落。叶卵状披针形或长椭圆形，下面密被灰白色星状绒毛，叶缘具刺芒状锯齿，侧脉直通齿尖；叶柄无毛。花单性雌雄同株。雄花序为下垂的柔荑花序，长达 14cm，花序轴密被褐色绒毛，雄花散生或数朵簇生于花序轴上；花被杯形，4～6 裂，雄蕊 10 枚或更多，花丝细长，花药 2 室，纵裂，退化雌蕊细小。雌花序于新生枝条的顶端，雌花单生、簇生或排成穗状，生于总苞内，花被 5～6 深裂，有时具细小退化雄蕊，子房 3 室，每室胚珠 2；花柱 3 条，柱头侧生带状或顶生头状。总苞（壳斗）杯状，总苞包着坚果的 2/3，总苞片钻形，被短毛，覆瓦状排列，向外反曲。每一总苞内具有坚果 1，坚果顶端有突起柱座，底部有圆形果脐。不育胚珠位于种皮基部。种子近球形或广卵形，子叶半球形，具丰富淀粉，萌发时留土。

（四）桑科（Moraceae）

1. 对叶榕（*Ficus hispida*）

（1）植物体：小乔木，具乳汁。叶大，对生（桑科叶多互生），粗糙，被粗毛，边缘具粗锯齿。托叶 2，包着顶芽，脱落后留有托叶环痕，但在叶柄内不留下托叶压痕；在无叶的果枝上托叶常 4 枚交互对生。隐头花序着生在老干或老干生出的花枝上，肉质，表面有刺毛；花单性，雌雄异株。隐头花序扁圆或陀螺状，顶端具总苞片多枚。用刀片纵剖花序，可观察各类花的结构。

（2）花（图 21-1）

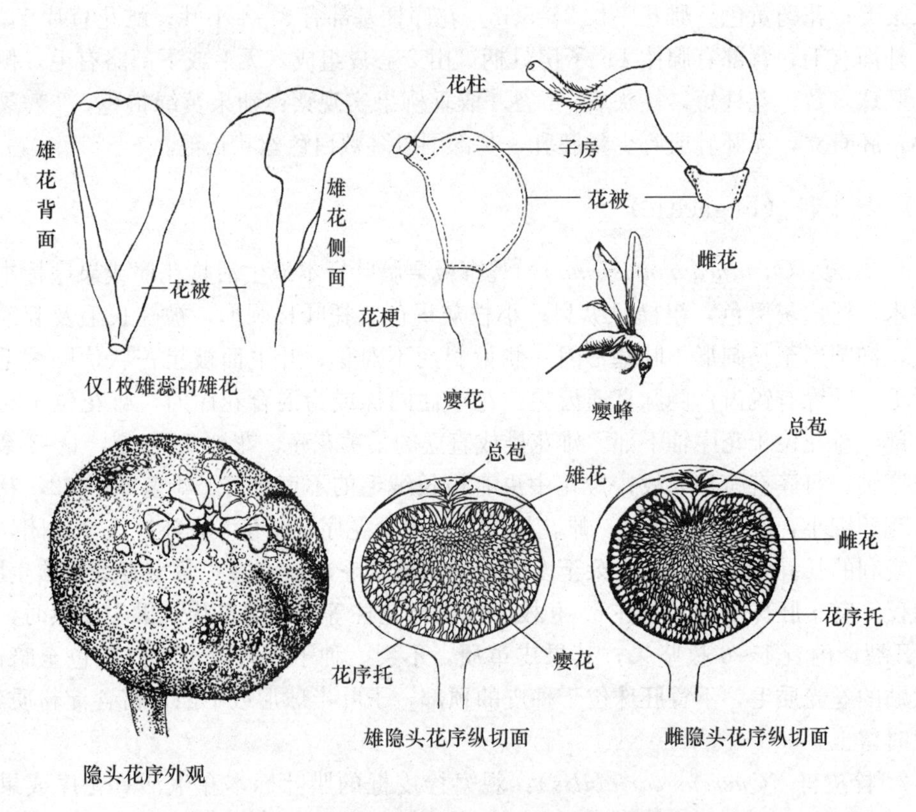

图 21-1　桑科对叶榕隐头花序及其单性花

（雄花原图由叶创兴、陈素芳绘，刘运笑重摹，其余均由刘运笑绘）

1）雄花序：同一花序内有雄花和瘿花，雄花集中在花序内侧上方近口部处，用镊子夹取 1 朵至数朵置于载玻片上在解剖镜下观察，每一雄花仅具 1 具粗短花丝的雄蕊，外有 1 枚全包的花被片，花药 2 室初时直立，花被片盖过花药顶部，随着雄蕊成熟，花药下倾，花被片被顶裂下移，花药的颜色也由浅绿变成黄色；瘿花为退化雌花，分布于花序内侧雄花以下的部分，仅具 1 雌蕊，花被 1，囊状，全部包至退化雌蕊花柱基部，子房上位，具短的略呈喇叭状的花柱。瘿花专门提供场所给瘿蜂产卵，不结实。

2）雌花序：雌花布满整个花序内侧。花被退化，浅杯状，环围于子房基部，子房上位，1 室，胚珠 1 枚，花柱长，上部有毛。

（3）果实：为小坚果，果皮坚硬，内含 1 枚种子。

无花果属的其他种类：榕树（*Ficus microcarpa* L.）、垂叶榕（*F. benjamina* L.）、高山榕（*F. altissima* Bl.）、枕果榕（*F. drupacea* Thunb.）、大叶榕（*F. lacor* Hmilton.）、斜叶榕（*F. gibbosa* Bl.）、梨果榕（*F. pyriformis* Look. et Arn.）、印度橡胶（*F. elastica* Roxb.）、无花果（*F. carica* L.）等，均具有类似于对叶榕的隐头花序。

2. 桑（*Morus alba*）（图 21-2）：乔木或灌木，茎皮富纤维，有乳汁。叶互生，全缘，或稀 3 裂，边缘具锯齿，掌状脉，托叶早落。花单性，同株或异株，无花瓣，雌雄花序均排成单生的穗状花序；雄花，花被片 4，覆瓦状排列，雄蕊 4，中央有不育雄蕊，与萼片对生，花丝在蕾时内折，退化雌蕊陀螺状；雌花，花被片 4，覆瓦状排列，果时宿存增大而肉质；子房小，内藏，无柄，1 室，无花柱或花柱极短，柱头 2 裂，宿存。聚花瘦果称桑椹，外果皮肉质，内果皮硬壳质，种子近球形，种皮膜质，胚内弯，胚乳丰富。

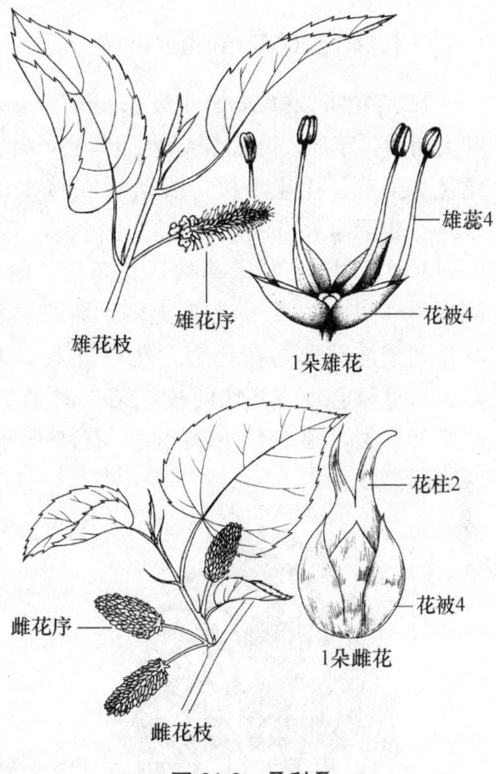

图 21-2　桑科桑

（自中山大学植物学教研室教学图库，李佩瑜重绘）

3. 构树（*Broussonetia papyrifera*）：落叶乔木，枝叶树皮有乳汁，树皮灰黑色。叶互生，边缘有粗齿，托叶 2，大；幼树或萌生枝常见分裂成图案式的异型叶；基出脉 3。花单性异株，雄花排成下垂的柔荑花序，粗壮，长 3～8cm，苞片窄披针状线形，有毛，花被片 4 裂，下部联合，裂片三角形有毛；雄蕊 4，与花被裂片对生，花丝在芽时内折，花药球形，雄花内有细小的退化雌蕊；雌花排成具短总花梗浑圆的头状花序，苞片呈略扁的棍棒状，宿存，花被管状，膜质半透明，上部与花柱紧贴，顶端 4 裂；子房卵球形，具柄，半下位，1 室，具倒生胚珠 1，于子房室顶悬垂；花柱侧生，线形，柱头线状被毛。聚花瘦果圆球形，成熟时橙红色，肉质略显透明，可现种子，甜香；瘦果具与之等长的花梗，表面有小瘤，龙骨双层，外果皮壳质。

（五）石竹科（Caryophyllaceae）

1. 石竹（*Dianthus chinensis*）：1 年生或多年生草本，茎节膨大。叶对生，线形或披针形，基部常渐狭成短鞘状抱围茎节。花各色，单生或排成圆锥花序式的聚伞花序；萼合生，管状，先端 5 齿裂，具 7～11 条直达齿端的脉，基部围有覆瓦状排列苞片 4～6；花瓣 5，边缘有不整齐齿裂，喉部有深色斑纹和疏生须毛，基部具长爪；雄蕊 10 枚，贴生子房基部；雌蕊由 2 心皮组成，花柱 2，丝状，子房上位，1 室，特立中央胎座，胚珠多数。蒴果圆柱形或卵形，顶端 4～5 齿裂或瓣裂。种子卵形，有狭翅，胚直，具胚乳。

2. 繁缕（*Stellaria media*）：直立或平卧的 1 年生草本，茎柔弱，基部多分枝，茎上有 1 行短柔毛，叶对生，卵形。花单生叶腋或组成顶生、疏散的聚伞花序。萼片 5，被毛，花瓣 5，白色，比萼片短，2 深裂；雄蕊 10 枚，具花盘或腺体，雌蕊由 3～4 心皮组成，花柱 3～4 枚，子房上位，1 室或很少 3 室，特立中央胎座，胚珠多数，蒴果卵形，常顶端 6 裂；种子圆形，黑褐色。

（六）木兰科（Magnoliaceae）

1. 荷花玉兰（*Magnolia grandiflora*）：生活标本：常绿乔木，枝叶树皮有香气。叶大而厚，革质，叶面深绿色而光亮，叶背被锈色短绒毛，叶全缘，叶柄粗壮，初时有锈色短柔毛，托叶1枚，脱落后在枝上留下环状托叶痕，在叶柄腹面无压痕。花大，顶生，花蕾时外有浅灰绿色苞片包裹，开花时极芳香，花径15～20cm，白色，花被片9～15枚，同型；雄蕊多数，花药长，由4花粉囊组成，内向开裂，花丝短，紫色，药隔突出（图21-3）；雌蕊群无柄，雌蕊群着生的花托密被长绒毛，离生心皮多数，螺旋状排列于椭球形的花托上，花柱外弯，无毛（图21-3）。用解剖针挑开离生雌蕊的子房，可见每心皮有胚珠两枚，结果时多少合生成1球果状。聚合蓇葖果卵圆形，蓇葖果室背开裂，顶端有外弯的喙，有种子两颗，悬垂于丝状的种柄上，种皮红色，胚小，胚乳嚼烂状。

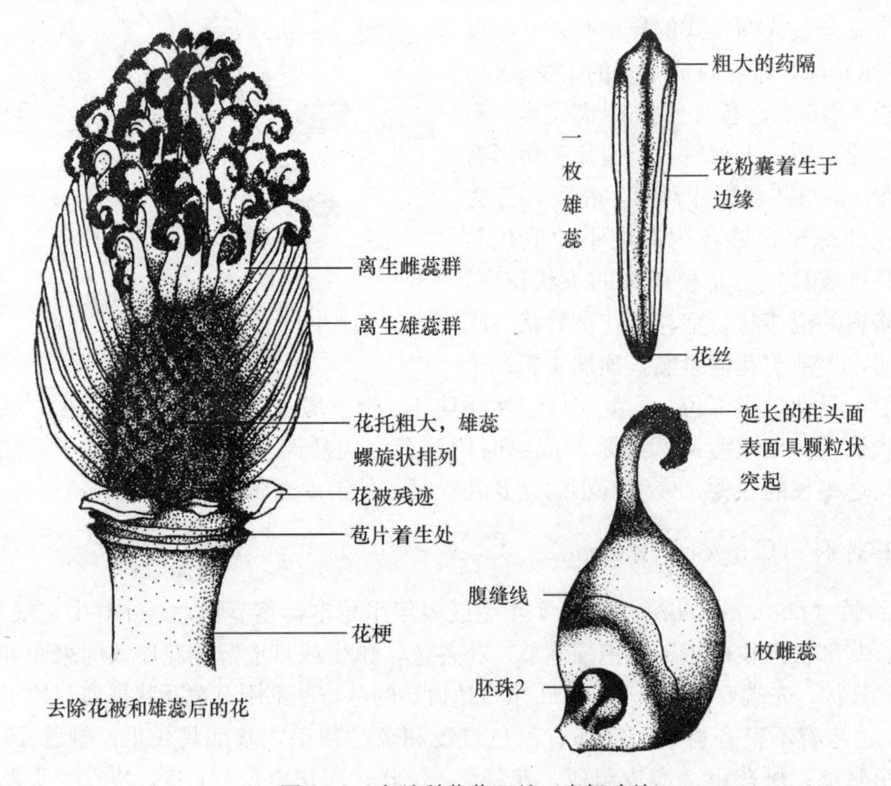

图21-3　木兰科荷花玉兰（李佩瑜绘）

2. 白兰（*Michelia alba*）：常绿乔木，幼枝及芽密生淡黄白色微柔毛。叶互生，薄革质，有香气；托叶大，包被幼芽，早落，脱落后在节上留下环状托叶痕，在叶柄腹面留下压痕。花单生叶腋；每朵花外有1枚大型的苞片包被，剥去苞片，花被同型，通常10枚以上，排成多轮，每轮3～4枚，芽时，覆瓦状排列；剥去花被，可见雄蕊多数，螺旋状排列于花托延伸的中轴基部。取下1枚雄蕊，用放大镜观察，可见雄蕊花丝极短，花药长，2室，4花粉囊，边缘着生，药隔顶端伸出（图21-4）；雌蕊群由多数心皮组成，彼此分离，螺旋状着生于花托延伸的中轴上部，雌蕊群下面具有长约

4mm 的雌蕊群柄（心皮群柄）。摄取 1 枚心皮，纵向沿背缝线挑开子房，可见腹缝线上着生胚珠 8～12 枚（图 21-4）。

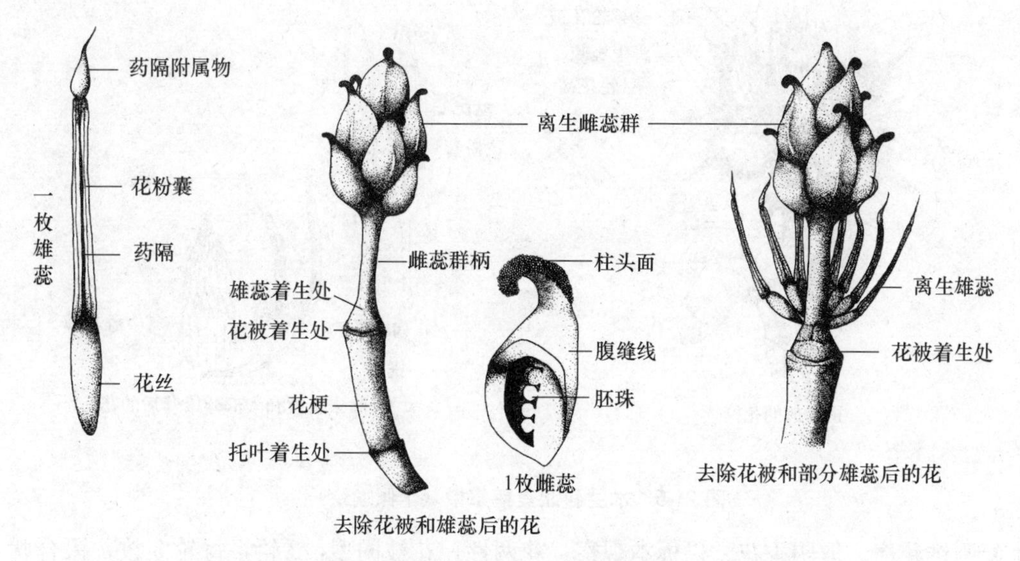

图 21-4　木兰科白兰（李佩瑜绘）

白兰的花粉形态：制花粉水藏玻片，在显微镜下观察，可见花粉粒舟状，表面纹饰平滑具单沟萌发孔。

白兰木材切片：以制好的白兰木材玻片在显微镜下观察。观察要点：白兰，导管分子主要为单个星散，管口卵形、圆形、略呈多角形；梯纹、螺纹加厚，端壁倾斜，横闩多数；木薄壁组织少，傍管轮界型，木射线异型。并与裸子植物比较。

3. 含笑（*Michelia figo*）：果实（示范）：每个心皮各自形成 1 个蓇葖果，成熟时背缝线裂开，蓇葖果聚合在一起称为“聚合蓇葖果”。种皮红色。

4. 鹅掌楸（*Liriodendron chinense*）：腊叶或生活标本：落叶大乔木，叶互生，顶端截形，两侧各有 1 裂片（北美鹅掌楸为 1～2 裂片，有时 3～4 裂片），似马褂状，背面带白粉，叶柄长 5～10cm 或更长；托叶两枚，芽时贴合为 1 将芽包于内，随着芽伸长，托叶也随之伸长分离，位于叶柄基部两侧，与叶柄分离，最后脱落。花单生枝顶，花杯状，花被片 9，排成 3 轮，近等大，外轮绿色，萼片状，向外弯折，内面两轮浅黄绿色，直立，花瓣状，卵形，长 4～6cm，有黄色纵条纹（北美鹅掌楸近基部有一不规则的橙红晕块）。雄蕊多数，花丝短，花药长、外向纵裂，药隔伸出短的附属体。雌蕊群多数，离生，胚珠 2，果为具翅小坚果组成的聚合果，脱落，种皮附着于内果皮上（图 21-5）。

（七）樟科（Lauraceae）

1. 樟属（*Cinnamomum*）

（1）阴香（*C. burmanni*）

常绿乔木，枝叶树皮有樟脑油香气，树皮灰黑色，略光滑。单叶互生，革质，全缘，离基三出脉，背面脉腋无腺体。花黄绿色，有香气，排成二歧聚伞花序再组成顶

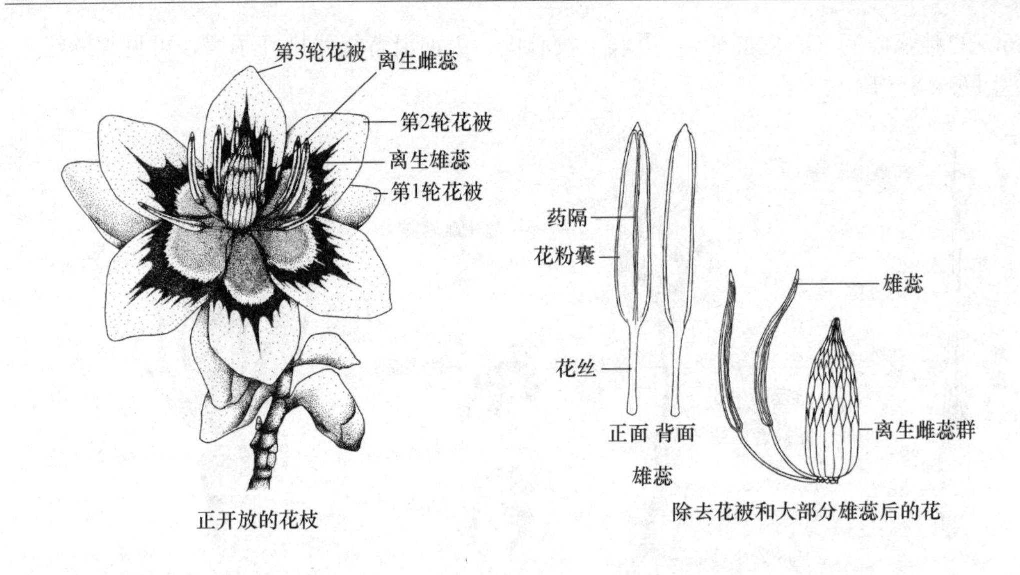

图 21-5 木兰科北美鹅掌楸（李佩瑜绘）

生复圆锥花序。取阴香花、果标本观察：花两性，花被同型，2 轮，每轮 3 枚，镊合状排列；雄蕊 4 轮，花丝与花药背面均被微毛，每轮 3 枚，第 1 轮雄蕊与第 2 轮花被互生，花药内向，第 2 轮雄蕊与第 1 轮雄蕊互生，花药也内向，第 3 轮雄蕊与第二轮雄蕊互生，花药外向，花丝基部有 2 腺体，第 4 轮为退化雄蕊，箭矢状；雌蕊由 3 心皮组成，子房上位，略有微柔毛，仅 1 室发育，具 1 倒生室顶悬垂胚珠，柱头 3 裂。核果肉质，长卵球形，初时深绿色，熟时黑色，被丝托果时略增大，上端可见 6（?）齿裂。种子 1。

观察时用解剖针拨动花被，凡与第 1 轮花被相对的，为第 1 轮雄蕊，与第 2 轮花被相对的，为第 2 轮雄蕊；拨开第 1、2 轮雄蕊，便见第 3 轮雄蕊，注意花药的内、外向及花丝基部的有关腺体。取下 1 枚发育雄蕊，用放大镜观察花药，可见每个花药是由 4 个排成两列的花粉囊组成，其开裂方式为瓣裂（图 21-6）。阴香果实观察：核果，其下半部为宿存、稍肥厚的被丝托所包围。

（2）樟（*C. camphora*）

常绿大乔木，全株均有香气，木材可蒸馏樟脑，树皮黄褐色，粗糙，有不规则条纹，具鳞芽。叶互生，薄革质，基三出脉，背面脉腋有隆起的腺体，全缘，有时浅波状弯曲。花由二歧聚伞花序组成顶生复圆锥花序。取樟花、果标本观察：花两性，花被同型，2 轮，每轮 3 枚，镊合状排列；雄蕊 4 轮，花丝均被短柔毛，每轮 3 枚，第 1 轮雄蕊与第 2 轮花被互生，花药内向，第 2 轮雄蕊与第 1 轮雄蕊互生，花药也内向，第 3 轮雄蕊与第二轮雄蕊互生，花药外向，花丝基部有 2 腺体，第 4 轮为箭矢状退化雄蕊；雌蕊由 3 心皮组成，子房上位，无毛，1 室，具 1 倒生室顶悬垂的胚珠，柱头 3 裂。核果近球形，被丝托果后略增大，高约 5mm，上端平。种子 1。

2. 潺槁（*Litsea glutinosa*）：注意花单性，雌雄异株，组成腋生的伞形花序，每花序基部有总苞 4 枚；雄花常具发育雄蕊 15 枚或更多，花丝长，有短毛，花药 4 室，全部内向；第 3 轮雄蕊花丝基部有 2 枚腺体，腺体有长柄，柄有毛。退化雄蕊椭球形，

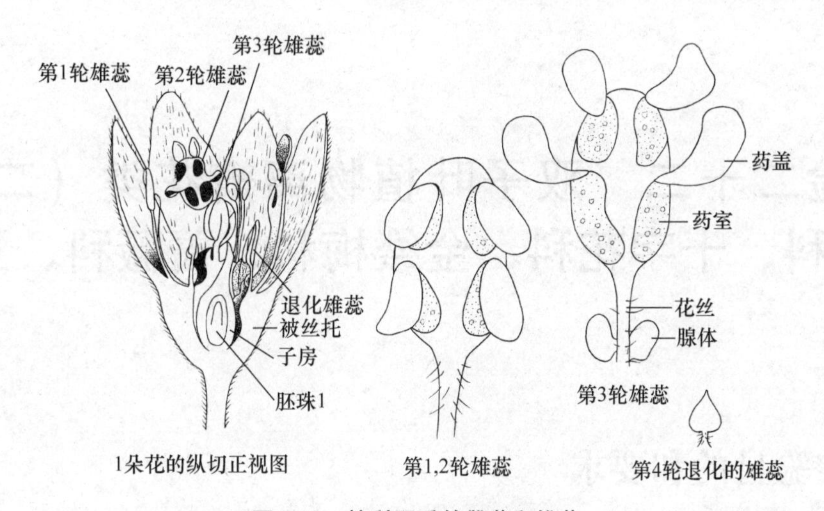

图 21-6　樟科阴香的雌蕊和雄蕊

（自中山大学植物学教研室教学图库，李佩瑜重绘）

有毛。雌花中子房近于圆形，花柱粗大，柱头漏斗形；退化雄蕊与雄花雄蕊同数，有毛。果球形，果梗上端被丝托略增大。

3. 无根藤（*Cassytha filiformis*）：注意其植物体形态：缠绕状草质寄生性藤本，多黏质，借盘状吸根吸附于寄主上。茎线形，分枝，绿色或褐色。叶退化成极小的鳞片状。花白色，无柄，长不及 2mm，疏花穗状花序，花被小，外面 3 枚较小，内面 3 枚较大，有睫毛；雄蕊 9 枚，排成 3 轮，最内 1 轮的基部有腺体，花药 2 室，外面 2 轮花药内向，最内 1 轮花药外向；退化雄蕊 3 枚。浆果球形，肉质。

四、作业

1. 绘对叶榕雄花、瘿花和雌花的外形图。
2. 绘石竹的特立中央胎座及 1 枚花瓣。
3. 写出白兰的花公式并绘 1 枚心皮的纵切面。
4. 绘阴香的花图式，并写出花公式。
5. 总结各科的主要识别特征并写出实验中各科植物的检索表。

五、思考题

1. 试分析杨属和柳属植物花的结构在适应传粉方面的结构特征。
2. 壳斗科的果实有何特点？
3. 特立中央胎座是如何形成的？
4. 何谓柔荑花序？试归纳具有柔荑花序类植物类群的特征。
5. 何谓隐头花序？各种花是如何排列的？雌花与雄花是在同一花序吗？
6. 木本多心皮类木兰科与樟科在花果的结构上如何体现出进化的趋势？比较“柔荑花序类与多心皮类”在花果结构上的差别。

实验二十二　双子叶植物离瓣花类（二）：毛茛科、十字花科、金缕梅科、蔷薇科、豆科

一、实验目的和要求

（1）掌握多心皮类毛茛目（Ranales）毛茛科（Ranunculaceae）的植物形态及花果结构的特点。

（2）掌握罂粟目（Papaverales）十字花科（Cruciferae）花的形态结构特点。

（3）掌握蔷薇目（Rosales）金缕梅科（Hamamelidaceae）、蔷薇科（Rosaceae）和豆科(Leguminosae)的分类特征及科以下分群的依据。

二、实验材料

（1）自扣草（*Ranunculus cantoniensis* DC.）。

（2）石龙芮（*R. sceleratus* L.）。

（3）威灵仙（*Clematis chinensis* Osbeck）。

（4）翠雀（*Delphinium grandiflorum* L.）。

（5）乌头属（*Aconitum* sp.）。

（6）芸薹属（*Brassica* sp.）。

（7）油菜（*B. campestris* L.）。

（8）菜心（*B. chinensis* aff. *parachinensis* Bailey）。

（9）荠菜（*Capsella bursa-pastoris* Medic.）。

（10）遏兰菜（*Thlaspi arvense* L.）。

（11）枫香（*Liquidambar formosana* Hance）。

（12）麻叶绣线菊（*Spiraea cantoniensis* Lour.）。

（13）华北珍珠梅（*Sorbaria kirilowii*（Regel）Maxim.）。

（14）茅莓（*Rubus parvifolius* L.）。

（15）草莓（*Fragaria* × *ananassa* Duch.）。

（16）蛇莓（*Duchenea indica* Focke）。

（17）月季（*Rosa chinensis* Jacq.）。

（18）金樱子（*R. laevigata* Michx.）。

（19）豆梨（*Pyrus calleryana* Decne.）。
（20）桃（*Amygdatus persica* L.）。
（21）大叶合欢（*Albizzia lebbect* Benth.）。
（22）合欢（*Albizzia julibrissin* Durazz.）。
（23）银合欢（*Leucaena leucocephala*（Lam.）de Wit.）。
（24）台湾相思（*Accacia confusa* Merr.）。
（25）含羞草（*Mimosa pudica* L.）。
（26）紫荆（*Cercis chinensis* Bge.）。
（27）决明（*Cassia tora* L.）。
（28）红花羊蹄甲（*Bauhinia blakeama* Dunn.）。
（29）猪屎豆（*Crotalaria mucronata* Desv.）。
（30）水黄皮（*Pongamia pinnata* Merr.）。
（31）槐（*Sophora japonica* L.）。
（32）洋槐（*Robinia pseudoacacia* L.）。
（33）豌豆（*Pisum sativum* L.）。
（34）野豌豆属（*Vicia* sp.）。
（35）豇豆（*Vigna sinensis*（L.）Savi.）。
（36）大豆（*Glycine max*（L.）Merr.）。
（37）草木樨属（*Melilotus* spp.）。
（38）车轴草属（*Trifolium* spp.）。
（39）紫藤（*Wisteria sinensis* Sweet）。
（40）待检植物1～2种。

三、实验观察

（一）毛茛科（Ranuculaceae）

1. 自扣草（*Ranunculus cantoniensis*）：1年生草本，茎直立粗壮，中空，有纵条纹，多分枝，植物体全体被淡黄白色糙毛。叶为3出复叶，基生叶与下部叶叶柄长达15cm，基部有膜质耳状宽鞘，叶片宽卵形至肾圆形，小叶2～3深裂，卵形至宽卵形，边缘密生锯齿；上部的茎生叶变小，3全裂，有短柄或无柄。花两性，辐射对称，排成聚伞花序；萼5，绿色，卵形，覆瓦状排列；瓣5，黄色，覆瓦状排列，基部狭窄成爪，蜜槽上有卵形小鳞片；雄蕊多数，向心发育，螺旋状排列于头状花托的基部，花药卵形，花丝线形；心皮多数，离生，螺旋状着生于头状的花托上，花柱腹面为柱头，每心皮具1枚胚珠，成熟时为聚合瘦果，近球形；瘦果扁平，无毛，边缘具棱，喙基部较宽，顶端弯钩状。

2. 石龙芮（*R. sceleratus*）：1年生草本，茎直立，全体无毛或被疏柔毛。基生叶与下部的茎生叶相似，叶柄长3～15cm，叶片肾圆形，基部心形，3深裂不达基部，裂片倒卵状楔形，不相等2～3裂，边缘有粗圆齿；上部的茎生叶较小，3全裂，裂片全缘，顶端钝圆，基部扩大成膜质宽鞘抱茎。花小，排成聚伞花序，两性，辐射对称，有花梗，无毛，萼5，绿色，椭圆形，外有短毛；瓣5，黄色，与萼等长或略长于萼，基部收缩成爪，蜜槽呈棱状袋穴；雄蕊超过10枚，花药卵形，花丝线状；花托在果时伸长增大呈圆柱形，有短柔毛。聚合瘦果长圆形，瘦果多数，倒卵球形，稍扁，无毛，喙短或缺如。

3. 威灵仙（*Clematis chinensis*）：腊叶标本或生活标本。草质藤本，一回羽状复叶，叶对生，圆锥花序具多数花，花辐射对称，萼片4枚，无花瓣，雄蕊及心皮多数，离生花柱羽毛状。

4. 翠雀（*Delphinium grandiflorum*）：生活标本。1年生草本，叶掌状深裂呈条形；总状花序极长，薄被小柔毛；花柄上弯，长1.5～4cm，中部或中部以下有小苞片1对；花蓝色，白色或淡紫色，左右对称，开展时直径2～4cm；萼片5枚，阔而稍钝，上面1枚具钻形上弯的长距，长约与花其他部分相等，稍被毛；花瓣5，其最上1枚花瓣的距则伸入萼距之内，其他的花瓣如存在则具短柄；其中雄蕊多数；心皮仅1枚，果为蓇葖果，被毛。

5. 乌头属（*Aconitum* sp.）：头状花序。取1朵花解剖，可看到花具花梗，有小苞片，花两侧对称，花萼5枚，分上萼1枚、下萼2枚与侧萼2枚，其中上萼特化，呈盔状。花萼为何色？在上萼中可找到2枚蜜叶，由爪、瓣片与唇3部分组成，蜜叶上有距，距在何处？蜜叶为何物？请分清蜜叶的结构。雄蕊多数，花丝有1纵脉，下部有翅。有退化雄蕊吗？心皮3～5，胚珠多数。是什么果实？种子三棱形，两面密生横向膜质翅。

（二）十字花科（Cruciferae）

1. 观察芥蓝（*Brassica alboglabra*）或菜心（*B. chinensis* aff. *parachinensis*）生活标本：菜心：叶互生，（总状花序）（穗状花序）。花（黄色）（白色），（辐射对称）（左右对称），萼裂片4枚，（镊合状排列）（复瓦状排列），萼片腹面下部有腺体；花瓣4枚，对角位置排成十字形，芽时（旋转排列）（复瓦状排列）；雄蕊6，排成2轮，（四强）（二强），外轮2枚较（长）（短），内轮4枚较（长）（短），雄蕊之间有蜜腺，花药2室；子房上位，柱头头状（或微2裂），子房由（2）（4）心皮组成，侧膜胎座，（有）（无）假隔膜将子房分为（2）（1）室，胚珠多数，着生于（胎座框）（胎座）上；果实为（长角）（短角）果。子叶（缘倚）（背倚）（对折）（图22-1）。

2. 观察油菜（*B. campestris*）生活标本：1～2年生草本。茎生叶基部心形，抱茎，有垂耳。总状花序。花黄色。在短雄蕊内侧和长雄蕊外侧之间分别有1枚蜜腺；其中2枚称侧生蜜腺，2枚称中央蜜腺。长角果，子叶对折。

3. 观察荠菜（*Capsella bursa-pastoris*）生活标本：花白色，小。短角果倒三角形；子叶背倚。

4. 遏兰菜（*Thlaspi arvense*）生活标本：短角果长圆形，具翅。子叶缘倚。取1种子观察胚的特征。

（三）金缕梅科（Hamamelidaceae）

枫香（*Liquidambar formosana*）

落叶大乔木，具树脂。枝叶有香气。叶互生，具长柄，掌状3～7裂，边缘具锯齿，托叶线形，小，早落。花单性同株，雄花排成柔荑花序，无花被，雄蕊多数，花

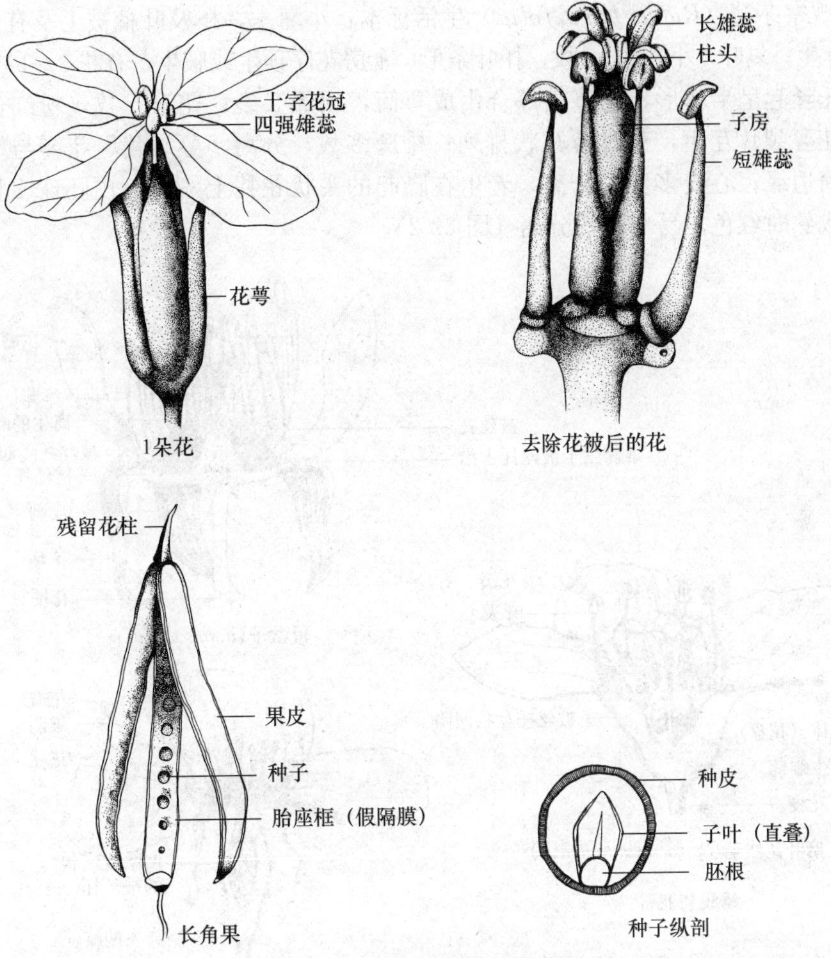

图 22-1 十字花科甘蓝的花和果

（自中山大学植物学教研室教学图库，李佩瑜重绘）

丝与花药近等长；雌花 25～40 枚，排成头状花序，无花瓣，萼齿 5，钻形，长达 8mm，花后增长。子房藏在花序轴内，半下位，中轴胎座，2 室，胚珠多数，叠生，花柱 2。头状果序圆球形，宿存萼齿及花柱针刺状，蒴果木质，室间开裂。种子多数，细小，略扁，多角形，有窄翅。

（四）蔷薇科（Rosaceae）

1. 观察麻叶绣线菊（*Spiraea cantoniensis*）生活标本及花浸制标本（图 22-2）：小灌木，单叶互生，边缘具重锯齿，无托叶。花两性，排成顶生伞房花序；花托杯状；萼片 5 枚，花瓣 5 枚，白色；雄蕊多数，着生于花托边缘；花盘肉质（由多数腺体组成）；雌蕊群常由 5 枚离生心皮组成，子房上位，每心皮胚珠 2 至多数。蓇葖果，成熟时沿腹缝线开裂。

2. 观察华北珍珠梅（*Sorbaria kirilowi*）生活标本：灌木，羽状复叶有小叶 13～21 枚。大型密集圆锥花序顶生。花小，五数花。花托萼筒浅皿状，萼裂片反折，宿存；花瓣白色；雄蕊 20 枚；离生心皮 5 枚，花柱稍侧生。聚合蓇葖果。结合亚科的特征，观察花果的具体特征。

3. 观察茅莓（*Rubus parvifolia*）生活标本：小灌木，枝及叶柄被毛及有倒生的皮刺。叶互生，复叶，小叶3～5枚，托叶条形。伞房花序顶生或腋生，有花3～10朵。花两性，花托隆起呈半球形，花萼基部合生成萼筒，顶部5裂；花瓣5枚，粉红色或紫红色，与花萼裂片互生，芽时覆瓦状排列；雄蕊多数，分离，萼裂片、花瓣与雄蕊均着生在萼筒边缘；心皮多数，分离，着生在隆起的头状花托上，每心皮胚珠1枚。聚合核果，成熟时红色，易与花托分离（图22-2）。

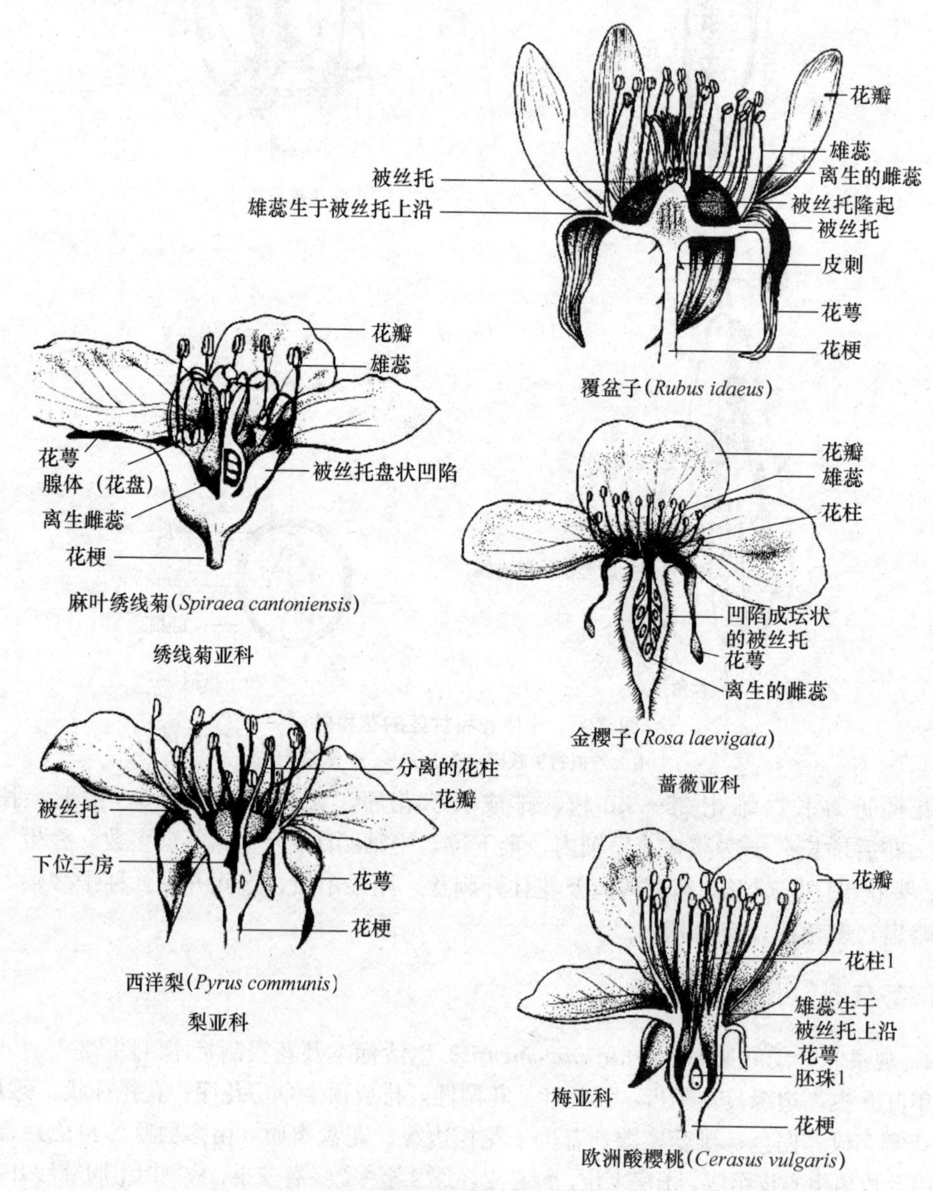

图22-2　蔷薇科四亚科花的结构图

（自中山大学植物学教研室教学图库，李佩瑜重绘）

4. 观察蛇莓（*Duchenea indica*）或草莓（*Fragaria* × *ananassa*）生活标本：蛇莓为多年生草本，具长匍匐茎；三出复叶，托叶卵状披针形，与叶柄分离。花单生叶腋，具长柄；

花托扁平，结果时膨大呈半球形，海绵质，红色；花萼细小，宿存，5裂，其外有5枚较大的副萼；花瓣5枚，黄色；雄蕊多数；心皮多数，分离，生于花托上。聚合瘦果暗红色。

草莓：多年生匍匐草本，茎密被开展黄色柔毛。三出复叶基生，基生小叶偏斜，小叶边缘具缺刻状锯齿，锯齿急尖，上面深绿色，光亮，几无毛，下面淡绿白色，有疏毛，叶柄被开展黄柔毛。花两性，聚伞花序有花5～15朵，花序下有1具短柄的叶状总苞；花两性，径1.5～2cm，白色，萼筒倒卵状圆锥形或陀螺形，萼裂片5，长于副萼片，镊合状排列，卵形，先端锐尖；副萼片5，椭圆状披针形，与萼裂片互生，全缘，稀深2裂，与萼片均宿存，但果时扩大；花瓣5，离生，椭圆形，基部收缩成不明显的爪；雄蕊约20，不等长，着生于花托基部，花丝细长，花药2室；雌蕊数极多，分离，子房上位，1胚珠，花柱自心皮腹缝线侧生，宿存。聚合瘦果肉质，大，径约3cm，花托膨大成球形或卵球形，径1.5～3cm，鲜红色，瘦果多数，尖卵形，硬壳质，光滑，成熟时陷入肉质花托内；宿存萼与副萼直立，紧贴果实。种子1，种皮薄膜质，子叶扁平。

草莓系杂交种，亲本为美洲产 *Fragaria virginiana* Duch. 与 *F. chiloensis*（L.）Ehrh. 杂交，杂种为8倍体（$2n=56$）。

5. 观察月季（*Rosa chinensis*）生活标本：多年生灌木，茎、枝有钩刺。一回羽状复叶，小叶3～5枚，少数7枚；托叶大部分与叶柄合生，边缘有腺状睫毛。花少数聚生，红色或玫瑰色，有微香；花萼合生成壶状，口部收缩，5裂，裂片卵形，羽状分裂，边缘有腺毛；花瓣常为重瓣；雄蕊多数；心皮多数，分离，生于壶形的萼筒内，子房上位，内有1枚胚珠。蔷薇果，卵圆形或梨形。

6. 观察金樱子（*R. laevigata*）：观察金樱子生活标本，并对其营养器官和繁殖器官进行描述（图22-2）。

7. 观察豆梨（*Pyrus calleryana*）生活标本及花的浸制标本：落叶乔木，有长枝、短枝之分。叶卵形，托叶2枚，早落。花在短枝上组成伞房花序，花梗细长，其上着生1枚苞片及数枚小苞片；花托杯状，花萼、花瓣、雄蕊均着生在花托边缘。萼片5枚，绿色；花瓣5枚（常因雄蕊变成花瓣状而成重瓣），白色；雄蕊约20枚，分离；心皮2～5枚，合生，并与花托、萼筒等（被丝托）愈合，子房下位，2～5室，每室胚珠1～2枚，花柱2～5，分离。梨果（图22-2）。

8. 观察桃（*Amygdatus persica*）的生活标本及浸制的花标本：落叶小乔木，叶互生，长圆状披针形，边缘有锐锯齿，叶柄或叶的下部边缘常有腺体。花单生，先叶开放，粉红色；被丝托钟状，裂片5枚；花瓣5枚（因品种不同而有重瓣者）；雄蕊多数，短于花瓣，与花瓣同着生于被丝托口部，花丝分离；子房上位由1枚心皮构成，有毛，生于被丝托基部，胚珠2枚。核果卵球形，外被绒毛，外果皮薄革质，中果皮为果肉，多汁，离核或粘核，内果皮厚骨质，是为果核，核表面具沟或皱纹，打开内果皮，始见种子（图22-2）。

（五）豆科（Leguminosae）

1. 含羞草亚科（Mimosoideae）

（1）观察大叶合欢（*Albizzia lebbeck*）生活标本：乔木，二回羽状复叶，叶柄近基部有大腺体1枚。花辐射对称，组成具长柄的头状花序，花萼钟形，5齿裂；花冠黄绿色，漏斗形，上部5裂；雄蕊多数，花丝细长，基部合生；雄蕊与子房之间具花盘，花盘几裂？子房有胚珠多颗。荚果扁平宽带状，果皮革质。

（2）观察合欢（*Albizzia julibrissin*）生活标本：乔木，二回羽状复叶，羽片4～12对，小叶10～30对，中脉紧贴上边缘，托叶条状披针形，早落。头状花序花多数，再排列成伞房状复花序。花具短花梗，淡红色，连雄蕊长25～40mm；萼与花冠外疏生短柔毛，花萼管状，长3mm；花冠长8mm，裂片三角形，长1.5mm；花丝长2.5mm。花中有无腺体？荚果条形，扁平，长宽（9～15)cm×(12～25)mm。

（3）观察银合欢（*Leucaena leucocephala*）生活标本或腊叶标本

常绿灌木或小乔木。枝具褐色皮孔。叶为二回羽状复叶，有羽片4～8对，叶轴被柔毛，在最下1对羽叶着生叶轴处有黑色腺体1；小叶5～15对，线状长圆状，长7～13mm，宽1.5～3mm，中脉偏向小叶上缘，基部不等侧。头状花序1～2腋生，径约2～3cm，总花梗长2～4cm；花白色，两性，无柄，苞片紧贴，被毛，早落；花萼长约3mm，钟状，下部连合，顶端5细齿，外面有柔毛；花瓣窄倒披针状，分离，长约5mm，背面有疏毛；雄蕊10枚，排成2轮，长约7mm，花丝常有疏毛；子房具短柄，上部有毛，柱头凹下呈杯状。荚果带状，长10～18cm，宽达2cm，顶端突尖，基部有柄，纵裂；种子6～25，卵状扁平（图22-3）。

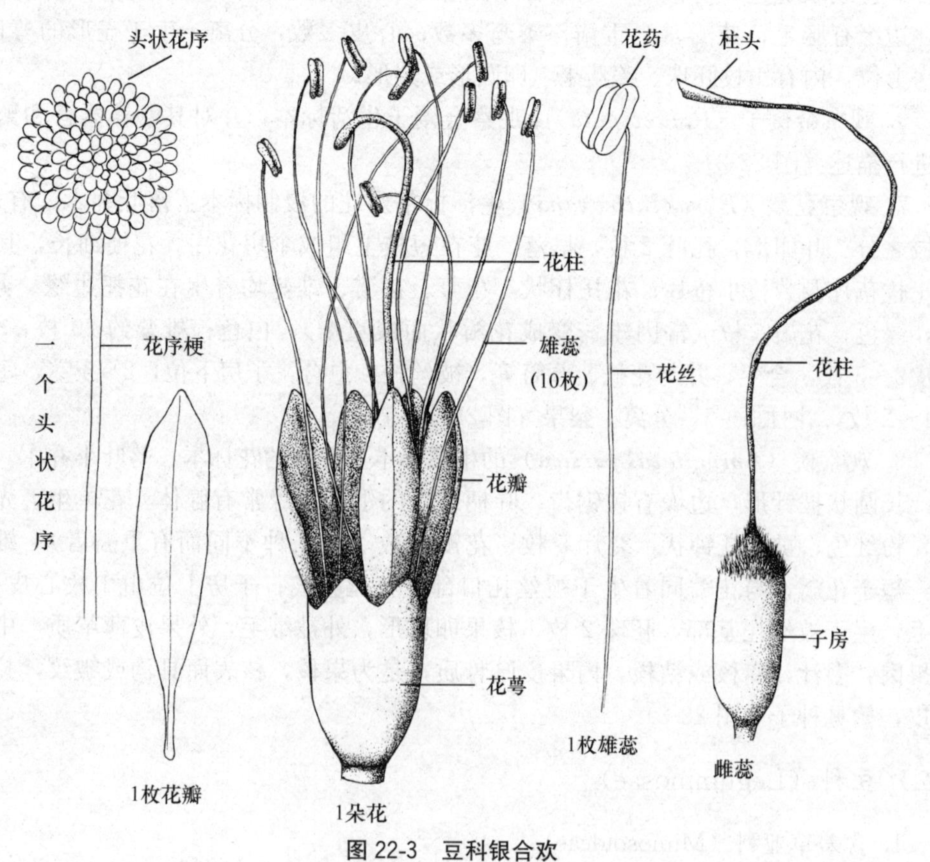

图22-3　豆科银合欢

（自中山大学植物学教研室教学图库，李佩瑜重绘）

（4）观察台湾相思（*Accacia confusa*）生活标本：乔木，枝无刺。小叶退化；叶柄呈披针形的叶片状，微呈镰形，有3～5条平行脉，革质，无毛。头状花序单生或2～3个簇生于叶腋；花黄色，有微香，萼长约为花冠之半，花冠淡绿色，长约2mm；雄蕊多数，超出花冠之外；子房有褐色柔毛，无子房柄。荚果条形，扁，种子间微缢缩，种子2～8。

（5）观察含羞草（*Mimosa pudica*）生活标本：有刺亚灌木状草本，全体披散生刺毛，托叶披针状，长5～10mm。羽片和小叶触之即闭合叶轴下垂，午后亦闭合，二回羽状复叶，羽叶常2对，指状排列于总叶轴顶端；小叶10～20对，线状长圆形，长宽8～13mm×1.5～2.5mm。圆球形头状花序具长柄，单生或2～3个生于叶腋；花小淡红色多数；苞片线形，羽状分裂；花萼极小；花冠钟状，裂片4，外有短毛；雄蕊4，伸出于花冠之外；子房有短柄，光裸；胚珠3～4，花柱丝状，柱头小。荚果长圆形，长1～2cm或过之，成熟时或弯曲，荚节脱落，荚缘波状，宿存；种子卵形。

2. 苏木亚科（Caesalpinioideae）

（1）观察红花羊蹄甲（*Bauhinia blakeama*）生活标本或浸制的花标本：乔木。伞房花序。花有柄，两性，稍呈左右对称，具苞片1枚，小苞片2枚；萼片5枚，合生成大型佛焰苞状；花瓣5枚，在芽时为上升覆瓦状排列（即处近轴端颜色最深的1片包被在最内面）；雄蕊10枚，2轮，外轮5枚发育，内轮5枚退化，花丝分离；雌蕊由1枚心皮组成，1室，胚珠多数。本种因为三倍体不结实。

（2）观察紫荆（*Cercis chinensis*）生活标本：丛生灌木或小乔木。叶纸质，近圆形，长5～10cm，长宽近相等，先端急尖，基部心形，无毛，嫩时叶柄带紫色。花紫红色或粉红色，多朵簇生于老枝和树干上，花长1～1.3cm；花梗长3～9mm；龙骨瓣基部有紫色斑纹；子房密被短柔毛，有胚珠6～7。荚果扁平，长宽（4～8）×（1～1.2）cm，荚缘有1.5mm的翅，果颈（子房柄）长2～4mm；种子阔长圆形，黑褐色，光亮。

（3）观察决明（草决明）（*Cassia tora*）生活标本：半灌木状草本；偶数羽状复叶有小叶6枚，叶轴上每对小叶之间有1个棒状腺体；小叶倒卵形至倒卵状矩圆形，长2～6cm，宽1.2～2.5cm，顶端圆钝或有小尖头，基部狭窄偏斜，幼时两面有疏长毛，具小叶柄；托叶线形，早落；花常2朵腋生，总花梗短，花梗长1～1.5cm；萼5，分离，长约8mm；花冠黄色，由5枚分离的花瓣组成，长约1.2cm，其中最下面的2枚花瓣较长；能育雄蕊7枚，顶孔开裂，花丝短于花药，可见退化雄蕊；子房无柄，被白色柔毛。荚果纤细，条形，长达15cm，径3～4mm；种子菱形，淡褐色（图22-4）。

3. 蝶形花亚科（Papilionoideae）：

（1）观察猪屎豆（*Crotalaria mucronata*）生活标本：亚灌木，茎枝具沟纹，被柔毛。叶互生，具小叶3枚，小叶近倒卵形；托叶细小，早落。花两性，左右对称，20～50朵排成总状花序，苞片细小，锥尖，早落；萼合生，裂齿三角形，与萼管近等长，被柔毛；花冠蝶形，黄色而有深色的条纹，近轴1枚最大，称旗瓣，两侧2枚为翼瓣，远轴2枚合生为龙骨瓣，这种花冠的排列方式称为下降覆瓦状排列；雄蕊10枚，结合成1束，花药2型，一种长而直立，一种短而横生；雌蕊花柱长，内侧有毛，胚珠数颗。荚果圆柱形，成熟时果皮鼓胀，种子小，摇动有响声。

（2）观察水黄皮（*Pongamia pinnata*）生活标本：乔木，全体光滑无毛。一回羽

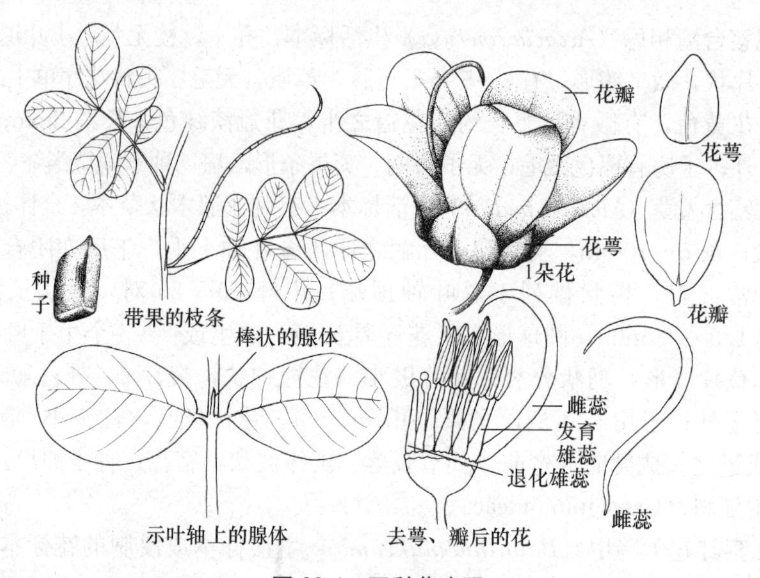

图 22-4 豆科草决明

（自中山大学植物学教研室教学图库，李佩瑜重绘）

状复叶，小叶5～7枚，近对生。总状花序生于上部叶腋内，花常2～4朵簇生状；萼钟形，萼齿极不明显；花冠白色或淡红色，旗瓣阔，圆形，基部耳形，翼瓣较小，龙骨瓣内弯；雄蕊10枚，9枚连合，近轴1枚分离；子房被锈色柔毛。荚果果皮木质，长圆形，具种子1枚。

（3）洋槐（*Robinia pseudoacacia*）生活标本：奇数羽状复叶互生，常具刺毛状或针刺状托叶；小叶对生，全缘，具小叶柄和小托叶。总状花序腋生，下垂；苞片膜质，早落；花萼钟状或杯状，5齿裂，萼齿短而宽，微呈2唇形，上方2萼齿几合生；花冠白色至粉红色；旗瓣几圆形，阔展，外卷；翼瓣弯曲，离生；龙骨瓣内弯，下面联合；雄蕊10枚，成9与1的两体，上部离生或部分离生；子房具柄，含胚珠多数，花柱向内弯曲。荚果矩圆形或条状矩圆形，扁平，腹缝线上具窄翅，2瓣开裂，含种子数枚；种子间不具隔膜。

（4）野豌豆（*Vicia* sp.）：偶数羽状复叶，托叶通常有粗齿，叶轴先端延伸成卷须；解剖1朵花，认清旗瓣、翼瓣和龙骨瓣及其连合情况，花柱圆柱形，上部周围被长柔毛，或先端外面有1束髯毛，雄蕊是二体的吗？

（5）观察大豆（*Glycine max*）、豌豆（*Pisum sativum*）（图22-5）、豇豆（*Vigna sinensis*）植物体及花果形态。

（6）草木樨属植物（*Melilotus* sp.）生活标本：1年生或两年生草本。茎直立，多分枝，有香子兰气味。羽状三出复叶，互生；托叶小，与叶柄贴生；小叶披针形、长椭圆形或倒卵形，边缘有锯齿；小叶柄短。总状花序细长而纤弱，腋生；花萼钟形，萼齿5，近等长，披针形；花冠小，黄色或白色，与雄蕊筒分离，旗瓣长圆形或倒卵形，无爪；龙骨瓣直而钝，等长或稍短于翼瓣；雄蕊10枚，成9与1的两体，花丝不扩张，宿存，花药同型；子房无柄或有柄，含胚珠少数，花柱细长，无毛，上部向内弯曲，柱头小，顶生。荚果小，直而膨胀，卵形或椭圆形，或近球形，等长于宿存的花萼，不开裂或迟开裂，含种子1～2枚；种子肾形，黄色或黄褐色，有香气。

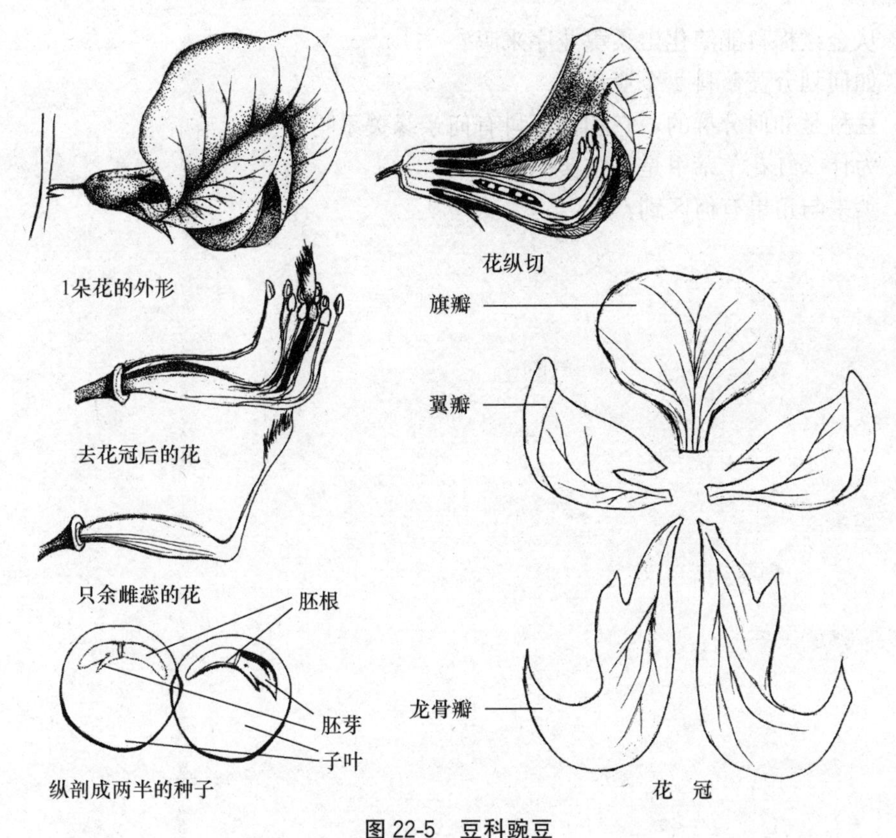

图 22-5　豆科豌豆

（自中山大学植物学教研室教学图库，李佩瑜重绘）

（7）紫藤（*Wisteria sinensis*）生活标本：奇数羽状复叶互生；托叶早落；具小托叶；小叶 7～19，互生，有柄。总状花序侧生于小枝上端，长而下垂；花萼钟状，具 5 短萼齿，上方 2 萼齿通常合生，下方的萼齿常较长；花冠白色、蓝色、青紫色至深紫色；旗瓣大，反曲，基部常有 2 胼胝质增厚；翼瓣镰形，基部有耳；龙骨瓣钝，有突尖头；雄蕊 10 枚，成 9 与 1 的两体；花柱内弯，柱头顶生，头状。荚果具柄，伸长，扁平，通常在种子间收缩，2 瓣开裂甚迟，含种子数枚；种子扁圆形。

四、作业

1. 写出自扣草的花公式和绘它的 1 枚心皮（示胚珠、花柱、柱头）。
2. 写出十字花科花公式。
3. 绘豆梨花纵剖面图。
4. 绘猪屎豆或洋槐的花图式。

五、思考题

1. 作为草本为主的多心皮类毛茛科在花果的结构体现出何种进化的特征？
2. 十字花科花部基数、排列方式应如何解释？它有哪些重要经济植物？

3. 从金缕梅科能演化出柔荑花序来吗？
4. 如何划分蔷薇科4个亚科？
5. 豆科是如何分群的，它和蔷薇科有何亲缘关系吗？
6. 为什么红花羊蹄甲是不结实的？
7. 荚果与角果有何区别？

实验二十三　双子叶植物离瓣花类（三）：大戟科、锦葵科、桃金娘科、伞形花科

一、实验目的和要求

（1）掌握牻牛儿苗目（Geraniales）大戟科（Euphorbiaceae）的杯花的结构特点。

（2）认识锦葵目（Malvales）锦葵科（Malvaceae）花的结构特征。

（3）认识桃金娘目（Myrtales）桃金娘科（Myrtaceae）花的结构特征。

（4）了解伞形目（Umbellales（Apiales））伞形花科（Umbelliferae（Apiaceae））花与花序的特化。

二、实验材料

（1）一品红（*Euphorbia pulcherrima* Willd.）。

（2）大戟（*E. pekinensis* Rupr.）。

（3）甘遂（*E. kansui* Liou ex Wang）。

（4）猩猩草（*E. heterophylla* Willd.）。

（5）蓖麻（*Ricnus communis* L.）。

（6）石栗（*Aleurites moluccana* Willd.）。

（7）乌桕（*Sapium sebiferum*（L.）Roxb.）。

（8）大红花（*Hibiscus rosa-sinensis* L.）。

（9）肖梵天花（*Urena lobata* L.）。

（10）蜀葵（*Althaea rosea*（L.）Cav.）。

（11）木槿（*Hibiscus syriacus* L.）。

（12）桃金娘（*Rhodomyrtus tomentosa*（Ait.）Hassk.）。

（13）蒲桃（*Syzygium jambos*（L.）Alston）。

（14）柠檬桉（*Eucalyptus citriodora* Hook. f.）。

（15）美叶桉（*Eucalyptus calophyllaoi* R. Br.）。

（16）胡萝卜（*Daucus carota* var. *sativa* DC.）。

（17）芫荽（*Coriandrum sativum* L.）。

（18）积雪草（*Centella asiatica*（L.）Urban.）。

（19）窃衣属（*Torilis* sp.）。

（20）柴胡属（*Bupleurum* sp.）。

（21）待检植物1～2种。

三、实验观察

（一）大戟科（Euphorbiaceae）

1. 一品红（*Euphorbia pulcherrima*）花的浸制标本：灌木，有白色乳汁；叶互生，托叶早落，开花时生于枝顶的5～7叶（称为苞叶）呈鲜红色。花序顶生，由多数杯状聚伞花序（称为杯花或大戟花序）排成聚伞花序式。每一杯花是由1朵雌花和多组雄花组成，外为5枚总苞片愈合而成的淡绿色杯状总苞所包围，总苞上部具1～2个大而呈黄色的杯状腺体。用解剖针纵向剖开总苞并使其平展，可见雌花1朵，位于中央，长而具节的花梗使其突出总苞之外，雌蕊由3个心皮合生而成，无花被，仅在子房基部可见花被退化的痕迹，花柱3枚，每枚柱头2裂，子房上位，3室，每室具胚珠1枚。雄花常分为5组，（即5个螺状聚伞花序），每组约有花20朵，镊取一组雄花放在载玻片上，用放大镜观察，每朵雄花仅具1枚雄蕊，无花被，花丝短，红色，生于花梗上，花梗与花丝间有关节，花药2室，花柄基部有两种苞片，一种无毛，较长，顶端截形；一种有毛，较短。蒴果三棱状圆形。种子卵状，无种阜。

2. 猩猩草（*E. heterophylla*）：草本，叶互生，叶形多变，常为琴状分裂或不分裂，花序下部的叶一部分或全部紫红色。大戟花序多数排成密集的伞房状；总苞钟形，宽3～4mm，顶端5裂；总苞缘具杯状腺体1～2。雌花1，具花梗，花梗上有节，花后伸长，退化花被仅留痕迹，子房3室，每室胚珠1；花柱3，离生，顶端2裂。雄花排成5个螺状聚伞花序，每花序有花多数，雄花具花梗，节上生仅具1雄蕊的雄花，花被缺如，花丝短，花药2室。雄花苞片二型，一种无毛，顶端钝；一种具羽状毛，较短。蒴果，种子具疣状突起，无种阜（图23-1）。

3. 大戟（*E. pekinensis*）的生活标本或腊叶标本：草本，根圆锥状。叶全缘，近无柄，背面略有白粉。杯状花序组成复伞形花序，总苞叶4～7，轮生，卵形或披针状卵形；伞辐4～7，苞叶2枚。杯状花序总苞坛状，顶端4裂，外缘腺体4，半圆形或肾圆形。雌花仅1枚，位于中央，花有柄，花后伸长，上有节，节上着生雌花花被退化，子房球形，3室，每室胚珠1；花柱3，分离，顶端2裂。雄花排成若干螺状聚伞花序，每花序有花多数，雄花具花梗，节上生仅具1雄蕊的雄花，花被缺如，花丝短，花药2室。雄花苞片二型。一种具羽状毛，较短。蒴果三棱状球形，表面具疣状突起；种子卵形，光滑。

4. 甘遂（*E. kansui*）的生活标本或腊叶标本：草本多年生。根圆柱状，末端呈念珠状膨大。叶披针形到线状椭圆形。总苞叶3～6枚，苞叶2枚。杯状花序单生于二歧分枝顶端，有短柄；总苞杯状，顶端4裂，边缘及内侧有白色柔毛；外缘腺体4，新月状，暗黄色。雌花1枚居于中央，花梗短，子房具柄，花后伸长，使其突出于总苞之外，子房无毛，花柱单生，上部1、3分离，柱头2裂；雄花多数，分组排成螺状聚伞花序，雄花有柄，仅为1雄蕊，有无异形苞片？

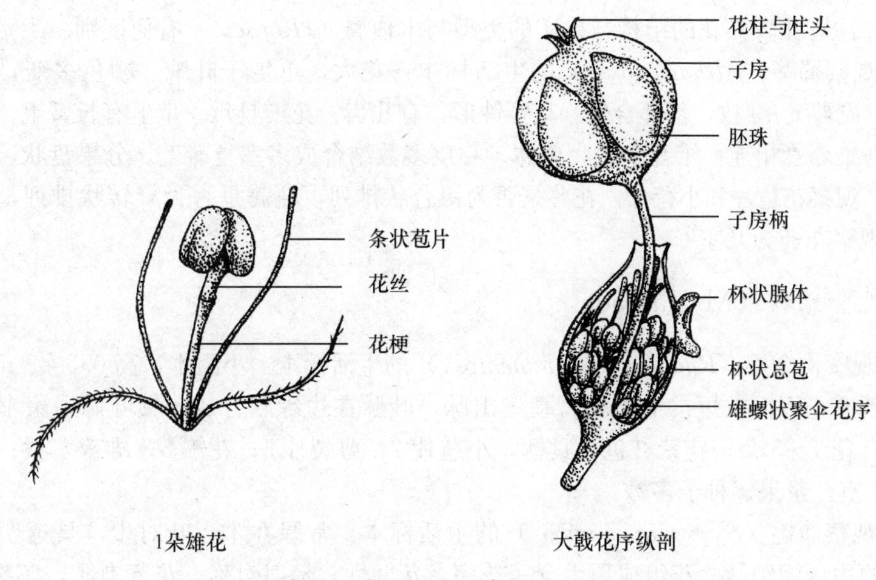

图 23-1　大戟科猩猩草的花序（李佩瑜绘，刘运笑重摹）

5. 观察石栗（*Aleurites moluccana*）生活标本：乔木，幼嫩部分被星状毛，叶柄顶端有 2 枚小腺体。花单性，雌雄同株，组成顶生圆锥花序，花序轴及花梗被密的短柔毛、杂有锈色星状柔毛。花萼不规则 3 裂，镊合状；花瓣 5 枚，近白色。雄花有雄蕊 15～20 枚，花丝芽时内弯，基部常有腺体；雌花子房 2 室，每室有胚珠 1 枚，子房基部的腺体细小，核果大，直径约 5cm，密被星状锈色毛。

6. 乌桕（*Sapium sebiferum*）：乔木至大乔木。叶菱形，纸质，长宽约 3～9cm，叶柄长 2.5～6cm，顶端有 2 腺体。花单性同株，排成穗状花序顶生，无花瓣及花盘，雄花生于上部，少数雌花生于下部；雄花小，萼杯状，3 浅裂，雄蕊常为 2，花丝离生；雌花具梗，长 2～4mm，花梗基部两侧各有 1 肾形腺体，花萼 3 浅裂，子房秃裸，3 室。蒴果梨状球形，径 1～1.5cm；种子近圆形，黑色，外被白蜡层。

（二）锦葵科（Malvaceae）

1. 观察大红花（*Hibiscus rosa-sinensis*）生活标本：灌木，叶互生，有托叶。花单生于叶腋，具长柄，中部以上有关节；小苞片 6～10 枚，位于花萼之外，称为副萼；花萼钟形，裂片 5 枚，芽时镊合状排列；花瓣 5 枚，鲜红色，旋转状排列，基部稍相连；雄蕊多数，合生成雄蕊管，基部与花瓣基部结合，花丝顶端分离，花药 1 室，肾形；剖开雄蕊管，可见雌蕊子房上位，花柱顶端 5 裂，突出雄蕊管之外，用刀横切子房，可见子房 5 室，中轴胎座，每室胚珠多数。木槿属的果为蒴果，但本种不结实。

2. 观察木槿（*H. syriacus*）生活标本：取 1 朵花解剖观察。花紫蓝色，花柄长为多少？萼片和副萼为多少？花瓣数目为多少？是否单体雄蕊？花药是否为1室，何故？子房是否 5 室？中轴胎座，胚珠数几何？柱头多少？果是否为蒴果？室间开裂？是否为分果，与蒴果有何区别？

3. 观察肖梵天花（地桃花）（*Urena lobata*）的生活标本：花粉红，果实室间开裂，有倒钩。注意比较其花的结构与果实的类型与木槿属（*Hibuscus*）有何区别。

4. 观察蜀葵（*Althaea rosea*）的生活标本：花大，单生于叶腋，颜色多变，单瓣或重瓣。副萼6～9枚，基部合生。花萼钟形，有几齿？花瓣具爪。爪上有长髯毛；花瓣近基部与雄蕊管相连。雄蕊多数，单体。心皮多数结合成多室复雌蕊。分果盘状，中心有果轴。观察花苞片和小苞片，花萼是否为镊合状排列，花瓣是否为旋转状排列，在解剖镜下观察花药为几室？

（三）桃金娘科（Myrtaceae）

1. 观察桃金娘（*Rhodomyrtus tomentosa*）的生活标本：小灌木，高0.5～2 m，叶对生，革质，下面被短柔毛，有离基三出脉，叶脉在边缘联合成闭锁叶脉。聚伞花序腋生，有花1～3朵；花紫红色，具柄，小苞片2，萼裂片5；花瓣5；雄蕊多数；子房下位，3室。浆果；种子多数。

2. 观察蒲桃（*Syzygium jambos*）的生活标本：常绿乔木，叶对生，具透明腺点及明显的边缘闭锁脉。花组成顶生伞房花序，花两性，辐射对称；花萼肉质，萼裂片4枚，芽时覆瓦状排列；花冠肉质，花瓣4枚，与花萼裂片互生，芽时亦呈覆瓦状排列；雄蕊多数，多轮排列，着生于花盘外缘，芽时向内卷曲；雌蕊合生，子房下位，2室，每室胚珠多数，中轴胎座，花柱线形，柱头不明显。核果状浆果，内有种子1～2颗；种子无胚乳，子叶厚（图23-2）。

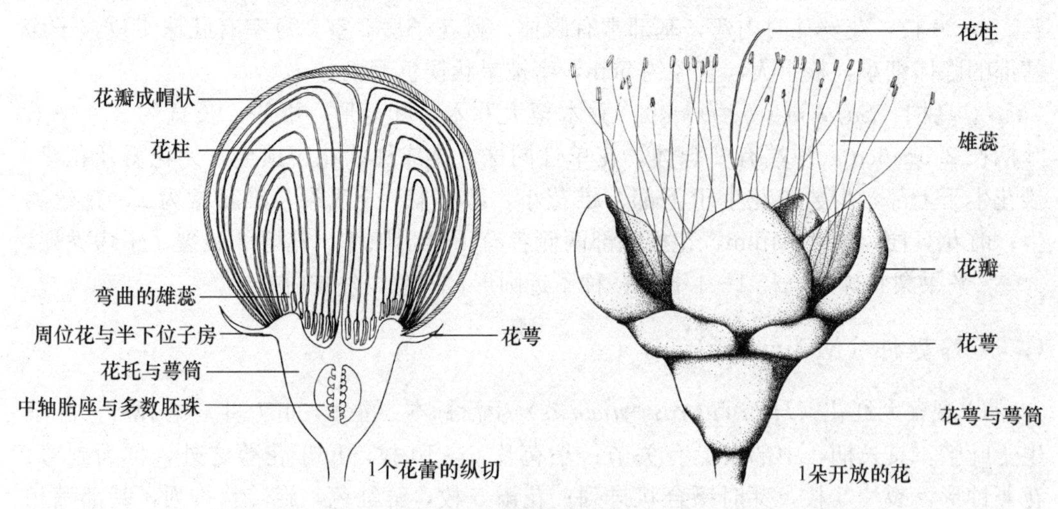

图23-2 桃金娘科蒲桃

（自中山大学植物学教研室教学图库，李佩瑜重绘）

3. 观察柠檬桉（*Eucalyptus citriodora*）的生活标本：大乔木；树皮平滑，灰白或红灰色，片状脱落。异型叶较厚，长达30cm，宽达7.5cm，稍有棕红色腺毛，叶柄盾状着生；正常叶披针形至宽披针形，稍呈镰刀状，长10～20cm，均互生，具柄，有强烈柠檬香气。伞形花序有花3～5朵，排成顶生或侧生圆锥花序；花直径1.5～2cm；萼筒杯状，长宽各5～7mm,花萼与花瓣合生成帽状体，较短，2层，外层较厚，有短尖凸，内层较薄，有光泽；雄蕊多数；子房下位。蒴果卵状壶形，长宽约10mm，果缘薄，果瓣3～4，深藏。

4. 观察美叶桉（*Eucalyptus calophyllaoi*）的生活标本：中等大乔木。叶卵圆披针形，稍厚，脉明显，侧脉几乎由中脉上以直角开出，密而平行，边脉几乎紧贴叶缘。花大，具柄，白色或乳酪色，罕有淡粉红色的，排成一顶生的散房花序或圆锥花絮，萼管倒圆锥状，长约 10mm 或过之，帽状体薄，平压状。雄蕊多数；子房下位。果大，具长柄，厚木质，卵状壶形，长约 3cm，宽达 2.5～4cm，有时有棱。

（四）伞形科（Umbelliferae（Apiceae））

1. 观察胡萝卜（*Daucus carota* var. *sativa*）腊叶标本及花浸制标本：2 年生草本。叶 2～3 回羽状全裂，叶柄基部扩大成鞘。直根肥大，复伞形花序自茎顶端伸出，总苞叶状，在每一分枝的小花序基部有小总苞。花两性，通常辐射对称，花序边缘的花有左右对称的趋势；萼片 5 枚，不明显；花瓣 5 枚，芽时末端内弯；雄蕊 5 枚，与花瓣互生，着生于上位花盘周围；子房下位，2 室，每室有倒生胚珠 1 枚，花柱 2。果为双悬果，每小坚果有四棱，棱上有尖刺（图 23-3）。

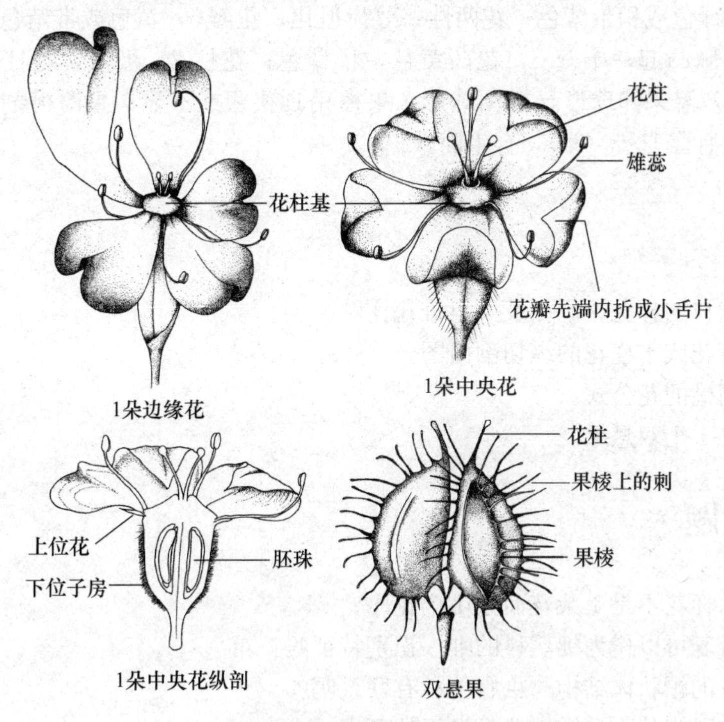

图 23-3　伞形花科胡萝卜

（自中山大学植物学教研室教学图库，李佩瑜重绘）

2. 观察芫荽（*Coriandrum sativum*）生活标本及花的浸制标本：1 年生草本。具强烈香气。基生叶 1～2 回羽状全裂，叶柄基部扩大成鞘，茎生叶多回羽状深裂。复伞形花序顶生，无总苞，伞辐 2～8 条，基部具条形的小总苞。花小，两性，白色或淡紫色，萼齿小，常不相等，花瓣 5 枚，倒卵形，芽时内弯，在花序外围的常不整齐的扩大（辐射瓣）；雄蕊 5 枚，与花瓣互生。双悬果近球形，光滑，果棱稍突起。

3. 观察积雪草（*Centella asiatica*）的生活标本：匍匐小草本，节上生根。叶肾形。单伞花序1～3个腋生，每花序有花3～6朵；花无柄，紫红色，聚生成头状，其外有2枚卵形的苞片包围。双悬果扁圆形，有5条棱，棱间有隆起的网纹。

4. 观察窃衣属（*Torilis* sp.）生活标本：1年生至多年生草本，具圆锥根。茎中空，具纵沟纹，分枝。羽状复叶或三出羽状复叶；小叶羽裂；叶柄具鞘。复伞形花序顶生或腋生；总苞片1～2，或无；伞辐不等长；小总苞片数枚，通常反折；花两性；萼齿不显，或无；花瓣5，白色，先端微凹并具内折短尖，不等大；雄蕊5；花柱基近圆锥形，花柱2。双悬果狭卵形至线形，两侧压扁，无毛或被刺毛，合生面通常收缩；果棱细，仅上部明显；果柄顶端具刚毛；果瓣横剖面近圆形，胚乳腹面具沟，每棱槽油管1，极不明显。

5. 观察柴胡属（*Bupleurum* sp.）生活标本：多年生草本：无毛。茎直立或倾斜，具纵沟纹。叶单生，草质或革质，全缘，基生叶基部多渐狭成柄，茎生叶基部抱茎，有时呈心形或具柄。复伞形花序顶生或腋生；总苞片1～6，或无，叶状至鳞片状，不等大；小总苞片5～10，阔椭圆形、近圆形、椭圆形、长圆形、披针形至剑形，稀卵形，绿色、黄绿色或稍带紫色；花两性；萼齿退化；花瓣5，黄色或带紫色，具内折小舌片，背部中脉凸起；雄蕊5，花药黄色，稀紫色；花柱2，极短，花柱基（上位花盘）近盘形。双悬果卵球形至椭圆球形，果棱稍具狭翅或不显；果瓣横剖面圆形或五角形；每棱槽油管1～3（-4），合生面（1-）2～4。

四、作业

1. 绘大戟科的杯花纵剖面及1组雄花详图。
2. 绘大红花或木槿花的纵切剖面图。
3. 写出蒲桃的花公式。
4. 绘芫荽1个双悬果。

五、思考题

1. 为什么杯花不是1朵花而是1个花序？
2. 单体雄蕊可以作为锦葵科的唯一识别特征吗？
3. 桉属花的帽状体结构与虫媒传粉有联系吗？
4. 伞形花科为什么是离瓣花类发展的顶点？
5. 伞形花科花序中不同位置的花，其花冠形态有何不同？

实验二十四　双子叶植物合瓣花类（一）：夹竹桃科、萝藦科、茜草科、马鞭草科

一、实验目的和要求

（1）掌握龙胆目（Gentianales）夹竹桃科（Apocynaceae）、萝藦科（Asclepiadaceae）、茜草科（Rubiaceae）的主要分类特征。

（2）了解管花目（Tubiflorae）马鞭草科（Verbenaceae）的主要分类特征。

二、实验材料

（1）长春花（*Catharanthus roseus*（L.）G. Don）。
（2）夹竹桃（*Nerium indicum* Mill.）。
（3）软枝黄蝉（*Allamanda cathartica* L.）。
（4）黄花夹竹桃（*Thevetia peruviana*（Pers.）K. Schum.）。
（5）海芒果（*Cerbera manghas* L.）。
（6）羊角拗（*Strophanthus divaricatus* HK. et Arn.）。
（7）马利筋（*Asclepias curassavica* L.）。
（8）鹅绒藤（*Cynanchum chinense* R. Br.）。
（9）栀子（*Gardenia jasminoides* Ellis.）。
（10）玉叶金花（*Mussaenda pubescens* Ait. f.）。
（11）龙船花（*Ixora chinensis* Lam.）。
（12）马缨丹（*Lantana camara* L.）。
（13）龙吐珠（*Clerodendrum thomsonnae* Balf. f.）。
（14）待检植物1～2种。

三、实验观察

（一）夹竹桃科（Apocynaceae）

1. 观察长春花（*Catharanthus roseus*）生活标本：直立多年生草本或半灌木，高达60cm，有乳状水液，全株无毛。叶对生，膜质，倒卵状矩圆形，长3～4cm，宽1.5～

2.5cm，顶端圆形，叶柄间和叶腋内有腺体。聚伞花序顶生或腋生，有花2～3朵；萼片锥尖，长约4mm，绿色；花冠红色，或紫红色，高脚碟状，花冠管柔弱，长2.5～3cm，淡绿色，喉部紧缩，具刚毛；花冠裂片5枚，倒卵形，向左覆盖；雄蕊5枚着生于花冠筒中部之上，花药隐藏于喉部之内，并围绕柱头；花盘为2片舌状腺体组成，与心皮互生而比其长。雌蕊由2心皮构成，子房2室，胚珠多数；花柱基生，细长，柱头略膨大，并有一围罩盖住顶端以下的柱头面。蓇葖果圆柱形，2个，直立，长2～3cm，被毛；种子多数，无种毛，具颗粒状小瘤状突凸起。终年有花。尚有白长春花（*C. roseus* cv. 'Albus'），花白色；黄长春花（*C. roseus* cv. 'Flavus'），花黄色。灌木或小乔木，具白色乳汁。叶互生（夹竹桃科多为对生或轮生），条状线形或线状披针形。

2. 观察夹竹桃（*Nerium indicum*）生活标本：丛生多分枝灌木，常绿，含乳状水液。叶3～4枚轮生，或在枝条下部对生，窄披针形，长11～15cm，宽2～2.5cm，侧脉细密平行直通叶缘，叶柄内面基部具腺体。聚伞花序顶生；花梗长约7～10mm，苞片披针状，长7mm×1.5mm；花芳香，萼5深裂，红色，披针状，长（3～4）×（1.5～2）mm，直立，内面基部有腺体；花冠深红或粉红色，经栽培有白色或黄色，栽培变种花常重瓣。单瓣时花冠漏斗状旋转排列，长和直径均约3cm，花冠管圆筒形，上部扩大为钟状，长1.6～2cm，内面被长柔毛，花冠喉部有5枚撕裂状的附属体（副花冠）；雄蕊5枚，着生在花冠筒中部以上，花丝短，被长柔毛，花药箭头状，基部耳形，黏合并包围柱头，药隔延长成丝状并有长柔毛；花盘缺如；心皮2，离生，被柔毛，花柱丝状，柱头近圆球形，先端凸尖；每心皮有胚珠多枚。蓇葖2，离生，平行或并连，长圆形，长10～23cm，径6～10mm；种子长圆形，种皮被锈色绢质种毛，种毛长约1cm。但栽培后罕有结果。根、树皮、枝、叶、花、果实、种子均有毒性，实验时宜注意。

3. 观察软枝黄蝉（*Allamanda cathartica*）生活标本：木质藤本，高达4米。叶近无柄，3～4枚轮生或有时对生，披针形或倒披针形，长10～15cm，宽2.5～4cm，两端均渐狭，除背脉被毛外，余均秃净。花数朵排成总状花序；花具短柄，黄色；萼齿绿色，5裂，裂片披针形，长1～1.5cm；花冠阔漏斗状，花冠管基部狭，上部忽然扩大为钟状，喉部有毛或毛状鳞片，长7～10cm，顶部直径5～7cm，裂片卵形或矩圆状卵形，广展，长约2cm，先端浑圆；雄蕊着生于花冠管喉部，花药与柱头分离；花盘厚，肉质；子房全缘，1室，侧膜胎座2；果为一有刺的蒴果。

4. 观察黄花夹竹桃（*Thevetia peruviana*）生活标本（图24-1）：花两性，辐射对称，聚伞花序顶生或腋生；花萼5深裂，芽时覆瓦状排列；花冠黄色，联合成漏斗状，裂片5枚向左旋转覆盖（花冠展开后花冠裂片的左边覆盖下一片花瓣的右边称之），花冠喉部具5枚被毛鳞片状副花冠；雄蕊5枚，位于鳞片下方，与花冠裂片互生，花丝短，花药箭形，在花中紧靠合围柱头，雄蕊下方具5枚腺体，腺体有毛；雌蕊由2心皮合生而成，子房上位，2室，每室胚珠1～2枚，外为5浅裂的花盘所包围，花柱丝状，柱头圆形，顶端2深裂。核果肉质，扁三角状球形，有种子2～4颗。

5. 观察海芒果（*Cerbera manghas*）生活标本：乔木，全株有乳汁，枝轮生，无毛。叶互生。花白色，中等大，排成聚伞花序；花萼5深裂，重覆瓦状，无腺体；花冠高脚碟状，裂片5，向左覆盖，喉部红色具5枚被短柔毛鳞片；雄蕊5，着生于花冠喉部，

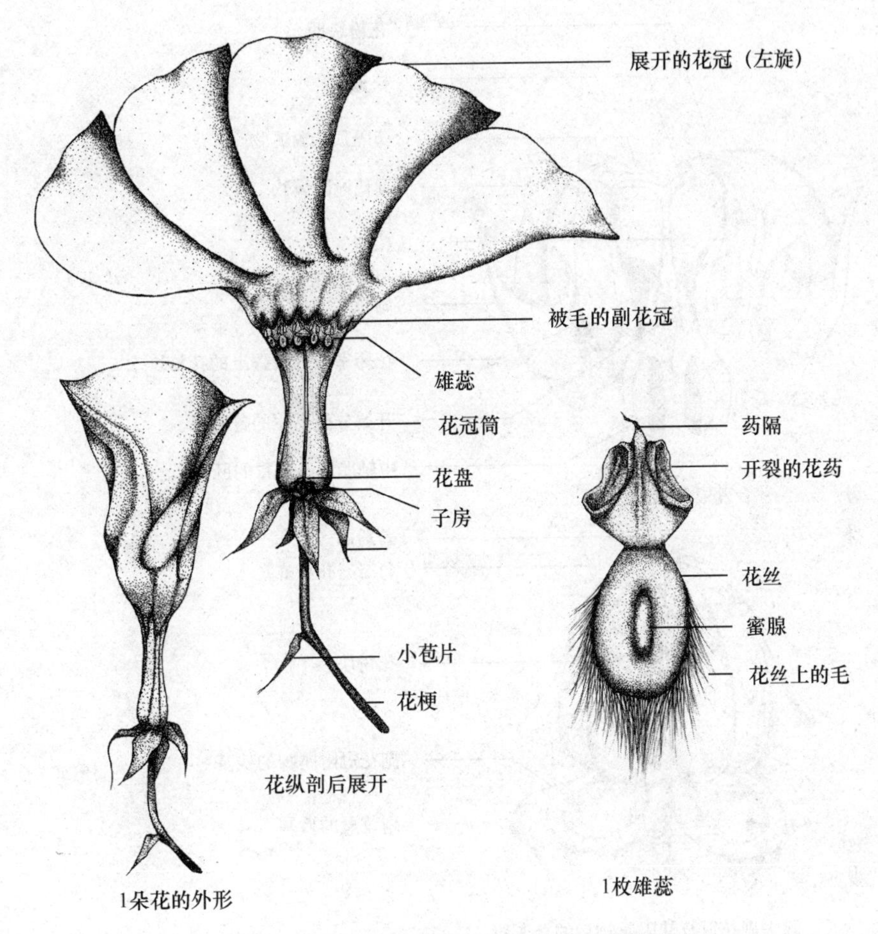

图 24-1　夹竹桃科黄花夹竹桃的花（李佩瑜绘）

与柱头分离，无花盘；心皮 2，离生，每心皮有 4 粒胚珠。核果单生，或双生，外果皮纤维质或木质，内果皮骨质坚硬，种子 1～2 粒。

6. 观察羊角拗（*Strophanthus divaricatus*）生活标本：直立或藤状、秃净灌木，有时高达 2m；茎通常褐色，有白色的皮孔。叶椭圆形或矩圆形，长 5～10cm，宽 3～4cm，先端渐尖，基部阔楔尖，两面均秃净；叶柄长 4～8cm。花大，浅黄白色，顶生，单生或数朵合成 1 个三歧状、无柄的聚伞花序；萼 5 裂，裂片狭披针形或线形，长约 10mm，里面有腺体；花冠漏斗状，喉部较阔而为钟形，有 5 个深裂或 10 个分离的附属体，花冠管长约 12mm，花冠裂片 5 枚，基部披针形，先端线形，延长为极长、纤细、下垂的尾巴，长约 5cm；雄蕊内藏，花药围绕且黏着柱头，先端线状；花盘缺；心皮 2 个，离生，有胚珠多枚。蓇葖果大，硬而木质，广歧，长 10～15cm，极厚；种子有一长尾，密生丝质长毛。花期：春夏。

（二）萝摩科（Asclepiadaceae）

1. 马利筋（*Asclepias curassavica*）（图 24-2）：多年生草本。叶对生或轮生，长椭圆状披针形，具乳汁，叶柄基部有针状腺体。伞形花序顶生或腋生。花紫红色，花萼 5

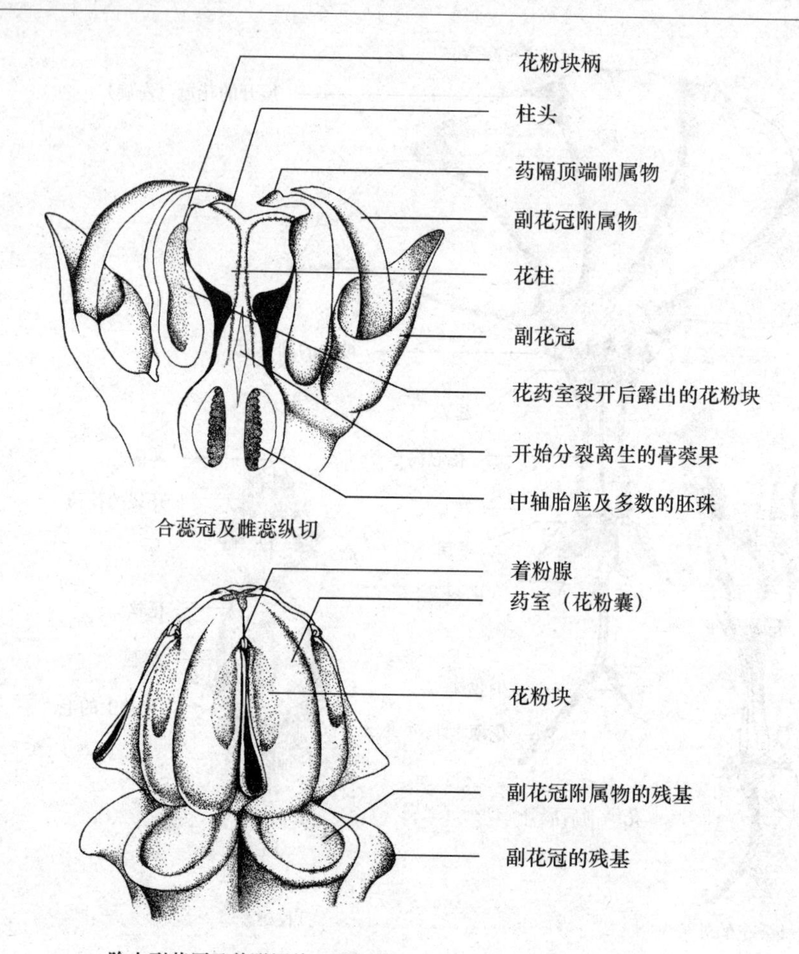

图 24-2 萝摩科马利筋花粉块和着粉腺

（自中山大学植物学教研室教学图库，李佩瑜重绘）

枚，线形，基部合生，内侧基部有5～10枚腺体；花冠裂片5枚，镊合状排列，反折；副花冠生于合蕊冠上，5裂为5个直立的帽状体，黄色，匙形，有柄，每一帽状体里面有一角状体突出于外；雄蕊着生于药冠基部，花丝合生成管围绕雌蕊，花药有一膜质附属体内弯至花柱顶，合生形成合蕊冠，花粉块每室1个，下垂固着于1个紫红色、有柄的着粉腺上，每两个花粉块连于一着粉腺上；心皮2，离生，柱头五角状或5裂。蓇葖果，披针形，顶端渐尖；种子顶端具白色绢质种毛。

2. 鹅绒藤（*Cynanchum chinense*）：缠绕草本，主根圆柱状，全株被短柔毛。叶对生，宽三角状心形。叶面深绿色，叶背灰白色。伞形二歧聚伞花序腋生，有花20余朵。花有柄，萼5深裂，双覆瓦状排列，外面有毛，内面基部有5～10枚腺体；花冠白色，裂片长圆状披针形；副花冠二形，杯状，上端裂成10个丝状体，分为两轮，外轮约与花冠裂片等长，内轮略短，花粉块每室1个，下垂，多为长圆形；花柱柱头略为突起，顶端2裂。蓇葖果双生或仅1个发育，细圆柱状，长11cm，径5mm；种子长圆形，顶端的种毛白色绢质。

（三）茜草科（Rubiaceae）

1. 观察栀子（*Gardenia jasminoides*）生活标本或花的浸制标本：灌木，叶对生或轮生，托叶膜质，在叶柄内侧彼此合生成鞘状（称柄内托叶）。花两性，辐射对称，单生于枝顶；花萼合生成筒状，裂片5～6枚，萼筒与子房连生；花冠管状，顶端5～6裂，旋转排列；雄蕊5～6枚，插生于花冠管的喉部，花丝极短，花药伸长，丁字着生；雌蕊由2心皮合生而成，子房下位，1室或2室，常因胎座突入子房内而呈假多室，每室胚珠多颗。核果，外有6条纵棱，种子小而坚硬。

2. 观察玉叶金花（*Mussaenda pubescens*）生活标本：藤本小灌木，叶对生或轮生，托叶2深裂，生于两叶柄之间（称柄间托叶）；花组成顶生稠密的聚伞花序，总花梗短，苞片条形；萼被毛，线形，其中1～3枚常扩大成叶状，白色；花冠黄色，漏斗状，5裂，裂片镊合状排列；雄蕊5枚，生于花冠管喉部，花丝极短；子房2室，胚珠多数。浆果球形。

3. 观察龙船花（*Ixora chinensis*）的生活标本：小灌木。叶对生，有极短的柄，披针形、矩圆状披针形或矩圆状倒卵形，托叶长6～8mm。伞房花序具短梗，有红色的分支；花4～5数，具极短的花梗；萼檐裂片齿状，远较花萼筒短；花冠红色或黄红色，花冠筒长3～3.5cm，裂片倒卵形或近圆形，顶端圆形，雄蕊与花冠裂片同数，着生于花冠筒喉部。浆果近球形。

（四）马鞭草科（Verbenaceae）

1. 观察马缨丹（*Lantana camara*）生活标本：半藤本状灌木，枝叶揉之有刺鼻气味。茎四方柱形，常有下弯的刺，叶对生。头状花序腋生，每朵花外侧具卵状披针形的苞片1枚；花萼合生，成筒状，4～5裂；花冠细管状，顶端4～5裂，黄、橙、紫等各种颜色；用解剖针纵向剖开花冠，可见雄蕊4枚，着生花冠管中部，两长两短，内藏；雌蕊由2枚心皮组成，子房上位，2室，每室胚珠1枚，结果时，仅1室的胚珠发育，花柱顶生。核果。

2. 观察龙吐珠（*Clerodendrum thomsonae*）的生活标本：柔弱木质藤本，茎四棱形。叶具柄，矩圆状卵形或卵形，长6～10cm，先端渐尖，基部浑圆，3脉，全缘。聚伞花序顶生及生于上部叶腋内，长8～12cm，疏散，2歧分枝；花具柄，苞片小，萼钟状，长15mm，5裂，萼筒短，萼裂片白色，卵形而锐尖，宿存；花冠柔弱，长约2cm，淡绿色，5裂，多少偏斜，花冠裂片扩展，深红色，直径1.5cm，裂片椭圆形；雄蕊4枚，长突出；子房不完全4室，有胚珠4颗；花柱突出，短2裂。果为球形肉质的核果，有4槽纹，分裂为4个小坚果，其中1～3个常压缩。注意其体态、叶、花序及果实等特征与马缨丹有何不同，并列表比较。

四、作业

1. 绘黄花夹竹桃花图式及写出花公式。
2. 绘马利筋的1个副花冠和花粉块。

3. 绘栀子子房横切面，示子房室、胎座与胚珠。
4. 绘马缨丹的花图式。

五、思考题

1. 何为合蕊冠？试比较夹竹桃科与萝摩科的亲缘关系及其异同。
2. 如何在营养器官上区分萝摩科与夹竹桃科？
3. 试描述马利筋的花结构及它与昆虫间传粉机制。
4. 从马缨丹的花能否看到花从辐射对称到两侧对称的演化趋向？

实验二十五　双子叶植物合瓣花类（二）：茄科、旋花科、唇形科、菊科

一、实验目的和要求

（1）掌握管花目（Tubiflorae）茄科（Solanaceae）、旋花科（Convolvulaceae）、唇形科（Labiatae（Lamiaceae））的主要分类特征。

（2）认识钟花目（桔梗目）（Campanulales）菊科（Compositae（Asteraceae））植物形态及花果结构特征。

二、实验材料

（1）水茄（*Solanum torvum* Sw.）。

（2）少花龙葵（*S. photeinocarpum* Nakam. et Odash.）。

（3）茄（*S. melongena* L.）。

（4）龙葵（*S. nigrum* L.）。

（5）马铃薯（*S. tuberosum* L.）。

（6）洋素馨（*Cestrum nocturnum* L.）。

（7）枸杞属1种（*Lycium* sp.）。

（8）牵牛（*Pharbitis nil*（L.）Choisy.）。

（9）五爪金龙（*Ipomoea cairica*（L.）Sweet.）。

（10）一串红（*Salvia splendens* Ker.-Gawl.）。

（11）丹参（*S. miltiorrhiza* Bunge）。

（12）瘦风轮菜（*Clinopodium gracile* Matsum.）。

（13）益母草属（*Leonurus* sp.）。

（14）黄芩属（*Scutellaria* sp.）。

（15）薄荷（*Mentha haplocalyx* Briq.）。

（16）藿香（*Agastache rugosa*（Fisch. et Mey.）O. Ktze.）。

（17）荆芥属（*Nepeta* sp.）。

（18）夏至草属（*Lagopsis* sp.）。

（19）水苏属（*Stachys* sp.）。

（20）野芝麻属（*Lamium* sp.）。

（21）夏枯草属（*Brunella* sp.）。

（22）青兰属（*Dracocephalum* sp.）。

（23）香薷属（*Elsholtzia* sp.）。

（24）向日葵（*Helianthus annus* L.）。

（25）蟛蜞菊（*Wedelia chinensis*（Osbeck）Merr.）。

（26）美洲蟛蜞菊（*W. triloba* Hitch.）。

（27）黄鹌菜（*Youngia japonica* DC.）。

（28）胜红蓟（*Ageratum conyzoides* L.）。

（29）薇甘菊（*Mikania micrantha* H. B. K.）。

（30）蒲公英（*Taraxacum mongolicum* Hand. -Mazz.）。

（31）莴苣（*Lactuca sativa* L.）。

（32）待检植物1～2种。

三、实验观察

（一）茄科（Solanaceae）

1. 观察水茄（*Solanum torvum*）生活标本或花的浸制标本：亚灌木，茎呈三叉合轴分枝，枝及叶柄具刺，植物体被星毛。叶单生或两叶聚生（双生），两面常具刺。双歧状聚伞花序，腋外生。花萼杯状，5裂，果时增大；花冠白色，合生，冠筒短，顶端5裂，裂片由基部向四面扩展成轮辐状，芽时裂片镊合状排列而筒部折叠排列；雄蕊5枚，着生花冠管上，与花冠裂片互生，花药常靠合成圆锥体状，2室，顶孔开裂；雌蕊由2心皮组成，子房上位，2室，位置偏斜（相对花序轴而言），每室胚珠多数。浆果，熟时黄色，果柄顶端具宿存花萼。

2. 观察马铃薯（*S. tuberosum*）生活标本：草本，无毛或被柔毛。地下茎块状，扁圆形或长圆形，外皮为白色，淡黄、淡红到紫色，表面具芽眼，内面为白色、淡黄色、紫花色。叶为奇数羽状复叶，小叶6～8对，大小悬殊并相间排列，两面被白色疏柔毛，全缘。伞房花序初为顶生，后为侧生，腋外生，与叶远离；花两性，花梗基部之上（?）具关节；萼钟状，上端5裂；花冠白或紫蓝色，短辐状，花冠筒隐于萼内，开花前常折叠，5裂，裂片三角形，几直达顶部与花瓣间膜相结合；雄蕊5，着生于花冠筒喉部，花丝分离，花药分离但靠合，长等于花丝5倍，内向，顶孔开裂，孔内向，顶生，斜；心皮2，子房上位，卵圆形，无毛，中轴胎座，2室，胚珠多数，花柱单1，柱头头状。浆果圆球状，光滑，径约1.5cm。种子多数，近卵形至肾形，常两侧压扁，表面具网纹状凹穴。

3. 观察少花龙葵（*S. photeinocarpum*）生活标本：柔弱草本，无刺，光滑无毛；伞形花序腋外生，仅有2～5朵花。浆果球形，熟时黑色。请与水茄的形态特征相比较。

4. 解剖观察茄（*S. melongena*）和龙葵（*S. nigrum*）的营养器官和生殖器官形态特征，并与上述3种比较。

5. 观察洋素馨（*Cestrum nocturnum*）生活标本：攀缘状灌木，有长而下垂的枝条，叶互生，全缘，两面光亮。伞形花序腋生和顶生，疏散，有多数花。花绿白色或黄绿色，至晚极芳香；萼小，5齿裂；花冠长管状，上部略扩大，5裂；雄蕊5枚，内藏，稍与冠管合生，花药分离，纵裂；子房卵形，2室，每室胚珠数枚。果小，肉质。

6. 枸杞属1种（*Lycium* sp.）生活标本：灌木。枝有刺。单叶互生，全缘，圆柱形或扁平。花单生叶腋或簇生于短枝上；花萼钟状，具2～5齿或裂片；花冠漏斗形或近钟形，5裂，裂片基部常有耳；雄蕊5，着生于冠筒上，花丝下部具绒毛或无毛，花药纵裂；子房2室。浆果；种子多数，扁平，表面有网纹状凹穴。

（二）旋花科（Convolvulaceae）

1. 观察牵牛（*Pharbitis nil*）生活标本：草质藤本；全株被倒生硬毛。叶阔卵形至圆形，长5～14cm，通常3浅裂，顶端急渐尖，基部心形，两面疏被紧贴毛，老叶近无毛。聚伞花序腋生，通常有花1～3朵，有时较多；苞片线形至狭披针形；萼片草质，披针形至狭披针形；花冠浅蓝色，后变紫红色，漏斗状，长4.5～5cm；雄蕊和花柱内藏；子房3室，具胚珠6枚。蒴果卵状或球形，3瓣裂。

2. 观察五爪金龙（*Ipomoea cairica*）生活标本：多年生、柔弱缠绕藤本。茎灰绿色，常有小瘤状突起。叶互生，指状5深裂几达基部，长宽各5～9cm。花序有花1～3朵，腋生，总花梗短；萼片5，边缘薄膜质，外轮裂片较大，钝，具小尖凸；花冠漏斗状，淡紫红色，顶端5浅裂；雄蕊5；子房3室，花柱长，柱头2裂，头状。蒴果，瓣裂。

（三）唇形科（Lamiaceae（Labiatae））

1. 观察一串红（*Salvia splendens*）生活标本：亚灌木状草本，茎方形。叶对生，边缘有锯齿。轮伞花序每轮具2～6朵，密集成顶生假总状花序。花两性，左右对称，鲜红色；花萼5枚合生，略成钟状二唇形，上唇2齿裂，下唇单裂片；花冠合生，唇形，长约4cm，上唇2裂，弯曲而长于下唇，下唇3裂；用刀片从花冠上下唇至花冠管的中线剖开（勿切中子房），去掉其中一半花冠，可见发育雄蕊2枚，着生于花冠管上，花丝短，药室2仅1室与部分药隔发育成为上臂，由于两药室间药隔分离，连不育的药室形成下臂，上下臂近等长，下臂增粗，花丝顶端因此成为杠杆的支点，昆虫从正面触碰下臂，会促使上臂向下接触到昆虫的背部；退化雄蕊2，短小，生于冠筒喉部的后面，呈棍棒状（图25-1）。花盘发达偏于一侧；子房上位，由2个深缢的心皮组成，因成4室，每室

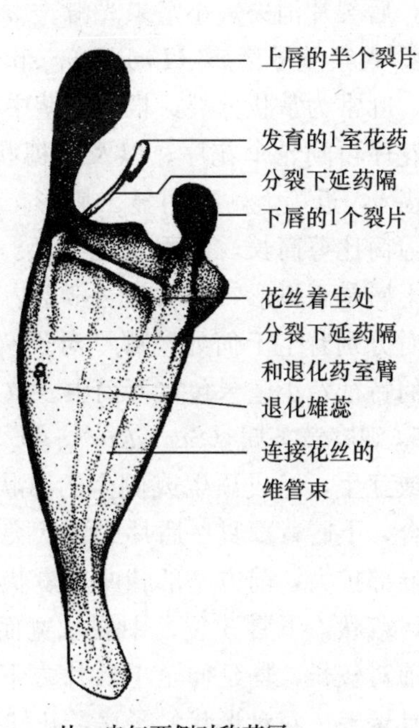

图25-1　唇形科一串红的花
（李佩瑜绘）

胚珠1颗，花柱生于分裂子房基部，称花柱基生，柱头2裂。果由4个小坚果组成，每小坚果具种子1枚。

2. 观察丹参（*S. miltiorrhiza*）生活标本：草本，多年生，根外皮朱红色，内面白色。植物全体被毛。茎四棱，有凹槽。奇数羽叶有小叶3～5。轮伞花序有花6朵或更多，再组成顶生或腋生的复总状花序。花梗短，苞片1；萼钟状，带紫色，花后略增大，11脉，二唇形，上唇3齿，下唇2齿；花冠紫蓝色，长约3cm，花冠筒近基部有斜生小柔毛毛环，冠筒比冠檐短，向上渐宽，冠檐二唇形，上唇微缺，镰刀状直立，下唇短于上唇，3裂，中裂片先端2裂。能育雄蕊2，伸至上唇，花丝长3.5～4mm，药隔长1.7～2cm，中部关节处有小柔毛，上臂伸长，长约1.5cm，下臂短而增粗，药室不育，顶端联合。退化雄蕊线形，长约4mm。花柱远外伸，长达4cm，先端不等2裂。花盘前方稍膨大。小坚果黑色，椭球形，长约3.2cm。

3. 观察瘦风轮菜（*Clinopodium gracile*）生活标本：柔弱草本，茎下部匍匐，上部直立，茎四棱，有槽，被倒向的短柔毛。叶卵形，边缘具齿。轮伞花序具多花或在茎顶密集成复总状花序；花萼管状，果时下倾，基部一侧鼓胀，有13条脉，外面沿脉上有短硬毛，内面喉部被稀疏柔毛，二唇形，上唇3齿，短三角形，果时外反，下唇2齿，略长，先端钻状，萼裂片有睫毛。花冠白至紫红色，超过花萼长1/2，外面被微柔毛，内面在喉部被微柔毛，冠筒向上渐扩大，冠檐二唇形，上唇直伸，先端微缺，下唇3裂，中裂片较大。2唇形，花冠管直，喉部有毛，雄蕊4枚，仅前对2枚能育，与上唇等长，药室2，略叉开。花盘平顶，子房无毛，花柱先端2浅裂，前裂片发育，披针形，后裂片消失。小坚果光滑。

4. 观察益母草属（*Leonurus* sp.）生活标本：高大草本，1～2年生。茎四棱形，中空。叶常为掌状分裂，根生、茎中部生及顶生叶多不相同。观察花序由聚伞花序到团伞花序再到轮伞花序，以及到穗状花序的形成特征。小苞片锥刺状。花萼钟状，5脉，齿5，近等大，不明显二唇形，下唇2裂，上唇3裂直立。花冠白、粉红至淡紫色，冠筒比萼筒长，内面有无毛环？如有毛环，在毛环上花冠管膨大与否？冠檐二唇形，上唇是否弧形？下唇是否3裂？中裂片与侧裂片等大？雄蕊2对，前雄蕊对与后雄蕊对分别着生于何处？哪一对长？开花时伸长？或在上唇之下？子房、花盘、花柱等有何特征？小坚果包在萼筒中。取1朵花观察之。

5. 观察黄芩属（*Scutellaria* sp.）生活标本；草本？灌木？茎叶无香气。花腋生、对生或互生，组成顶生或侧生的总状或穗状花序。花萼钟状，背腹压扁，二唇形，花后闭合，上唇背部具一盾片或囊状突起。冠筒伸出于萼筒，背面成弓曲或近直立，上方近喉部扩大，前方基部膝曲呈囊状增大或成囊状距，内无毛环？冠檐二唇形，上唇直伸，盔状，下唇3裂，中裂片宽而扁平，浅4裂？2侧裂片与上唇片靠合？雄蕊二强，前对较长，均延伸至上唇片之下，后对花药2室，前对花药退化为1室，药室裂口均具髯毛。花盘形状？子房，花柱，柱头？小坚果表面具瘤。

6. 观察薄荷（*Mentha haplocalyx*）：芳香草本多年生。茎锐四棱，有4槽，上部被倒向微柔毛。叶被微柔毛，叶缘具齿，苞叶与叶相似，但较小。轮伞花序多花，花两性或单性，花梗短，雄花有退化子房，雌花有退化的短雄蕊，同株或异株。花萼宽钟形，10 脉，萼齿 5，相等或近 3/2 二唇形，果时开张。花冠淡紫，漏斗形或管状钟形，冠檐 4 裂，上裂片略宽，先端 2 裂，其余 3 裂片几乎等大，喉部稍膨大。雄蕊 4，直伸，前对较长，常从花冠中伸出，后对着生稍高于前对，花丝丝状无毛，药室 2，平行。花盘平子房顶，花柱伸出超过雄蕊，柱头 2 浅裂。小坚果卵形，具小腺窝。

7. 观察藿香（*Agastache rugosa*）生活标本：轮伞花序多花集成顶生穗状花序。花序基部苞叶小，长不过 5mm，宽 1～2mm，苞片形状与之相似。轮伞花序具短梗。萼管状倒圆锥形，15 脉，略成二唇形，上唇 3 裂，下唇 2 裂，被腺微毛及黄色小腺体；花冠淡蓝紫色，长约 8mm，冠筒直，微超出萼或与之等长，冠檐二唇形，上唇 2 裂，下唇 3 裂，中裂片宽大，平展，侧裂片 4，直伸。雄蕊伸出花冠，2 强，全能育，后对较长。花盘厚环状，子房裂片顶部具绒毛。小坚果先端具褐色短硬毛。

8. 观察荆芥属（*Nepeta* sp.）生活标本：花组成轮伞花序或聚伞花序，苞叶苞片状。花多为两性，也有雌花与两性花同株或异株的。花萼约 15 脉，倒锥形，萼齿 5，有时成二唇形；花冠筒向上扩大成喉，有时喉部有短毛，冠檐二唇形，2 深裂，下唇大于上唇很多，3 裂，中裂片最宽大，侧裂片细小。雄蕊 2 强，两对雄蕊前对较短，平行，沿花冠上唇上升，均能育；花药顶生，水平叉开几乎成 180°。雌花中雄蕊退化，内藏于冠筒扩展部分。花盘 4 裂。小坚果光滑或具突起。

9. 夏至草属（*Lagopsis* sp.）生活标本：矮小多年生草本。叶圆形，3 深裂。轮伞花序腋生，小苞片针刺状。花小，白色、黄色或褐紫色。萼管形或管状钟形，10 脉，萼齿 5，其中 2 齿稍大。花冠筒内无毛环，冠檐二唇形，上唇直立，全缘或有微缺，下唇 3 裂，中裂片宽大，心形。雄蕊 2 强，前对较长，均内藏于花冠筒，花丝短，药室叉开。花盘平顶，花柱内藏，柱头 2 浅裂。小坚果光滑。

10. 观察水苏属（*Stachys* sp.）生活标本：多年生草本，根茎顶端有肥大块茎。茎生叶全缘或具齿，苞叶与茎生叶同形或退化成苞片。轮伞花序组成顶生的穗状花序。花较小，花柄近于缺如。花从紫红到白色或黄色，萼管状到管状钟形，5～10 脉，裂齿 5，锐尖，等大或后 3 齿较大。花冠筒圆柱形，内藏或伸出，管内有毛环；冠檐二唇形，上唇直立，微盔状，全缘或微缺，下唇比上唇长，3 裂，中裂片大。雄蕊 2 强，前对较长，常在喉部向两侧弯曲。花盘平顶，花柱顶端 2 裂，裂片近等大。小坚果近光滑或具瘤突。

11. 观察野芝麻属（*Lamium* sp.）生活标本：草本。单叶，叶缘具粗锯齿。轮伞花序 4～14 花，苞叶与茎生叶同形，远长于花序，苞片小，早落。萼钟状，5 脉或 10 脉，有毛，5 齿，锐尖，近等大，与萼筒近等长。花冠紫红到白色，长 2 倍于花萼，外面有毛，内面在冠筒近基部毛环有或无？冠筒直伸或弯曲，花冠管喉部或膨大。冠檐二唇形，上唇直伸，先端圆形或微凹，多少盔状内弯，下唇向下伸展，3 裂，中裂片大，倒心形，先端微缺或深 2 裂，侧裂片边缘常有 1 至多个锐尖小齿。雄蕊二强，前对较长，均上举至上唇之下，花丝丝状被毛，花药被毛，2 室，药室水平叉开。花盘平顶，花柱丝状，柱头 2 浅裂。小坚果顶端截形。

12. 观察夏枯草属（*Brunella* sp.）生活标本：草本多年生。叶具锯齿或分裂，或全缘。轮伞花序 6 花，多数聚集成穗状花序。花生于苞片腋内，近无梗，小苞片或缺如。萼管状钟形，近背腹扁平，不规则 10 脉，二唇形，上唇扁平，具短的 3 齿，下唇

2半裂，裂片披针状，果时萼缢缩闭合。冠筒向上一侧膨大，喉部稍缢缩，伸出萼外，内面近基部有短毛及鳞片的毛环，冠檐二唇形，上唇直立，盔状，内凹，近龙骨状，下唇3裂，中裂片大，内凹，具齿状小裂片，侧裂片反折下垂。雄蕊二强，前对较长，均上举至上唇片之下，成对并列而离生，花丝先端2齿，下齿具花药，上齿超出于花药，药室叉开。花盘近平顶，花柱无毛，先端等2裂。

13. 观察青兰属（*Dracocephalum* sp.）生活标本：多年生草本，茎常自根茎生出，四棱形。叶基生者具长柄，茎生者近无柄，有锯齿或全缘，或分裂。轮伞花序密集成头状或穗状；花通常蓝紫色；苞片常倒卵形，常具锐齿或刺，稀全缘。花萼钟状管形，15脉，5裂齿之间具瘤状胼胝体，不明显二唇形，上唇3裂至1/3或中部以下。冠筒下部细，喉部变宽，冠檐呈二唇形，上唇直或稍弯，先端2裂或微凹，下唇深3裂，中裂片大，常有斑点。雄蕊4，后对较长，与花冠等长或稍伸出，花药2室近180°角叉开，药隔常突出成附属器而使花药侧生。子房4全裂。小坚果光滑。

14. 观察香薷属1种（*Elsholtzia* sp.）生活标本：草本或灌木。叶具粗齿，具柄或无柄。轮伞花序组成穗状或头状花序，最下部苞叶与茎生叶同形，上部苞叶苞片状，有时连合，较萼细小，花梗短。萼钟形到圆柱形，萼裂片5，近等长，果期直立，或延长或稍膨大。花冠小，白色，黄色或紫色，外面有毛或腺点，内面毛环有或无？冠筒与花萼近等长或稍长，自基部向上渐扩张，冠檐呈二唇形，上唇直立，先端微缺或全缘，下唇开展，3裂，中裂片大，全缘或啮蚀状或微缺，侧裂片小，全缘。雄蕊二强，前对较长，极少前对不发育，通常伸出，上升，分离，花丝无毛，花药2室，叉开。子房无毛，花盘前方呈指状膨大，长于子房，花柱超出雄蕊，先端2裂。小坚果卵球形，无毛或有细毛，或有瘤突。

（四）菊科（Asteraceae（Compositae））

1. 观察向日葵（*Helianthus annus*）腊叶标本及浸制标本：草本，直立，通常不分枝，全株被短硬毛。单叶互生。头状花序单生于茎顶端，总苞数轮，外轮呈叶状；缘花为假舌状花（由二唇形花上唇退化，余下唇，有3齿裂）（图25-2），不孕性，鲜黄色；盘花为辐射对称管状花，两性，每朵管状花基部有干膜状边缘分裂的苞片1枚；萼片退化成2枚鳞片，早落；花冠管状，近基部膨大，顶端5浅裂；用解剖针纵向挑开花冠管，可见雄蕊5枚，着生于花冠管上，花丝分离，花药聚合（聚药雄蕊），包围于花柱四周，用解剖针从聚药一侧剖开，展开，可见花药内向，纵裂；花冠管近基部

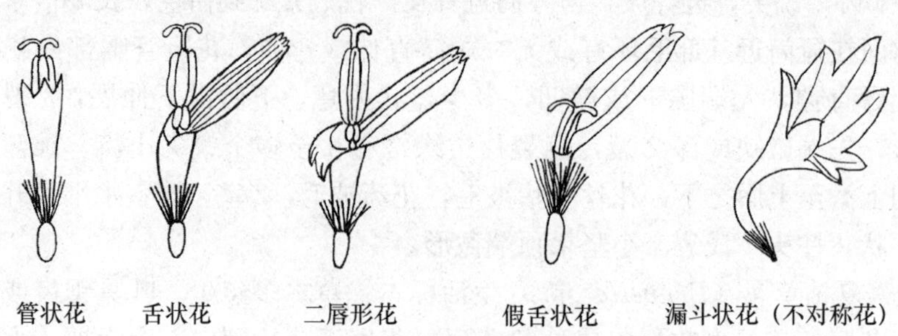

图25-2 菊科的5种花

（自中山大学植物学教研室教学图库，刘运笑重绘）

膨大处为蜜腺连成的花盘；雌蕊由 2 心皮合生，子房下位，1 室，胚珠 1 枚，基部着生，花柱细长，柱头 2 裂，柱头臂有毛。瘦果，内有种子 1 枚；种子无胚乳，子叶 2 枚，肥厚（图 25-3）。

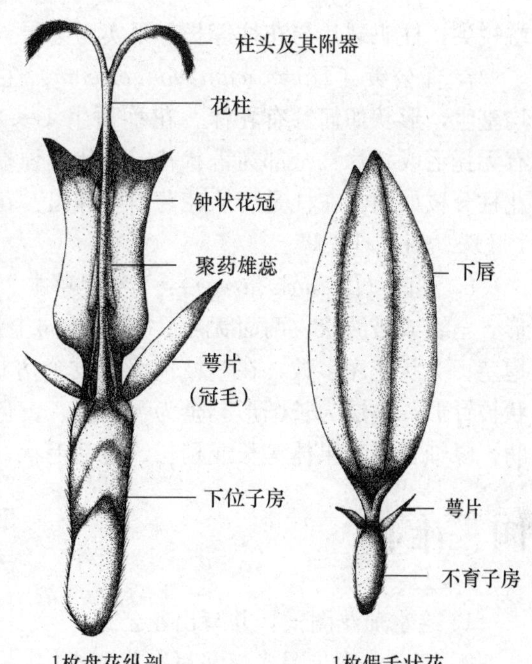

图 25-3　菊科向日葵的花（李佩瑜绘）

2. 观察蟛蜞菊（*Wedelia chinensis*）生活标本：多年生草本，茎匍匐，全株被粗伏毛。叶对生，条状披针形，边全缘或有疏粗齿。头状花序单生枝顶或叶腋，直径约 2cm；总苞约两层，外层较大，被糙毛，向内渐次变狭，近似苞片；苞片较短，顶端常 3 浅裂；花异形，黄色。假舌状花在花序外围排成 1 轮，舌顶端 2～3 齿裂；管状花两性，近钟形，顶端 5 裂，冠檐具糙毛状腺毛，花萼变态为具浅齿的杯状物，雄蕊 5 枚，聚药，雌蕊柱头 2 裂，具毛状附器。瘦果具 3 棱。

3. 比较美洲蟛蜞菊（*Wedelia triloba*）与蟛蜞菊在营养器官与花、果上的区别。

4. 观察黄鹌菜（*Youngia japonica*）生活标本：注意植物体有乳汁，叶倒披针形，琴状分裂；头状花序排成伞房花序式，总苞 1 层，通常有 8 枚总苞片，外面基部有 5 枚细小的外总苞；花同形，全部为舌状花，两性，舌瓣黄色，常有紫色纵纹，顶端 5 齿裂；花萼变态为冠毛状。

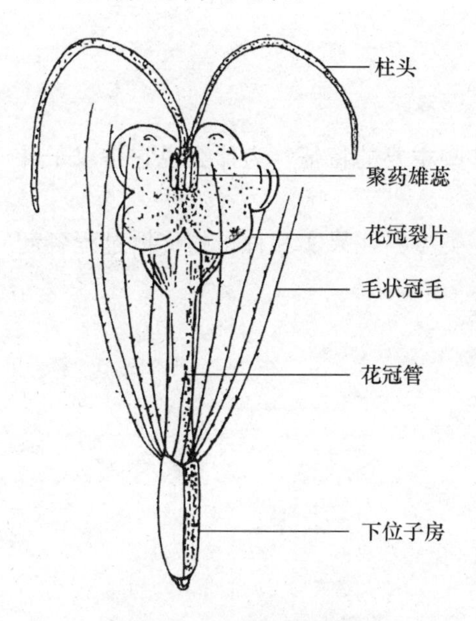

图 25-4　菊科薇甘菊的花
（引自胡玉佳，2000，刘运笑重摹）

5. 观察胜红蓟（*Ageratum conyzoides*）生活标本：直立草本，全株被粗毛。头状花序排成顶生伞房花序式；总苞片 2～3 层；花同形，全部为管状花，两性，花冠蓝色或白色，顶端 5 裂；花萼变态（冠毛）为棒状，5 枚。

6. 观察薇甘菊（*Mikania micrantha*）生活标本（图 25-4）：多年生草质植物，叶心形，对生，叶脉稍隆起，茎分枝，无毛，匍匐或缠绕，茎节生有不定根。头状花序有花 4 朵，有时 3 朵或 5 朵，再聚生成复头状花序。复头状花序长 5.3～6mm，径 1.3～2mm。花有香气，同形，全为管状花，辐射对称，长度为 5.3～6.0mm。花萼变态为多数的冠毛，冠毛粗糙；花冠上部略扩大成喇叭状，花冠裂片 5，倒卵圆形；雄蕊 5 枚，成聚药雄蕊；子房由 3 心皮构成，1 室，1 胚珠，花柱单一，伸出花冠之外，柱头 2，伸长，先端锐尖，柱头裂片与花柱等长；果实为菊果（连萼瘦果），细小，冠毛多数，羽毛状。

7. 蒲公英（*Taraxacum mongolicum*）生活标本：植物体有乳汁。有无地上茎？叶均基生，形状如何？有乳汁。花葶顶生 1 头状花序。总苞有几层？花序托有何特点？有无托毛或托片？全部为舌状花。舌状片顶端有几齿？冠毛长在何处？是否聚药雄蕊？花柱分枝如何？花柱是否从花药筒中伸出？花药顶端和基部有何特征？子房下位，1 室 1 胚珠。菊果具长喙。

8. 莴苣（*Lactuca sativa*）：1 年生草本。茎粗，肉质。基生叶丛生，倒卵形或椭圆形。全缘或皱波状，两面无毛；茎生叶向上渐小，椭圆形或三角状卵形，基部心形，抱茎。头状花序多数，在茎枝顶部排成伞房状圆锥花序；总苞卵形，总苞片外层者卵状披针形，内层为长圆形。全为舌状花，黄色。瘦果倒卵状椭圆形，每面有 7～8 条纵肋，喙细长，与果体等长或稍长；冠毛毛状，白色。

四、作业

1. 绘水茄花图式，并写出花公式。
2. 绘牵牛的花图式，并写出花公式。
3. 绘一串红花纵剖面图。
4. 绘向日葵 1 朵缘花及 1 朵盘花。
5. 检索未知植物。

五、思考题

1. 马鞭草科与唇形科植物有何不同？
2. 一串红花的构造如何适应昆虫授粉？
3. 如何区分管花类的几个科？
4. 从营养器官和生殖器官看，菊科植物有哪些主要的特征？为什么说它是双子叶植物中较为进化的类群？
5. 菊科植物冠毛来源于哪一部分？它分哪些类型？在果实和种子的传播过程各起何作用？

实验二十六　单子叶植物（一）：泽泻科、百合科、石蒜科、禾本科

一、实验目的和要求

（1）认识沼生目（Helobieae）泽泻科（Alismataceae）植物形态及其花、果结构特征。

（2）了解百合目（Liliiflorae）百合科（Liliaceae）五轮三数花的结构，其花结构和其他单子叶植物类群之间的关系。

（3）禾本目（Graminales（Poales））禾本科（Graminae（Poaceae））花的结构特点及其对风媒传粉的高度适应。

二、实验材料

（1）慈姑（*Sagittaria trifolia* var. *sinensis* L.）。

（2）泽泻属（*Alisma* sp.）。

（3）麝香百合（*Lilium longiflorum* Thunb.）。

（4）韭菜（*Allium tuberosum* Rottl.）。

（5）沿阶草（*Ophiopogon bodinieri* Levl.）。

（6）土麦冬（*Liriope spicata*（Thunb.）Lour.）。

（7）萱草属（*Hemerocallis* sp.）。

（8）天门冬属（*Asparagus* sp.）。

（9）贝母（*Fritillaria* sp.）。

（10）黄精属（*Polygonatum* sp.）。

（11）风雨花（*Zephyranthes grandiflora* Lindl.）。

（12）水仙（*Narcissus tazetta* var. *chinensis* Roem.）。

（13）水鬼蕉（*Hymenocallis americana* Roem.）。

（14）小麦（*Triticum aestivum* L.）。

（15）水稻（*Oryza sativa* L.）。

（16）水蔗草（*Apluda mutica* L.）。

（17）野燕麦（*Avena fatua* L.）。

（18）狗尾草（*Setaria viridis*（L.）Beauv.）。

（19）大麦属（*Hordeum* sp.）。
（20）蜀黍属（*Sorghum* sp.）。
（21）玉蜀黍（*Zea mays* L.）。
（22）黑麦属（*Secale* sp.）。
（23）披碱草属（*Elymus* sp.）。
（24）赖草（*Leymus secalinus*（Georgi）Tzvel.）。
（25）鹅冠草属（*Roegneria* sp.）。
（26）芦苇（*Phragmites australis*（Cav.）Trin. ex Steud.）。
（27）早熟禾属（*Poa* sp.）。
（28）雀麦属（*Bromus* sp.）。
（29）羊茅属（*Festuca* sp.）。
（30）针茅属（*Stipa* sp.）。
（31）芨芨草属（*Achnatherum* sp.）。
（32）虎尾草属（*Chloris* sp.）。
（33）稗属（*Echinochloa* sp.）。
（34）待检植物2～3种。

三、实验观察

（一）泽泻科（Alismataceae）

1. 观察慈姑（*Sagittaria trifolia* var. *sinensis*）腊叶标本及花的浸制标本：多年生水生草本，有纤匐枝，枝端膨大而成球茎。叶异型，沉水叶带状，浮水的或突出水面的叶戟形。花排成高大圆锥花序，有总苞片几枚？花两性或单性，雄花生于上部，具长花梗，是否合生？雌花生于下部，花梗粗短或缺如，有时有两性花，具短梗，苞片披针形；雌雄花被片相似，通常花被6枚，外轮3枚绿色，反折或包果，内轮花被片花瓣状，白色，膜质脱落；雄蕊9至多数，离生，花丝不等长，长于或短于花药，花药黄色，稀紫色；心皮多数，分离，螺旋状排列于扁球形凸起的花托上，侧向压扁，每心皮胚珠1枚。瘦果，多数压扁或有翅。种子褐色，具小突起。

2. 观察泽泻属（*Alisma* sp.）生活标本：多年生水生、沼生或湿生草本。花期前有时具乳汁，有块茎，多须根。叶基生，沉水或挺水，全缘；挺水叶具白色小鳞片。叶片披针形、椭圆形至肾形，叶脉3～7条，弧状平行，主脉与侧脉并行，脉间具小横脉。复伞状或圆锥状花序顶生；花小，有花梗，两性或单性，辐射对称；花被片6，离生，两轮排列，外轮绿色花萼状，宿存，内轮较大，白色，花瓣状，花后萎缩；雄蕊6枚或更多，分离，花丝丝状；雌蕊心皮多数，分离，轮生于花托，子房上位，1室，具1基生胚珠，花柱顶侧生，着生于心皮腹缝线上部。瘦果，两侧压扁，聚集成头状；种子无胚乳。

（二）百合科（Liliaceae）

1. 观察麝香百合（*Lilium longiflorum*）的生活标本：鳞茎球形，鳞片白色。茎高

45～90cm，绿色。叶散生，上部叶常比中部叶小，披针形或矩圆状披针形，长至15cm，宽至1.8cm，先端渐尖，全缘，两面无毛。花单生或数朵排成近伞形花序，花梗长约3cm；苞片披针状，长3～9cm，小苞片1，花梗近中部着生，长约2cm；花极芳香，喇叭形，白色，外面略带绿色，长达19cm，花被片6，排成2轮，倒卵形，外轮花被片上端宽2.4～5cm，内轮花被片比之稍宽，向外张开或先端外弯，有胼胝质状尖头，内轮花被片中脉两侧内折，外轮花被下部以边缘插入褶内，花被内面基部与雄蕊之间有扁宽蜜腺。雄蕊6枚，向前弯，着生于花被的基部，花丝长15cm，无毛，花药椭圆形，丁字着生，花粉粒橙黄色；子房长圆柱形，长4cm，3棱，花柱长3倍于子房，柱头粗大，3裂。蒴果矩圆形，长5～7cm，种子多数。

2. 观察韭菜（*Allium tuberosus*）生活标本及花的浸制标本：韭菜为栽培的多年生草本植物，地下具有圆柱状鳞茎及块状茎。叶条形，扁平。花葶细长，有花20～40朵，集成伞形花序。总苞膜质，2裂，比花序短，宿存；花白色或微带红色；花被6裂，排成2轮，覆瓦状；雄蕊6枚，排成2轮，花丝基部合生，并与花被贴生；雌蕊由3心皮组成，子房上位，外壁具细的疣状突起，3室，每室具2枚胚珠。蒴果。

3. 观察沿阶草（*Ophiopogon bodinieri*）生活标本：多年生簇生草本，根茎粗短，须根细长，末端常肥大成块根。叶多数基生，狭条形，稍坚挺。花葶自根茎顶端抽出，花小，白色或紫蓝色，排成总状花序，每1小总苞内有花1～3朵，俯垂；花被6枚，排成两轮；雄蕊6枚，两轮，花丝极短，花药三角状披针形；雌蕊由3枚心皮组成，子房半下位，3室，每室有胚珠2枚，花柱3齿裂。

4. 观察土麦冬（*Liriope spicata*）生活标本：与沿阶草属相似，但体形较大，花序每1小总苞片内有花（2-）3～5朵，花直立，花丝与花药等长，花药短条形，孔裂；子房上位，近球形，每心皮有胚珠1～2枚，花柱不裂，花被片着生于子房的近基部。

5. 观察萱草属（*Hemerocallis* sp.）生活标本：多具肉质块根，无地上茎。叶条形，基生。花葶不分枝。花大。花被下部连合，黄色或橙色。蒴果。

6. 观察天门冬属（*Asparagus* sp.）生活标本：长椭球形肉质块根。叶退化为白色干膜质鳞片，托叶变态为刺。叶状枝绿色。花梗有关节。浆果，熟时红色。

7. 观察贝母（*Fritillaria* sp.）生活标本：具鳞茎。花被基部内侧具腺窝。花下垂。蒴果室背裂，有棱翅。

8. 黄精属（*Polygonatum* sp.）生活标本：根茎圆柱形。茎单一。花腋生。花被合生。雄蕊贴生于花被管上。浆果。

（三）石蒜科（Amaryllidaceae）

1. 观察水仙（*Nareissus tazetta* var. *chinensis*）浸制标本（图26-1）：多年生草本，具鳞茎，叶直立而扁平；花葶中空。伞形花序有花4～10朵；花被高脚碟状，筒部3棱，上部6裂，白色，副花冠淡黄色，浅杯状，上部6浅裂；副花被与花被之间基部着生一轮蜜腺，蜜腺淡黄色，椭球形，连成花盘；雄蕊6枚，3长3短，与花被对生，花丝自花药基部贴生于花冠筒上；子房下位，3室，中轴胎座，胚珠多数，柱头3裂。

2. 观察水鬼蕉（*Hymenocallis americana*）生活标本：叶多枚，剑形，长45～75cm，

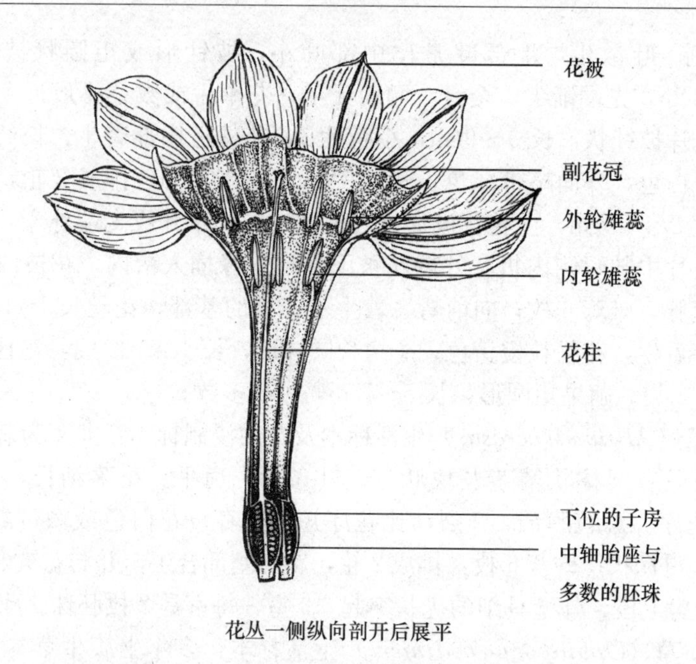

图 26-1 石蒜科水仙花（刘运笑绘）

宽 2.5～6cm，深绿色，多脉。伞形花序轴扁平，高 30～80cm，总苞长 5～7cm，基部极阔；花白色，无柄，3～8 朵生于花茎之顶；花被管纤弱，长短不等，长 10cm 以上，上部扩大，裂片线形，通常短于管；雄蕊花丝合生成杯状体，杯状体钟形或阔漏斗形，长约 2.5cm，上沿有齿，花丝分离部长 4～5cm；子房下位，每室有胚珠 2 枚，花柱约与雄蕊等长或过之。蒴果略肉质。

（四）禾本科（Gramineae）

禾本科植物花、果形态结构参见附录Ⅲ芽、叶、花、果形态彩图Ⅶ。

通过观察下列材料，领会以下形态术语：叶鞘、叶耳、叶舌、小穗、颖片、稃片、浆片、小穗两侧扁压、小穗背腹扁压、小穗轴延伸与否、小穗脱节于颖之上或颖之下、小穗侧面向轴、外稃紧扣与否、基盘、芒（着生位置、形状、第一芒柱、第二芒柱、第一或第二膝曲、芒针）。另外注意花序、每小穗含几花、小花退化情况、每穗轴节上着生几小穗以及有关结构的质地、形状、脉纹等特征，秆上节间，秆环，箨环等。

通过观察竹类标本，请注意认识下列特征：箨（俗称笋壳）、箨舌、箨耳、箨鞘、分枝上叶的关节。

1. 观察小麦（*Triticum aestivum*）腊叶标本及花的浸制标本（图 26-2）：小麦为 1 年生或越年生草本，秆直立，具明显的节和节间，节间中空。叶互生，排成 2 列，叶片条状披针形，叶鞘包围着秆，但不封闭；在叶片和叶鞘之间的内侧有一膜质的叶舌。复穗状花序顶生、直立、坚硬，具多数小穗，小穗无柄，单生于每一节上。取 1 个小穗详细观察：小穗两侧压扁，在基部两侧有相对着生的 2 枚颖片（为不孕性苞片），下方的称外颖（条一颖），上方的称内颖（第二颖），其上有小花3～5 朵，通常只有下方 2～3 朵发育，最上 1 朵是雄花或只具内、外稃的无性花。取 1 朵正常发育的小花细心

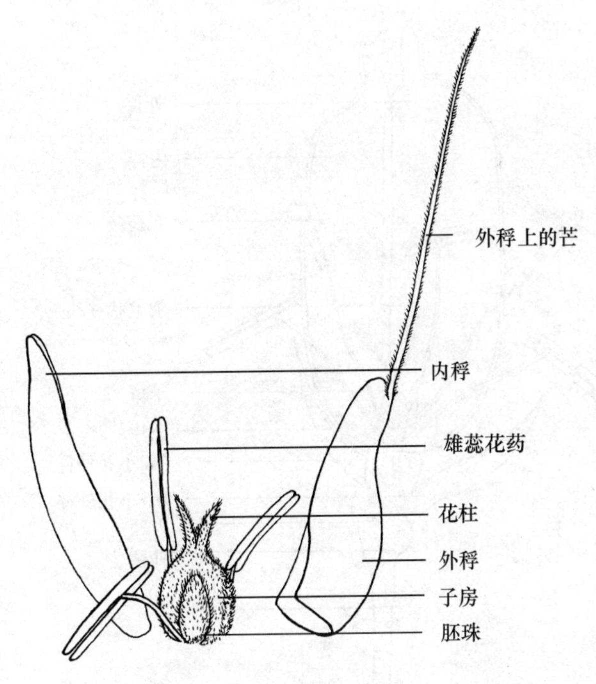

图 26-2　禾本科小麦 1 朵小花结构图

（自中山大学植物学教研室教学图库，刘运笑重绘）

观察，可见最外面为 1 枚绿色、草质、脊上延伸 1 条芒的外稃（特化的苞片）；对面 1 枚为内稃（特化的小苞片），膜质，无芒；外稃的内方有 2 枚细小、极薄而透明的浆片（小花的花被，近轴 1 枚已完全退化）；雄蕊 3 枚，花丝细长，花药 2 室，丁字着生；雌蕊由 2 个心皮组成，子房上位，1 室，1 枚胚珠，花柱 2 裂，柱头羽毛状（图 26-2）。果实为颖果，果皮紧贴着种皮；种子具丰富的胚乳，外稃和内稃则很容易和麦粒分离。

2. 观察水稻（*Oryza sativa*）生活标本及花的浸制标本（图 26-3）：1 年生禾草，秆直立。叶长，互生成 2 列，叶片条状或线状披针形，叶鞘抱茎，叶片和叶鞘间有明显膜质叶舌，幼时具明显叶耳。圆锥花序松散，有多数小穗。小穗两性，两侧压扁，有 3 朵小花，下方两小花退化仅存留极小的外稃。内外颖极度退化，仅在小穗柄的顶端呈半月形痕迹。结实两性小花外稃坚硬，具 5 条脉，有时有芒，内稃有 3 条脉，结实时外稃紧扣内稃，成熟时黄色，质硬；用刀片通过外、内稃的脊进行纵切，然后用镊子撕下其中一半，可见在外稃的内侧、子房的基部着生浆片 2 枚；雄蕊 6 枚，花药丁字着生；雌蕊 1 枚，花柱 2 裂，柱头羽毛状。颖果。

3. 观察水蔗草（*Apluda mutica*）生活标本：多年生草本；秆直立或攀缘状，多分枝。叶扁平，线形，长 10～30cm，宽 5～10mm，先端渐尖，基部渐窄而成一短柄，秃净。总状花序单生，总苞佛焰苞状，长 6～8mm，先端短尖，内含 3 小穗（2 有柄，1 无柄）的一节；穗轴扁平，长约 4mm；无柄小穗两性，长约 4mm；外颖革质，10 余脉，上部两侧有脊；第一朵小花的外稃长约 4mm，先端短尖，有脉 5 条；内稃与外稃等长，边缘窄内卷；第二朵小花的外稃阔卵形，较第一朵小花的微短，背隆凸，呈两侧压扁，先端短尖，边缘窄内卷，内稃先端有小尖头或长 1cm 的膝曲芒；退化的具柄小穗为颖状，扁平，

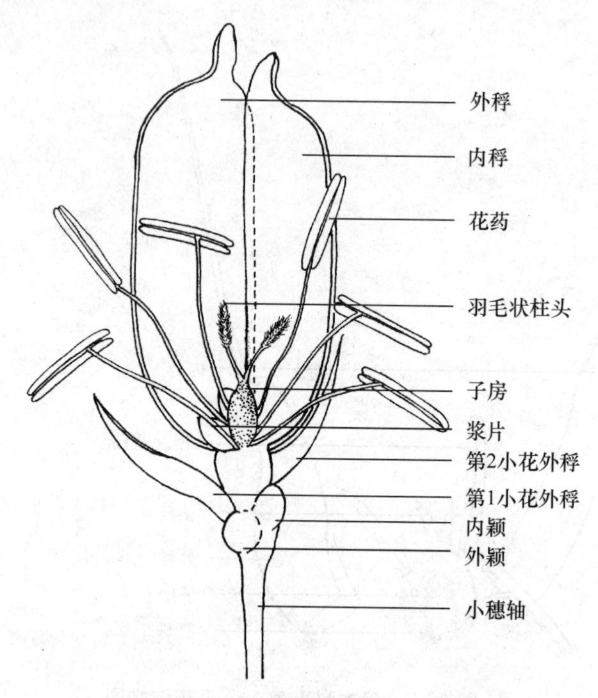

去除发育小花外稃和内稃的一半后的小穗

图 26-3　禾本科水稻的 1 个小穗

（引自钟恒、刘兰芳、李植华，1996，刘运笑重摹）

卵形，长约 1mm，小穗柄扁平，长约 3～4mm；另一具柄小穗为雄性或中性，小穗长 4mm。

4. 观察野燕麦（*Avena fatua*）生活标本：1 年生草本。无叶耳。2 枚颖片草质，近相等，具 9 条脉。基盘具毛。颖片紧扣。外稃背部具膝曲状扭曲的芒。

5. 观察狗尾草（*Setaria viridis*）生活标本：1 年生草本。叶舌具纤毛。无叶耳。圆锥花序圆柱状。每分枝顶端具 1 小穗；其下为数条不育枝发育而来的刚毛。认真观察 1 小穗的特征，可解剖出 5 枚片状物，它们分别为何结构？

6. 观察大麦属 1 种（*Hordeum* sp.）生活标本：穗状花序每穗轴节上生 2～3 枚小穗。每小穗只含 1 花。外稃具芒。

7. 观察蜀黍属 1 种（*Sorghum* sp.）生活标本：小穗孪生，或顶端生 3 小穗，无柄者可育。颖硬草质。第一外稃透明膜质，第二外稃先端 2 裂，有芒或全缘无芒。

8. 观察玉蜀黍（*Zea mays*）生活标本：单性花。雄小穗含 2 花，孪生，一有柄，一无柄，稃片透明膜质。雌小穗成对生。每小穗生 2 花：第一花不孕。内稃有或无。第二花可育结实，稃片均透明膜质。

9. 观察黑麦属 1 种（*Secale* sp.）生活标本：穗状花序轴每节生 1 小穗。每小穗含 2 花。颖锥形。

10. 观察披碱草属 1 种（*Elymus* sp.）生活标本或腊叶标本：颖片披针形。穗状花序轴每节生数枚小穗。

11. 观察赖草（*Leymus secalinus*）生活标本或腊叶标本：颖片锥形。具根状茎。

12. 观察鹅冠草属 1 种（*Roegneria* sp.）生活标本或腊叶标本：每穗轴节生 1 小

穗。基盘明显。内外稃紧扣。

13. 观察芦苇（*Phragmites australis*）生活标本或腊叶标本：圆锥花序。每小穗含多花。第一花长于第二颖。基盘细长具长毛。

14. 观察早熟禾（*Poa* sp.）生活标本或腊叶标本：外稃具5脉。通常在外稃的脊、边缘及基盘上有绵毛。

15. 观察雀麦属1种（*Bromus* sp.）生活标本或腊叶标本：叶鞘封闭。内稃之脊生纤毛。花柱生于子房前上方。

16. 观察羊茅属1种（*Festuca* sp.）生活标本或腊叶标本：外稃具不明显的5脉。脉于顶端汇合。

17. 观察针茅属1种（*Stipa* sp.）生活标本或腊叶标本：圆锥花序。每小穗具1花。颖近等长。外稃革质，背部具排列成纵列的柔毛。芒下部扭转，1～2膝曲，具毛，与外稃连接处有关节。

18. 观察芨芨草属1种（*Achnatherum* sp.）生活标本或腊叶标本：与针茅的区别在于外稃背部具散生柔毛，无关节或关节不明显。内稃果期外露。

19. 观察虎尾草属1种（*Chloris* sp.）生活标本或腊叶标本：穗状花序形成指状。小穗偏于一侧。每小穗具2～3花。第一花可育。

20. 观察稗属1种（*Echinochloa* sp.）生活标本或腊叶标本：每小穗含2花。第一花不育。小穗列于一侧。第二稃片较硬而韧。

四、作业

1. 绘麝香百合的花图式。
2. 绘水仙花的花图式。
3. 写出犁头尖的花公式。
4. 绘慈姑的1个雌蕊。
5. 绘制水稻1个小穗的简图，并注明各部分的名称。

五、思考题

1. 为什么说泽泻科是单子叶植物较原始的类群？

2. 广义百合科包括石蒜科，你认为石蒜科是否应从百合科中独立出来？

3. 通过对水稻的观察，你能说出禾本科的主要特征吗？为什么说禾本科花的构造特点是适应风媒传粉的高级类型？

实验二十七　单子叶植物（二）：天南星科、莎草科、姜科、兰科

一、实验目的

（1）了解佛焰花目（Spathiflorae）天南星科（Araceae）花的结构特点。

（2）掌握莎草目（Cyperales）莎草科（Cyperaceae）花的结构特点。

（3）掌握姜目（Zingiberales（Scitamineae））姜科植物及花的构造特征。

（4）掌握兰目（微子目）（Orchidales（Microspermae））兰科（Orchidaceae）植物的两个亚科花的构造特征。

二、实验材料

（1）犁头尖（*Typhonium divaricatum* Decne.）。

（2）香附子（*Cyperus rotundus* L.）。

（3）飘拂草（*Fimbristylis dichotoma* Vahl.）。

（4）艳山姜（*Alpinia zerumbet*（Pers.）Burtt. et Smith）。

（5）姜花（*Hedychium coronarium* Koenig.）。

（6）大高梁姜（*Alpinia galanga* Willd.）。

（7）鹤顶兰（*Phaius grandifolius* Lour.）。

（8）墨兰（*Cymbidium sinense*（Andr.）Willd.）。

（9）红门兰属 1 种（*Orchis* sp.）。

（10）火烧兰属 1 种（*Epipactis* sp.）。

（11）待检索植物 2～3 种。

三、实验观察

（一）天南星科（Araceae）

观察代表植物犁头尖（*Typhonium divaricatum*）花的生活标本。

多年生草本，块茎近球形。叶基出，心状戟形或箭形，或 3～5 鸟足状分裂。肉穗花序着生在抽出的花葶上，佛焰苞具阔而短的管，此管宿存或于口部收缩，上部宽卵

状披针形，顶端渐尖，紫色，脱落；花序基部为雌花，排成数列，雌花之上有数列短而锥尖、直立的中性花，中性花之上为不育部分，再上为数列雄花；雄花之上为长的附属体，附属体细圆柱状，平滑，渐尖，紫红色。雄花有雄蕊1～3枚，花药无柄。雌花子房1室，具1～2枚胚珠，基生，柱头无柄。浆果，卵圆形，种子1～2颗。

（二）莎草科（Cyperaceae）

莎草科植物花、果形态结构参见附录Ⅲ芽、叶、花、果形态彩图Ⅷ～Ⅹ。

1. 观察香附子（*Cyperus rotundus*）生活标本：1年生，或多年生草本，有匍匐根状茎和椭圆状块茎。秆直立，散生，三棱柱状，实心；叶基生，叶鞘棕色，封闭。复伞形花序，总苞片2～3枚，叶状；小穗稍压扁，小穗轴有白色透明的翅，宿存，花数朵至多数；颖片（鳞片）2列，膜质，卵形或矩圆状卵形，中间绿色，两侧紫红色，5～7脉，雄蕊3，子房1室，胚珠1枚，花柱1，柱头3。小坚果矩圆状倒卵形，三棱状，表面具细点。

2. 观察飘拂草（*Fimbristylis dichotoma*）生活标本：1年生簇生草本，变异极大，秃净或稍微被柔毛；茎纤细，高25～50cm，有线条，在花序下3～5棱形，常粗糙。叶多数，簇生于基部，线形至狭线形，长10～30cm，宽1～3mm，秃净或被柔毛。伞形花序单生或复生，长3～7cm；总苞片叶状，其中1～2枚常长于叶；小穗具柄或有些无柄，少数至多数，卵状矩圆形，长5～10mm，稍尖；颖片多数，全部螺旋形覆瓦状排列，卵形，有短锐尖，褐色而有淡色或绿色的中脉向顶延伸成小尖头，秃净；雄蕊3～1枚；柱头长2裂，扁平，边有毛。坚果短圆状卵形，两面凸起，长1～1.2mm，白色或淡褐色，有5～9明显的纵线条。

（三）姜科（Zingiberaceae）

1. 观察艳山姜（*Alpinia zerumbet*）生活标本：草本，根茎平卧生长，有辛辣味。茎生叶2列，矩圆形或披针形，叶鞘张开。穗状花序或圆锥花序顶生，花蕾时包藏于佛焰苞状的总苞内，每朵花具一大型苞片，白色，顶端粉红色，有时包围着花；花萼近钟形，白色，顶粉红色，一侧开裂，顶端3齿裂；花冠管圆柱形，常短于萼，上端3裂，裂片长圆形，乳白色，顶端粉红色；雄蕊仅内轮近轴1枚发育，花丝中央具槽，花药大，2室，药隔有时具附属体；内轮侧生雄蕊退化为2腺体，位于子房远轴面；外轮中央雄蕊变态为花瓣状，称为唇瓣，匙状宽卵形，顶端皱波状，杂有黄色和紫红色条纹，外轮侧生雄蕊退化呈钻形，且与唇瓣的基部合生；雌蕊由3心皮组成，子房下位，被粗毛，3室；胚珠多数；花柱丝状，从发育雄蕊的花丝槽及药室之间穿出，柱头头状。蒴果不开裂或不规则开裂，或3裂，肉质或干燥。种子多数，有假种皮。

2. 观察姜花（*Hedichium coronarium*）生活标本：茎直立，高1～2m。叶排成2列，无柄，矩圆状披针形，先端渐尖，秃净或背面薄被疏长毛；舌片明显，长1～3cm。穗状花序长5～20cm，宽4～8cm；小总苞绿色，卵形或倒卵形，长4～5cm，先端浑圆或短尖，其内有花2～3朵；花极香，白色；萼管状，长约4cm，3齿裂，一边开裂；花冠管长约8cm，3裂，裂片线状披针形，扩展，长4cm；雄蕊6枚，仅内轮中央雄蕊发育，花丝细长，与药隔有沟槽；内轮侧生的2枚雄蕊退化成腺体，位于子房前面的基部；外轮侧生的2枚雄蕊退化成花瓣状，为矩圆形，长4～5cm，宽2～2.5cm；外轮远轴的

1枚雄蕊退化成唇瓣，唇瓣倒卵形或倒心形，直径5～6cm，中央淡黄色，先端2裂；子房下位，中轴胎座，胚珠多数，花柱为花丝沟槽所包，仅柱头突出药隔之外。蒴果球形，3瓣裂；种子多数，有假种皮（图27-1）。

3. 观察大高梁姜（*Alpinia galanga*）生活标本（图27-1）：根茎块状，稍有香气；茎直立，高达2m。叶2列，具极短的柄，矩圆形至阔披针形，长30～60cm，宽7～15cm，两面均秃净而亮；舌片短，圆形。圆锥花序直立，多花，长15～30cm，总轴密被小柔毛，分枝多而短，下部的常有花5～6朵；花柄长3～4mm；小苞片矩圆状披针形；萼管状，绿白色，长8～10mm，短3裂；花冠管略长于萼管，裂片狭，长1.2～1.6cm；雄蕊6枚，仅内轮近轴1枚雄蕊发育，远轴2枚退化成腺体，外轮远轴雄蕊形成唇瓣，唇瓣倒卵形，2裂，下部收缩成一长柄，基部每边贴生有淡红色、由外轮侧生退化雄蕊形成的短裂片（腺体）；花丝扁平，药室顶部广歧；子房3室。果球形，直径约1.2cm，熟时橙红色，顶端冠以白色、管状的宿萼。

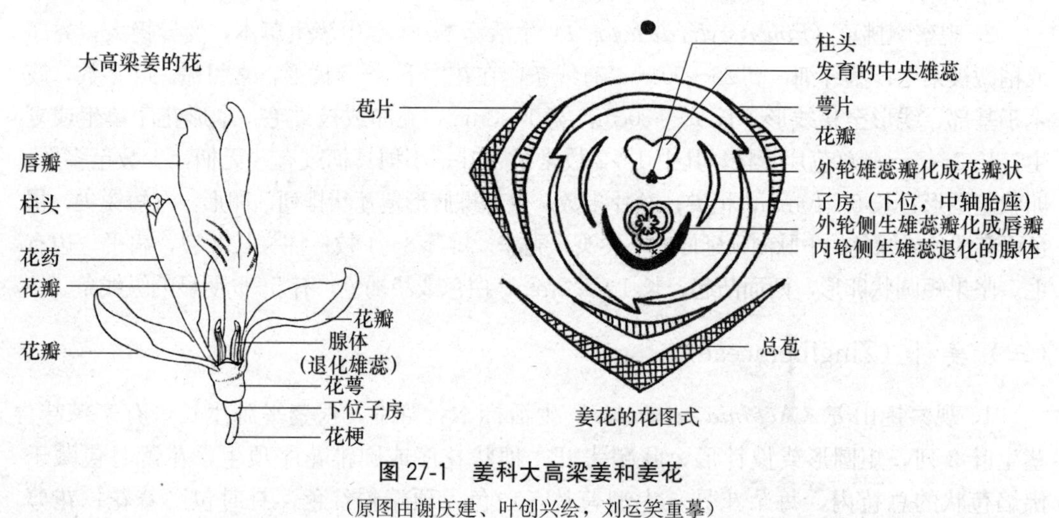

图27-1　姜科大高梁姜和姜花

（原图由谢庆建、叶创兴绘，刘运笑重摹）

（四）兰科（Orchidaceae）

兰科植物花形态结构参见附录Ⅲ芽、叶、花、果形态彩图Ⅺ和Ⅻ。

1. 观察鹤顶兰（*Phaius grandifolius*）生活标本：陆生，较高大，茎基部数个节间肥厚，形成假鳞茎。叶长圆状披针形，折扇状，基部收狭成对折的柄，无关节。花葶侧生于假鳞茎或生于叶腋，有花10朵排成总状花序；苞片舟形，开花前脱落；花大，直径6～7cm；萼片3枚，相似，开展；花瓣3枚，侧生2枚和萼片相似但略窄，中央1枚称唇瓣，大而具鲜艳的颜色，卷作喇叭状，包围着合蕊柱，顶部3裂，基部有短距，腹面具2条纵折片，由于花在开放过程中，子房扭转180°，唇瓣位置也从近轴面改变而位于远轴面，成为昆虫的立足点；雄蕊与雌蕊花柱、柱头合生成合蕊柱，蕊柱细长，半圆柱形，有不明显蕊柱足；发育雄蕊1枚，花药生于蕊柱顶部的药床内，向前倾，2室，花粉粒黏结成花粉块，蜡质，每室有4块，两大两小互相压叠，较大的具花粉块柄；雌蕊由3个心皮合生而成，子房下位，外面具6条棱，因子房扭转而可见棱扭曲。子房1室，侧膜胎座，内有胚珠极多数，柱头大，3裂，内陷成浅杯状，其中1个柱头的裂片退化，变成蕊喙（图 27-2）。蒴果。

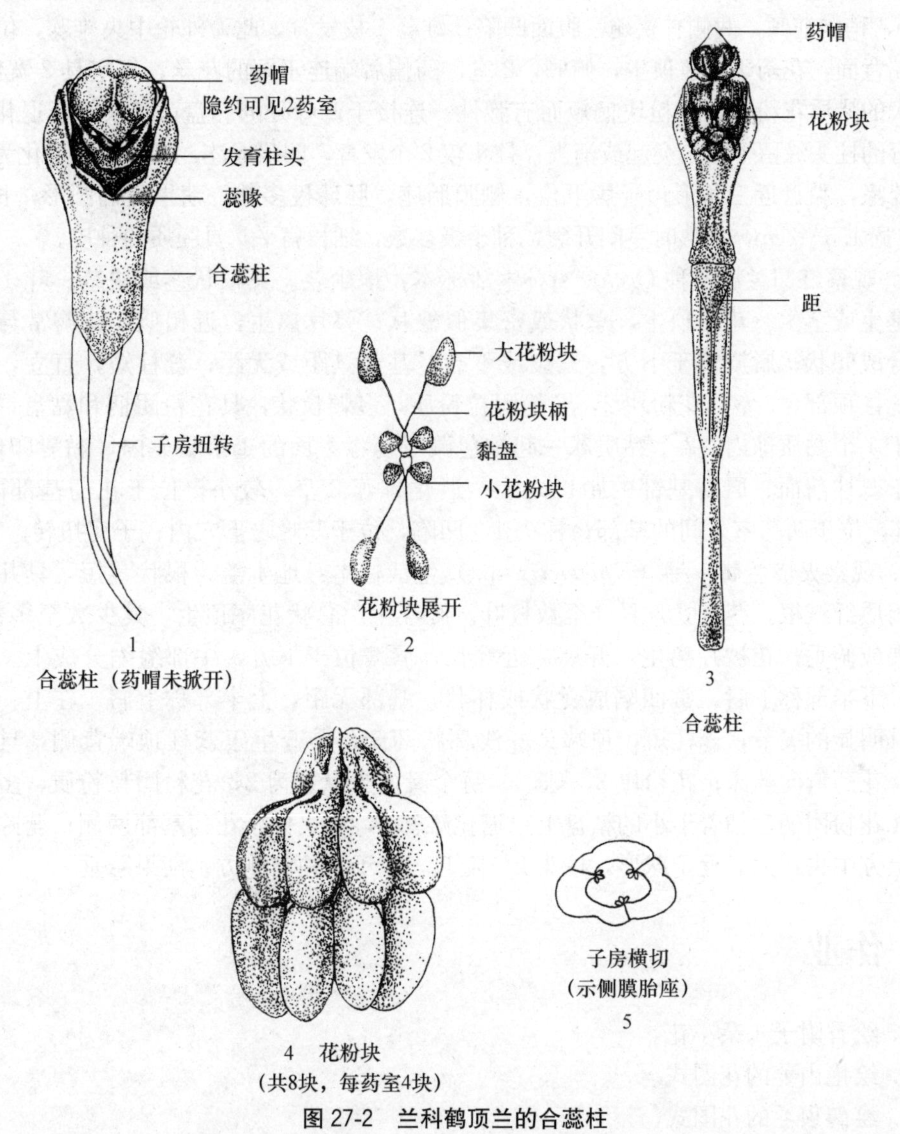

图 27-2　兰科鹤顶兰的合蕊柱

（1、2 图由程翘楚绘，3 图由李佩瑜绘，刘运笑重摹，4、5 图由刘运笑绘）

2. 观察墨兰（*Cymbidium sinense*）花的浸制标本：地生植物，假鳞茎卵球形，包藏于叶基之内。叶 3～5 枚，带形，长可达 45～80（～110）cm 以上，宽（1.5～）2～3cm，有光泽，距基部 3.5～7cm 处有关节。花葶自假鳞茎基部生出，直立，花茎高（40～）50～90cm，通常高出于叶，花排成总状花序，有花 10～20 朵或更多，花的苞片除最下面的 1 枚长于 1cm 外，其余苞片长 4～8mm，在花期仍存；花大，直径 6～7cm，花梗和子房一起长 2～2.5cm，花的颜色变化，较常为暗紫色或紫褐色而有浅色的唇瓣，也有黄绿色，桃红色或白色的，有浓郁的悦人香气；萼片 3，与花瓣离生，浅褐色，狭长圆形或狭椭圆形，长渐尖；花瓣近狭卵形，唇瓣近卵状长圆形，绿黄色而带紫色的斑点，生于蕊柱的基部，不明显 3 裂，侧裂片直立，多少围抱合蕊柱，具乳突状短柔毛；中裂片较大，外弯，亦有类似的乳突状短柔毛，边缘略波状；唇盘上两条纵褶片从基部延伸至中裂片基部，上半部向内倾斜并靠合，形成短管；花柱、柱头与雄蕊合生成合蕊柱，蕊柱长1.2～1.5cm，稍向前倾，两侧有狭翅，腹面凹陷；雄蕊1枚发育，此为外轮中央雄蕊，位于蕊柱顶端背面，花药于蕊柱顶生，俯倾，2室，药帽后端连于短的花丝，每室具2宽卵形、不等大的蜡质花粉块，花粉块柄短而有弹性，连接于蕊喙处的黏盘；其余雄蕊退化，仅在发育的柱头缘留下微小突起或消失；柱头仅2个发育，凹陷成洼，另一柱头退化为略突出的蕊喙，黏盘近三角形；子房下位，侧膜胎座，胚珠极多数。蒴果狭椭圆形，长6～7cm，宽1.5～2cm，成熟时室间开裂，种子极多数，细长扁平，具膜质的种皮。

3. 观察红门兰属1种 *Orchis* sp. 生活标本：地生兰。具根状茎或块茎。叶1至数枚，基生或茎生。花序顶生，总状或密集似穗状；萼片离生，近相似；花瓣常与中萼片靠合成兜状；唇瓣位于下方，三裂或不裂，基部具距或无距；蕊柱短，直立，花药位于蕊柱顶部，2室；花粉块2，花粉团粒粉质，多颗粒状，具花粉团柄和黏盘，黏盘各埋于1个黏质球内，2个黏质球一起被包藏于蕊喙上面的1个黏囊内，黏囊卵球形，突出于蕊柱前面、唇瓣基部的距口之上；退化雄蕊2个，较小，位于花药基部两侧；蕊喙1，位于两药室之间的基部；柱头1，凹陷，位于蕊喙之下穴内；子房扭转。

4. 观察火烧兰属1种（*Epipactis* sp.）生活标本：地生兰。根状茎短，具几条细长的肉质纤维根。茎直立，具2至数枚叶。叶互生。总状花序顶生，具少数至多数花；花平展或俯垂；花被片离生，开展，近等长；唇瓣位于下方，中部缢缩分成上、下两部分，下半部称下唇，常凹陷成囊状或杯状，基部无距，上半部称上唇，在上、下唇之间具明显的关节；蕊柱短，顶端具一浅杯状药床；雄蕊生于蕊柱顶端背侧，具短的花丝；花药弯向药床；花粉块2，球形，每个又多少纵裂为2，花粉团粒粉质，多颗粒状，无花粉团柄，粘着于小的粘盘上；退化雄蕊2，小，位于花药基部两侧；蕊喙位于柱头上方中央，大，近于球形，柱头2，隆起，位于蕊柱前侧方。蒴果悬垂。

四、作业

1. 绘香附子1朵小花。
2. 绘艳山姜的花图式。
3. 绘鹤顶兰的花图式。

五、思考题

1. 天南星科植物有哪些主要特征？
2. 列表比较莎草科与禾本科的主要区别。
3. 在姜科实验材料观察中，你对本实验指导的参考描述有不同看法吗？因为它不同于一般植物学教材中的有关姜科花结构的描述。应如何解释姜科植物花的唇瓣来源？
4. 兰科植物形成合蕊柱对虫媒传粉有何意义？
5. 姜科、兰科与百合科有亲缘关系吗？
6. 你如何掌握单子叶植物与双子叶植物的主要区别？

附：开放性实验六　种子植物

一、实验目的和要求

通过实验训练学生如何使用检索表及掌握科的特征。

二、工具书

中国植物志、地方植物志、有关植物检索表。

三、仪器

体视显微镜、手持放大镜、镊子、解剖针、培养皿、载玻片。

四、实验材料

在校园及附近采集15～20个科有花或有果的种子植物标本。以下科可供选择：松科、杉科、柏科、胡桃科、杨柳科、壳斗科、桦木科、木兰科、樟科、毛茛科、番荔枝科、藜科、苋科、蓼科、豆科、十字花科、冬青科、大戟科、石竹科、锦葵科、夹竹桃科、萝摩科、茜草科、木樨科、忍冬科、茄科、旋花科、马鞭草科、禾本科、莎草科、鸭跖草科、兰科等。

五、实验观察

对所采植物标本可判别大类如裸子植物，双子叶植物，单子叶植物。

对植物的营养器官和生殖器官如花、果实、种子特征进行认真细致的观察，根据检索表的条目进行检索。

六、作业

编制所观察过的科的检索路线和检索结果。

植物检索表的使用和编制

一、植物检索表的概念

在进行植物分类学研究时常利用植物各种相对应的形态、结构特征，将植物各类群加以区别和检索，称为植物检索表。相应地有分门、分纲、分目、分科、分属和分种检索表等，在植物志中常见1个科内所包含的属的检索表，有时也包含属以上科以下如亚科、族、亚族的科的次级分类单位检索表；编制1个属所包含的种的检索表时，有时也包含对亚属、组、系等分类单位的检索表。

从编写形式看，目前广泛应用的主要有两类检索表，即：等距式检索表和平行式检索表。

（1）等距式检索表：相对应的检索特征等距地内缩排列，所含次一级的条目直接排列在所属的相应条目下，呈下降阶梯式。等距式检索表优点是条目清晰，上下分类阶层包含关系明显，查找方便，缺点是占篇幅较大。

如《广州植物志》野牡丹科（Melastomaceae）检索表：

1. 叶有主脉3～7条或更多，子房4～5室。
  2. 花药全相似；果干燥，迟开裂 ………………………………… 1. 金锦香属（*Osbeckia* L.）
  2. 花药极不相等；果稍肉质，不开裂 ………………………… 2. 野牡丹属（*Melastoma* L.）
1. 叶有主脉1条；子房1室 ………………………………………… 3. 谷木属（*Memecylon* L.）

（2）平行式检索表：将相对应的检索特征平行并列，次一级的条目依序数值大小顺次排列，下一项要查找的条目写在先一级条目的尾部。平行式检索表优点是条目所有编号在左侧对齐，占篇幅小，适用于分类群较多时，缺点是看不出所属关系，且容易出错。

如对《广州植物志》野牡丹科等距检索表改变为平行检索表则为：

1. 叶有主脉3～7条或更多，子房4～5室 ……………………………………………………… 2
1. 叶有主脉1条，子房1室 ………………………………………… 3. 谷木属（*Memecyloa* L.）
2. 花药全相似；果干燥，迟开裂 ………………………………… 1. 金锦香属（*Osbeckia* L.）
2. 花药极不相等；果稍肉质，不开裂 ………………………… 2. 野牡丹属（*Melastoma* L.）

等距式检索表较为常用，如《中国植物志》全部采用等距式检索表。

从检索表编制的目的、要求来看，其内容是丰富多彩的，有针对全球性的、一个国家的检索表，也有针对某一省区、地区、地域、山地、山脉、河流、湖泊等区域性检索表；有针对某一自然类群的检索表，也有针对某些以经济植物、环境植物，甚至落叶植物、冬态植物、浮游植物等的“目的性”检索表；有主要采用营养器官特征的检索表，也有主要采用生殖器官的检索表等。当然这些方面的检索表基本上是“人为检索表”，没有涉及植物之间的系统或亲缘关系；不可否认，那些富有经验的植物分类学家，或者对某些自然类群有特别研究的专家，常常能根据植物的很多相关特征，作出很合乎自然规律、体现系统亲缘关系的检索表。

特别是在不同类型的检索表中，特征必须区别使用，注意范围，这也是需要大家在学习中必须注意和掌握的问题，应在具体实验中加以认识。

二、如何编制植物检索表

（1）确定检索表的范围、目的。针对不同的目的，确定检索表的使用范围或要求技术程度，然后进行认真观察，准确记录，列出相似特征和区别特征，即归纳和分类，并突出主要特征。

（2）检索表编制选取特征时应注意下列问题。

1）科学性。检索表应当首先注意科学性和准确性，应选取较明显、较为稳定的特征，最好是选用手持放大镜能观察到的特征。

一般认为，生殖器官的特征较稳定；而某些营养器官可能变化较大，如：叶的长短宽窄及毛被的多少等受环境的影响较大，是次一级选取的特征。

2）平行性。相同的条目码最好只有 1 对。在平行式检索表中相同的对应号码只有 1 对，在等距式检索表中最好也只用 1 对，即在整个检索表中只有两个 1、两个 2、两个 3……。最好 2 个，最后一级可以 3 个，但不要多于 3 个。

3）对立性和完整性。指所选取的相对特征，最好具有对立性，前后相对才整齐，如木本与草本；单叶与复叶；叶全缘与叶边缘有锯齿或分裂；浆果与干果等。并注意选择一些相关性的特征，如心皮合生与心皮离生等，这是因为某一项特征的出现常常伴随着另一相关特征的出现，就如同“人类的先天性聋常常伴随着先天性的哑出现一样”。有些恰正相反的特征，如“有……”“无……”，如“花药有毛”与“花药无毛”作为检索对比特征会使得检索表变得简洁易记。

4）顺序性和逻辑性。特征的表述按一般形态描述的次序，从下到上，从外到内，如：先根、茎、叶，后花、果实、种子；先器官的形态特征，后解剖结构特征或显微、生理生化特征等。

5）“特征集要”。一个较好的植物检索表，最好应能编成该类群植物的“特征集要”，即不但要能反映各类群的区别特征，而且也能从检索表中反映出该类群植物的主要特征。这将成为检索表应用广泛性的一个标准。因而检索表有一个很方便的功用，即通过“逆查”的方式，学习并掌握某类群的特征，同时对照实物进行验证。

6）简明性和实用性。检索表既要反映植物的主要特征，又要简明扼要，相对的条目中相同的特征可不必列出。检索表常常为一定的目的而设计，但无论是为了理论研究还是为了实践应用，都必须以实用性效果来考量。

一个成功的检索表必须在实践中能经受考验，经过广泛使用而被验证、补充、修正。使用一个富有经验的植物分类学家编制的植物检索表检索有疑问的植物标本时，如果检索不到合适的特种，那么有可能就是“新种、新分类群”或“新纪录”出现了，应特别注意，可依次通过地区性资料、全国性的资料、邻近国家的资料及国际性的资料确定。

三、利用工具书

使用《中国植物志》、地区植物志或其他专类植物志和各种检索表，观察由课堂提供的或学生自己采集的新鲜植物材料，一直检索到种为止，再对照该种的详细描述资料，查明检索是否正确。

实验二十八　利用 DNA 序列标记的分子系统学实验

一、实验目的和要求

（1）掌握利用 DNA 序列标记进行分子系统学研究的原理方法与主要实验技术。

（2）学习根据不同的研究目的进行实验设计。

（3）了解分子系统学基本的数据处理与数据分析方法。

二、实验材料、仪器与试剂

1. 实验材料：采用新鲜的或用硅胶干燥处理过的锦葵目（Malvales）（恩格勒 1964 年系统）各科代表种及外类群的幼嫩叶片作材料。

（1）杜英科（Elaeocarpaceae）：猴欢喜（*Sloanea sinensis* Hemsl.）。

（2）杜英科（Elaeocarpaceae）：尖叶杜英（*Elaeocarpus apiculatus* Mast.）。

（3）锦葵科（Malvaceae）：锦葵（*Malva sinensis* Gavan.）；黄花稔（*Sida acuta* Burm. f.）。

（4）椴树科（Tiliaceae）：布渣叶（*Microcos paniculata* Linn.）；黄麻（*Corchorus capsularis* Linn.）。

（5）木棉科（Bombacaceae）：木棉（*Bombax malabaricum* DC.）；猢狲木（*Adansonia digitata* Linn.）。

（6）梧桐科（Sterculiaceae）：梧桐（*Firmiana simplex*（L.）Wight）；苹婆（*Sterculia nobilis* Smith.）。

（7）外类群：桃金娘科（Myrtaceae）：桃金娘（*Rhodomyrtus tomentosa*（Ait.）Hassk.）。

2. 仪器设备：高压灭菌锅、台式高速离心机、水浴锅、天平、微量移液器（量程分别为 0.5～10μl，5～40μl，40～200μl，200～1000μl）、量筒、紫外分光光度计、恒压恒流电泳仪、水平电泳槽、凝胶成像系统、PCR 仪。

高压灭菌的用品：离心管（规格分别为 2ml，1.5ml，0.2ml）、塑料吸头（规格分别为 1000μl，200μl，10μl）、陶瓷研钵。

3. 试剂[①]

（1）总 DNA 提取试剂：液氮；β-巯基乙醇；氯仿∶异戊醇（24∶1）；异丙醇；无水

① 除特殊说明外，本实验所用试剂纯度均为分析纯，所用的水均为三蒸水。

乙醇；70%乙醇。高压灭菌试剂：3mol/L 醋酸钠（pH5.2）；2×CTAB（DNA 提取液）；TE（见附：溶液配方）。

（2）电泳检测试剂：溴化乙锭 10mg/mL（EB）；琼脂糖；1kb DNA 标记；6×载体缓冲液；50×TAE（见附：溶液配方）。

（3）玻璃粉法纯化总 DNA 试剂：高压灭菌；玻璃粉；碘化钠 6mol/L；纯化洗脱液；TE（见附：溶液配方）。

（4）PCR 扩增试剂：由上海生工生物工程技术服务有限公司提供的 10×缓冲液；氯化镁（25mmol/L）；dNTPs（2mmol/L）；*Taq* 酶（5U/μL）；灭菌三蒸水；引物 *rbc*L1（10μmol/L）（序列为 5'ATGTCACCACAAACAGAGACT3'）；引物 *rbc*L2（10μmol/L）（序列为 5'CCTTCATTAC GAGCTTGCACAC3'）。

（5）PCR 扩增产物回收试剂：Omega PCR 产物回收试剂盒（E. Z. N. A. Cycle-Pure K 编号 D6493-01）；灭菌三蒸水；无水乙醇。

（6）电泳检测试剂：溴化乙锭 10mg/ml（EB）；琼脂糖、6×载体缓冲液；50×TAE；1kb DNA 标记。

（7）序列测定试剂：ABI PRISM ® BigDye Terminator v3.1 Cycle Sequencing Kit；引物 *rbc*L1；引物 *rbc*L2；70%乙醇；灭菌三蒸水。

三、实验内容

选用合适的分子序列标记是进行本实验的关键之一。不同的分子序列标记，由于其进化速率不一样，它们所适用研究的分类等级水平也不同。例如：叶绿体的 *rbc*L 基因以其进化速率相对较慢和可比的特点，目前普遍应用于一些高等植物科内或科以上的分子系统学研究中。又比如核糖体 DNA 的 ITS 区，其变异速率相对较大，因而普遍适合于一些被子植物属、组级等较低等级分类群的系统进化关系的探讨。但即使是同一分子标记在不同的植物类群中表现也可能不一样。例如叶绿体的 *trn*L-*trn*F 间隔区适用于一些高等植物属内种间水平的系统学研究，但在另一些类群的属内则由于其变异频率太低而不适用。

本实验进行的是锦葵目的分子系统学研究，选取适合这一等级分类群水平的叶绿体 *rbc*L 基因作为分子序列标记。

（一）CTAB 法提取植物的总 DNA

采用改进的 CTAB 法从植物的叶片中提取总 DNA。

实验开始前先在 100ml 2×CTAB 加入 200μl β-巯基乙醇。

操作步骤如下：

1. 称取植物新鲜叶约 1g 或干叶约 0.6g。加液氮多次，研磨成均匀细粉状。

2. 将粉末移入 2ml 的离心管中，每管不超过管体积的 1/4，加入 2×CTAB 缓冲液约 1.0ml，60℃保温 30～40min，每隔 5min 摇匀 1 次。

3. 冷却至室温。

4. 加入氯仿∶异戊醇（24∶1），液面不超过管体积的 3/5，充分混匀。

5. 用离心机以8000g转速离心8min。

6. 将上清液移至一干净的1.5ml离心管，加氯仿：异戊醇（24：1）约0.6ml，充分混匀。

7. 用离心机以10 000g转速离心8min。

8. 取上清液移至干净的1.5ml离心管，（若蛋白等杂质仍存留很多，可再重复6～7步骤直至除去蛋白），加10%体积的3mol/L醋酸钠和2/3体积预冷的异丙醇，轻轻摇匀。此时透明絮状物即为总DNA。

9. 放置−20℃冰箱1～2h（过夜效果更佳）。

10. 用离心机以12000g离心10min。

11. 倒掉上清液。

12. 用70%乙醇洗涤DNA。加入约500μl 70%乙醇溶液，用手指轻轻弹起管底沉淀，稍稍静置，以11 000g转速离心5min。

13. 重复步骤12。

14. 同步骤12用无水乙醇洗1次，彻底去除上清液，将离心管倒扣在干净的纸巾上放置几分钟，然后在空气中或通风橱中干燥DNA。

15. 用60～80μl TE溶解DNA，轻轻振荡，取3～4μl DNA样品进行琼脂糖凝胶电泳检测或在紫外分光光度计上检测其浓度，剩余的样品储存于−20℃冰箱中。

（二）琼脂糖凝胶电泳检测DNA

1. 配制足量用于灌满电泳槽和制备凝胶所需的电泳缓冲液：将50×TAE稀释成一倍TAE溶液。

2. 配制1%的琼脂糖凝胶：在三角锥形瓶中加入准确称量的琼脂糖粉（1g），然后加入100ml一倍TAE溶液，摇匀。

（1）锥形瓶的瓶口上盖上牛皮纸。在沸水浴或微波炉中将悬浮液加热至琼脂糖完全溶解。

注意： 琼脂糖溶液若在微波炉里加热过长时间，溶液将过热并暴沸。

（2）使溶液冷却至60～70℃（不烫手即可）。在琼脂糖溶液中加入溴化乙锭（10mg/ml）至终浓度为0.5μg/ml（一般100ml胶加3～4μl即可），充分混匀。

注意： 溴化乙锭是一种强烈的诱变剂并有中度毒性。使用时必须戴手套。

（3）倒胶：把制胶用的梳子放在胶模的适当位置，将温热的琼脂糖溶液倒入胶模中。凝胶的厚度一般在3～5mm之间。检查一下梳子的齿下或齿间是否有气泡。

（4）在凝胶完全凝固后（于室温放置30～45min），小心移去梳子，将凝胶放入电泳槽中（图28-1、28-2）。

注意： 电泳方向是从负极到正极。

（5）加入恰好没过胶面约1mm深的足量电泳缓冲液。

（6）加样：用微量移液器（与灭菌的塑料吸头）取出4μl总DNA，与1μl 6×载体缓冲液充分混合后，慢慢将混合物加至样品槽中。在其中1个胶孔中单独加2μl 1kb DNA Marker，作DNA分子质量标记。注意：每取1个样品都要更换干净的吸头。

（7）盖上电泳槽并通电，使DNA向阳极（红线）移动。采用1～5V/cm的电压

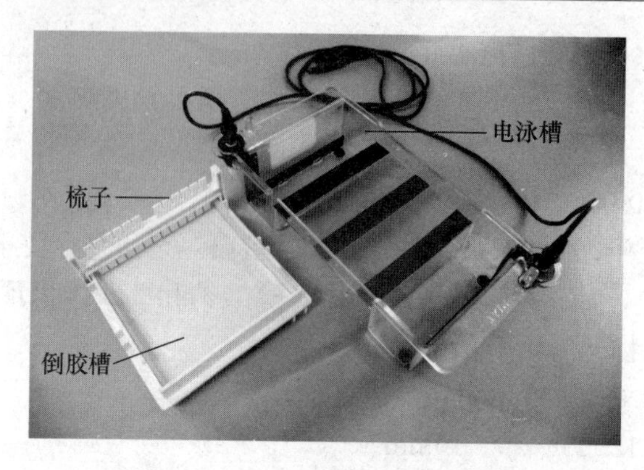

图28-1 水平电泳槽与倒胶槽示意图

（按两极间的计算）。如果接线正确，则会在阳极和阴极处产生气泡（由于发生电解）。几分钟后，溴酚蓝从加样孔中迁移到凝胶中。继续电泳直至溴酚蓝和二甲苯青在凝胶中迁移出适当距离。

（8）切断电流，从电泳槽上拨下电线，打开槽盖。

（9）将凝胶小心地移至凝胶成像系统的成像箱内，打开紫外灯进行拍照，保存记录。

（三）玻璃粉法纯化总DNA

对部分含次生物质较多的总DNA需经纯化后才能进行PCR扩增（图28-2）。

DNA的纯化采用玻璃粉纯化，步骤如下：

图28-2 恒压恒流电泳仪示意图

（1）根据电泳检测结果，取30～50μl的DNA溶液加入3倍体积的6mol/L醋酸钠和3μl玻璃粉悬浊液（GlassMax DNA Isolation Matrix System GibcoBRL，15549-017），振荡混匀，室温放置约20min。

（2）以7000*g*转速离心1min，弃上清液，加纯化洗脱液200μl，振荡混匀。

（3）以7000*g*转速离心1min，弃上清液，重复洗脱3次。

（4）弃上清液，晾干（或用灭菌过的滤纸吸干），加30～50μl TE溶液，轻轻振荡，50℃保温10～15min，至沉淀完全溶解。

（5）以10 000*g*转速离心3min，弃沉淀，将上清液移至新管中，取3μl样品于1%的琼脂糖凝胶进行电泳检测，其余样品放在－20℃冰箱保存备用。

（四）目的片段*rbc*L基因的PCR扩增

1. PCR反应液的配制：在已灭菌的0.2ml离心管中依次加入相应比例的三蒸水、10×缓冲液、氯化镁、dNTPs、引物*rbc*L1、引物*rbc*L2、*Taq*酶、模板DNA，充分混匀。为防止假阳性结果，要配一管阴性对照的PCR反应液（所加成分除模板DNA换成三蒸水外，其余成分完全相同）。

PCR反应液：

三蒸水	34μl
10×缓冲液	6μl
$MgCl_2$（2.0mmol/L）	6μl
dNTPs（2.0mmol/L）	4.5μl
引物*rbc*L1（10μmol/L）	3μl
引物*rbc*L2（10μmol/L）	3μl
Taq酶（5U/μl）	0.5μl
DNA模板10ng/μl	3μl
总体积	60.0μl

2. 将配好的PCR反应液放上PCR仪的样品加热槽。运行程序设置为：94℃ 4min→94℃ 1min，56℃ 1min，72℃ 2min，30个循环→72℃ 10min→4℃。然后启动运行程序。

3. PCR反应完成后，PCR产物每个样品点取3～4μl于1%的琼脂糖凝胶进行电泳检测，其余放在－20℃冰箱保存备用。

（五）PCR扩增产物的回收[①]

（1）实验前，DNA Wash Buffer必须用无水乙醇进行稀释：每瓶DNA Wash Buffer加入60ml无水乙醇。

注意：稀释后的DNA Wash Buffer需室温保存；所有步骤必须在室温下进行。

（2）将实验步骤（四）所获得的锦葵目及外类群样品的*rbc*L基因PCR扩增产物分别转移到1个干净的1.5ml的离心管中，判断每管PCR扩增产物的体积，加入等体积的Buffer NCP。

（3）将样品转移到1个HiBindTM DNA离心柱，并装进1个干净的2ml收集管里（试剂盒里已提供），置于离心机内于室温下以10 000*g*转速离心1min，弃去收集管中的液体。

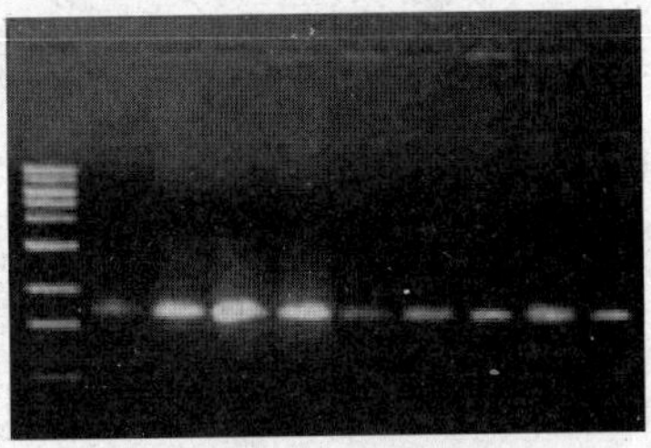

图28-3　部分PCR产物电泳图

（4）加入750μl的SPW Buffer洗涤柱子；室温下10 000*g*转速离心1min。

（5）弃去收集管中的废液，将柱子重新套回2ml的收集管中，再加入750μl SPW Buffer，室温下以10 000*g*转速离心1min。

（6）弃去收集管中的液体，并以10 000*g*转速离心空柱1min以甩干柱基质。这对于提高DNA产量至关重要。静置5～10min，待乙醇完全挥发干净。（乙醇的残留会影响DNA的洗脱效率及后续的实验）

（7）把柱子装在1个干净的1.5ml离心管上，将20～40μl（具体取决于预期的终产物浓度）的灭菌三蒸水（或溶胶液）直接加到柱基质上，放置5～10min，使DNA

① 参照广州齐特科生物工程有限公司翻译的omegabiotek公司E. Z. N. A. PCR纯化试剂盒中文说明书（适合于D6493/D6492-系列）。

充分溶解。10 000g 转速离心 1min 以洗脱 DNA。如果按上述条件再洗脱 1 次可以把残留的 DNA 洗脱出来，不过这样做 DNA 浓度将会降低。

（8）每个样品取 1～2μl 用 1%的琼脂糖凝胶进行电泳检测（图 28-3），其余 DNA 样品在−20℃冰箱保存备用。

（六）序列测定①

本实验采用 PCR 产物直接测序法，即将 PCR 产物纯化后，直接作模板 DNA 用于序列测定。采用 ABI PRISM ® BigDye Terminator v3.1 Cycle Sequencing Kit 进行测序反应。

1. 测序反应液的配制：在 0.2ml 离心管中配制测序反应液。引物采用 *rbc*L1 和 *rbc*L2 分别从正向和反向进行测序。

具体的测序反应体系如下：

5×缓冲液	2μl
BigDye	1μl
单条引物（3.2μmol/L）	1μl
模板	2μl
三蒸水	4μl
总体积	10μl

2. 将已配好反应液的离心管放上 PCR 仪的加热槽。测序反应循环程序设定为：96℃ 1min→94℃ 10s，50℃ 10s，60℃ 4min，40 个循环→4℃。然后运行测序反应程序。

3. 测序反应程序运行完毕后，对测序反应产物进行纯化：加 90μl 70%乙醇于每管测序反应产物，混匀，室温静置 15min，以 12 000g 转速离心 30min，弃上清，避光晾干后，加 10μl 三蒸水溶解。

4. 电泳分析：将步骤 3 得到的纯化产物于 ABI PRISM™-3700 型 DNA 自动测序仪上进行电泳，导出结果。

（七）数据处理与分析

1. 利用 SEQMAN（DNASTAR Inc.）软件对测出的每个样品正、反两个方向的序列进行拼接和编辑，并导出完整序列。

2. 将编辑好的序列用 Clustal—X 软件包进行对位排列（align）。

3. 利用 PAUP 4.0 软件对序列进行统计分析和分支分析：计算各类群间的核苷酸差异值（Knuc 值）；采用最大简约法（Most parsimony）分析序列数据并获得最大简约树（MPTs，most parsimonious tree，简称 MP 树）；应用自展法（bootstrap）检验系统树，自展重复次数为 1000 次；另外，还运用最大似然法（maximum likelihood）和邻接法（neighbor joining）对各序列数据进行运算，得到最大似然树（maximum likelihood tree，简称 ML 树）和邻接树（neighbor joining tree，简称 NJ 树）。

4. 对以上结果进行分析、描述，得出结论。

---

① 参照 ABI PRISM ® BigDye Terminator v3.1 Cycle Sequencing Kit 使用说明书修改。

四、作业

1. 提交总DNA以及PCR扩增产物琼脂糖凝胶电泳图谱。
2. 提交回收的PCR扩增产物的琼脂糖凝胶电泳图谱。
3. 提交本实验锦葵目的分子系统学研究的分析结果。

五、思考题

1. 植物的核基因组、线粒体基因组和叶绿体基因组的序列分子标记在植物分子系统学研究中的应用进展如何？

2. ABI PRISM® BigDye Terminator v3.1 Cycle Sequencing Kit进行序列测定的原理是什么？

附：溶液配方

2×CTAB（DNA提取液）：

氯化钠	40.9g
Tris（1mol/L，pH 8.0）	50ml
EDTA（0.5mol/L，pH8.0）	25ml
CTAB	10g
加去离子水至	1000ml

TE：

Tris-Hcl（pH 8.0）	10mmol/L
EDTA（pH 8.0）	1mmol/L

6×载体缓冲液：

溴酚蓝（bromophenol blue）	0.15%
二甲苯青（Xylene cyanol）	0.25%
$Ficoll_{400}$	18%

50×TAE：

Tris	242g
醋酸	57.1ml
EDTA（0.5mol/L，pH 8.0）	100ml
加去离子水至	1000ml

纯化用洗液：

无水乙醇	27.5ml
醋酸钾（5mol/L）	0.8ml
Tris（1mol/L，pH 7.5）	4.2ml
EDTA（0.5mol/L，pH 8.0）	4μl
加去离子水至	50ml

实验二十九　利用ISSR标记检测植物的种群遗传多样性

一、实验目的和要求

（1）掌握利用ISSR标记检测植物的种群遗传多样性的原理、方法与主要实验技术。

（2）了解种群遗传多样性的数据处理与数据分析方法。

二、实验材料、仪器与试剂

1. 实验材料：采用硅胶干燥处理过的木槿（*Hibiscus syriacus* L.）共4个种群的嫩叶片作材料。每个种群采集8个个体，种群内的每个个体间最好相隔5～10m以上。

（1）种群A（采集地点：　　　　　　　　　　　　　　　　）。

（2）种群B（采集地点：　　　　　　　　　　　　　　　　）。

（3）种群C（采集地点：　　　　　　　　　　　　　　　　）。

（4）种群D（采集地点：　　　　　　　　　　　　　　　　）。

2. 仪器设备：高压灭菌锅；台式高速离心机；水浴锅；天平；微量移液器（量程分别为0.5～10μl，5～40μl，40～200μl，200～1000μl）；量筒；紫外分光光度计；恒压恒流电泳仪；水平电泳槽；凝胶成像系统；CR仪；FastPrep细胞破碎仪（FastPrep FP120 Cell Disrupter）。

高压灭菌的用品：离心管（规格分别为2ml、1.5ml、0.2ml）、2ml FastPrep管；塑料吸头（规格分别为1000μl、200μl、10μl）；瓷珠；石英砂。

3. 试剂[①]

（1）总DNA提取试剂：β-巯基乙醇、氯仿∶异戊醇（24∶1）；异丙醇；无水乙醇；70%乙醇。高压灭菌溶液：2×CTAB（DNA提取液）；TE；3mol/L醋酸钠（pH5.2）。

（2）电泳检测试剂：溴化乙锭10mg/ml（EB）；琼脂糖；6×载体缓冲液；10×TBE，100bp DNA标记。

---

① 除特殊说明外，本实验所用试剂纯度均为分析纯；所用的水均为三蒸水。

(3) ISSR扩增试剂：由广州威佳科技公司提供的10×缓冲液、氯化镁（25mmol/L)、dNTPs（2mmol/L)、*Taq* 酶（5U/μl)；灭菌三蒸水、ISSR引物试剂盒（共100条，UBC set no. 9，加拿大British Columbia大学研制)。

三、实验内容

本实验是研究木槿种群的遗传多样性，选取ISSR作为分子标记。

(一) 植物总DNA的提取

采用改进的CTAB FastPrep法（改自Doyle and Doyle（1987）的CTAB法）从植物的叶片中提取总DNA（也可采用实验二十八中所述的加液氮手工研磨的CTAB法)。

实验开始前先配好MixBuffer：每100ml 2×CTAB＋500μl β-巯基乙醇。

具体操作步骤如下：

(1) 将瓷珠、少量石英砂放进FastPrep管，每管所加样品的叶片面积约2cm^2。

(2) 在FastPrep细胞破碎仪上进行细胞破碎（Speed6. 0，40s，2次)。

(3) 加入1. 2ml MixBuffer（60℃预热)。

(4) 60℃保温30～40min，每隔5min摇匀1次。

(5) 冷却至室温。

(6) 加入0. 5ml氯仿：异戊醇（24：1)，充分混匀。

(7) 于离心机上以8000*g*转速离心8min。

(8) 取上清液移至1干净的1. 5ml离心管，加氯仿：异戊醇（24：1）约0. 6ml，充分混匀。

(9) 以10 000*g*转速离心8min。

(10) 取上清液移至干净的1. 5ml离心管（若蛋白等杂质仍存留很多，可再重复(8)～(9）步骤直至除去蛋白)，加10%体积的3mol/L醋酸钠、2/3体积预冷的异丙醇，轻轻摇匀。

(11) －20℃冰箱放置1～2h或过夜。

(12) 用离心机以12 000*g*转速离心10min。

(13) 倒掉上清液。

(14) 用70%乙醇洗涤DNA，去上清液。

(15) 重复步骤（14)。

(16) 用无水乙醇洗1次，彻底去除上清液，在空气中干燥DNA。

(17) 用40～60μl TE溶解DNA，轻轻振荡，取2～4μl样品进行1%琼脂糖凝胶电泳检测或在紫外分光光度计上检测浓度，剩余的样品储存于－20℃冰箱。

(二) ISSR反应

1. 预备实验

(1) ISSR引物筛选：本实验选用加拿大British Columbia大学提供的一套（共100

条）ISSR引物试剂盒（UBC set no. 9）。对木槿的每个种群各选取2个样品，用引物试剂盒中已报道的较为常用的40个引物进行PCR扩增预备实验。它们是：807、808、810、814、823、825、826、828、834、835、840、841、842、843、844、846、847、848、849、850、853、855、856、857、858、859、860、861、862、864、866、873、880、881、884、885、886、887、889、891。选出能扩增出较高多态性且清晰的条带的引物约8～10条作全部样品的ISSR扩增，填在表29-1中。

(2) 实验条件优化：由于模板DNA量、Mg^{2+}、dNTP浓度及退火温度等均会影响ISSR扩增结果，为得到清晰、快捷和客观准确的实验结果，需要对实验条件进行优化后再进行大量样品的ISSR扩增分析。

模板量：模板量是影响ISSR-PCR扩增的重要因素，其浓度过低，分子碰撞的几率低，无法得到扩增产物或扩增产物得率不稳定。浓度过高，会增加非专一扩增产物或造成弥散型产物。将DNA稀释成8个不同梯度进行PCR扩增比较，确定最佳DNA模板浓度为20ng/μl。

Mg^{2+}浓度：Mg^{2+}是ISSR-PCR的1个主要变化因素。Mg^{2+}是Taq DNA聚合酶的辅助因子，不仅影响Taq DNA聚合酶活性，还能与反应液中的dNTP、模板DNA及引物结合，影响引物与模板的结合效率、模板与PCR产物的解链温度以及产物的特异性和引物二聚体的形成。对不同Mg^{2+}浓度梯度，即1.0mmol/L，1.5mmol/L，2.0mmol/L，2.5mmol/L，3.0mmol/L的PCR系统扩增结果进行比较，结果表明：1.5mmol/L Mg^{2+}浓度能得到清晰稳定的ISSR条带，且无非特异性扩增。

dNTP：dNTP是ISSR-PCR反应的原料。设置了浓度梯度0.05mmol/L、0.10mmol/L、0.15mmol/L、0.20mmol/L（Mg^{2+}浓度设定为1.5mmol/L）进行扩增比较。最后确定最适dNTP浓度为0.1mmol/L。

引物退火温度：不同引物的退火温度通常不一致。在确定最适的PCR反应体系后，根据每条引物的不同T_m值，在其T_m值±5℃范围进行温度梯度实验，以获得最佳的条带。引物的最佳退火温度填在表29-1中。

表29-1　本实验所筛选的ISSR引物序列及其退火温度

引物（Primer No.）	序列（Sequence 5′ to 3′）	退火温度（T_m）(℃)

2. ISSR 反应

(1) 根据每个样品总 DNA 浓度值将其稀释至 20ng/μl。

(2) 按以下的 PCR 反应体系（总体积为 10μl）配制 PCR 反应液：

10×缓冲液	1.0μl
$MgCl_2$（25mmol/L）	0.6μl
dNTP（2mmol/L）	0.5μl
引物（15μmol/L）	0.2μl
Taq 酶（5U/μl）	0.2μl
模板 DNA	1.0μl
三蒸水	6.5μl
总体积	10μl

为防止假阳性结果，要配一管阴性对照的 PCR 反应液（所加成分除模板 DNA 换成三蒸水外，其余成分完全相同）。

(3) 将配好的 PCR 反应液放上 PCR 仪的样品加热槽。运行程序设置为：94℃ 5min→94℃ 45s，退火温度 45s，72℃ 1.5min，44 个循环→72℃ 7min→4℃。然后启动运行程序。

(4) PCR 反应完成后，取出反应产物并置于 4℃冰箱保存或直接全取 10μl 于 0.5×TBE 缓冲液中进行琼脂糖凝胶（1.5%）电泳。

(三) 电泳分离 ISSR 条带

本实验采用 0.5×TBE 作电泳缓冲液，琼脂糖凝胶浓度为 1.5%，具体操作与实验二十八实验内容部分（二）琼脂糖凝胶电泳检测 DNA 步骤相似，并在此基础上略作修改。

1. 配制足够用于灌满电泳槽和制备凝胶所需的电泳缓冲液：将 10×TBE 稀释成 0.5×TBE。

2. 配制 1.5%的琼脂糖凝胶：

(1) 在已加有一定量的电泳缓冲液（如 200ml）的三角锥瓶中加入准确称量的琼脂糖粉（3g）。缓冲液不宜超过锥瓶的 50%容量。

(2) 锥瓶的瓶颈上盖上牛皮纸。在沸水浴或微波炉中将悬浮液加热至琼脂糖完全溶解。

注意：琼脂糖溶液加热过长时间将过热并暴沸。

(3) 使溶液冷却至 60～70℃（不烫手即可）。在琼脂糖溶液中加入溴化乙锭（10mg/ml）至终浓度为 0.5μg/ml，充分混匀。

注意：使用溴化乙锭时必须戴手套。

(4) 倒胶：把制胶的梳子放在胶模的适当位置，将温热的琼脂糖溶液倒入胶模中。凝胶的厚度一般在 5～8mm 之间。检查一下梳子的齿下或齿间是否有气泡。

(5) 在凝胶完全凝固后（于室温放置 45～60min），小心移去梳子，将凝胶放入电泳槽中。

(6) 加入恰好没过胶面约 1mm 深的足量电泳缓冲液。

（7）加样：用微量移液器（与灭菌的塑料吸头）取出全部ISSR反应产物10μl总DNA，与1μl 6×载体缓冲液充分混合后，慢慢将混合物加至样品槽中。在其中一电泳道单独加2μl 100bp DNA标记，作DNA分子质量标记。

注意：最好将同一引物的ISSR扩增产物放在同一块琼脂糖凝胶上进行电泳。

（8）盖上电泳槽并通电，使DNA向阳极（红线）移动。电压采用5V/cm（按两极间的距离计算）。电泳直至溴酚蓝和二甲苯青在凝胶中迁移出适当距离（1.5～2h，直至ISSR条带完全分开）。

（9）切断电流，从电泳槽上拨下电线，打开槽盖。

（10）将凝胶小心地移至凝胶成像系统的成像箱内，打开紫外灯进行拍照，保存记录（图29-1）。

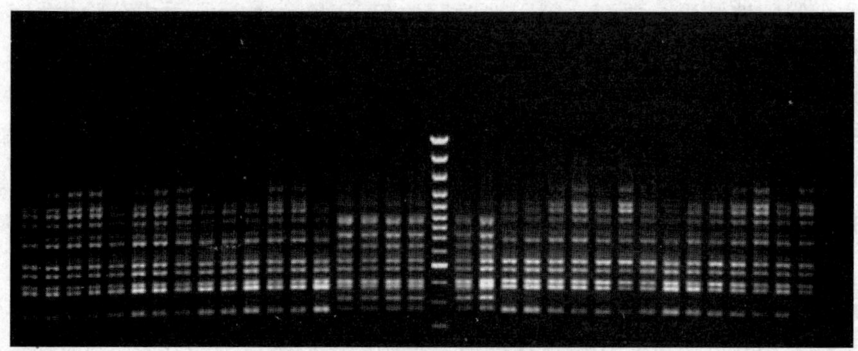

图29-1　部分样品的ISSR电泳图谱

（四）数据处理与分析

1. ISSR条带的读取：将ISSR电泳胶图记录后进行人工读带，以100bp DNA ladder为分子标准，同一引物扩增的电泳迁移率一致的条带被认为具有同源性，属于同一位点的产物。按扩增阳性（记为1）和扩增阴性（记为0）格式输入构成的ISSR表型数据矩阵用于进一步分析（表29-2）。

2. 数据分析

3. 利用POPGENE1.31软件对ISSR数据进行分析，得出遗传多样性的各种指标（有效等位基因数目、多态位点百分数、期望杂合度、所有种群的遗传变异、种群内的平均杂合度、种群间的杂合度、香农信息指数、遗传距离、遗传一致度、基因流等）（详见本实验最后的附注）。

4. AMOVA（analysis of molecular variance）分析：利用AMOVA1.55的程序将ISSR表型数据进行等级分子方差分析（hierarchical AMOVA），等级剖分包括几个不同的层次：不同地区的种群间（among regions）、同一地区不同种群间（among populations within a region）、种群内（within populations）的遗传分化。显著性检测采用计算机模拟实验数据1000次后将所得的频率分布与原有数据进行比较来进行估计；计算遗传分化系数（Φ_{ST}）值。

5. 聚类分析：用 NTSYSpc2.02 程序将 ISSR 数据根据 Nei 遗传距离进行 UPGMA 聚类分析，并构建聚类图。

6. 主成分分析（principal coordinate analysis，PCA）：本研究采用 PCA 分析来更直观地体现各样品间的遗传关系，采用 NTSYS 程序和 Jaccard 相似性系数来进行分析。

7. 将所得的数据进行综合分析、描述，得出结论（图 29-2）。

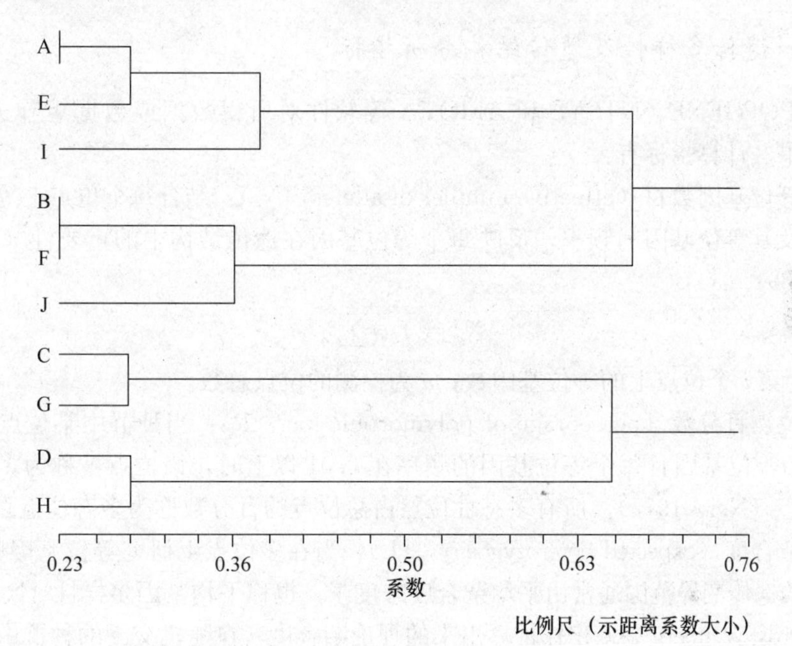

图 29-2　基于 10 个样品之间 Nei 遗传距离系数所构建的 UPGMA 聚类图

例：ISSR 表型数据矩阵及 UPGMA 聚类分析结果（表 29-2）。

表 29-2　10 个样品（A～J）间的 ISSR 表型数据矩阵

A:	1 0 1 0 1 1 0 1 1 0 0 0 1 0 1 0 1 0 1 0 0 0 1 1 0 0 1 0 0 0 0 0 1 1 1 0
B:	0 0 1 0 0 0 0 1 0 1 0 1 1 1 1 0 1 0 1 0 0 1 1 0 1 1 1 0 1 1 0 1 0 1 0 1 1
C:	1 1 1 1 0 1 1 0 1 1 1 0 1 1 1 1 1 0 1 1 1 1 1 1 1 1 1 1 0 0 1 0 1 0 1 1 0
D:	0 1 0 0 0 1 0 0 0 1 1 0 0 0 0 1 1 1 1 1 1 1 1 1 0 1 1 0 0 1 1 1 0 0 1 0 0
E:	1 1 1 0 1 1 0 1 1 0 0 0 1 0 1 0 1 0 1 0 1 0 0 1 1 0 0 1 0 0 0 0 0 1 0 1 0
F:	0 0 1 0 0 1 0 1 0 1 0 1 1 1 1 0 1 0 1 0 0 0 1 0 1 1 1 0 1 1 0 1 0 1 0 1 1
G:	1 1 1 1 0 1 1 0 1 1 1 0 1 1 1 1 1 0 0 1 1 1 0 0 1 1 1 1 0 0 1 0 1 0 1 1 0
H:	0 1 0 0 0 1 0 0 0 1 1 0 1 0 0 1 0 1 1 1 1 1 1 1 0 1 1 0 0 1 1 1 0 0 1 1 0
I:	1 0 0 0 1 0 0 1 1 0 0 0 1 1 1 0 1 0 1 0 1 0 0 1 1 0 0 1 0 1 0 0 0 1 1 1 0
J:	0 0 1 0 1 0 0 1 0 1 1 1 1 1 1 0 1 0 1 0 0 0 1 0 1 1 1 0 1 1 0 0 0 1 1 1 1

四、作业

1. 提交 ISSR 扩增产物的琼脂糖凝胶电泳图谱。
2. 提交本实验关于木槿的种群遗传多样性研究的分析结果及结论。

五、思考题

ISSR分子标记的原理是什么？与其他分子标记（如RAPD、RFLP）相比，它有什么优点？

附：（一）遗传多样性及遗传结构分析指标

采用POPGENE、NTSYS和AMOVA等软件对所得数据或数据矩阵进行运算，并得出结果。计算指标有：

有效等位基因数目（effective number of alleles，N_e）：结合每个位点上等位基因的平均数目及其等位基因的频率，反映每个等位基因在遗传结构中的重要性（Hartl and Clark，1989）。

$$N_e = 1/n\sum \alpha_i$$

其中，α_i为第i个位点上的等位基因数；n为检测的位点总数。

多态位点百分数（percentage of polymorphic loci，P）：当种群中某位点有2个或2个以上的等位基因且每个等位基因的频率在0.01以上时，该位点被称为多态的，否则即为单态（Nei，1975）。所有多态性位点占总位点的百分数称为多态位点百分数。

期望杂合度（expected heterozygosity，H_e）：当在多位点上研究等位基因频率时，1个种群中的遗传变异范围通常由平均杂合度来度量，也称平均基因多样性（Nei，1973），是根据Hardy-Wenberg平衡定律推算出来的理论杂合度，在随机交配的种群中h值就代表种群中杂合体的比例，而在非随机交配种群中h值只是杂合体的一个理想测度。

$$h = 1-\sum P_i^2$$

其中，P_i为种群中第i个等位基因的频率。

所有种群的遗传变异（total genetic diversity for the species，H_t），种群内的平均杂合度（the mean heterzygosity within populations，H_s）和种群间的杂合度（D_{ST}）

$$H_t = 1-\sum (P_i)^2$$

这里，P_i为所有种群P_i的平均值。

$$D_{ST}=H_t-H_s$$

F_{ST}、G_{ST}与Φ_{ST}：种群之间的遗传分化可以一般用分化指数F_{ST}来表示。它通过等位基因频率计算得到，但它需要种群已经达到Hardy-Weinberg平衡时才有意义（Lynch and Milligan，1994；Palacios and Gonzalez-candelas，1997）。由于ISSR是显性标记，不能提供这一信息，我们采用AMOVA分析软件计算的F_{ST}相似数Phist（Φ_{ST}）来代替。G_{ST}是POPGENE1.31软件在假定Hardy-Weinberg平衡情形下估算种群之间的遗传分化。因此，Φ_{ST}和G_{ST}都是F_{ST}的近似值。

$$G_{ST}=(H_t-H_s)/H_t$$

Wright（1978）对F_{ST}值提出了几个数量等级以估计种群间遗传分化的程度：

$0 \leqslant F_{ST} < 0.05$ 种群间遗传分化极小

$0.05 \leqslant F_{ST} < 0.15$　　种群间遗传分化中度

$0.15 \leqslant F_{ST} < 0.25$　　种群间遗传分化较高

$0.25 \leqslant F_{ST}$　　种群间遗传分化极高

香农信息指数（Shannon’s information index，I）：来源于信息论，表示多样性的一种测度。

$$I = \sum Pi \log P_i$$

其中，Pi 为种群中第 i 个等位基因的频率。

遗传距离（genetic distance，D）和遗传一致度（genetic identity）：衡量两个种群间的遗传分化程度。本实验使用Nei遗传距离（1972）对两种群之间的比较。

$$D = -\ln \frac{\sum_i^m P_{ki} P_{kj}}{\sqrt{\sum_i^m P_{ki}^2} \sqrt{\sum_i^m P_{kj}^2}}$$

其中，P_{ki} 和 P_{kj} 分别是第 k 条等位基因在第 i 个种群和第 j 个种群的频率。

基因流（gene flow，N_m）：用来估算种群之间基因交流的程度，即种群间每一个世代迁移的个体数（Wright，1931），是通过遗传分化系数（G_{ST}）间接估算的数值。

$$N_m = (1 - G_{ST}) / 4G_{ST}$$

附：（二）溶液配方

10×TBE：

Tris	545g
硼酸	278g
EDTA	46.5g
加去离子水至	5000ml

实验三十　植物标本制作

一、实验目的和要求

了解和掌握各种标本制作的技术和方法。

二、植物材料

由实验室提供。

三、实验器室材和药品

甲醛、乙醇、硫酸铜、亚硫酸、甘油、碳酸钠、氢氧化钠、漂白粉、水、冰醋酸、氯化钠、硼酸、FAA固定液、溴甲烷、氯化汞（升汞）、磷化氢、环氧己烷、二硫化碳、氰化氢、低温冰箱、酒精灯、烧杯、软毛刷、镊子、试剂瓶、玻璃瓶、烘箱、台纸、针、线。

四、实验过程

（一）浸泡标本

浸泡标本：就是将所要短期和长期保存的植物材料或者植物的某一部分如植物的花、果实或地下部分（如鳞茎、球茎等）浸泡在一定的保存液中所得到的标本。根据标本制作目的不同，使用的保存液亦不同。

1. 一般材料的保存方法：通常来说，一般植物的浸泡液是4%～5%的甲醛溶液或70%乙醇溶液，保存容器为不同大小可以密封的试剂瓶。此法简单，容器、试剂价格便宜，但保存材料易于褪色。

2. 特殊材料的保存方法：对于固定保存的材料如果是为了作切片或者压片之用，可将材料浸泡在FAA固定液（50%～70%的乙醇90ml＋冰醋酸5ml＋37%～40%甲醛5ml）中。

3. 保色标本的制作方法：根据不同要求，保色溶液的配方较多，但到目前为止，只有绿色较易保存，其余的颜色都不是很稳定。

(1) 绿色果实的保存

配方Ⅰ：硫酸铜饱和水溶液75ml、甲醛50ml和水250ml；

配方Ⅱ：亚硫酸1ml、甘油3ml和水100ml。将材料在配方Ⅰ中浸泡10～20d，取出洗净后浸入4%甲醛溶液中长期保存；

配方Ⅲ：事先将果实浸在饱和硫酸铜溶液中1～3d，取出洗净后再浸入0.5%亚硫酸中1～3d，最后于配方Ⅱ中长期保存。

(2) 黄色果实的保存：混合液由6%亚硫酸268ml、80%～90%乙醇568ml和水50ml组成，把要浸泡的植物材料直接浸泡在此混合液中，便可长期保存。

(3) 黄绿色果实保存：把植物材料标本浸入5%的硫酸铜溶液里浸泡1～2d，取出洗净，再浸入用6%亚硫酸30ml、甘油30ml、95%乙醇30ml和水900ml配制的保存液中保存。在此之前，先向果实内部注射少量保存液。

(4) 红色果实的保存

配方Ⅰ：甲醛4ml、硼酸3g和水400ml；

配方Ⅱ：甲醛25ml、甘油25ml和水1000ml；

配方Ⅲ；亚硫酸3ml、冰醋酸1ml、甘油3ml、水100ml和氯化钠50g；

配方Ⅳ：硼酸30g、乙醇132ml、甲醛20ml和水1360ml。

先将洗净的果实浸泡在配方Ⅰ的混合液中24h，如不发生混浊现象，即可放在配方Ⅱ、配方Ⅲ或配方Ⅳ的混合液中长期保存。

(5) 其他颜色材料的保存：用甲醛50ml、10%氯化钠水溶液100ml和水870ml混合搅拌，沉淀过滤后制成保存液，先用注射器往标本内部注射少量保存液，再把标本放入保存液里保存。

浸泡需要长期保存的标本瓶应该用凡士林、树胶或聚氯乙烯黏合剂等封口，以防药液挥发。然后要在瓶上贴上标签，写明该种植物的学名、所属的科，以及生境、采集地点和时间等。然后存放在标本柜内。

(二) 脱水标本

脱水标本是将植物标本中的水分很快脱去、干燥，尽可能保持植物原来的形状、外貌和颜色而得到的标本。在压制和制作腊叶标本时也需要将水分吸干，但通常由于压制吸水耗时较长，导致植物褪色，并失去原来的形状，脱水标本可以避免这方面的不足，获得的标本好似“生态标本”，美观大方，具有科学研究和教学双重价值。根据脱水的方法，可以分为砂干法和风干法两种。

1. 砂干法：砂干法主要是利用细砂间隙蒸发使植物标本干燥脱水。砂干标本可以制成立体的，也可以制成压制标本。

首先，将采集来的新鲜标本，固定后移到容器里，容器根据植物体的大小和形状确定，无底的玻璃瓶。标本移入后，再把晒干或烘干的微热的细砂从容器口慢慢倒入，直到把标本全部埋没为止。然后将标本移至日光下曝晒，或置于45℃烘箱内使之快速干燥。待标本完全干后（一般标本在45℃烘箱约要烘6h左右），从容器下慢慢放出砂粒，再用毛笔轻轻拂去标本上的砂粒，就可将它装入标本瓶里，密闭瓶口，贴上标签，就可以保存了。

制作这类标本时，应该注意标本整形和保持标本本来的形态。在实验室，通常采用硅胶细颗粒代替细砂，置于37～45℃恒温箱烘干。此法得到的标本植物DNA的降解程度较小，因此，在野外常用此法来采集DNA分析样品。

2. 风干法：风干法是将新鲜的植物材料置于空气流通的地方，让它风吹日晒，自然干燥。有些制成腊叶标本时不易压干的肉质材料，也采用风干法。

种子标本都是风干而成，具体做法是：采集成熟的果实，除去果皮（锦葵科、豆科、十字花科等干果类），或洗去果肉（蔷薇科、茄科、葫芦科、芸香科等肉果类），再将获得的种子置阳光下晒干，待充分干透后，分别装入种子瓶内保存，并贴上标签，分类排列于玻璃柜里。制作时要注意保持不同植物种子的固有特征，如槭树、榆树、紫檀、臭椿等种子的翅，蒲公英、棉花、大丽菊、万寿菊等种子的毛等。风干标本也要求干燥越快越好。

标本风干后一般都会干瘪收缩，失去原来形状，颜色也有所改变，因此风干前后应做好详细记录。制成的风干标本要及时保存在瓶里，贴上标签，分类别有次序地陈列在橱柜里。大的植株可用塑料薄膜套住，密封保存、雨季因空气潮湿，要经常检查，以免霉烂。

（三）腊叶标本

腊叶标本是指压制干燥的并经过经消毒后固定在一张台纸或者硬纸板上的植物标本。腊叶标本保存是植物标本保存中最为常见的一种方法，各个植物标本馆存放的标本中腊叶标本通常占绝大多数。腊叶标本保存标本的特点是保存量大，存放方便，易于研究和教学之用，其缺点是干燥的标本容易发生形体变化，非专业人员难以识别。另外，标本容易破损和遭虫蛀。

1. 标本消毒：标本上残留的虫卵或病菌的孢子等会危害甚至毁灭制作成的标本，还会影响标本柜中其他标本的安全性，因此，标本固定在台纸上之前应该彻底进行消毒灭菌处理。标本消毒的方法很多，现举例说明常见的几种方法。

（1）熏蒸法：把干燥的标本放在熏蒸室或封闭的容器内，通入有毒气体如溴甲烷、磷化氢、环氧己烷、二硫化碳或氰化氢等，时间3～5h即可达到效果。

（2）加热或微波处理法：有些时候，把标本放置在55～60℃的烘箱或者微波炉中，可以杀死标本上的有害生物。烘箱中烘烤1h左右，微波炉只需要数分钟即可。

（3）低温冷冻处理法：通常是把干燥的标本放入－18℃以下的低温冰箱中，以杀死有害生物。－50℃冰箱内需要24h，－30℃冰箱内需要72h才能杀死有害生物。现常用－86℃的低温冰箱。为了防止标本在冰箱中变潮变湿，因此，在放于冰箱之前，把标本包装在塑料袋中。

（4）浸泡法：此法是把氯化汞（升汞）溶解在工业乙醇中，然后把干燥的植物标本浸泡在升汞溶液中达5min，然后拿出标本，在通风橱空气中晾干。

2. 标本装订：消毒好的标本需要装订在台纸上，才能永久保存，装订标本的方法有两种：

（1）线捆法：台纸以超过200g的白色光面（单面光滑）纸张为佳，大小为长

40cm，宽 30cm。将白色台纸平整地放在桌面上；然后把消毒好的标本放在台纸上，摆好位置，右下角和左上角都要留出空间，以备贴定名签和野外记录签。这时，用准备好的麻线把标本固定在台纸上。一般通常用针从台纸背面穿引棉线，捆绑标本某个部位后，在背面打结，然后重新在另外的地方固定标本，直到固定好为止，避免用 1 个结结束整个标本的装订。这种方法简便易行，速度较快，缺点是打的结通常较松，标本容易活动而损坏。

(2) 纸条法：这种方法是用刻刀沿标本的适当位置上切出数个小纵口，用具有韧性的白纸条，由纵口穿入，从背面拉紧，并用胶水在背面贴牢。

标本固定好后，通常在台纸的左上角贴上野外记录签，在右下角贴上定名签。通常，将一些容易脱落的叶片、枝条、花、果实和种子等装在纸袋里，然后粘贴在台纸上。装订好的标本台纸上贴 1 张同样大小的蜡纸或透明纸，然后装入 1 个塑料袋中或用牛皮纸包装起来。

3. 标本保存：装订好的腊叶标本在统一编号记录后按照一定的要求存放在固定标本柜里，并有容易查询的各种记录（存放地点和标本信息等）。保存条件是室温（20～25℃）、干燥（40%～62%）和无病虫害。

（四）叶脉标本

叶脉包括中脉、侧脉及细脉，是叶片中的维管束系统，叶脉标本实际上是指去除植物叶片中的表皮、叶肉、薄壁组织等其他组织之后余下的部分，主要是输导组织构成的叶脉脉序标本，它保持了叶的外形轮廓和叶脉脉序。不同的植物类群叶脉脉序形态不但是植物对环境适应的体现，而且也具有分类学上的意义。因此制作叶脉脉序标本除了可供科研、教学使用外，许多植物精美的脉序如思维树（*Ficus religiosa*）等还可以制作成工艺品书签、明信片、美术画等，由于质朴自然，而具有欣赏价值。

1. 蒸煮法

(1) 材料：有目的选择的数种植物成熟叶和老叶。

(2) 试剂及仪器：酒精灯、烧杯、软毛刷、碳酸钠、氢氧化钠、水、漂白粉、镊子等。

(3) 制作方法

1) 将 3g 碳酸钠，4g 氢氧化钠放入 200ml 烧杯中，注入 100ml 自来水，溶解。将溶液加热至沸腾。

2) 把准备好的叶片投入烧杯中，继续加热，并用镊子翻动叶片。

3) 经蒸煮约 10min，拿出叶片用软毛刷轻轻刷去叶肉。如果叶片较厚或者很难刷去叶肉，可以继续加热数分钟。

4) 刷去叶肉只余叶脉脉序的叶片放在清水中漂洗，洗净后放在玻璃板上晾干。

5) 晾干的标本可固定在白纸板上，贴上标签，标签上有植物名称、采集地点、时间及制作人。

6) 如果制作供欣赏的叶脉工艺品，可以在蒸煮溶液中加入染料（如加入红墨水或蓝墨水等），使叶脉标本呈现所需要的颜色。

7）如果要使制作的叶脉标本颜色变白，可以考虑在溶液中加入少许漂白粉。

2. 腐烂法：将选择好的植物叶片放在盛有清水的水槽中，在暗处温暖的地方放置数天，等水渐渐变色，会发出臭味时，换水后继续浸泡，直到叶肉与叶脉相互分离为止，然后拿出叶片，用软毛刷轻轻刷去叶肉，最后用清水洗净，空气中晾干即可。

用漂白粉8g溶于40ml水中配成甲液，用碳酸钾5～8g，溶于30ml热水中配成乙液，然后再将两液混合均匀，待冷却后，加水100ml，滤去杂质，制成漂白液备用。漂白时将叶脉标本浸入漂白液片刻，再取出用清水漂洗干净。

3. 染色方法：将所选用的染料用温水调和加热，然后将已漂白的叶脉标本放入煮3～4min取出，再用清水漂洗后压干，就可获得鲜艳的叶脉标本。

制作叶脉标本，应选择较坚硬的革质叶，网脉比较明显以及维管束比较发达的叶片，如印度橡胶树叶、桉树叶、樟树叶等效果较好；而叶脉纤弱的叶片，如秋海棠叶、白菜叶等效果则较差。

实验三十一　植物材料的石蜡切片法

一、实验目的和要求

了解石蜡切片法需要用到的实验仪器、试剂、染料，学会植物根、茎、叶等石蜡切片法的基本技术。

二、实验器材和试剂

1. 实验器材：转动切片机、镊子、解剖刀、解剖针、玻璃缸或小塑料盘、小烧杯、酒精灯、打火机、染色缸、吸管、温台、温箱。

2. 试剂：95%乙醇，无水乙醇，二甲苯，甲醛，苯酚，甘油，新鲜鸡蛋清，加拿大树胶，番红溶液（1%的50%乙醇溶液，即1g番红溶解在100ml的50%的乙醇溶液），固绿溶液（0.5%的50%乙醇溶液，即0.5g固绿溶解在100ml 50%的乙醇溶液），熔点为48～50℃的石蜡和熔点为56～58℃的石蜡。

三、实验部分

（一）植物材料选择

选择健康、标准的材料是获得正确结果的先决条件，如果不是为了特别的目的，切忌选择一些病态的不正常的材料。采下的标本应保湿，不使之变干、变形、损伤，并尽快放入固定液固定。

选择好的标本，要用水冲洗干净。用根切片，则应把标本放在水中用毛笔将其轻刷细扫将泥沙清除干净。将选择好的材料用单面刀片截取合适长短和大小的块、段，截取柔软的材料时，将材料放置湿纸上，用刀片小心轻切，切忌压力太大，挤压损伤植物组织。如系木材标本，则要用手锯将所需部位锯成小长方形木条，并将其表面修理平滑，然后将长方形木条置于木板上，用锋利的刨刀将所需要的部位切成合适大小。

所截取的植物材料不宜过大，以便固定液能够迅速地渗入材料。截面积大的，长度宜短，截面积小的，可长些。材料是柱状体的如直径超过1cm，则应劈成半圆或原体积的1/4大小。

（二）植物材料固定

所截取的材料应迅速投入固定液。固定液选择的原则是要将植物细胞尽快杀死和固定，因此随着植物材料不同，也应选择不同的固定液。其中 FAA 固定液（70％乙醇，5％甲醛和 5％的冰醋酸）是最常用的一种固定液。固定液的用量，一般最少应为所固定材料的总体积的 20 倍。对含水分少的植物材料，可以适当减少固定液的用量；对含水分多的植物材料，可以在植物材料浸泡若干时间后换 1 次固定液，以保证固定液的浓度。应使植物材料四周都能浸泡在固定液里，这样可以在尽可能短的时间里使固定液能浸透材料。

植物材料经固定后，若不立即制片，可以保存在固定液中，或转至 70％的乙醇中保存。

（三）植物材料脱水

经固定的植物材料要经各级乙醇逐级脱水，最后一级脱水要用无水乙醇脱水两次。购买回来的无水乙醇要加入不含结晶水的氯化钙 $CaCl_2$，使吸附无水乙醇中万一残存的水，保证脱水后的植物材料透明和渗蜡效果。除最后一步用无水乙醇外，其余各级脱水用的乙醇是用 95％的乙醇配制的。为明了起见，用 95％的乙醇配制各浓度逐级脱水乙醇的方法是：

设原有乙醇浓度为 X；

所要配制的乙醇浓度为 Y；

则原有浓度乙醇 Xml，加入 X-Yml 蒸馏水，就可配成 Xml Y 浓度的乙醇。如用 95％乙醇配制 70％的乙醇，就取 70ml 95％的乙醇，加上 95－70＝25ml 的蒸馏水，就可配成 70％的乙醇 95ml。

用于脱水乙醇的用量约为植物材料体积的 3～5 倍，每级停留时间为 2～4h。

植物材料的脱水，至少应经过 50％、70％、85％、95％，最后到达无水乙醇这 5 级脱水。注意从 95％换到无水乙醇脱水，放置时间不能太长，因为无水乙醇易使植物材料变脆，增加以后切片时的困难。如果白天不能完成脱水步骤，应该将植物材料置于 95％乙醇或更低浓度乙醇中过夜。脱水至无水乙醇这最后一级时，常应再换 1 次无水乙醇，使植物材料中的水彻底除去。如果植物材料脱水不彻底，加入二甲苯透明植物材料时会产生乳白色的现象，这时需要返回重新进行脱水，但这样做就会影响制片的质量。

（四）植物材料透明

经 1/2 无水乙醇＋1/2 纯二甲苯（或氯仿）至纯二甲苯（或氯仿）两级透明，每级停留 2h。在无水乙醇、二甲苯各半时，加入少量的番红干粉，使植物材料着色后在用石蜡包埋时易于看见，以便确定植物材料切片的方向。

（五）植物材料渗蜡

在浸入有植物材料的透明剂中，投入切成小块的低熔点（熔点为 48～50℃）石蜡，使石蜡缓慢溶解后，进入植物材料组织和细胞中。加入石蜡的量以溶入透明的石蜡溶液与透明剂相等体积为原则。加石蜡时切忌石蜡块与植物材料直接接触，避免植物材料收缩。这时可用预先制备的充满空气的浮石蜡[①]溶入透明液中。加石蜡后，盛有植物的有盖的容器移入35℃的温箱中放6h或更长时间。之后再将温箱温度调高至56℃（即比石蜡熔点高2～3℃），打开容器盖，让透明剂缓慢蒸发，石蜡的浓度增大，约2h后，将石蜡溶液倾去。小心将植物材料移入盛有熔点稍高（56～58℃）融熔纯石蜡的小烧杯中，2～4h后再换1次融熔纯石蜡。第二次换纯石蜡后2～4h即可进入植物材料的包埋。

（六）植物材料包埋

1. 折包埋纸盒：包埋前应先准备包埋用的纸盒，纸盒用较硬而光滑的纸折成，一般用80g打印纸即可。折成纸盒的大小根据植物材料的大小及多少而定。纸盒折叠方法和步骤如图31-1所示：

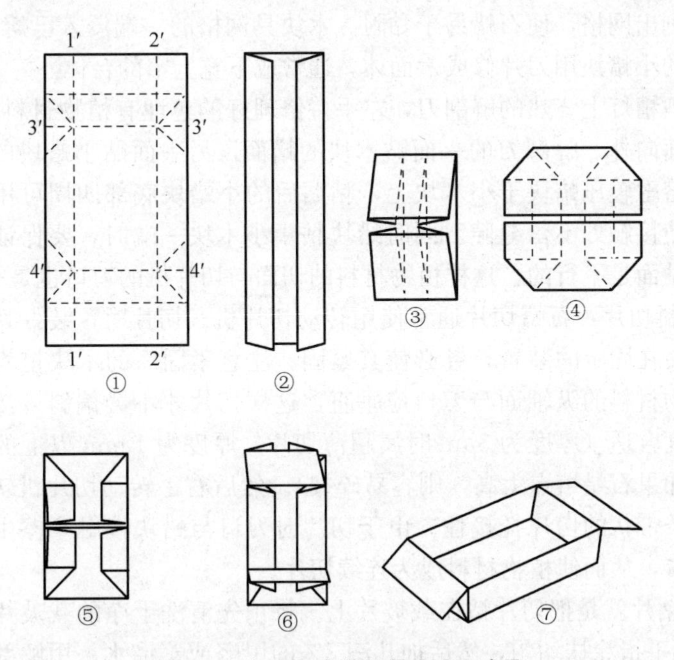

图31-1　包埋纸盒的折叠方法和步骤

（引自李正理，1978）

（1）先将1′—1′折向右，2′—2′折向左。

（2）接着将3′—3′和4′—4′上下折叠。

（3）第3步，按照图31-1④所示，将两边拉出。

① 制备浮石蜡：将装有石蜡的容器置水浴中使其熔融，然后取出盛有石蜡的容器，在石蜡冷却过程中不停地用玻璃棒搅拌石蜡，使大量空气进入石蜡，完全冷却后即成浮石蜡。用时将浮石蜡切成小块，投入透明剂二甲苯或氯仿中可浮于液面。

（4）第 4 步，将第 3 步两边反折入内。如图 31-1⑤所示。

（5）第 5 步，将第 4 步两端向上下反折。如图 31-1⑥所示。

（6）将到第 5 步的折纸两端捏住，拉出即成 1 包埋纸盒。如图 31-1⑦所示。

准备好 1 盆冷水、1 个酒精灯、打火机及 1 个镊子。

2. 植物材料包埋：包埋时将熔融的石蜡一并倒入包埋纸盒内，用在酒精灯上烧热的镊子或解剖针将植物材料按需要的切面及材料之间的距离排列整齐，深浅适宜。然后将包埋了植物材料的纸盒平放入冷水中，使其很快凝固。包埋时动作应连贯、紧凑，尽量缩短时间，避免石蜡凝固慢时出现结晶，已结晶的石蜡是不能切片的。

3. 修理蜡块：包埋好植物材料后，从包埋纸盒脱出蜡块。按每个蜡块只有 1 个植物材料，用单面刀片在两个植物材料之间划出深沟，用双手小心将两个植物材料沿划出的沟掰开，或用双面刀片在两个植物材料之间切开，切忌刀厚时挤压蜡块而造成植物材料从蜡块中脱落。

4. 粘蜡块：准备好一些大小为 2cm×2cm×(2.5～3)cm 的长方形硬木块，在长轴一端，表面应刻出网格，使石蜡易于黏附。木块具网格的一端浸入已熔化的废石蜡中。将含植物材料的小蜡块用刀片修成六面体，通常成下宽上窄的台体。

右手持在酒精灯上烧热的解剖刀，左手持修理好的包埋有植物材料的台体小蜡块，并将粘贴的宽面向外，解剖刀的一面贴木块的蜡面，另一面贴小蜡块的宽面，抽出解剖刀趁石蜡还熔融轻压蜡块于小木块上，粘贴后的小蜡块底部四周可用烧热的解剖针给予加固，务使接触处不留缝隙。同时蜡块粘于小木块一端时，要保证植物材料的切面与木块的粘贴面是平行的，这样植物材料的切面与切片机的刀口也是平行的。

5. 植物材料切片：石蜡切片通常使用转动切片机。切片时，装好切片刀，把粘贴蜡块的硬木块夹在固定的装置，务必使其紧固。注意紧固后的木块植物材料的切面与刀口平行，植物材料的纵轴面与刀口应垂直，这样切片才不会偏斜。接着调整厚度刻度，使切片厚度合适（厚度为 3μm 时属超薄切片，厚度为 12μm 以上的切片属于较厚的切片，这时如果石蜡熔点太高，则容易碎裂）。然后右手转动切片机转轮，左手持毛笔，将切下成条带状的切片托接住。由于切片时刀口与蜡块接触摩擦生热，切下的切片粘成一条蜡带，从而使植物材料成为连续切片。

6. 粘片：粘片就是把切片粘在载玻片上。将预先清洗干净的载玻片涂上一小滴粘片剂①，并用小手指涂抹均匀，然后加几滴 3％的甲醛或蒸馏水，用解剖针或解剖刀轻轻将切片安放在液面上。将有切片的载玻片放在温台上，蜡片受热后伸展，用解剖针调整切片在载玻片上的位置务使切片不折叠。之后用吸水纸将多余的水分吸去。切片在温台上烤干后，可置于 30℃温箱中 24h，使其充分干燥。

注意载玻片应彻底清洁，否则脱蜡时会发生切片脱落的现象。清洁玻片或盖玻片的方法如下：

---

① 明胶贴片剂配方：明胶（粉状）1g＋蒸馏水 100ml＋苯酚 2g＋甘油 15ml。先将粉状的明胶溶入约 36℃的微温蒸馏水中，待其全溶后，再加入 2g 苯酚结晶与 15ml 的甘油，搅拌使其溶解。最后过滤，将滤液存于有玻塞的滴瓶中。

（1）用洗液（重铬酸钾 20g＋水 100ml＋浓硫酸 100ml）浸泡载玻片和盖玻片 24h。

（2）用自来水彻底冲洗载玻片和盖玻片。

（3）用蒸馏水分别洗载玻片和盖玻片 1 次，将载玻片和盖玻片分开插入玻片架（木或铜质）晾干收藏备用；或将蒸馏水清洗过的载玻片和盖玻片浸入酒精中备用，用时把载玻片取出让酒精挥发即可。

载玻片是否干净，可以在清洁过的载玻片上滴 1 滴水加以检验，如水膜均匀散开，即为干净，如有些地方不沾水，则载玻片仍未清洗干净。

（七）植物切片脱蜡

脱蜡就是将包埋植物切片外面及渗透到植物组织和细胞中的石蜡溶解掉。溶解蜡的试剂常用二甲苯、苯等。步骤是将玻片插入预先注入纯二甲苯（或其他溶蜡剂）有槽的染色缸内 5～10min，然后将玻片转入注有 1/2 二甲苯＋1/2 无水乙醇的染色缸内 5～10min。

（八）染色—脱水—透明

经二甲苯和无水乙醇各 1/2 体积脱蜡的玻片转入无水乙醇中，然后依次经 95％乙醇→85％乙醇→70％乙醇→50％乙醇→30％乙醇→蒸馏水→4％铁矾→0.5％苏木精→蒸馏水→50％乙醇（每级 1～2min）→1％番红-50％乙醇溶液染色 24h→70％乙醇→85％乙醇→0.5％固绿-95％乙醇溶液 1min→95％乙醇 5～30s→无水乙醇（Ⅰ）30s→无水乙醇（Ⅱ）1～2min→二甲苯（Ⅰ）3min→二甲苯（Ⅱ）5～30min→加拿大树胶封固。

（九）植物切片封片

用加拿大树胶（自一种冷杉（*Abies balsamea*）树脂制作）作为封固剂，它的折射率（n=1.524）与玻璃的比较接近。使用加拿大树胶前要用二甲苯稀释，使树胶稍稀。用二甲苯稀释树胶时应用玻璃棒轻轻搅动，切忌搅动过快，使空气进入树胶成气泡，影响封片质量和玻片观察效果。

紧接染色—脱水—透明步骤，将有植物切片的玻片平置于实验台上，用吸管吸取经稀释的加拿大树胶于植物切片的中央位置，使其慢慢向四周溢流，为了使植物切片封固完全，滴加的树胶应稍过量。滴加树胶后，用镊子取干燥的或浸在酒精中盖玻片，在酒精灯火焰上略烤，使盖玻片无水汽。然后将盖玻片从植物切片的一侧成一倾斜的角度接触树胶，慢慢盖上，待整个盖玻片的内表面全部接触树胶后，用带胶擦的铅笔头轻轻压盖玻片，使植物材料切片充分接触树胶，并使树胶层尽可能薄而均匀，成一平面。

封固好的玻片由于树胶经稀释，因而并未最后完成，这时应将玻片放置在 30℃温台上烘烤 2～3d，使溶解树胶的二甲苯蒸发。之后将烘干的玻片在盖玻片周围和表面多余的树胶刮去，用少许沾有二甲苯的纱布小心擦拭干净。最后在制作好的玻片左面贴上标签，注明植物材料的来源、部位、制作者、制作日期，妥善保管。

实验三十二　现代植物孢粉的制备和观察

一、实验目的和要求

了解和掌握现代植物孢粉从采集、实验室处理、显微观察、永久性玻片制作及扫描电镜观察花粉的制备的主要技术和方法。

二、植物材料

选定植物的孢子或花粉。

三、实验器材和化学药品

离心机，显微镜，放大镜，镊子，广口瓶，指形管，离心管，酒精灯，玻璃棒，载玻片，盖玻片，温台，恒温水浴锅，200 目不锈钢筛网；硫酸，醋酸酐，冰醋酸，苯酚，甘油，甘油胶，加拿大树胶，二甲苯，醋酸，乙醇。

四、实验过程

（一）植物孢子和花粉样品采集

1. 野外采集

（1）首先应确定所采集孢子和花粉植物的学名，为保存凭证，应同时压制一份腊叶标本。

（2）要尽量采集即将开放的花蕾，但不能是刚刚成蕾的花蕾或已经开放的花朵。如是蕨类植物，则应剪取长有孢子囊的叶；而苔藓植物则应选取孢蒴。所采集的新鲜材料应分别放入广口瓶 95％乙醇或冰醋酸中浸泡。

（3）对所采集的植物孢粉，要做好详细记录，包括植物名，采集号，采集地点，采集人，采集日期等。腊叶标本与孢粉的编号最好一致，孢粉也可以另外编号，但实验记录要注明凭证标本。

2. 标本室收集：腊叶标本是历史的沉淀和积累，是前人艰辛劳动的结晶，不要轻易从腊叶标本上取孢粉材料，除非万不得已，但也要预先提出书面申请，征得标本室负责人的同意，才能在标本上收集孢粉。在采集标本上的孢粉时，通常要按照“采多不采少”的原则，即在一份腊叶标本上具有多数花、孢子囊或孢蒴的可以考虑采集，很少或只有个别花的标本不能取材料。采集材料时，要本着爱护标本的原则，不准采集整朵花，只能取个别的花药，不得用剪刀、只可用镊子刮取个别的孢子囊群，在具有多数孢蒴的苔藓也只取个别未开蒴盖的孢蒴。采集过孢粉的标本，应加盖“孢粉已采”的图章，及采集人的名字，如后来发表了研究报告，则把报告有关内容附在标本台纸上。腊叶标本上采集的材料直接置于指形玻璃管中，并注入95%乙醇或冰醋酸中保存。注意记录和采集材料的编号。

（二）植物孢粉的实验室处理

1. 整理孢粉材料：准备好指形管，每一个指形管对应一种植物的孢粉，并做好编号。种子植物的花的花蕾在剥去花被后，直接将花药用镊子取下放入指形管中；蕨类植物的孢子囊可以用镊子刮到指形管中，孢子叶穗、孢子叶球或苔藓的孢蒴可以整个地取下置于指形管，然后注入95%的乙醇或冰醋酸，其量大约为样品量的10倍。如同时制备几种植物的孢粉，要防止植物材料彼此之间串混、污染。每完成一种植物孢类收集，均应仔细清洗镊子、剪刀、刀片、解剖针，才能用于下一种植物孢粉的处理。

2. 提取植物孢粉：将收集在指形管内的植物孢粉材料用烧制成浑圆头的玻璃棒捣碎，将捣碎后的样品用预先折成倒锥状的200目不锈钢筛网过滤到离心管中，离心管与指形管具有同样的编号。将离心管放在离心机上以800r/min转速离心10min。离心结束后，在离心管内孢粉沉于底部，弃去上清液，留下孢粉。

3. 分解植物孢粉：在弃去上清液的离心管内注入混合液（醋酸酐∶浓硫酸＝9∶1）5ml，在水浴中加热，孢粉壁纤维素及孢壁内物质完全分解，使孢粉纹饰及壁层结构更为清楚易于观察。在分解过程中可用玻璃棒轻轻搅动一、两次，使其分解均匀，同时可用玻璃棒蘸取少量的孢粉置载玻片上做成水藏玻片，在显微镜下检查孢粉的纤维素壁及孢粉壁内的内含物是否已全部被分解掉，如果尚未完全分解，可以继续到完全分解为止。通常分解时间约为2～3min。

4. 清洗经分解后的植物孢粉：经完全分解后的植物孢粉放入离心机内离心，一般需要5min或更长时间，因经过分解后的孢粉浮力较大不易下沉。离心后将孢粉上面的分解液弃去，然后再离心两次，每次加入蒸馏水约8ml，分别离心5～6min，弃去孢粉层上面的水。

5. 制作显微观察玻片

（1）在分解并经清洗的孢粉离心管内加入5%甘油，转入指形管内，加3～4滴1%的苯酚防腐保存。

（2）切1小块甘油胶[①]置载玻片上，将经过处理保存在指形管内的孢粉用玻璃棒或

① 甘油胶制作方法：1g明胶，置水中浸泡1～2h，待其融化后，加入6ml蒸馏水，7ml甘油，在水浴中加热，并轻轻搅拌，直至完全均匀后，以多层的纱布过滤到培养皿内。水浴加热时切忌用力搅拌，引起凝胶内大量气泡产生。滤液冷却后便凝成甘油胶。如果需要加入染料的，可在甘油胶未凝结加入常用的甲基绿和碱性复红。复红配法：复红1g，无水酒精6000ml，樟油800ml。

吸管吸出少许，置于甘油胶上，然后将稍加热，使甘油胶熔融（或事前将甘油胶在水浴中融化，用吸管吸出 1 滴甘油胶置载玻片上，再加处理好的孢粉），用解剖针轻轻搅匀，再将在酒精灯微微加热过的盖玻片（去掉水汽）从甘油胶的一侧迅速覆盖在有孢粉的甘油胶上，用带胶头的铅笔一端轻压盖玻片，使甘油胶成为平而均匀的 1 层。待甘油胶完全凝结，再用加拿大树胶将盖玻片周围封固。

（3）在载玻处片上贴上标签，写上植物种名，孢粉采集人，采集时间，制作单位和制作人，制作日期等。

6. 光学显微镜下观察孢粉及拍照

（1）明暗法观察孢粉表面纹饰：在制作好的玻片，仔细地观察孢粉的形态，包括外形，沟、孔、表面纹饰等。在观察表面纹饰时可上下微调焦距，用以判断孢粉表面的纹饰，如网纹，在看到网脊亮而清楚时，网眼是暗而不清楚的；再往下转动显微镜微调旋钮，网脊变暗而不清楚，然后则会逐渐看到亮而清楚的网眼；如系颗粒状纹饰，看到颗粒顶端亮而清楚，颗粒基部暗而不清楚，再往下转动显微镜微调旋钮，则可逐渐看到清楚的颗粒基部；如系刺状纹饰，则显微镜微调从上往下时，先清楚看见亮而清楚的刺尖，再逐步看到刺的基部。这就是孢粉显微镜观察时运用的“明暗法”。

（2）孢粉的量度统计：孢粉的形态和大小是在光学显微镜下进行的。孢粉是有极性的，四分体相接触的一端称为近极，相对的另一端称为远极；孢粉具有萌发孔或沟，双子叶植物的花粉常常是三沟孔的，单子叶植物花粉常是单孔的，也有多沟孔的，或无沟孔的孢粉。形态的描述靠观察者自己的判断，如球形，扁球形是常见的孢粉形态，其形态的描述应是所观察到的大多数的孢粉形态。孢粉的大小需要用测微尺进行量度，预先将测微尺装入目镜内，在量度时可以转动目镜或移动载玻片来调节测微尺正好在孢粉的长轴或短轴上。长轴就是两极之间的距离，又叫极轴；在孢粉两极的表面称为极面，近极的称为近极面，远极的称为远极面；短轴又称为赤道轴，是孢粉两极之间最大切面的直径，它通过孢粉的中心而与长轴垂直，在通过两极间最大切面周长称为赤道，孢粉赤道附近的表面称为赤道面。孢粉量度时应选择发育正常，鼓胀而不凹陷缺损毁坏的孢粉，分别记录长轴和短轴的数据。通常至少要量度 30 个花粉的长轴和短轴，然后取平均数。

（3）孢粉拍照：运用明暗法拍摄孢粉的形态，借以判断花粉的萌发沟孔和表面的纹饰，然后将需要的部位拍照。现在各种型号和装置的数码显微照相机已经较为普及，它可以直接将图像输入计算机，筛选出质量好的照片，在计算机图像上直接命名记录，保存以后也可以由彩色打印机将孢粉照片打印出来。

7. 制作扫描电子显微镜观察孢粉：经分解清洗后的孢粉，加入适量 95％的乙醇加盖保存备用。用时用吸管吸出少许孢粉，置于用作扫描电子显微镜观物台上，待乙醇挥发后，将载物台的孢粉经真空喷涂金粉。然后将载物台移入扫描电子显微镜下进行观察，拍照。孢粉图像中有各种数据包括放大倍数的记录，当然也需要在实验记录上记下所有的资料数据。

实验三十三　化石孢粉制备和观察

一、实验目的和要求

1. 掌握从沉积岩中提取孢粉的原理和技术方法。

2. 根据分离出来的孢粉组合恢复当时植物群落的特征及植被景观。

二、实验材料

沉积岩。

三、实验器材及化学药品

生物显微镜、电动离心机、通风柜、天平、烧杯、玻璃离心管、吸管、玻棒、载玻片、盖玻片、盐酸、氢氟酸、硝酸、氢氧化钾、氢氧化钠、甘油、无水乙醇、蒸馏水。

四、实验过程

(一) 化石孢粉样品的采集

地质时期形成的沉积岩中常常含有孢粉，但并不是随便采集的样品都能成功分离出孢粉来，在野外采集孢粉样品时，要充分考虑以下因素：

1. 孢粉是植物体的一部分，因此含有植物化石、植物碎屑或炭质碎屑的沉积岩以及煤层中含孢粉的可能性较大。

2. 颗粒较细未变质的沉积岩，如细砂岩、粉砂岩、泥岩、页岩等含孢粉的可能性大。

3. 颜色为黑色、灰色或灰黑色等深色沉积岩中含孢粉的可能性大，而红色、砖红色、紫色等氧化条件下形成的沉积岩中一般不含或很少含孢粉。

4. 野外采样时要注意采集新鲜面的样品，不采风化面的样品。

5. 有条件的可钻孔采样。

6. 样品须用清洁的包装纸包好，避免污染，并进行编号及野外状况详细记录。

（二）孢粉样品的处理

原理：为了在显微镜或扫描电镜下观察孢粉化石，必须将孢粉从岩石中分离出来，使之成为单粒的孢粉，以便更好地了解孢粉的外壁纹饰、萌发孔以及壁层的构造。其原理是在粉碎过的含有孢粉的岩石中，根据孢粉粒（相对密度一般小于 2.1）与沉积颗粒（相对密度一般大于 2.1）比重的不同，利用介于两者之间的一种重液进行浮选，经过离心使沉积颗粒下沉，孢粉粒则上浮富集起来。

孢粉实验中涉及的重液有多种配置方法，以下介绍 2 种：

1. 碘氢酸（HI）656ml
   锌粒（Zn）145g
   碘化钾（KI）664g
2. 碘氢酸（HI）200ml
   锌粒（Zn）40g
   溴化钠（NaBr）170g

（三）实验步骤（化学处理须在通风橱中进行）

1. 碎样：取 150g 左右沉积岩，首先刮去岩石的表层或用蒸馏水冲洗干净，干燥后将其捣碎成粉末状，然后将粉碎后的样品放入 1000ml 的烧杯中。

2. 酸处理：如果样品中含有钙质成分，加 15％的盐酸浸泡除去钙质。如果样品中含有硅质，需用氢氟酸处理。如果样品中含有炭质碎屑，则需用 30％稀硝酸进行氧化处理。酸处理后加蒸馏水清洗 3～4 次。

3. 碱处理：将酸洗后的样品加入 5％的氢氧化钾或氢氧化钠溶液处理，用玻璃棒充分搅匀，目的是溶解其中的胶结物和腐殖质。处理后加蒸馏水清洗 3～4 次。

4. 重液浮选：用比重为 2.1～2.3 的重液进行浮选。离心后沉积颗粒下沉，将上部含有孢粉颗粒的重液倒出，稀释重液，使重液比重小于孢粉粒，再经过离心，倒去上部的液体，孢粉颗粒就沉淀在离心管的底部。

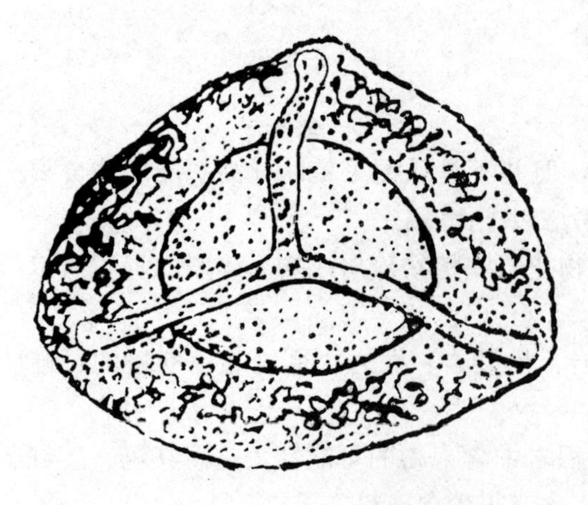

图 33-1　前裸子植物门古羊齿（*Archaeopteris*）的大孢子

（引自杨关秀，1994，刘运笑重绘）

（四）制片与显微观察

1. 制片：将上述孢粉颗粒沉淀物加入乙醇脱水，再加入少许甘油于沉淀的孢粉中，即成孢粉鉴定样品，最后将孢粉鉴定样品制成观察玻片。

2. 观察：在显微镜下进行孢粉属种鉴定和各类群的数量统计，得出孢粉组合的特征，进而进行植物群落和植被等方面的研究分析（图 33-1～图 33-3）。

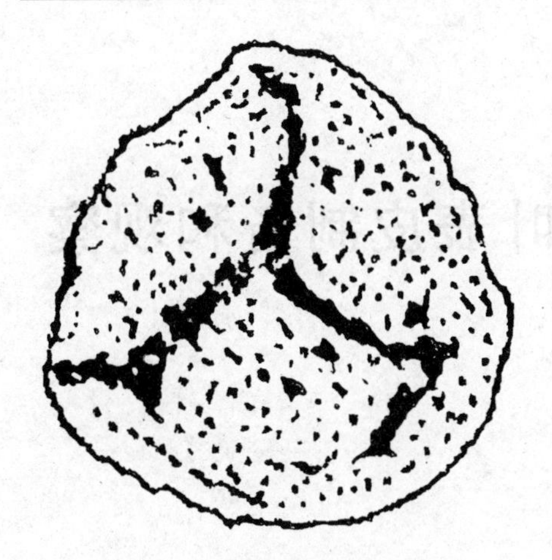

图 33-2　前裸子植物门古羊齿（*Archaeopteris*）的小孢子
（引自杨关秀，1994，刘运笑重绘）

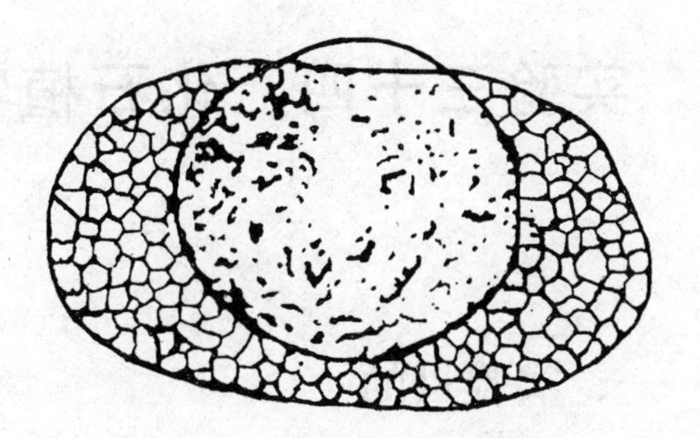

图 33-3　松柏植物门科达纲植物的花粉——弗氏粉（*Florinites*）
（引自杨关秀，1994，刘运笑重绘）

五、作业

按萌发器的不同绘出孢子和花粉的形态图。

六、思考题

1. 孢粉的外纹饰和壁层的结构在植物系统演化中体现了何种顺序？
2. 从沉积岩中分离出孢粉有什么意义？对孢粉的分析结果尚可应用于哪些领域？

实验三十四　化石植物叶表皮制备和观察

一、实验目的

掌握从化石植物中分离叶表皮的技术方法，根据分离出来的叶表皮观察地质时期保存下来的植物表皮细胞和气孔器的特征。

二、实验材料

保存有叶表皮的化石植物。

三、实验器材及化学药品

生物显微镜、电动离心机、通风柜、天平、烧杯、玻璃离心管、吸管、滴管、载玻片、盖玻片、镊子、解剖针、盐酸、氢氟酸、硝酸、氯酸钾、氢氧化氨、氢氧化钾、氢氧化钠、甘油、无水乙醇、蒸馏水、加拿大树胶。

四、实验内容

（一）化石材料处理（化学处理须在通风橱中进行）

1. 剥离化石植物叶表皮：由于化石植物叶表皮往往炭化或被沉积物所包裹，因此实验室处理的目的就是为了把植物叶表皮从岩石中分离出来。首先要用刀片将化石植物的叶表皮部分轻轻揭下或刮下，放入烧杯中，然后进行化学处理。

2. 化石标本预处理：含有钙质成分的标本，可加 10%～20%的盐酸浸泡除去钙质。如果样品中含有硅质，则需加入 40%氢氟酸处理。处理完毕清洗 5～6 次，用试纸试验呈中性。

3. 舒氏法处理：舒氏液由 3 份浓硝酸（80%～90%）和 1 份饱和氯酸钾溶液配置而成。将样品置于盛有舒氏液的钟形皿中，随时观察样品颜色的变化，根据样品岩性的不同，一般需要数分钟至几小时，当样品由黑色转变为褐黄色时，立即用吸管将样品吸出，用水清洗多次，试纸试验呈中性。

4. 分离叶表皮：用 5%的氢氧化氨（氢氧化钾或氢氧化钠）溶液滴在样品上处理，

然后加水清洗至中性。此时表皮从沉积物中分离出来，用解剖针将上下表皮分开。

（二）制片与显微观察

1. 制片：首先将盖玻片和载玻片用乙醇浸泡，然后在载玻片上滴 1 滴蒸馏水，将表皮样品放入蒸馏水中展开，吸干水后滴入乙醇脱水，然后加 1 滴甘油胶，再用加拿大树胶封边。

2. 观察：在显微镜下观察上下表皮的细胞形态以及气孔器类型等特征（图 34-1，图 34-2）。

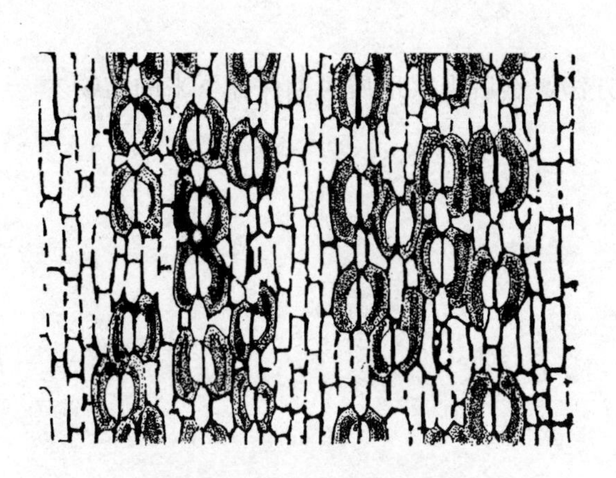

图 34-1　松柏植物门科达纲科达（*Cordaites*）叶的下表皮

（引自杨关秀，1994，刘运笑重绘）

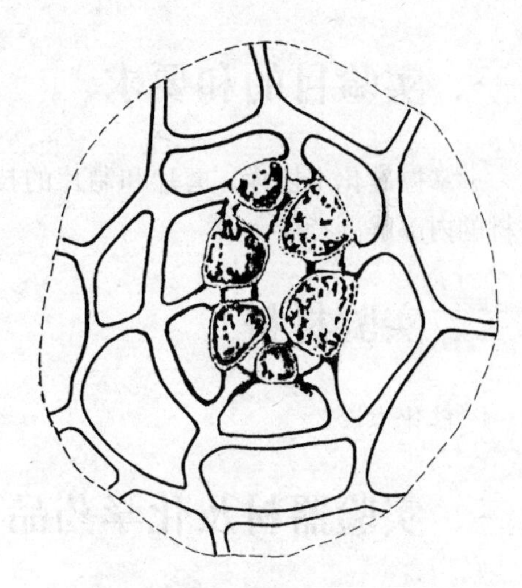

图 34-2　银杏植物门银杏目似银杏（*Ginkgoites*）叶表皮气孔器结构

（引自杨关秀，1994，刘运笑重绘）

五、作业

绘化石植物叶表皮的细胞结构图，图中应包括气孔器的形态。

六、思考题

1. 比较所观察的化石植物叶表皮细胞与现代相关植物叶表皮的结构。
2. 化石植物叶表皮对研究植物系统与演化以及对于古代气候研究的意义。

实验三十五　木化石制备和观察

一、实验目的和要求

掌握硅化木切片、磨片和制片的技术方法，然后观察地质时期保存下来的植物木材的内部解剖特征。

二、实验材料

硅化木。

三、实验器材及化学药品

生物显微镜、切片机、磨片机、金刚砂、载玻片、盖玻片、稀盐酸、氢氟酸、丙酮、醋酸纤维膜、无水乙醇。

四、实验内容

（一）化石材料处理

1. 切片：将选好的硅化木材料按横切面、径切面和弦切面方向切成3块。

2. 磨片：将上述按横切面、径切面和弦切面方向切好的3块标本要观察的一面分别在磨片机上用不同号的金刚砂磨平。

3. 酸处理：将磨平的材料放入5%稀盐酸中浸泡15s左右，取出冲洗后充分吹干，此时可看到棕色的植物组织突出在岩石表面。

4. 撕片：将丙酮滴在突起的植物组织面上，然后再轻轻覆盖上1层醋酸纤维膜，此时，植物纤维素和木素的细胞壁成分即可嵌入醋酸纤维膜中，待干透后即可揭下完整的撕片，所得撕片可以直接在显微镜下进行观察。

（二）制片与显微观察

1. 制片：将所得撕片用氢氟酸或稀盐酸再腐蚀，清洗并用乙醇脱水后，制成观察玻片。

2. 观察：在显微镜下观察木材横切面、径切面和弦切面等不同切面的内部解剖特征（图 35-1～图 35-3）。

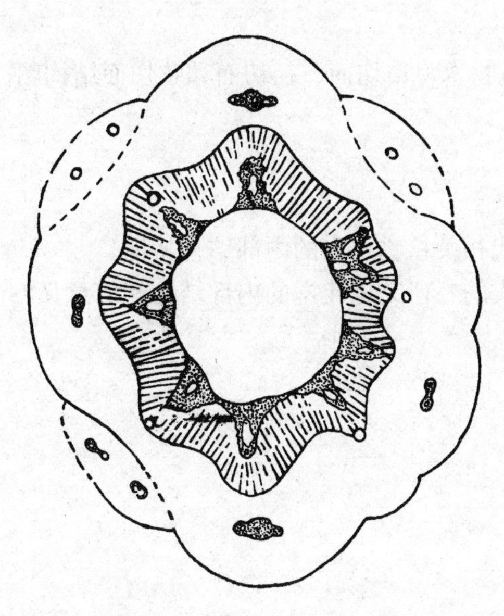

图 35-1　前裸子植物门古羊齿（*Archaeopteris*）具叶枝的横切面

（引自杨关秀，1994，刘运笑重绘）

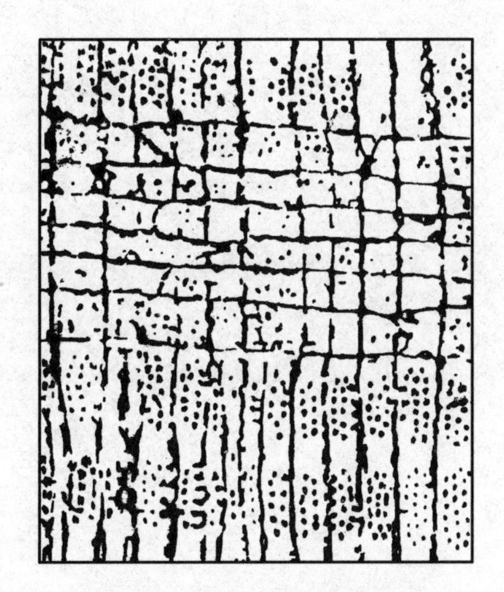

图 35-2　前裸子植物门美木（*Callixylon*）次生木质部径切面，示管胞具成组的具缘纹孔和横穿的射线

（引自杨关秀，1994，刘运笑重绘）

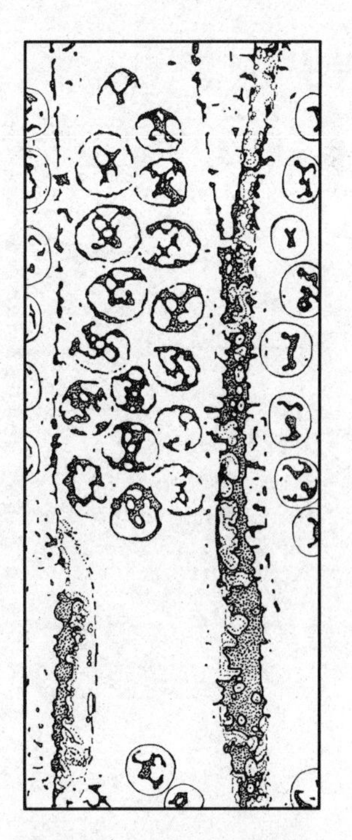

图 35-3　前裸子植物门美木（*Callixylon*）次生木质部径切面，示具交叉场的成组具缘纹孔

（引自杨关秀，1994，刘运笑重绘）

五、作业

绘裸子植物和被子植物木材横切面、径切面和弦切面结构图。

六、思考题

1. 比较硅化木与现代相关植物木材的内部结构特征。
2. 硅化木是如何形成的？研究硅化木的内部结构有何意义？

参考文献

叶创兴，朱念德，廖文波等. 2007. 植物学. 北京：高等教育出版社
胡鸿钧. 2006. 中国淡水藻类——系统、分类及生态. 北京：科学出版社
张宏达，黄云晖，缪汝槐等. 2004. 种子植物系统学. 北京：科学出版社
周云龙. 2004. 植物生物学. 北京：高等教育出版社
高谦，赖明洲. 2003. 中国苔藓植物图鉴. 中国台北：南天出版局
Alexopoulos C J，Mims C W，Blackwell M. 2002. 菌物学概论. 姚一建，李玉译. 北京：中国农业出版社
胡玉佳，毕培曦. 2000. 薇甘菊花的形态结构特征. 中山大学学报（自然科学版），39（6）：123～125
施之新. 1999. 中国淡水藻志·第六卷（裸藻门）. 北京：科学出版社
邢来君，李明春. 1999. 普通真菌学. 北京：高等教育出版社
朱念德. 1999. 植物学（形态解剖部分）. 广州：中山大学出版社
马炜良，陈昌斌，李宏庆. 1998. 高等植物及其多样性. 北京：高等教育出版社-施普林格出版社
裘维蕃. 1998. 菌物学大全. 北京：科学出版社
吴鹏程. 1998. 苔藓植物生物学. 北京：科学出版社
钟恒，刘兰芳，李植华. 1996. 植物学教学中线图的创新. 植物学杂志，2：33～34
杨关秀，陈芬，黄其胜. 1994. 古植物学. 北京：地质出版社
吴国芳. 1992. 植物学. 北京：高等教育出版社
陆时万，徐祥生，沈敏健. 1991. 植物学（上册）. 第2版. 北京：高等教育出版社
Cutter E G. 1986. 植物解剖学（上、下册）. 李正理等译. 第2版. 北京：科学出版社
高信曾. 1987. 植物学（形态解剖部分）. 第2版. 北京：高等教育出版社
胡人亮. 1987. 苔藓植物学. 北京：高等教育出版社
福斯特（A S Forster），小吉福德（E M Jr. Gifford）1983. 维管植物比较形态学. 李正理，张新英，李荣敖等译. 北京：科学出版社
李正理，张新英. 1983. 植物解剖学. 北京：高等教育出版社
胡适宜. 1982. 被子植物胚胎学. 北京：人民教育出版社
伊稍. 1982. 种子植物解剖学. 李正理译. 第2版. 上海：上海科学技术出版社
福迪 B. 1980. 藻类学. 罗迪安译. 上海：上海科学技术出版社
郑万钧，傅立国. 1978. 中国植物志. 北京：科学出版社
中山大学生物系与南京大学生物系合编. 1978. 植物学. 北京：高等教育出版社

附录Ⅰ 华南地区和西北地区常见维管植物名录

（按蕨类、裸子、双子叶、单子叶植物依次排列，在各大类群内科依拼音序号排列，科内种按学名字母顺序排列）

华南地区常见维管植物名录

蕨类植物门 PTERIDOPHYTA

凤尾蕨科 Pteridaceae

井栏边草 *Pteris multifida* Poir.

半边旗 *Pteris semipinnata* L.

蜈蚣草 *Pteris vittata* L.

蕨 *Pteridium aquilinum* var. *latiusculum*（Desv.）Underw. ex Heller

肾蕨科 Nephrolepidaceae

肾蕨 *Nephrolepis auriculata*（L.）Trimen

波士顿蕨 *Nephrolepis exaltata* cv. Bostoniensis

观音座莲科 Angiopteridaceae

福建莲座蕨 *Angiopteris fokiensis* Hieron.

海金沙科 Lygodiaceae

海金沙 *Lygodium japonicum*（Thunb.）Sw.

箭蕨科 Ophioglossaceae

瓶尔小草 *Ophioglossum vulgatum* L.

金星蕨科 Thelypteridaceae

华南毛蕨 *Cyclosorus parasiticus*（L.）Farwell

普通针毛蕨 *Macrothelypteris torresiana*（Gaud.）Ching

卷柏科 Selaginellaceae

翠云草 *Selaginella uncinata* Spring

深绿卷柏 *Selaginella doederleinii* Hieron.

鳞始蕨科 Lindsaeaceae

团叶鳞始蕨 *Lindsaea orbiculata*（Lam.）Mett.

乌蕨（金花草）*Sphenomeris chinensis*（L.）Maxon

满江红科 Azollaceae

满江红 *Azolla imbricate*（Roxb.）Nakai

石松科 Lycopodiaceae

铺地蜈蚣 *Palhinhaca cernua*（L.）A. Franco et Vasc.

水龙骨科 Polypodiaceae

抱树莲 *Drymoglossum piloselloides*（L.）C. Presl

石韦 *Pyrrosia lingua*（Thunb.）Farwell

桫椤科 Cyatheaceae

桫椤 *Alsophyla spinulosa*（Wall. ex Hook.）R. Tryon

黑桫椤 *Gymnosphaera podophlla*（Hook.）Cop.

铁线蕨科 Adiantaceae

鞭叶铁线蕨 *Adiantum caudatum* L.

扇叶铁线蕨 *Adiantum flabellulatum* L.

乌毛蕨科 Blechnaceae

乌毛蕨 *Blechnum orientale* L.

苏铁蕨 *Brainea insignis*（Hook.）J. Sm.

狗脊 *Woodwardia japonica*（L. f.）Sm.

中国蕨科 Sinopteridaceae

粉背蕨 *Aleuritopteria farinose*（Forsk.）Fée

碎米蕨 *Cheilosoria mysuriensis*（Wall. ex Hook.）Ching et Shing

种子植物门 SPERMATOPHYTA

裸子植物亚门 GYMNOSPERMAE

柏科 Cupressaceae

柏木 *Cupressus funebris* Endl.

刺柏 *Juniperus formosana* Hayata

圆柏 *Sabina chinensis*（L.）Ant.

侧柏 *Thuja orientalis* L.

罗汉松科 Podocarpaceae

长叶竹柏 *Podocarpus fleuryi*（Hickel）de Laub.

短叶罗汉松 *Podocarpus macrophylla* var. *maki* Endl.

竹柏 *Podocarpus nagi*（Thunb.）Kuntze

买麻藤科 Gnetaceae

小叶买麻藤 *Gnetum parvifolium*（Warb.）Cheng ex Chun

南洋杉科 Araucariaceae

南洋杉 *Araucaria cunninghamii* Sweet

异叶南洋杉 *Araucaria heterophylla*（Salisb.）Franco

杉科 Taxodiaceae

杉木 *Cunninghamia lanceolata*（Lamb.）Hook.

水松 *Glyptostrobus pensiis*（Lamb.）K. Koch

松科 Pinaceae

马尾松 *Pinus massoniana* Lamb.

湿地松 *Pinus elliotii* Engelm.

苏铁科 Cycadaceae

苏铁 *Cycas revolute* Thunb.

台湾苏铁 *Cycas taiwaniana* Carruth

鳞被泽米苏铁 *Zamia furfuracea* Aiton

银杏科 Ginkgoaceae

银杏 *Ginkgo biloba* L.

被子植物亚门 ANGIOSPERMAE

双子叶植物纲 DICOTYLEDONEAE

安石榴科 Punicaceae

石榴 *Punica granatum* L.

白花菜科 Capparidaceae

广州锤果藤 *Capparis* cantoniensis Lour.

醉蝶花 *Cleome spinosa* L.

小黄花菜（黄花菜）*Cleome viscose* L.

鱼木 *Crateva formosensis*（Jacobs）B. S. Sun

报春花科 Primulaceae

大叶排草 *Lysimachia fordiana* Oliv.

星宿菜 *Lysimachia fortunei* Maxim.

广西过路黄 *Lysimachia alfredii* Hance

草海桐科 Goodeniaceae

草海桐 *Scaevola sericea* Vahl.

车前草科 Plantaginaceae

车前草 *Plantago asiatica* L.

唇形科 Labiatae

金疮小草 *Ajuga decumbens* Thunb.

香根异唇花 *Anisochilus carnousus*（L.）Wall.

瘦风轮菜 *Clinopodium gracile* Benth.

彩叶草 *Coleus scutellarioides*（L.）Benth.

活血丹 *Glechoma longituba*（Nakai）Kupr.

益母草 *Leonurus japonica* Houtt.

薄荷 *Mentha canadensis* L.
罗勒 *Ocimum basilicum* L.
香茶菜 *Isodon amethystoides*（Benth.）Hara
雪见草 *Salvia plebeia* R. Br.
一串红 *Salvia splendens* Ker-Gawl.
韩信草 *Scutellaria indica* L.

酢浆草科 Oxalidaceae

阳桃 *Averrhoa carambola* L.
酢浆草 *Oxalis corniculata* Thunb.
红花酢浆草 *Oxalis corymbosa* DC.

大风子科 Flacourtiaceae

莿柊 *Scolopia chinensis*（Lour.）Clos.

大戟科 Euphorbiaceae

铁苋菜 *Acalypha australis* L.
红柄山麻杆 *Alchornea trewioides*（Benth.）Muell. -Arg.
方叶五月茶 *Antidesma ghaesembilla* Gaertn.
银柴 *Aporosa dioica* Muell. -Arg.
秋枫 *Bischofia javanica* Bl.
黑面神 *Breynia fruticosa*（L.）Hook. f.
逼迫子 *Bridelia tomentosa* Bl.
变叶木 *Codiaeum variegatum*（L.）A. Juss.
毛果巴豆 *Croton lachnocarpus* Benth.
火殃簕 *Euphorbia neriifolia* L.
猩猩草 *Euphorbia cyathophora* Merr.
大飞扬 *Euphorbia hirta* L.
通奶草 *Euphorbia hypericifolia* L.
铁海棠 *Euphorbia milii* Desmoul.
光棍树 *Euphorbia tirucalli* L.
白饭树 *Suregada glomerulata*（Bl.）Baill.
厚叶算盘子 *Glochidion hirsutum*（Roxb.）Voigt.
毛果算盘子 *Glochidion eriocarpum* Champ. ex Benth.
麻疯树 *Jatropha curcas* L.
血桐 *Macaranga tanarius*（L.）Muell. -Arg.
白背叶 *Mallotus apelta* Muell. -Arg.
粗糠柴 *Mallotus philippinensis*（L.）Muell. -Arg.
石岩枫 *Mallotus repandus*（Wild.）Muell. -Arg.
野桐 *Mallotus japonicus* var. *floccosus*（Muell. Arg.）S. M. Hwang
木薯 *Manihot esculenta* Crantz.
红雀珊瑚 *Pedilanthus tithymaloides*（L）. Poil.
越南叶下珠 *Phyllanthus cochinchinensis* Spreng.
余甘子 *Phyllanthus emblica* L.
叶下珠 *Phyllanthus urinaria* L.
蓖麻 *Ricinus communis* L.
山乌桕 *Sapium discolor*（Champ. ex Benth.）Muell. -Arg.
乌桕 *Sapium sebiferum*（L.）Roxb.
守宫木 *Sauropus androgynus* Merr.
龙脷叶 *Sauropus spatulifolius* Beille

第伦桃科 Dilleniaceae

锡叶藤 *Tetracera asiatic*（Lour.）Hoogl.

冬青科 Aquifoliaceae

梅叶冬青 *Ilex asprella* Champ. ex Benth.
毛冬青 *Ilex pubescens* Hook. & Arn.
铁冬青 *Ilex rotunda* Thunb.
亮叶冬青 *Ilex viridis* Champ. ex Benth.

豆科 Leguminosae

大叶相思 *Acacia auriculifomis* A. Cunn. ex Benth.
台湾相思 *Acacia confusa* Merr.
楹树 *Albizzia chinensis* Merr.
天香藤 *Albizzia corniculata*（Lour.）Druce
猴耳环 *Archidendron clypearia*（Jack.）Nielsen
红花羊蹄甲 *Bauhinia blakeana* Dunn.
紫荆羊蹄甲 *Bauhinia variegata* L.
南蛇簕 *Caesalpinia minax* Hance
美蕊花 *Calliandra haematocephala* Hassk.
海刀豆 *Canavalia maritima* Thou.
翅荚槐（翅荚决明）*Cassia alata* L.
腊肠仔树 *Cassia bicapsularis* L.
含羞草叶决明 *Cassia mimosoides* L.
黄槐 *Cassia surattensis* Burm. f.
决明 *Cassia tora* L.
猪屎豆 *Crotalaria pallida* Ait.
南岭黄檀 *Dalbergia balansae* Prain
藤黄檀 *Dalbergia hancei* Benth.
异果山绿豆 *Desmodium heterocarpum*（L.）DC.
疏花山绿豆 *Desmodium laxiflorum* DC.

小叶三点金草 *Desmodium microphyllum* (Thunb.) DC.

圆叶野扁豆 *Dunbaria punctata* (Wight & Arn.) Benth.

刺桐 *Erythrina variegata* L.

大豆 *Glycine max* (L.) Merr.

三叶木蓝 *Indigofera trifoliata* L.

鸡眼草 *Kummerowia striata* (Thunb.) Schindl.

山鸡血藤 *Milettia dielsiana* Harms

含羞草 *Mimosa pudica* L.

光叶红豆 *Ormosia glaberrima* Y. C. Wu

海南红豆 *Ormosia pinnata* (Lour.) Merr.

亨氏红豆 *Ormosia henryi* Prain

毛排钱草 *Phyllodium elegans* (Lour.) Desv.

排钱草 *Phyllodium pulchellum* (L.) Desv.

豌豆 *Pisum sativum* L.

水黄皮 *Pongamia pinnata* (L.) Pierre

野葛 *Pueraria lobata* (Willd.) Ohwi

田菁 *Sesbania cannabina* (Retz.) Pers.

葫芦茶 *Tadehagi triquetrum* (L.) Ohashi

蚕豆 *Vicia faba* L.

杜鹃花科 Ericaceae

吊钟花 *Enkianthus quinqueflorus* Lour.

刺毛杜鹃 *Rhododendron championae* Hook.

岭南杜鹃 *Rhododendron mariae* Hance

白花杜鹃 *Rhododendron mucronatum* (Bl.)G. Don

锦绣杜鹃 *Rhododendron pulchrum* Sweet

杜鹃 *Rhododendron simsii* Planch.

乌饭树 *Vaccinium bracteatum* Thunb.

杜英科 Elaeocarpaceae

水石榕 *Elaeocarpus hainanensis* Oliv.

长芒杜英 *Elaeocarpus apiculatus* Mast.

椴树科 Tiliaceae

甜麻 *Corchorus aestuans* L.

布渣叶 *Microcos paniculata* L.

刺蒴麻 *Triumfetta rhomboids* Jacq.

番荔枝科 Annonaceae

番荔枝 *Annona squamosa* L.

假鹰爪 *Desmos chinensis* Lour.

紫玉盘 *Uvaria macrophylla* Roxb.

番木瓜科 Caricaceae

番木瓜 *Carica papaya* L.

防己科 Menispermaceae

樟叶木防己 *Cocculus laurifolia* DC.

木防己 *Cocculus orbiculatus* (L.) DC.

苍白秤钩风 *Diploclisia glaucescens* (Bl.) Diels

粪箕笃 *Stephania longa* Lour.

凤仙花科 Balsaminaceae

凤仙花 *Impatiens balsamina* L.

橄榄科 Burseraceae

橄榄 *Canarium album* (Lour.) Raeu.

乌榄 *Canarium tramdenum* Chan Din Dai & G. P. Yakovlev.

海桑科 Sonneratiaceae

海桑 *Sonneratia caseolaris* (L.) Engl.

海桐花科 Pittosporaceae

海桐花 *Pittosporum tobira* (Thunb.) Ait.

红树科 Rhizophoraceae

木榄 *Bruguieera gymnorrhiza* (L.) Lam.

秋茄 *Kandelia candel* (L.) Druce

胡椒科 Piperaceae

草胡椒 *Peperomia pellucida* (L.) Kunth

假蒟 *Piper sarmentosum* Roxb.

胡桃科 Juglandaceae

枫杨 *Pterocarya stenoptera* C. DC.

胡颓子科 Elaeagnaceae

蔓胡颓子 *Elaeagnus glabra* Thunb.

胡颓子 *Elaeagnus pungens* Thunb.

葫芦科 Cucurbitaceae

甜瓜 *Cucumis melo* L.

黄瓜 *Cucumis sativus* L.
南瓜 *Cucurbita moschata*（Duch. ex Lam.）Duch ex Poir.
葫芦 *Lagenaria siceraria*（Morina）Standl.
丝瓜 *Luffa aegyptica* Mill.
苦瓜 *Momordica charantia* L.
茅瓜 *Solena amplexicaulis*（Lam.）Gandhi
老鼠拉冬瓜 *Zehneria indica*（Lour.）Ker.

虎耳草科 Saxifragaceae

虎耳草 *Saxifraga stolonifera* W. Curt.

黄杨科 Buxaceae

黄杨 *Buxus bodinieri* Levl.

夹竹桃科 Apocynaceae

软枝黄蝉 *Allamanda cathartica* L.
串珠子 *Alyxia vulgaris* Tsiang
长春花 *Catharanthus roseus*（L.）Don
海杧果 *Cerbera manghas* L.
狗牙花 *Ervatamia divaricata* cv. Gouyahua
夹竹桃 *Nerium indicum* Mill.
红鸡蛋花 *Plumeria rubra* L.
鸡蛋花 *Plumeria rubra* cv. Acutifolia
羊角拗 *Strophanthus divaricatus*（Lour.）Hook. et Arn.
黄花夹竹桃 *Thevetia peruviana*（Pers.）K. Schum.

金缕梅科 Hamamelidaceae

枫香 *Liquidambar formosana* Hance
檵木 *Loropetalum chinense* Oliv.
红檵木 *Loropetalum chinense* f. *rubrum* Chang

金丝桃科 Hypericaceae

黄牛木 *Cratoxylum cochinchinense*（Lour.）Bl.
田基黄 *Hypericum japonicum* Thunb. ex Murray

堇菜科 Violaceae

长萼堇菜 *Viola inconspicua* Bl.
三色堇 *Viola tricolor* var. *hortensis* DC.

锦葵科 Malvaceae

磨盘草 *Abutilon indicum*（L.）Sweet
大红花 *Hibiscus rosa-sinensis* L.
吊灯花 *Hibiscus schizopetalus*（Mast.）Hook. f.
黄槿 *Hibiscus tiliaceus* L.
赛葵 *Malvastrum coromandelianum*（L.）Garcke
悬铃花 *Malvaviscus arboreus* var. *penduliflorus*（DC.）Schery.
黄花稔 *Sida acuta* Burm. f.
心叶黄花稔 *Sida cordifolia* L.
白背黄花稔 *Sida rhombifolia* L.
地桃花 *Urena lobata* L.

景天科 Crassulaceae

长寿花 *Kalanchoe blossfeldiana* cv. Tom
洋吊钟 *Bryophyllum verticillatum*（S. Ell.）A. Berg.

桔梗科 Companulaceae

半边莲 *Lobelia chinensis* Lour.

菊科 Compositae

胜红蓟 *Ageratum conyzoides* L.
山白菊 *Aster ageratoides* Turcz.
钻叶紫菀 *Aster subulatus* Michx.
婆婆针 *Bidens bipinnata* L.
金盏银盘 *Bidens biternata*（Lour.）Merr. & Sher.
三叶鬼针草 *Bidens pilosa* var. *radiate* Sch.-Bip.
石胡荽 *Centipeda minima*（L.）A. Br. & Aschers.
茼蒿 *Chrysanthemum segetum* L.
野菊花 *Dendranthema indicum*（L.）Des Moul.
鱼眼菊 *Dichrocephala auriculata*（L. f.）Kuntze
鳢肠 *Eclipta prostrata*（L.）L.
地胆草 *Elephantopus scaber* L.
加拿大飞蓬 *Conyza canadensis*（L.）Cronq.
假臭草 *Eupatorium catarium* Veld.
鼠曲草 *Gnaphalium affine* D. Don
白子菜 *Gynura divaricata*（L.）DC.
革命菜 *Gynura japonica*（L. f.）DC.
向日葵 *Helianthus annuus* L.
泥胡菜 *Hemistepta lyrata*（Bunge）Bunge
山白芷 *Inula cappa*（Buch.-Ham.）DC.
莴苣 *Lactuca sativa* L.
薇甘菊 *Mikania micrantha* H. B. K.
阔苞菊 *Pluchea indica*（L.）Less.

戴星草 *Sphaeranthus africanus* L.
细裂银叶菊 *Senecio cineraria* cv. Silver Dust.
千里光 *Senecio scandens* Buch.-Ham. ex D. Don
豨莶 *Siegesbeckia orientalis* L.
裸柱菊 *Soliva anthemifolia*（Juss.）R. Br.
金腰箭 *Synedrella nodiflora*（L.）Gaertn.
万寿菊 *Tagetes erecta* L.
艾 *Artemisia argyi* Levl. & Vant.
夜香牛 *Vernonia cinerea*（L.）Less.
蟛蜞菊 *Wedelia chinensis*（Osb.）Merr.
美洲蟛蜞菊 *Wedelia trilobata*（L.）Hitch.
苍耳 *Xanthium sibiricum* Patrin. ex Widder
黄鹌菜 *Youngia japonica*（L.）DC.

爵床科 Acanthaceae

老鼠簕 *Acanthus ilicifolius* L.
鸭嘴花 *Justicia adhatoda* L.
假杜鹃 *Barleria cristrata* L.
虾衣花 *Calliaspidia guttata*（Brand.）Brem.
可爱花 *Eranthemum pulchellum* Andrews.
小驳骨 *Gendarussa vulgaris* Burm. f.
鳞花草 *Lepidagathis incurva* D. Don
兰花草 *Ruellia brittoniana* Leonard.
翼叶老鸦嘴 *Thunbergia alata* Bojer ex Sims.
大花老鸦嘴 *Thunbergia grandiflora* Roxb.

苦苣苔科 Gesneriaecae

石上莲 *Oreocharis benthami* var. *reticulata* Dunn

苦木科 Simarubaceae

鸦胆子 *Brucea javanica*（L.）Merr.

蓝雪科 Plumbaginaceae

白花丹 *Plumbago zeylanlca* L.

藜科 Chenopodiaceae

小藜 *Chenopodium ficifolium* Smith
土荆芥 *Chenopodium ambrosioides* L.

楝科 Meliaceae

米仔兰 *Aglaia odorata* Lour.
非洲楝 *Khaya senegalensis*（Desr.）A. Juss.
麻楝 *Chukrasia tabularis* A. Juss.
苦楝 *Melia azedarach* L.
桃花心木 *Swietenia mahagoni*（L.）Jacq.

蓼科 Polygonaceae

珊瑚藤 *Antigonon leptopus* Hook. & Arn.
竹节蓼 *Homalocladium platycladum*（F. Muell. ex Hook.）Bailey
萹蓄 *Polygonum aviculare* L.
毛蓼 *Polygonum barbatum* L.
火炭母 *Polygonum chinense* L.
水蓼 *Polygonum hydropiper* L.
大马蓼 *Polygonum lapathifolium* L.
红辣蓼 *Polygonum orientale* L.
杠板归 *Polygonum perfoliatum* L.

菱科 Trapaceae

菱角 *Trapa bicomis* Osbeck

柳叶菜科 Onagraceae

草龙 *Ludwigia hyssopifolia*（G. Don）Exell
水龙 *Ludwigia adscendens*（L.）Hara
毛草龙 *Ludwigia octovalvis*（Jacq.）Raven
细花紫丁香蓼 *Ludwigia peploides*（Kunth）Raven

萝摩科 Asclepiadaceae

马利筋 *Asclepias curassavica* L.
匙羹藤 *Gymnema sylvestre*（Retz.）Schult.

落葵科 Basellaceae

落葵 *Basella alba* L.
落葵薯 *Anredera cordifolia*（Tenore）Steen.

马鞭草科 Verbenaceae

大叶紫珠 *Callicarpa macrophylla* Vahl.
大青 *Clerodendrum cyrtophyllum* Turcz.
鬼灯笼 *Clerodendrum fortunatum* L.
臭茉莉 *Clerodendrum philippinum* var. *simplex* Moldenke
苦郎树 *Clerodendrum inerme* Gaertn.
状元红 *Clerodendrum japonicum*（Thunb.）Sweet.
龙吐珠 *Clerodendrum thomsonae* Balf.
假连翘 *Duranta erecta* L.
黄叶假连翘 *Duranta erecta* cv. “Dwarf Yellow”

花叶假连翘 *Duranta repens* cv. "Variegata"
马缨丹 *Lantana camara* L.
蔓马缨丹 *Lantana montevidensis*（Spreng.）Briq.
过江藤 *Phyla nodiflora*（L.）Greene
假败酱 *Stachytarpheta jamaicensis*（L.）Vahl.
柚木 *Tectona grandis* L. f.
黄荆 *Vitex negundo* L.
蔓荆 *Vitex trifolia* L.

马齿苋科 Portulacaceae
马齿苋 *Portulaca oleracea* L.
松叶牡丹 *Portulaca pilos* subsp. *grandiflora*（Hook.）R. Geesink

马钱科 Loganiaceae
驳骨丹 *Buddleja asiatica* Lour.
灰莉 *Fagraea ceilanica* Thunb.
三脉马钱 *Strychnos cathayensis* Merr.

毛茛科 Ranunculaceae
威灵仙 *Clematis chinensis* Osbeck
石龙芮 *Ranunculus sceleratus* L.
自扣草 *Ranunculus cantoniensis* DC.

茅膏菜科 Droseraceae
锦地罗 *Drosera burmannii* Vahl.

木兰科 Magnoliaceae
荷花玉兰 *Magnolia grandiflora* L.
紫玉兰 *Magnolia liliflora* Desr.
白兰 *Michelia alba* DC.
黄兰 *Michelia champaca* L.
含笑 *Michelia figo*（Lour.）Spreng.

木麻黄科 Casuarinaceae
木麻黄 *Casuarina equisetifolia* Forst.

木棉科 Bombacaceae
木棉 *Bombax ceiba* L.

木樨科 Oleaceae
扭肚藤 *Jasminum elongatum*（Bergius）Willd.
光清香藤 *Jasminum lanceolarium* Roxb.
云南黄素馨 *Jasminum mesnyi* Hance
茉莉花 *Jasminum sambac* Ait.
日本女贞子 *Ligustrum amamianum* Koidz.
山指甲 *Ligustrum sinense* Lour.
尖叶木樨榄 *Olea derruginea* Royle
桂花 *Osmanthus fragrans*（Thunb.）Lour.

牛栓藤科 Connaraceae
红叶藤 *Rourea microphylla*（Hook. & Arn.）Schell.

葡萄科 Vitaceae
粤蛇葡萄 *Ampelopsis cantoniensis*（Hook. & Arn.）Planch.
乌敛莓 *Cayratia japonica*（Thunb.）Gagnep.
三叶崖爬藤 *Tetrastigma hemeslllleyanum* Diels et Gilg
葡萄 *Vitis vinifera* L.

漆树科 Anacardiaceae
岭南酸枣 *Choerosondias axillaris*（Roxb.）Burtt. et Hill.
芒果 *Mangifera indica* L.
盐肤木 *Rhus chinensis* Mill.
野漆 *Toxicodendron sylvestris*（Sieb. et Zucc.）Tardieu

千屈菜科 Lythraceae
香膏萼距花 *Cuphea balsamona* Champ. et Schlecht.
紫薇 *Lagerstroemia indica* L.
大叶紫薇 *Lagerstroemia speciosa*（L.）Pers.
圆叶节节菜 *Rotala rotundifolia*（Buch.-Ham. ex Roxb.）koehne

荨麻科 Urticaceae
苎麻 *Boehmeria nivea*（L.）Gaudich.
透明草 *Pilea microphylla*（L.）Liebm.
雾水葛 *Pouzolzia zeylanica*（L.）Benn.

茜草科 Rubiaceae
水杨梅 *Adina pilulifera*（Lam.）Franch.

山黄皮 *Aidia cochinchinensis* Lour.
栀子 *Gardenia jasminoides* Ellis.
白花蛇舌草 *Hedyotis diffusa* Willd.
牛白藤 *Hedyotis hedyotidea*（DC.）Merr.
剑叶耳草 *Hedyotis caudatifolia* Merr. et Metcalf.
龙船花 *Ixora chinensis* Lam.
黄龙船花 *Ixora coccinea* var. *lutea*（Hutch.）F. R. Fosberg & H. H. Sachet.
粗叶木 *Lasianthus chinensis*（Champ.）Benth.
鸡眼藤 *Morinda umbellata* L.
红纸扇 *Mussaenda erythrophylla* Schumach & Thonn.
粉纸扇 *Mussaenda hybrida* cv.'Alicia'
玉叶金花 *Mussaenda pubescens* Ait.
广州蛇根草 *Ophiorrhiza asiatica* L.
鸡矢藤 *Paederia scandens*（Lour.）Merr.
九节 *Psychotria rubra*（Lour.）Poir.
蔓九节 *Psychotria serpens* L.
山石榴 *Catunaregam spinosa*（Thunb.）Triveng.
鸡爪勒 *Oxyceros sinensis* Lour.
狗骨柴 *Tricalysia dubia*（Lindl.）Ohwi
钩藤 *Uncaria rhynchophylla*（Miq.）Miq. ex Havil.
水锦树 *Wendlandia uvariifolia* Hance

蔷薇科 Rosaceae

蛇莓 *Duchesnea indica*（Andr.）Focke
枇杷 *Eriobotrya japonica*（Thunb.）Lindl.
草莓 *Fragaria×ananassa* Duch.
梅 *Armeniaca mume* Sieb.
桃 *Amydalus persica* L.
豆梨 *Pyrus calleryana* Decne.
车轮梅 *Rhaphiolepis indica*（L.）Lindl.
月季 *Rosa chinensis* Jacq.
金樱子 *Rosa laevigata* Michx.
粗叶悬钩子 *Rubus alceaefolius* Poir.
茅莓 *Rubus parvifolius* L.

茄科 Solanaceae

鸳鸯茉莉 *Brunsfelsia calycina* Benth.
辣椒 *Capsicum annuum* L.
曼陀罗 *Datura stramonium* L.
西红柿 *Lycopersicon esculentum* Mill.
矮牵牛 *Petunia hybrida* Vilm.
灯笼果 *Physalis peruviana* L.
刺天茄 *Sloanum indicum* L.
乳茄 *Solanum mammosum* L.
少花龙葵 *Solanum nigrum* L.
吉庆果（珊瑚樱）*Solanum pseudocapsicum* L.
假烟叶 *Solanum erianthum* D. Don

秋海棠科 Begoniaceae

竹节海棠 *Begonia maculata* Raddi
四季海棠 *Begonia cucullata* Wild.

忍冬科 Caprifoliaceae

山银花 *Lonicera confusa*（Sweet）DC.
珊瑚树 *Viburnum odoratissimum* Ker -Gawl.
常绿荚迷 *Viburnum sempervirens* K. Koch

瑞香科 Thymelaeaceae

了哥王 *Wikstroemia indica* C. A. Mey.

三白草科 Saururaceae

鱼腥草 *Houttuynia cordata* Thunb.

伞形花科 Umbelliferae

莳萝 *Anethum graveolens* L.
芹菜 *Apium graveolens* L.
崩大碗 *Centella asiatica*（L.）Urban.
芫荽 *Coriandrum sativum* L.
胡萝卜 *Daucus carota* var. *sativa* Hoffm.
天胡荽 *Hydrocotyle sibthorpioides* Lam.
少花水芹 *Oenanthe benghalensis* Benth. & Hook. f.
水芹 *Oenanthe javanica*（Bl.）DC.

桑科 Moraceae

菠萝蜜 *Artocarpus macrocarpus* Danser.
白桂木 *Artocarpus hypargyreus* Hance
桂木 *Artocarpus nititus* subsp. *lingnanensis*（Merr.）Jarr.
构树 *Broussonetia papyrifera*（L.）L' Hert. ex Vent.
蔓芝 *Cudrania cochinchinensis*（Lour.）Kudo & Masam.

高山榕 *Ficus altissima* Bl.
垂叶榕 *Ficus benjamina* L.
花叶垂榕 *Ficus benjamina* cv. Variegata
无花果 *Ficus carica* L.
青果榕 *Ficus variegate* var. *chlorocarpa*（Benth.）King
枕果榕 *Ficus drupacea* Thunb.
印度橡胶榕 *Ficus elastica* Roxb. ex Hornem.
台湾榕 *Ficus formosana* Maxim.
斜叶榕 *Ficus tinctoria* subsp. *gibbosa*（Bl.）Corner
大叶榕 *Ficus virens* Ait.
榕树 *Ficus microcarpa* L. f.
薜荔 *Ficus pumila* L.
梨果榕 *Ficus pyriformis* Hook. & Arn.
粗叶榕 *Ficus hirta* Vahl.
桑 *Morus alba* L.

山茶科 Theaceae
杨桐 *Adinandra millettii*（Hook. et Arn.）Benth. et Hook.
山茶 *Camellia japonica* L.
油茶 *Camellia oleifera* Abel.
茶 *Camellia sinensis*（L.）O. Ktze.
细齿叶柃 *Eurya nitida* Korth.
大头茶 *Polyspora axillaries*（Roxb.）Sweet
疏齿木荷 *Schima crenata* Korth.
木荷 *Schima superba* Gardn. et Champ.

山矾科 Symplocaceae
老鼠矢 *Symplocos stellaris* Brand.

山榄科 Sapotaceae
人心果 *Manilkara annamensis*（Pierre ex Dubard）Baehni
铁榄 *Sinosideroxylon wightianum*（Hook. et Arn.）Aubrn.

蓝雪科 Plumbaginaceae
白花丹 *Plumbago zeylanlca* L.

山龙眼科 Proteaceae
银桦 *Grevillea robusta* A. Cunn. ex R. Br.
澳洲坚果 *Macadamia ternifolia* F. Muell.

山毛榉科 Fagaceae
板栗 *Castanea mollissima* Bl.
中华椎 *Castanopsis chinensis* Hance
藜蒴 *Castanopsis fissa*（Champ. ex Benth.）Rehd. & Wils.
栓皮栎 *Quercus variabilis* Bl.

山柚子科 Opiliaceae
山柚藤 *Cansjera rheedii* Gmel.

省沽油科 Staphyleaceae
山香圆 *Turpinia montata*（Bl.）Kurz.

十字花科 Cruciferae
小白菜 *Brassica chinensis* L.
芥菜 *Brassica juncea*（L.）Czem. et Coss.
菜心 *Brassica* aff. *parachinensis* Bailey
荠菜 *Capsella bursa-pastoris* Medic.
碎米荠 *Cardamine hirsuta* L.
野独行菜 *Lepidium apetalum* Willd.
豆瓣菜 *Nasturtium officinale* R. Br.
萝卜 *Raphanus sativus* L.
微子焊菜 *Rorippa cantoniensis*（Lour.）Ohwi
焊菜 *Rorippa indica*（L.）Hiem.

石竹科 Caryophyllaceae
石竹 *Dianthus chinensis* L.
繁缕 *Stellaria media*（L.）Vill.
雀舌草（天蓬草）*Stellaria alsine* Grimm.

使君子科 Combretaceae
使君子 *Quisqualis indica* L.
榄仁树 *Terminalia mantaly* H. Pers.

柿树科 Ebenaceae
柿 *Diospyros kaki* Thunb.

鼠刺科 Escalloniaceae
鼠刺 *Itea chinensis* Hook. & Arn.

鼠李科 Rhamnaceae
铁包金 *Berchemia lineate*（L.）DC.
雀梅藤 *Sageretia thea*（Osbeck）Johnst.

睡莲科 Nymphaeaceae

莲 *Nelumbo nucifera* Gaertn.

睡莲 *Nymphaea tetragona* Georgi

檀香科 Santalaceae

寄生藤 *Dendrotrophe varians* Miq.

桃金娘科 Myrtaceae

岗松 *Baeckea frutescens* L.

红千层 *Callistemon rigidus* R. Br.

柠檬桉 *Eucalyptus citriodora* Hook. f.

美叶桉 *Eucalyptus calophyllaoi* R. Br.

大叶桉 *Eucalyptus robusta* Smith

红果仔（番樱桃）*Eugenia uniflora* L.

白千层 *Melaleuca leucadendra* L.

细花白千层 *Melaleuca parviflora* Lindl.

番石榴 *Psidium guajava* L.

桃金娘 *Rhodomyrtus tomentosa*（Ait.）Hassk.

无柄蒲桃 *Syzygium boissianum*（Gagnep.）Merr. et Perry

小叶蒲桃 *Syzygium buxifolium* Hook. et Arn.

红鳞蒲桃 *Syzygium hancei* Merr. et Perry

蒲桃 *Syzygium jambos*（L.）Alston

洋蒲桃 *Syzygium samarngense*（Bl.）Merr. et Perry

藤黄科 Guttiferae

多花山竹子 *Garcinia multiflora* Champ. ex Benth.

岭南山竹子 *Garcinia oblongifolia* Champ. ex Benth.

天料木科 Samydaceae

天料木 *Homalium cochinchinense*（Lour.）Druce

红花天料木 *Homalium hainanense* Gagnep.

卫矛科 Celastraceae

青江藤 *Celastrus hindsii* Benth.

南蛇藤 *Celastrus orbiculatus* Thunb.

疏花卫矛 *Euonymus laxiflorus* Champ. ex Benth.

无患子科 Sapindaceae

倒地铃 *Cardiospermum halicacabum* L.

龙眼 *Dimocarpus longan* Lour.

荔枝 *Litchi chinensis* Sonn.

梧桐科 Sterculiaceae

刺果藤 *Byttneria aspera* Colebr.

山芝麻 *Helicteres angustifolia* L.

假苹婆 *Sterculia lanceolata* Cav.

苹婆 *Sterculia nobilis* Smith

五加科 Araliaceae

三叶五加 *Eleutherococcus trifoliatus*（L.）S. Y. Hu

楤木 *Aralia chinensis* L.

树参 *Dendropanax dentigerus*（Harms）Merr.

鸭脚木 *Schefflera heptaphylla*（L.）Frodin.

西番莲科 Passifloraceae

西番莲（鸡蛋果）*Passiflora edulis* Sims.

龙珠果 *Passiflora foetida* L.

仙人掌科 Cactaceae

仙人掌 *Opuntia stricta* var. *dillenii*（Ker-Gaw.）L. D. Benson

苋科 Amaranthaceae

虾钳菜 *Alternanthera sessilis*（L.）R. Br. ex DC.

红草 *Alternanthera bettzickiana*（Regel）G. Nichols.

苋菜 *Amaranthus tricolor* L.

野苋菜 *Amaranthus viridis* L.

青葙 *Celosia argentea* L.

鸡冠花 *Celosia cristata* L.

禾穗鸡冠 *Celosia cristata* var. *pyramidatis*

土牛膝 *Achyranthes aspera* L.

千日红 *Gomphrena globosa* L.

小二仙草科 Haloragidaceae

黄花小二仙草 *Haloragis chinensis*（Lour.）Merr.

小蘖科 Berberidaceae

十大功劳 *Mahonia fortunei*（Lindl.）Fedde

南天竺 *Nandina domestica* Thunb.

绣球花科 Hydrangeaceae

绣球花 *Hydrangea macrophylla*（Thunb.）Ser.

玄参科 Scrophulariaceae

毛麝香 *Adenosma glutinosum*（L.）Druce

长蒴母草 *Lindernia anagallis*（Brum. f.）Penn.

母草 *Lindernia crustacean*（L.）F. Muell.

陌上菜 *Lindernia procumbens*（Krock.）Philcox.

旱田草 *Lindernia ruellioides*（Colsm.）Penn.

通泉草 *Mazus pumilus*（N. L. Burm.）Steenis

炮仗竹 *Russelia equisetiformis* Schltr. & Cham.

野甘草 *Scoparia dulcis* L.

黄花翼萼 *Torenia flava* Buch. -Ham.

蓝猪耳 *Torenia fournieri* Lindl. ex Fourn.

黄花过长沙舅 *Mecardonia procumbens*（Mill.）Small

水苦荬 *Veronica undullata* L.

旋花科 Convolvulaceae

月光花 *Calonyction aculeatum*（L.）House

菟丝子 *Cuscuta chinensis* Lam.

土丁桂 *Evolvulus alsinoides*（L.）L.

蕹菜 *Ipomoea aquatica* Forsk.

五爪金龙 *Ipomoea cairica*（L.）Sweet

厚藤 *Ipomoea pes-caprae*（L.）Sweet

三裂叶牵牛 *Ipomoea triloba* L.

鱼黄草 *Merremia hederacea*（Burm. f.）Hall. f.

牵牛 *Pharbitis nil*（L.）Choisy

杨柳科 Salicaceae

垂柳 *Salix babylonica* L.

杨梅科 Myricaceae

杨梅 *Myria rubra*（Lour.）Sieb. & Zucc.

野牡丹科 Melastomaceae

野牡丹 *Melastoma candidum* D. Don

地稔 *Melastoma dodecandrum* Lour.

展毛野牡丹 *Melastoma normale* D. Don

毛稔 *Melastoma sanguineum* Sims.

榆科 Ulmaceae

朴树 *Celtis sinensis* Pers.

白颜树 *Gironniera subaequalis* Planch.

山黄麻 *Trema tomentosa*（Roxb.）Hara

芸香科 Rutaceae

降真香 *Acronychia pedunculata*（L.）Miq.

柚 *Citrus grandis*（L.）Osbeck

黎檬 *Citrus limonia* Osbeck

佛手 *Citrus medica* var. *sarcodactylis* (Noot.) Swingle

柑 *Citrus reticulata* Blanco.

黄皮 *Clausena lansium*（Lour.）Skeels

三桠苦 *Evodia lepta* Merr.

楝叶吴茱萸 *Evodia glabrifolia*（Champ. ex Benth.）Huang

山橘 *Fortunella hindsii*（Champ. ex Benth.）Swingle

金橘 *Fortunella margarita*（Lour.）Swingle

山小橘 *Glycosmis parviflora*（Sims）Little

九里香 *Murraya paniculata*（L.）Jack.

芸香草 *Ruta graveolens* L.

簕欓 *Zanthoxylum avicennae* DC.

花椒簕 *Zanthoxylum scandens* Bl.

两面针 *Zanthoxylum nitidum*（Roxb.）DC.

野花椒 *Zanthoxylum simulans* Hance

樟科 Lauraceae

无根藤 *Cassytha filiformis* L.

阴香 *Cinnamomum burmannii*（C. G. & Nees）Bl.

樟 *Cinnamomum camphora*（L.）Presl

生虫树 *Cryptocarya concinna* Hance

潺槁 *Litsea glutinosa*（Lour.）C. B. Rob.

假柿树 *Litsea monopetala* Pers.

豺皮樟 *Litsea rotundifolia* var. *oblongifolia*（Nees）Allen

轮叶木姜子 *Litsea verticillata* Hance

短花序楠 *Machilus breviflora*（Benth.）Hemsl.

绒楠 *Machilus velutina* Champ. ex Benth.

猪笼草科 Nepenthaceae

猪笼草 *Nepenthes mirabilis*（Lour.）Druce.

紫草科 Boraginaceae

柔弱斑种草 *Bothriospermum tenellum*（Hornem.）Fisch. et Mey.

福建茶 *Carmona microphylla*（Lam.）G. Don

大岗茶 *Ehretia thyrsiflora*（Sieb. et Zucc.）Nakai

紫金牛科 Myrsinaceae

桐花树 *Aegiceras corniculatum*（L.）Blanco

朱砂根 *Ardisia crenata* Sims.

斑叶朱砂根 *Ardisia lindleyana* D. Dietr.

罗伞树 *Ardisia quinquegona* Bl.

酸藤子 *Embelia laeta*（L.）Mez.

鲫鱼胆 *Maesa perlarius*（Lour.）Merr.

紫茉莉科 Nyctaginaceae

黄细心 *Boerhavia diffusa* L.

宝巾 *Bougainvillea glabra* Choisy

紫茉莉 *Mirabilis jalapa* L.

紫葳科 Bignoniaceae

炮仗花 *Pyrostegia ignea*（Kurz）Kurz

单子叶植物纲 MONOCOLEDONEAE

芭蕉科 Musaceae

地涌金莲 *Musella lasiocarpa*（Franch.）C. Y. Wu

香蕉 *Mysa acuminate* cv. Cavendish

菝葜科 Smilacaceae

肖菝葜 *Heterosmilax japonica* Kunth

菝葜 *Smilax china* L.

光叶菝葜 *Smilax glabre* Roxb.

百合科 Liliaceae

葱 *Allium fisrulosum* L.

蒜 *Allium sativum* L.

芦荟 *Aloe vera* var. *chinensis*（Haw）Berger

天门冬 *Asaparagus cochinchinensis*（Lour.）Merr.

蜘蛛抱蛋 *Aspidistra elatior* Blume

吊兰 *Chlorophytum comosum*（Thunb.）Baker

山菅兰 *Dianella ensifolia*（L.）DC.

万寿竹 *Disporum cantoniense*（Lour.）Merr.

玉簪 *Hosta plantaginea* Aschers.

土麦冬 *Liriope spicata*（Thunb.）Lour.

郁金香 *Tulipa gesneriana* L.

凤梨科 Bromeliaceae

菠萝 *Ananas comosus*（L.）Merr.

浮萍科 Lemnaceae

浮萍 *Lemna minor* L.

谷精草科 Eriocaulaceae

华南谷精草 *Eriocaulon sexangulare* L.

禾本科 Poaceae

水蔗草 *Apluda mutica* L.

簕竹 *Bambusa blumeana* J. A. et J. H. Schult.

黄金间碧玉 *Bambusa vulgaris* cv. Vittata

蒺藜草 *Cenchrus calyculatus* L.

狗牙根 *Cynodon dactylon*（L.）Pers.

龙爪茅 *Dactyloctenlium aegyptium*（L.）Beauv.

马唐 *Digitaria sanguinalis*（L.）Scop.

光头稗 *Echinochloa caudate* Roshev.

稗 *Echinochloa crusagalli*（L.）P. Beauv.

蟋蟀草 *Eleusine indica* Gaertn.

知风草 *Eragrostis ferruginea*（Thunb.）Beauv.

牛虱草 *Eragrostis unioloides*（Retz.）Nees ex Steud.

鹧鸪草 *Eriachne pallescens* R. Br.

白茅 *Imperata koenigii*（Retz.）Beauv.

纤毛鸭嘴草 *Ischaemum indicum* Retz.

千金子 *Leptochloa chinensis*（L.）Nees

粉箪 *Bambusa chungii* McClure

淡竹叶 *Lophatherum gracile* Brongn.

蔓生莠竹 *Microstegium vagans*（Nees）A. Camus

芒 *Miscanthus sinensis* Anderss.

类芦 *Neyraudia reynaudiana*（Kunth）Keng ex Hithc.

短叶黍 *Panicum brevifollum* L.

铺地黍 *Panicum repens* L.

两耳草 *Paspalum conjugatum* Bergius

雀稗 *Paspalum thunbergii* Kunth ex Steud.

狼尾草 *Pennisetum alopecuroides*（L.）Spreng.

象草 *Pennisetum purpureum* Schum.

红毛草 *Rhynchelytrum repens*（Willd.）Hubb.

囊颖草 *Sacciolepis indica*（L.）A. Chase

莠狗尾草 *Setaria geniculata*（Lam.）Beauv.
棕叶狗尾草 *Setariapalmaefolia*（Koen.）Stapf
皱叶狗尾草 *Setaria plicata*（Lam.）T. Cooke
棕叶芦 *Thysanolaena maxima*（Roxb.）Ktze.
玉米 *Zea mays* L.
细叶结缕草 *Zoysia tenuifolia* Willd. ex Trin.

姜科 Zingiberaceae

艳山姜 *Alpinia zerumbet*（Pers.）Burtt & Smith
郁金 *Curcuma aromatica* Salisb.
姜花 *Hedychium cornarium* Koen.
大高梁姜 *Kaempferia galanga* Rosc.

兰科 Orchidaceae

竹叶兰 *Arundina graminifolia*（D. Don）Hochr.
墨兰 *Cymbidium sinense*（Jackson ex Andr.）Willd.
鹤顶兰 *Phaius tankervilleae*（Banks ex L′Herit.）Bl.

龙舌兰科 Agavaceae

狭叶龙舌兰 *Agave angustifolia* Haw.
朱蕉 *Cordyline fruticosa*（L.）A. Chval.
剑叶朱蕉 *Cordyline stricta* Endl.
金边虎尾兰 *Sansevieria trifasciata* Hort. ex Prain.

露兜科 Pandanaceae

簕古子 *Pandanus forceps* Martelli
露兜树 *Pandanus tectorius* Sol.

旅人蕉科 Strelitziaceae

旅人蕉 *Ravenala madagascariensis* Adans.
鹤望兰 *Strelitzia reginae* Aiton

美人蕉科 Cannaceae

蕉芋 *Canna edulis* Ker.
大花美人蕉 *Canna generalis* Salisb.
美人蕉 *Canna indica* L.

莎草科 Cyperaceae

红苞苔草 *Carex maculata* Boott.
香附子 *Cyerus rotundus* L.
高杆莎草 *Cyperus exaltatus* Retz.
荸荠 *Eleocharis dulcis*（Burm. f.）Trin. ex Henschel.
水蜈蚣 *Kyllinga brevifolia* Rottb.
三头水蜈蚣 *Kyllingatriceps* Rottb.
湖瓜草 *Lipocarpha microcephala*（R. Br.）Kunth
球穗扁莎草 *Pycreus flavidus*（Retz.）Koyama
珍珠茅 *Scleria levis* Retz.
萤蔺 *Scirpus juncoides* Roxb.

石蒜科 Amaryllidaceae

君子兰 *Clivia miniata* Regel.
文殊兰 *Crinum asiaticum* var. *sinicum*（Roxb. ex Herb.）Baker
朱顶兰 *Hippeastrum rutilum*（Ker-Gawl.）Herb.
水鬼蕉 *Hymenocallis americana* Roem.
水仙 *Narcissus tazetta* var. *chinensis* Roem.
玉帘 *Zephyranthes candida*（Lindl.）Herb.
风雨花 *Zephyranthes carinata* Herb.

薯蓣科 Dioscoreaceae

参薯 *Dioscorea alata* L.
黄独 *Dioscorea bulbifera* L.

天南星科 Araceae

粤万年青 *Aglaonema modestum* Schott ex Engl.
海芋 *Alocasia macrorrhiza*（L.）Schott.
红掌 *Anthurium andracanum* Linden
花叶芋 *Caladium bicolor* Vent.
龟背竹 *Monstera deliciosa* Liebm.
春羽 *Philodendron selloum* Koch
水浮莲 *Pistia stratiotes* L.
绿萝 *Scindapsus aureus* Engl.
白掌 *Spathiphyllum floribundum* Mauna Loa
合果芋 *Syngonium podophyllum* Schott.

仙茅科 Hypoxidaceae

大叶仙茅 *Curculigo capitulate*（Lour.）O. Ktze.

香蒲科 Typhaceae

香蒲 *Typha orientalis* Presl

鸭跖草科 Commelinaceae

紫背万年青 *Tradescantia spathacea* Swartz.

水竹草（吊竹梅）*Tradescantia zebrina* Hort. ex Bosse

鸭跖草 *Commelina communis* L.

竹节草 *Commelina diffusa* Burm. f.

蓝耳草 *Cyanotis vaga*（Lour.）Roem. & Schult.

蚌花 *Rhoeo discolor*（L'Her.）Hance

紫鸭跖草（紫竹梅）*Setcreasea purpurea* B. K. Boom.

雨久花科 Pontederiaceae

凤眼莲 *Eichhornia crassipes*（Mart.）Solm.

鸭舌草 *Monochoria vaginalis*（Burm. f.）Presl ex Kunth

鸢尾科 Iridaceae

射干 *Belamcanda chinensis*（L.）DC.

唐菖蒲 *Gladiolus gandavensis* Van Houtte

鸢尾 *Iris tectorum* Maxim.

泽泻科 Alismaceae

长喙毛茛泽泻 *Ranalisma rostratum* Stapf.

慈菇 *Sagittaria sagittifolia* L.

竹芋科 Marantaceae

竹芋 *Maranta arundinacea* L.

棕榈科 Arecaceae

假槟榔 *Archontophoenix alexandrae*（F. Muell.）H. Wendl. et Drude

三药槟榔 *Areca triandra* Roxb. ex Buch.-Ham.

短穗鱼尾葵 *Caryota mitis* Lour.

椰子 *Cocos nucifera* L.

软叶刺葵 *Phoenix roebelenii* O. Brien.

棕竹 *Rhapis excelsa*（Thunb.）Henry ex Rehd.

大王椰子 *Roystonea regia*（Kunth）O. F. Cook.

棕榈 *Trachycarpus fortunei*（Hook. f.）H. Wendl.

西北地区常见种子植物名录

种子植物门 SPERMATOPHYTA

裸子植物亚门 GYMNOSPERMAE

柏科 Cupressaceae

刺柏 *Juniperus formosana* Hayata

圆柏 *Sabina chinensis*（L.）Ant.

叉子圆柏 *Sabina vulgaris* Ant.

侧柏 *Thuja orientalis* L.

麻黄科 Ephedraceae

木贼麻黄 *Ephedra equisetina* Bge.

中麻黄 *Ephedra intermedia* Schrenk ex Mey.

矮麻黄 *Ephedra minuta* Florin.

单子麻黄 *Ephedra monosperma* Gmel. ex Mey.

麻黄 *Ephedra sinica* Stapf

松科 Pinaceae

华北落叶松 *Larix principis-rupprechtii* Mayr.

青海云杉 *Picea crassifolia* Kom.

紫果云杉 *Picea purpurea* Mast.

青扦 *Picea willsonii* Mast.

华山松 *Pinus armandi* Fr.

油松 *Pinus tabulaeformis* Carr.

被子植物亚门 ANGIOSPERMAE

双子叶植物纲 DICOTYLEDONEAE

白花菜科 Capparidaceae

白花菜 *Cleome gynandra* L.

醉蝶花 *Cleome spinosa* Jacq.

败酱科 Valerianaceae

岩败酱 *Patrinia rupestris*（Pall.）Dufr.

缬草 *Valeriana officinalis* L.

报春花科 Pricaceae

点地梅 *Androsace umbellata*（Lour.）Merr.

海乳草 *Glaux maritima* L.

胭脂花 *Primula maximowiczii* Regel

车前科 Plantaginaceae

车前 *Plantago asiatica* L.

平车前 *Plantago depressa* Willd.

细叶车前 *Plantago lessingii* Fisch. et Mey.

大车前 *Plantago major* L.

柽柳科 Tamariaceae

三春水柏枝 *Myricaria paniculata* P. Y. Zhang et Y. J. Zhang

红砂 *Reaumuria soongorica*（Pall.）Maxim.

细穗柽柳 *Tamarix leptostachys* Bge.

多枝柽柳 *Tamarix ramosissima* Ledeb.

川续断科 Dipsacaceae

圆萼刺参 *Morina chinensis*（Bat.）Diels

华北蓝盆花 *Scabiosa tschiliensis* Grun.

酢浆草科 Oxalidaceae

酢浆草 *Oxalis corniculata L.*

大戟科 Euphorbiaceae

泽漆 *Euphorbia helioscopia* L.

地锦草 *Euphorbia humifusa* Willd.

甘遂 *Euphorbia kansui* Liou ex S. B. Ho

猫眼草 *Euphorbia lunulata* Bge.

雀儿舌头 *Leptopus chinensis*（Bge.）Pojark.

地构叶 *Speranskia tuberculata*（Bge.）Baill.

豆科 Leguminosae

紫穗槐 *Amorpha fruiticosa* L.

金翼黄耆 *Astragalus chrysopterus* Bge.

达乌里黄耆 *Astragalus dahuricus*（Pall.）DC.

乳白黄耆 *Astragalus galactites* Pall.

甘肃黄耆 *Astragalus licentianus* Hand. -Mazz.

马衔山黄耆 *Astragalus mahoschanicus* Hand. -Mazz.

草木樨状黄耆 *Astragalus melilotoides* Pall.

单蕊黄耆 *Astragalus monadelphus* Bge. ex Maxim.

多枝黄耆 *Astragalus polycldus* Bur. et Fr.

狭荚黄耆 *Astragalus stenoceras* C. A. Mey.

短叶锦鸡儿 *Caragana brevifolia* Kom.

白毛锦鸡儿 *Caragana licentiana* Hand. -Mazz.

甘肃锦鸡儿 *Caragana kansuensis* Pojark.

柠条 *Caragana korshinskii* Kom.

甘蒙锦鸡儿 *Caragana opulens* Kom.

荒漠锦鸡儿 *Caragana roborovskyi* Kom.

青甘锦鸡儿 *Caragana tangutica* Maxim. ex Kom.

甘草 *Glycyrrhiza uralensis* Fisch.

米口袋 *Gueldenstaedtia multiflora* Bge.

红花岩黄耆 *Hedysarum multijugum* Maxim.

多序岩黄耆 *Hedysarum polybotrys* Hand. -Mazz.

兵豆 *Lens culinaris* Medic.

胡枝子 *Lespedeza bicolor* Turcz.

兴安胡枝子 *Lespedeza davurica*（Lam.）Schindl.

多花胡枝子 *Lespedeza floribunda* Bge.

牛枝子 *Lespedeza potaninii* Vass.

百脉根 *Lotus corniculatus* L.

野苜蓿 *Medicago falcata* L.

天蓝苜蓿 *Medicago lupulina* L.

苜蓿 *Medicago sativa* L.

白香草木樨 *Melilotus albus* Desr.

黄香草木樨 *Melilotus officinalis*（L.）Pall.

草木樨 *Melilotus suavelens* Ledeb.

红豆草 *Onobrychis viciifolia* Scop.

二色棘豆 *Oxytropis bicolor* Bge.

华西棘豆 *Oxytropis giraldii* Ulbr.

小花棘豆 *Oxytropis glabra*（Lam.）DC.

甘肃棘豆 *Oxytropis kansuensis* Bge.

黑萼棘豆 *Oxytropis melanocalyx* Bge.

黄毛棘豆 *Oxytropis ochrantha* Turcz.

黄花棘豆 *Oxytropis ochrocephala* Bge.

腺萼棘豆 *Oxytropis squamulosa* DC.

兴隆山棘豆 *Oxytropis xinglongshanica* C. W. Chang

菜豆 *Phaseolus vulgaris* L.

豌豆 *Pisum sativum* L.

刺槐 *Robinia pseudoacacia* L.
苦马豆 *Sphaerophysa salsula* (Pall.) DC.
苦豆子 *Sophora alopecuroides* L.
槐 *Sophora japonica* L.
龙爪槐 *Sophora japonica* var. *pendula* Loud.
披针叶黄华 *Thermopsis lanceolata* R. Br.
三齿野豌豆 *Vicia bungei* Ohwi
广布野豌豆 *Vicia cracca* L.
蚕豆 *Vicia faba* L.
野豌豆 *Vicia sepium* L.

杜鹃花科 Ericaceae

头花杜鹃 *Rhodoendron capitatum* Maxim.
黄毛杜鹃 *Rhododendron rufum* Batal.
千里香杜鹃 *Rhodoendron thymifolium* Maxim.

椴科 Tiliaceae

少脉椴 *Tilia paucicostata* Maxim.

旱金莲科 Tropaelacede

旱金莲 *Tropaeolum majus* L.

胡颓子科 Elaeagnaceae

沙枣 *Elaeagnus angustifolia* L.
沙棘 *Hippophae rhamnoides* ssp. *sinensis* Rousi
中亚沙棘 *Hippophae rhamnoides* ssp. *turkestanica* Rousi

葫芦科 Cucurbitaceae

冬瓜 *Benincasa hispida* (Thunb.) Cogn.
西瓜 *Citrullus lanatus* (Thunb.) Mansfeld.
甜瓜 *Cucumis melo* L.
黄瓜 *Cucumis sativus* L.
南瓜 *Cucurbita moschata* (Duch. ex Lam.) Duch. ex Poir.
西葫芦 *Cucurbita pepo* L.
喷瓜 *Ecballium elaterium* (L.) A. Rich.
瓠子 *Lagenaria siceraria* var. *hispida* (Thunb.) Hara
苦瓜 *Momordica charantia* L.

虎耳草科 Saxifragaceae

落新妇 *Astilbe chinensis* (Maxim.) Fr. et Savat.
中华金腰子 *Chrysosplenium sinicum* Maxim.
单花金腰子 *Chrysosplenium uniflorum* Maxim.
东陵绣球 *Hydrangea bretschneideri* Dipp.
绣球 *Hydrangea macrophylla* (Thunb.) Ser.
细叉梅花草 *Parnassia oreophila* Hance
梅花草 *Parnassia trinervis* Drude
山梅花 *Philadelphus incanus* Koehne
大刺茶藨子 *Ribes alpestre* Wall. ex Decne.
刺梨 *Ribes burejense* Fr.
冰川茶藨子 *Ribes glaciale* Wall.
糖茶藨 *Ribes himalense* Royle ex Decne.
东北茶藨子 *Ribes mandshuricum* (Maxim.) Kom.
尖叶茶藨子 *Ribes maximowiczianum* Kom.
宝兴茶藨子 *Ribes moupingense* Fr.
美丽茶藨子 *Ribes pulchellum* Turcz.
狭果茶藨子 *Ribes stenocarpum* Maxim.
黑虎耳草 *Saxifraga atrata* Engl.
零余虎耳草 *Saxifraga cernua* L.
秦岭虎耳草 *Saxifraga giraldiana* Engl.
黑蕊虎耳草 *Saxifraga melanocentra* Fr.
山地虎耳草 *Saxifraga montana* H. Smith
球茎虎耳草 *Saxifraga sibirica* L.
甘青虎耳草 *Saxifraga tangutica* Engl.

桦木科 Beulaceae

红桦 *Betula albo-sinensis* Burk.
白桦 *Betula platyphylla* Suk.
糙皮桦 *Betula utilis* D. Don
榛 *Corylus heterophylla* Fisch. ex Bess.
毛榛 *Corylus mandshurica* Maxim.
虎榛子 *Ostryopsis davidiana* Decne.

蒺藜科 Zygophyllaceae

泡泡刺 *Nitraria sphaerocarpa* Maxim.
白刺 *Nitraria tangutorum* Bobr.
骆驼蓬 *Peganum harmala* L.
蒺藜 *Tribulus terrestris* L.
霸王 *Zygophyllum xanthoxylum* (Bge.) Maxim.

金丝桃科 Guttiferae

贯叶连翘 *Hypericum perforatum* L.

金鱼藻科 Ceratophyllaceae

金鱼藻 *Ceratophyllum demersum* L.

堇菜科 Violaceae

紫花地丁 *Viola philippica* Cav.

早开堇菜 *Viola prionantha* Bge.

三色堇 *Viola tricolor* L.

堇菜 *Viola verecunda* A. Gray

锦葵科 Malavaceae

野西瓜苗 *Hibiscus trionum* L.

圆叶锦葵 *Malva rotundifolia* L.

锦葵 *Malva sinensis* Cavan.

野葵 *Malva verticillata* L.

景天科 Crassulaceae

落地生根 *Bryophyllum pinnatum*（L. f.）Oken

狭穗八宝 *Hylotelephium angustum*（Maxim.）H. Ohba

瓦松 *Orostachys fimbriatus*（Turcz.）Berger.

小丛红景天 *Rhodiola dumulosa*（Fr.）S. H. Fu

宽果红景天 *Rhodiola eurycarpa*（Frod）S. H. Fu

费菜 *Sedum aizoon* L.

甘南景天 *Sedum ulricae* Frod

桔梗科 Campanulaceae

喜马拉雅沙参 *Adenophora himalayana* Feer.

长柱沙参 *Adenophora stenanthina*（Ledeb.）Kitag.

党参 *Codonopsis pilosula*（Fr.）Nannf.

素花党参 *Codonopsis pilosula* var. *modesta*（Nannf.）L. T. Shen

菊科 Compositae

高山蓍 *Achillea alpina* L.

蓍状亚菊 *Ajania achilloides*（Turcz.）Poljak.

灌木亚菊 *Ajania fruticulosa*（Ledeb.）Poljak.

细裂亚菊 *Ajania przewalskii* Poljak.

柳叶亚菊 *Ajania salicifolia*（Mattf.）Poljak.

黄腺香青 *Anaphalis aureo-puncata* Lingelsh. et Borza

淡黄香青 *Anaphalis flavescens* Hand. -Mazz.

珠光香青 *Anaphalis margaritacea*（L.）Benth. et Hook. f.

牛蒡 *Arctium lappa* L.

黄花蒿 *Artemisia annua* L.

艾蒿 *Artemisia argyi* Levl. et Vant.

山蒿 *Artemisia brachyloba* Fr.

茵陈蒿 *Artemisia capillaris* Thunb.

冷蒿 *Artemisia frigida* Willd.

甘肃蒿 *Artemisia gansuensis* Ling et Y. R. Ling

万年蒿 *Artemisia gmelinii* Web. ex Stechm.

臭蒿 *Artemisia hedinii* Ostenf.

宽叶蒿 *Artemisia latifolia* Ledeb.

牧蒿 *Artemisia japonica* Thunb.

白叶蒿 *Artemisia leucophylla*（Turcz. ex Bess.）Turcz. ex Clarke

粘毛蒿 *Artemisia mattfeldii* Pamp.

黑沙蒿 *Artemisia ordosica* Krasch.

甘新蒿 *Artemisia polybotryoidea* Y. R. Ling

灰苞蒿 *Artemisia roxburghiana* Bess.

白沙蒿 *Artemisia sphaerocephala* Krasch.

牛尾蒿 *Artemisia subdigitata* Mattf.

裂叶蒿 *Artemisia tanacetifolia* L.

甘青蒿 *Artemisia tangutica* Pamp.

大籽蒿 *Artemisia sieversiana* Willd.

狭苞紫菀 *Aster farreri* W. W. Smith et J. F. Jeffr.

柔软紫菀 *Aster flaccidus* Bge.

紫菀 *Aster tataricus* L. f.

中亚紫菀木 *Asterothamnus centrali-asiaticus* Novopokr.

短叶中亚紫菀木 *Asterothamnus centrali-asiaticus* var. potaninii（Novopokr.）Ling et Y. L. Chen

雏菊 *Bellis perennis* L.

金盏花 *Calendula officinalis* L.

翠菊 *Callistephus chinensis*（L.）Nees.

灌木小甘菊 *Cancrinia maximowiczii* C. Winkl.

飞廉 *Carduus crispus* L.

天名精 *Carpesium abrotanoides* L.

高原天名精 *Carpesium lipskyi* Winkl.

瓜叶菊 *Cineraria cruenta* Mass. ex Herit.

藏蓟 *Cirsium lanatum*（Roxb. ex Willd.）Spreng.

聚头蓟 *Cirsium souliei*（Franch.）Mattf.
刺儿菜 *Cirsium segetum* Bge.
大刺儿菜 *Cirsium setosum*（Willd.）MB.
波斯菊 *Cosmos bipinnatus* Cav.
还阳参 *Crepis crocea*（Lamk.）Babc.
大丽花 *Dahlia pinnata* Cav.
野菊 *Dendranthema indicum*（L.）Des.
甘菊 *Dendranthema lavandulaefolium*（Fisch.）Ling et Shih
菊花 *Dendranthema morifolium*（Ramat.）Tzvel.
砂蓝刺 *Echinops gmelinii* Turcz.
长茎飞蓬 *Erigeron elongates* Ledeb.
堪察加飞蓬 *Erigeron kamtschaticus* DC.
向日葵 *Helianthus annuus* L.
菊芋 *Helianthus tuberosus* L.
灰白狗娃花 *Heteropappus altaicus* var. *canescens*（Nees）Serg.
青藏狗娃花 *Heteropappus bowerii*（Hemsl.）Griers.
狗娃花 *Heteropappus hispidus*（Thunb.）Less.
圆齿狗娃花 *Heteropappus crenatifolius*（Hand.-Mazz）Griers.
旋覆花 *Inula japonica* Thunb.
蓼子朴 *Inula salsoloides*（Turcz.）Ostenf.
山苦荬 *Ixeris chinensis*（Thunb.）Nakai
抱茎苦荬菜 *Ixeris sonchifolia*（Bge.）Hance
花花柴 *Karelinia caspia*（Pall.）Less.
青甘莴苣 *Lactucca roborwskii* Maxim.
蒙山莴苣 *Lactuca tatarica*（L.）C. A. Mey.
芸香火绒草 *Leontopodium haplophylloides* Hand.-Mazz.
火绒草 *Leontopodium leontopodioides*（Willd.）Beauv.
长叶火绒草 *Leontopodium longifolium* Ling
矮火绒草 *Leontopodium nanum*（Hook. f. et Thoms.）Hand.-Mazz.
绢茸火绒草 *Leontopodium smithianum* Hand.-Mazz.
箭叶橐吾 *Ligularia sagitta*（Maxim.）Mattf.
掌叶橐吾 *Ligularia przewalskii*（Maxim.）Diels
黄帚橐吾 *Ligularia virgaurea*（Maxim.）Mattf.
毛冠菊 *Nannoglottis carpesiloides* Maxim.
鳍蓟 *Olgaea leucophylla*（Turcz.）Iljin.
青海鳍蓟 *Olgaea tangutica* Iljin.
两色帚菊 *Pertya discolor* Rehd.
毛连菜 *Picris japonica* Thunb.
大叶盘果菊 *Prenanthes macrophylla* Fr.
盘果菊 *Prenanthes tatarinowii* Maxim.
祁州漏芦 *Rhaponticum uniflorum*（L.）DC.
草地风毛菊 *Saussurea amara*（L.）DC.
灰白风毛菊 *Saussurea cana* Ledeb.
达乌里风毛菊 *Saussurea davurica* Adans.
柳叶风毛菊 *Saussurea epilobioides* Maxim.
细茎风毛菊 *Saussurea graciliformis* Lipsch.
紫苞风毛菊 *Saussurea iodostegia* Hance
风毛菊 *Saussurea japonica*（Thunb.）DC.
川陕风毛菊 *Saussurea licentiana* Hand.-Mazz.
小叶风毛菊 *Saussurea oligantha* var. *parvifolia* Ling
羽裂风毛菊 *Saussurea pinnatidentata* Lipsch.
弯苞风毛菊 *Saussurea recurvata*（Maxim.）Lipsch.
星状风毛菊 *Saussurea stella* Maxim.
帚状鸦葱 *Scorzonera pseudodivaricata* Lipsch.
额河千里光 *Senecio argunensis* Turcz.
北千里光 *Senecio dubitabilis* C. Jeffrey et Y. L. Chen
高原千里光 *Senecio diversipinnus* Ling
麻花头 *Serratula centauroides* L.
蕴苞麻花头 *Serratula strangulata* Iljin.
羽裂华蟹甲草 *Sinacalia tangutica*（Maxim.）B. Nord.
苣荬菜 *Sonchus arvensis* L.
苦苣菜 *Sonchus oleraceus* L.
百花蒿 *Stilpnolepis centiflora*（Maxim.）Krasch.
万寿菊 *Tagetes erecta* L.
毛蒲公英 *Taraxacum eriopodum*（D. Don）DC.
白花蒲公英 *Taraxacum leucanthum*（Ledeb.）Ledeb.
川甘蒲公英 *Taraxacum lugubre* Dahlst.
蒲公英 *Taraxacum mongolicum* Mand.-Hazz.

华蒲公英 *Taraxacum sinicum* Kitag.
狗舌草 *Tephroseris kirilowii*（Turcz. ex DC.）Holub.
款冬 *Tussilago farfara* L.
苍耳 *Xanthium sibiricum* Patrin ex Widd.
黄缨菊 *Xanthopappus subacaulis* C. Winkl.
无茎黄鹌菜 *Youngia simulatrix*（Babc.）et Stebb.
百日菊 *Zinnia elegans* Jacq.

苦木科 Simaroubaceae

椿 *Ailanthus altissima*（Mill.）Swinglei

蓝雪科 Plumbaginaceae

二色补血草 *Limonium bicolor*（Bge.）O. Kuntze

藜科 Chenopodiaceae

沙蓬 *Agriophyllum squarrosum*（L.）Moq.
短叶假木贼 *Anabasis brevifolia* C. A. Mey.
中亚滨藜 *Atriplex centrasiatica* Iljin.
滨藜 *Atriplex patens*（Litv.）Iljin.
西伯利亚滨藜 *Atriplex sibirica* L.
杂配轴藜 *Axyris hybrida* L.
甜菜 *Beta vulgaris* L.
驼绒藜 *Ceratoides lateens*（J. F. Gmel.）Reveal et Holmgren.
藜 *Chenopodium album* L.
刺藜 *Chenopodium aristatum* L.
菊叶香藜 *Chenopodium foetidum* Schrad.
灰绿藜 *Chenopodium glaucum* L.
杂配藜 *Chenopodium hybridum* L.
小白藜 *Chenopodium iljinii* Golosk.
平卧藜 *Chenopodium prostratum* Bge.
兴安虫实 *Corispermum chingancium* Iljin.
绳虫实 *Corispermum declinatum* Steph.
瘤果虫实 *Corispermum tylocarpum* Hance
白茎盐生草 *Halogeton arachnoideus* Moq.
盐爪爪 *Kalidium foliatum*（Pall.）Moq.
细枝盐爪爪 *Kalidium gracile* Fenzl.
黑翅地肤 *Kochia melanoptera* Bge.
地肤 *Kochia scoparia*（L.）Schrad.
盐角草 *Salicornia europaea* L.
猪毛菜 *Salsola collina* Pall.
展苞猪毛菜 *Salsola ikonnikovii* Iljin.
松叶猪毛菜 *Salsola laricifolia* Turcz. ex Litv.
珍珠猪毛菜 *Salsola passerina* Bge.
刺沙蓬 *Salsola ruthanica* Iljin.
角果碱蓬 *Suaeda corniculata*（C. A. Mey.）Bge.
碱蓬 *Suaeda glauca*（Bge.）Bge.
盘果碱蓬 *Suaeda heterophylla*（Kar. et Kir.）Bge.
合头草 *Sympegma regelii* Bge.

蓼科 Polygonaceae

苦荞麦 *Fagopyrum tataricum*（L.）Gaertn.
荞麦 *Fagopyrum sagittatum* Gilib.
冰岛蓼 *Koenigia islandica* L.
两栖蓼 *Polygonum amphibium* L.
木藤蓼 *Polygonum aubertii* L.
扁蓄 *Polygonum aviculare* L.
卷茎蓼 *Polygonum convolvulum* L.
齿翅蓼 *Polygonum dentate-alatum* Fr.
酸模叶蓼 *Polygonum lapathifolium* L.
长鬃蓼 *Polygonum longisetum* De Bruyn.
圆穗蓼 *Polygonum macrophyllum* D. Don
尼泊尔蓼 *Polygonum nepalense* Meisn.
桃叶蓼 *Polygonum persicaria* L.
毛蓼 *Polygonum pilosum*（Maxim.）Hemsl.
荭草 *Polygonum orientale* L.
西伯利亚蓼 *Polygonum sibiricum* Laxm.
珠芽蓼 *Polygonum viviparum* L.
翼蓼 *Pteroxygonum giraldii* Dammer et Diels
小大黄 *Rheum pumilum* Maxim.
酸模 *Rumex acetosa* L.
水生酸模 *Rumex aquaticus* L.
尼泊尔酸模 *Rumex nepalensis* Spreng.

柳叶菜科 Oenotheraceae

沼生柳叶菜 *Epilobium palustre* L.
小花柳叶菜 *Epilobium parviflorum* Schreb.
倒挂金钟 *Fuchsia hybrida* Voss.

马齿苋科 Portulacaceae

马齿苋 *Portulaca oleracea* L.

牻牛儿苗科 Geraniaceae

牻牛儿苗 *Erodium stephanianum* Willd.

甘青老鹳草 *Geranium pylzowianum* Maxim.
鼠掌老鹳草 *Geranium sibiricum* L.

毛茛科 Ranunculaceae

伏毛铁棒槌 *Aconitum flavum* Hand. -Mazz.
露蕊乌头 *Aconitum gymnandrum* Maxim.
白喉乌头 *Aconitum leucostomum* Worosch.
甘青侧金盏花 *Adonis bobroviana* Sim.
蓝侧金盏花 *Adonis coerulea* Maxim.
小银莲花 *Anemone exigua* Maxim.
小花草玉梅 *Anemone rivularis* var. *floreminore* Maxim.
条叶银莲花 *Anemone trullifolia* var. *linearis* (Bruhl) Hand. -Mazz.
毛果甘青乌头 *Aconitum tanguticum* var. *trichocarpum* Hand. -Mazz.
无距耧斗菜 *Aquilegia ecalcarata* Maxim.
甘肃耧斗菜 *Aquilegia oxysepala* var. *kansuensis* Bruhl.
驴蹄草 *Caltha palustris* L.
升麻 *Cimicifuga foetida* L.
芹叶铁线莲 *Clematis aethusifolia* Turcz.
大木通 *Clematis argentilucisa* (Levl. et Vant.) W. T. Wang
粉绿铁线莲 *Clematis glauca* Willd.
薄叶铁线莲 *Clematis gracilofolia* Rehd. et Wils.
黄花铁线莲 *Clematis intricate* Bge.
绣球藤 *Clematis Montana Buch.* -Ham. ex DC.
甘青铁线莲 *Clematis tangutica* (Maxim.) Korsch.
白蓝翠雀花 *Delphinium albocoeruleum* Maxim.
秦岭翠雀花 *Delphinium giraldii* Diels
腺毛翠雀花 *Delphinium grandiflorum* var. *glandulosum* W. T. Wang
细须翠雀花 *Delphinium siwanense* var. *leptopogon* (Hand. -Mazz.) W. T. Wang
疏花翠雀花 *Delphinium sparsiflorum* Maxim.
水葫芦苗 *Halerpestes cymbalaria* (Pursh.) Green.
三裂碱毛茛 *Halerpestes tricuspis* (Maxim.) Hand. -Mazz.
牡丹 *Paeonia suffruticosa* Andr.
紫瓣牡丹 *Paeonia suffruticosa* var. *papveracea* (Andr.) Kerner
川赤芍 *Paeonia veitchii* Lynch.
毛赤芍 *Paeonia veitchii* var. *woodwardii* (Stapf ex Cox) Stern.
云生毛茛 *Ranunculus longicaulis* var. *nephelogenes* (Edgew.) L.
美丽毛茛 *Ranunculus pulchellus* C. A. Mey.
石龙芮 *Ranunculus sceleratus* L.
高原毛茛 *Ranunculus tanguticus* (Maxim.) Ovcz.
直梗高山唐松草 *Thalictrum alpinum* var. *elatum* Ulbr.
贝加尔唐松草 *Thalictrum baicalense* Turcz.
丝叶唐松草 *Thalictrum foeniculaeum* Bge.
腺毛唐松草 *Thalictrum foetidum* L.
稀蕊唐松草 *Thalictrum oligandrum* Maxim.
矮金莲花 *Trollius farreri* Stapf

葡萄科 Vitaceae

掌裂蛇葡萄 *Ampelopsis aconitifolia* var. *glabra* Diels
蛇葡萄 *Ampelopsis brevipedunculata* (Maxim.) Trautv.
红叶爬山虎 *Parthenocissus henryana* (Hemsl.) Diels et Gilg
爬山虎 *Parthenocissus tricuspidata* (Sieb. et Zucc.) Planch.
葡萄 *Vitis vinifera* L.

槭树科 Aceraceae

青榨槭 *Acer davidii* Franch.
茶条槭 *Acer ginnala* Maxim.
建始槭 *Acer henryi* Pax.
甘肃槭 *Acer kansuense* Fang et C. Y. Chang
桦叶四蕊槭 *Acer tetramerum* var. *betulifolium* (Maxim.) Rehd.
元宝槭 *Acer truncatum* Bge.

荨麻科 Urticaceae

宽叶荨麻 *Urtica leatevirens* Maxim.

茜草科 Rubiaceae

猪殃殃 *Galium aparine* L.

北方拉拉藤 *Galium boreale* L.
四叶律 *Galium bungei* Steud.
林地拉拉藤 *Galium paradoxum* Maxim.
蓬子菜 *Galium verum* L.
茜草 *Rubia cordifolia* L.
膜叶茜草 *Rubia membranacea* Diels

蔷薇科 Rosasceae

龙芽草 *Agrimonia pilosa* Ledeb.
山桃 *Amygdalus davidiana*（Carr.）Vos ex Henry
甘肃桃 *Amygdalus kansuensis*（Rehd.）Skeels
桃 *Amygdalus persica* L.
榆叶梅 *Amygdalus triloba*（Lindl.）Ricker
山杏 *Armeniaca sibirica*（L.）Lam.
杏 *Armeniaca vulgaris* Lam.
微毛樱桃 *Cerasus clarofolia*（Schneid.）Yu et Li
毛樱桃 *Cerasus tomentosa*（Thunb.）Wall.
樱桃 *Cerasus pseudocerasus*（Lindl.）G. Don
刺毛樱桃 *Cerasus setulosa*（Batal.）Yu et Li
麻核栒子 *Cotoneaster foveolatus* Rehd. et Wils.
细弱栒子 *Cotoneaster gracilis* Rehd. et Wils.
水栒子 *Cotoneaster multiflorus* Bge.
西北栒子 *Cotoneaster zabelii* Schneid.
山楂 *Crataegus pinnatifida* Bge.
东方草莓 *Fragaria orientalis* Lozinsk.
野草莓 *Fragaria vesca* L.
棣棠花 *Kerria japonica*（L.）DC.
锐齿臭樱 *Maddenia incisoserrata* Yu et Ku
山荆子 *Malus baccate*（L.）Borkh.
陇东海棠 *Malus kansuensis*（Batal.）Schneid.
花叶海棠 *Malus transitoria*（Batal.）Schneid.
稠李 *Padus racemosa* var. *asiatica*（Kom.）Yu et Li
杜梨 *Pyrus betulaefolia* Bge.
白梨 *Pyrus bretschneideri* Rehd.
木梨 *Pyrus xerophila* Yu
山莓 *Rubus corchorifolius* L. f.
茅莓 *Rubus parvifolius* L.
星毛委陵菜 *Potentilla acaulis* L.
蕨麻 *Potentilla anserine* L.
二裂委陵菜 *Potentilla bifurca* L.
大萼委陵菜 *Potentilla conferta* Bge.
莓叶委陵菜 *Potentilla fragarioides* L.
金露梅 *Potentilla fruticosa* L.
多裂委陵菜 *Potentilla multifida* L.
雪白委陵菜 *Potentilla nivea* L.
小叶金露梅 *Potentilla parvifolia* Fisch.
华西委陵菜 *Potentilla potaninii* Wolf.
朝天委陵菜 *Potentilla supina* L.
扁核木 *Prinsepia uniflora* Batal.
李 *Prunus salicina* Lindl.
月季 *Rosa chinensis* Jacq.
西北蔷薇 *Rosa davidii* Crep.
陕西蔷薇 *Rosa giraldii* Crep.
黄蔷薇 *Rosa hugonis* Hemsl.
钝野蔷薇 *Rosa webbiana* Wall. ex Royle
小叶蔷薇 *Rosa willmottiae* Hemsl.
多腺悬钩子 *Rubus phoenicolasius* Maxim.
菰帽悬钩子 *Rubus pileatus* Focke
地榆 *Sanguisorbia officinalis* L.
伏毛山莓草 *Sibbaldia adpressa* Bge.
鲜卑花 *Sibiraea laevigata*（L.）Maxim.
华北珍珠梅 *Sorbaria kirilowii*（Regel）Maxim.
湖北花楸 *Sorbus hupehensis* Schneid.
陕甘花楸 *Sorbus koehneana* Schneid.
太白花楸 *Sorbus tapashana* Schneid.
高山绣线菊 *Spiraea alpina* Pall.
长芽绣线菊 *Spiraea longigemmis* Maxim.
蒙古绣线菊 *Spiraea mongolica* Maxim.
南川绣线菊 *Spiraea rosthornii* Pritz.

忍冬科 Caprifoliaceae

蓝靛果 *Lonicera caerulea* L.
金银忍冬 *Lonicera macckii*（Rupr.）Maxim.
红脉忍冬 *Lonicera nervosa* Maxim.
岩生忍冬 *Lonicera rupicola* Hook. f. et Thoms.
红花忍冬 *Lonicera syringantha* Maxim.
陇塞忍冬 *Lonicera tangutica* Maxim.
盘叶忍冬 *Lonicera tragophylla* Hemsl.
华西忍冬 *Lonicera webbiana* Wall. ex DC.
血满草 *Sambucus adnata* Wall.
接骨草 *Sambucus chinensis* Lindl.
羽裂莛子镳 *Triosteum pinnatifidum* Maxim.

细梗淡红荚迷 *Viburnum erubescens* var. *gracilipes* Rehd.
香荚迷 *Viburnum farreri* W. T. Stearn.
丛花荚迷 *Viburnum glomeratum* Maxim.
锦带花 *Weigela florida*（Bge.）A. DC.

瑞香科 Thymelaeaceae
甘肃瑞香 *Daphne tangutica* Maxim.
狼毒 *Stellera chamaejasme* L.

伞形花科 Umbelliferae
当归 *Angelica sinensis*（Oliv.）Diels
北柴胡 *Bupleurum chinense* DC.
黑柴胡 *Bupleurum smithii* Wolff.
小叶黑柴胡 *Bupleurum smithii* var. *parvifolium* Shan et Y. Li
田页蒿 *Carum buriaticum* Turcz.
蒿 *Carum carvi* L.
芫荽 *Coriandrum sativum* L.
胡萝卜 *Daucus carota* var. *sativus* Hoffm.
茴香 *Foeniculum vulgare* Mill.
独活 *Heracleum hemsleyanum* Diels
短毛独活 *Heracleum moellendorffii* Hance
岩风 *Libanotis buchtormensis*（Fisch.）DC.
石防风 *Peucedanum terebinthaceum*（Fisch.）Fisch. ex Turcz.
尖齿茴芹 *Pimpinella arguta* Diels.
异叶茴芹 *Pimpinella diversifolia*（Wall.）DC.
鸡冠棱子芹 *Pleurospermum cristatum* de Boiss.
防风 *Saposhnikovia divaricata*（Turcz.）Schischk.
锐齿西风芹 *Selseli inciso-dentatum* K. T. Fu
迷果芹 *Sphallerocarpus gracilis*（Bess. ex Trev.）K.-Pol.
窃衣 *Torilis scabra*（Thunb.）DC.

桑寄生科 Loranthaceae
北桑寄生 *Loranthus tanakae* Fr.
线叶槲寄生 *Viscum fargesii* Lecom.

桑科 Moraceae
啤酒花 *Humulus lupulus* L.
律草 *Humulus scandens*（Lour.）Merr.
大麻 *Cannabis sativa* L.
桑 *Morus alba* L.

山毛榉科 Fagaceae
辽东栎 *Quercus liaotungensis* Koidz.

商陆科 Phytolaccaceae
商陆 *Phytolacca acinosa* Roxb.

十字花科 Cruciferae
硬毛南芥 *Arabis hirsuta*（L.）Scop.
南芥 *Arabis pendula* L.
白菜 *Brassica pekinensis*（Lour.）Rupr.
雪里蕻 *Brassica juncea* var. *multiceps* Tseng et Lee
野亚麻荠 *Camelina sylvestris* Wallr.
弹裂碎米荠 *Cardamine impatiens* L.
紫花碎米荠 *Cardmine tangutorum* O. E. Schulz.
离子芥 *Chorispora tenella*（Pall.）DC.
播娘蒿 *Descurainia Sophia*（L.）Webb. ex Prantl
苞序葶 *Draba ladyginii* var. trichocarpa O. E. Schulz.
葶苈 *Draba nemorosa* L.
光果葶苈 *Draba nemorosa* var. *leiocarpa* Lindbl.
糖芥 *Erysimum bungei*（Kitag.）Kitag.
四棱芥 *Goldbachia laevigata*（M. Bieb.）DC.
心叶独行菜 *Lepidium cordatum* Willd. ex Stev.
独行菜 *Lepidium apetalum* Willd.
宽叶独行菜 *Lepidium latifolium* L.
钝叶独行菜 *Lepidium obtusum* Basin.
涩芥 *Malcolmia africana*（L.）R. Br.
刚毛涩芥 *Malcolmia hispida* Litw.
双果荠 *Megadenia pygmaea* Maxim.
欧亚风花菜 *Rorippa sylvestria*（L.）Bess.
萝卜 *Raphanus sativus* L.
垂果大蒜芥 *Sisymbrium heteromallum* C. A. Mey.
全叶大蒜芥 *Sisymbrium luteum*（Maxim.）O. E. Schulz.
连蕊芥 *Synstemon petrovii* Botsch.
菥冥 *Thlaspi arvense* L.
蚓果芥 *Torularia humilis*（C. A. Mey.）O. E. Schulz.

窄叶蚓果芥 *Torularia humilis* f. *angustifolia* Z. X. An

石竹科 Caryophyllaceae

西北蚤缀 *Arenaria przewalskii* Maxim.
簇生卷耳 *Cerastium fontanum* Baumg.
狗筋蔓 *Cucubalus baccifer* L.
瞿麦 *Dianthus superbus* L.
细叶石头花 *Gypsophila licentiana* Hand.-Mazz.
薄蒴草 *Lepyrodiclis holosteoides*（C. A. Mey.）Fisch. et Mey.
鹅肠菜 *Myosoton aquaticum*（L.）Moench.
蔓孩儿参 *Pseudostellaria davidii*（Fr.）Pax
漆姑草 *Sagina japonica*（Sw.）Ohwi
麦瓶草 *Silene conoidea* L.
长梗蝇子草 *Silene pterosperma* Maxim.
蔓茎蝇子草 *Silene repens* Patr.
喜马拉雅蝇子草 *Silene himalayensis*（Rohrb.）Majumdar.
拟漆姑 *Spergularia marina*（L.）Griseb.
腺毛繁缕 *Stellaria nemorum* L.
王不留行 *Vaccaria hispanica*（Mill.）Rausch.

鼠李科 Rhamnaceae

枣 *Ziziphus jujuba* Mill.
酸枣 *Ziziphus jujuba* var. *spinosa*（Bge.）Hu ex H. F. Chow

檀香科 Santalaceae

长叶百蕊草 *Thesium longifolium* Turcz.
急折百蕊草 *Thesium refractum* C. A. Mey.

卫矛科 Celastraceae

卫矛 *Euonymus alatus*（Thunb.）Sieb.
丝棉木 *Euonymus bungeanus* Maxim.
冬青卫矛 *Euonymus japonicus* Thunb.
栓翅卫矛 *Euonymus phellomanus* Loes.
紫花卫矛 *Euonymus porphyreus* Loes.

无患子科 Sapindaceae

栾树 *Koelreuteria paniculata* Laxm.
文冠果 *Xanthoceras sorbifolia* Bge.

五加科 Araliaceae

糙叶五加 *Eleutherococcus henryi* Oliv.
藤五加 *Eleutherococcus leucorrhizus* Oliv.
羽叶三七 *Panax pseudo-ginseng* var. *bipinnatifidus*（Seem.）Li
秀丽三七 *Panax pseudo-ginseng* var. *elegantior*（Burkill）Hoo et Tseng

苋科 Amaranthaceae

反枝苋 *Amaranthus retroflexus* L.

小檗科 Berberidaceae

短柄小檗 *Berberis brachypoda* Maxim.
秦岭小檗 *Berberis circumserrata*（Schneid.）Schneid.
长穗小檗 *Berberis dolichobotrys* Fedde
置疑小檗 *Berberis dubia* Schneid.
甘肃小檗 *Berberis kansuensis* Schneid.
西伯利亚小檗 *Berberis sibirica* Pall.
短梗小檗 *Berberis stenostachya* Ahrendt.
榆中小檗 *Berberis vulgaris* L.
短角淫羊藿 *Epimedium brevicornum* Maxim.
桃儿七 *Sinopodophyllum hexandrum*（Royle）Ying

悬铃木科 Platanaceae

一球悬铃木 *Platanus occidentalis* L.
三球悬铃木 *Platanus orientalis* L.

亚麻科 Linaceae

宿根亚麻 *Linum perenne* L.
野亚麻 *Linum stelleroides* Planch.
胡麻 *Linum usitatissimum* L.

杨柳科 Salicacae

银白杨 *Populus alba* L.
新疆杨 *Populus alba* var. *pyramidlis* Bge.
加杨 *Populus canadensis* Moench.
钻天杨 *Populus nigra* var. *italica*（Moench.）Koehne
箭杆杨 *Populus nigra* var. *thevestina*(Dode) Bean.
青杨 *Populus cathayana* Rehd.
山杨 *Populus davidiana* Dode

楔叶山杨 *Populus davdiana* f. *laticuneata* Nakai
小叶杨 *Populus simonii* Carr.
毛白杨 *Populus tomentosa* Carr.
秦岭柳 *Salix alfredi* Gorz.
垂柳 *Salix babylonica* L.
秦柳 *Salix chingiana* Hao
旱柳 *Salix matsudana* Koidz.
龙爪柳 *Salix matsudana* f. *tortuosa*(Vilm.) Rehd.
康定柳 *Salix paraplesia* Schneid.
川滇柳 *Salix rehderiana* Schneid.
中国黄花柳 *Salix sinica* (Hao) C. Wang et C. F. Fang
匙叶柳 *Salix spathulifolia* Seemen.
周至柳 *Salix tangii* Hao
线叶柳 *Salix wilhelmsiana* MB.

罂粟科 Papaveraceae

白屈菜 *Chelidonium majus* L.
灰绿黄堇 *Corydalis adunca* Maxim.
曲花紫堇 *Corydalis curviflora* Maxim. ex Hemsl.
紫堇 *Corydalis edulis* Maxim.
赛北紫堇 *Corydalis impatiens* (Pall.) Fisch.
红花紫堇 *Corydalis punicea* C. Y. Wu
荷包牡丹 *Dicentra spectabilis* (L.) Lem.
秃疮花 *Dicranostigma leptopodum* (Maxim.) Fedde
角茴香 *Hypecoum erectum* L.
虞美人 *Papaver rhoeas* L.
全缘叶绿绒蒿 *Meconopsis integrifolia* (Maxim.) Fr.
五脉绿绒蒿 *Meconopsis quintuplinervia* Regel

榆科 Ulmaceae

小叶朴 *Celtis bungeana* Bl.
春榆 *Ulmus propinqua* Koidz.
榆 *Ulmus pumila* L.

芸香科 Rutaceae

花椒 *Zanthoxylum bungeanum* Maxim.

单子叶植物纲 MONOCOLEDONEAE

百合科 Liliaceae

黄花韭 *Allium chrysanthum* Regel
天蓝韭 *Allium cyaneum* Regel
葱 *Allium fistolosum* L.
沙葱 *Allium mongolicum* Regel
碱葱 *Allium polyrhizum* Turcz. ex Regel
青甘韭 *Allium przewalskianum* Regel
蒜 *Allium sativum* L.
韭 *Allium tuberosum* Rottler ex Sprengle
茖葱 *Allium victorialis* L.
天门冬 *Asparagus cochinchinensis* (Lour.) Merr.
石刁柏 *Asparagus officinalis* L.
文竹 *Asparagus setaceus* (Kunth) Jessop.
百合 *Lilium brownii* var. viridulum Baker
卷丹 *Lilium lancifolium* Thunb.
大苞黄精 *Polygonatum megaphyllum* P. Y. Li
玉竹 *Polygonatum odoradum* (Mill.) Druce
鞘柄菝葜 *Smilax stans* Maxim.

灯心草科 Juncaceae

小花灯心草 *Juncus articulatus* L.
灯心草 *Juncus effuses* L.

禾本科 Gramineae

芨芨草 *Achnatherum splendens* (Trin.) Nevski
巨序剪股颖 *Agrostis gigantean* Roth.
看麦娘 *Alopecurus aequalis* Sobol.
荩草 *Arthraxon hispidus* (Thunb.) Makino
莜麦 *Avena chinensis* (Fisch. ex Roem. et Schult.) Metzg.
野燕麦 *Avena fatua* L.
白羊草 *Bothriochloa ischaemum* (L.) Keng
拂子茅 *Calamagrostis epigejos* (L.) Roth.
假苇拂子茅 *Calamagrostis pseudophragmites* (Hall. f.) Koel.
细柄草 *Capillipedium parviflorum*(R. Br.) Stapf.
无芒隐子草 *Cleistogenes songorica*(Roshev.)Ohwi
糙隐子草 *Cleistogenes squarrosa*(Trin.)Keng
虎尾草 *Chloris virgata* Swartz.
狗牙根 *Cynodon dactylon* (L.) Pers.
毛马唐 *Digitaria chrysoblephara* Fig. et De Not.
止血马唐 *Digitaria ischaemum* (Schreb.) Schreb.

马唐 *Digitaria sanguinalis*（L.）Scop.
稗 *Echinochloa crusgalli*（L.）Beauv.
披碱草 *Elymus dahuricus* Turcz.
垂穗披碱草 *Elymus nutans* Griseb.
老芒麦 *Elymus sibiricus* L.
秋画眉草 *Eragrostis autumnalis* Keng
大画眉草 *Eragrostis cilianensis*（All.）Link ex Vignolo-Lutati
小画眉草 *Eragrostis minor* Host.
野黍 *Eriochloa villosa*（Thunb.）Kunth
华西箭竹 *Fargesia nitida*（Mitford）Keng f. ex Yi
羊茅 *Festuca japonica* Makino
洽草 *Koeleria cristata*（L.）Pers.
羊草 *Leymus chinensis*（Trin.）Tzvel.
赖草 *Leymus secalinus*（Georgi）Tzvel.
黑麦草 *Lolium perenne* L.
欧毒麦 *Lolium persicum* Boiss et Hohen.
毒麦 *Lolium temulentum* L.
甘肃臭草 *Melica przewalskyi* Roshev.
细叶臭草 *Melica radula* Franch.
臭草 *Melica scabrosa* Trin.
狼尾草 *Pennisetum alopecuroides*（L.）Spreng.
白草 *Pennisetum centrasiaticum* Tzvel.
芦苇 *Phragmites australis*（Cav.）Trin. ex Steud.
早熟禾 *Poa annua* L.
草地早熟禾 *Poa pratensis* L.
硬质早熟禾 *Poa sphondylodes* Trin. ex Bge.
鹅观草 *Roegneria kamoji* Ohwi
金色狗尾草 *Setaria glauca*（L.）Beauv.
狗尾草 *Setaria viridis*（L.）Beauv.
长芒草 *Stipa bungeana* Trin . ex Bge.
沙生针茅 *Stipa glareosa* P. Smirn.
紫花针茅 *Stipa purpurea* Griseb.
穗三毛 *Trisetum spicatum*（L.）Richt.
小麦 *Triticum aestivum* L.
玉蜀黍 *Zea mays* L.

兰科 Orchidaceae

火烧兰 *Epipactis helleborine*（L.）Crantz
手参 *Gymnadenia conoposea*（L.）R. Br.
角盘兰 *Herminium monorchis*（L.）R. Br.

莎草科 Cyperaceae

团穗苔草 *Carex agglomerata* C. B. Clarke
华北苔草 *Carex hancockiana* Maxim.
异穗苔草 *Carex heterostachya* Bge.
膨囊苔草 *Carex lehmanii* Drejer.
卵囊苔草 *Carex lithophila* Turcz.
矮生嵩草 *Kobresia humilis*（C. A. Mey.）Serg.
高山嵩草 *Kobresia pygmaea* C. B. Clarke
粗壮嵩草 *Kobresia robusta* Maxim.

天南星科 Araceae

菖蒲 *Acorus calamus* L.
一把伞南星 *Arisaema erubescens*（Wall.）Schott.
虎掌 *Pinella pedatisecta* Schott.
独角莲 *Typhonium giganteum* Engl.
马蹄莲 *Zantedeschia aethiopica*（L.）Sptrg.

香蒲科 Typhaceae

水烛 *Typha angustifolia* L.
宽叶香蒲 *Typha latifolia* L.
小香蒲 *Typha minima* Funk

鸭跖草科 Comelinaceae

鸭跖草 *Commelina communis* L.

眼子菜科 Potamogetonaceae

菹草 *Potamogeton crispus* L.
眼子菜 *Potamogeton distinctus* A. Benn.
小眼子菜 *Potamogeton panormitanus* Biv.
龙须眼子菜 *Potamogeton pectinatus* L.
抱茎眼子菜 *Potamogeton perfoliatus* L.

鸢尾科 Iridaceae

锐果鸢尾 *Iris goniocarpa* Baker
马蔺 *Iris lactea* var. *chinensis* Koidz.

泽泻科 Alismataceae

泽泻 *Alisma orientale*（G. Sam.）Juz.
华夏慈菇 *Sagittaria trifolia* var. *sinensis*（Sims）Makino

芝菜科 Scheuchzeriaceae

水麦冬 *Triglochin palustre* L.

附录Ⅱ　植物各大类群代表植物照片

孢子植物 1：鱼腥藻、裸藻、叉状角甲藻、羽纹硅藻、水绵、轮藻、江篱、马尾藻

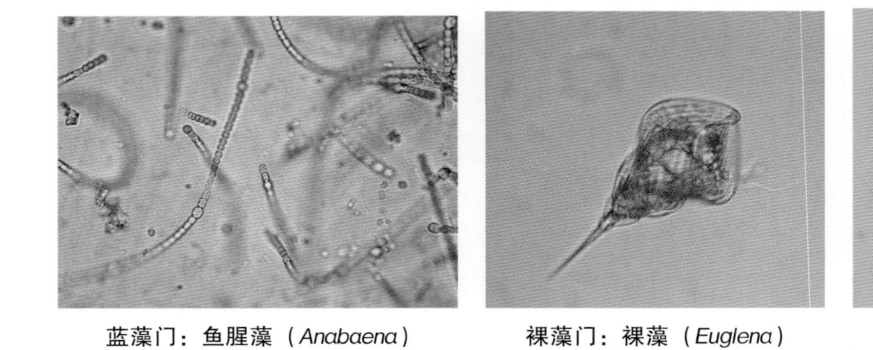

蓝藻门：鱼腥藻（*Anabaena*）

裸藻门：裸藻（*Euglena*）

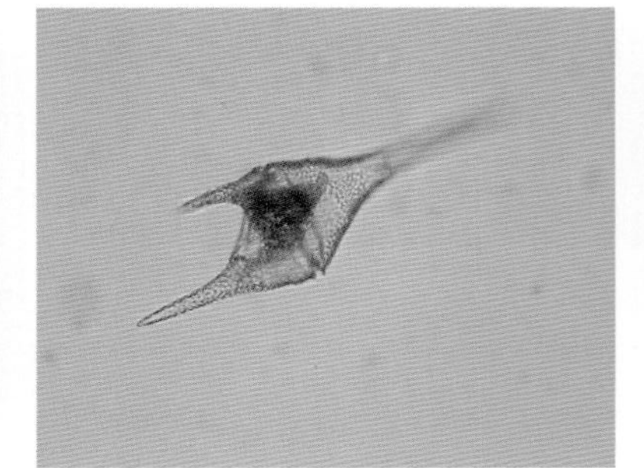

甲藻门：叉状角甲藻（*Ceratium furca*）

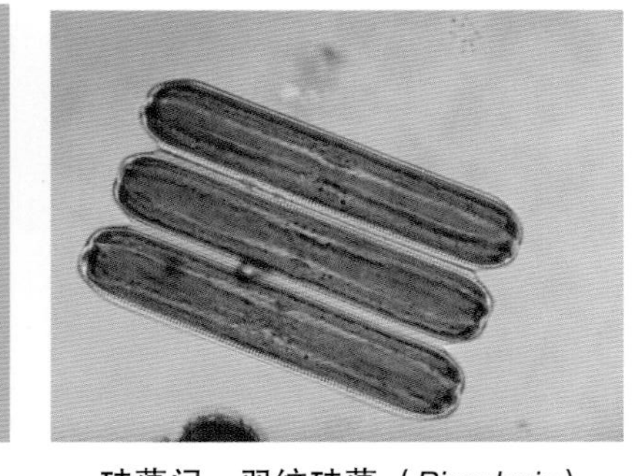

硅藻门：羽纹硅藻（*Pinnularia*）

绿藻门：水绵（*Spirogyra*）

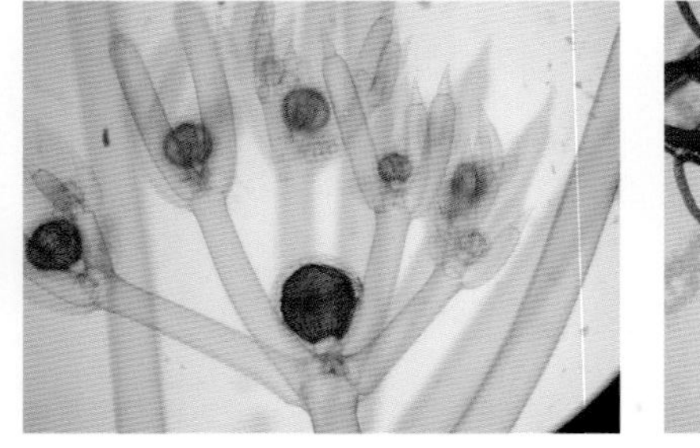

绿藻门：轮藻（*Chara*）

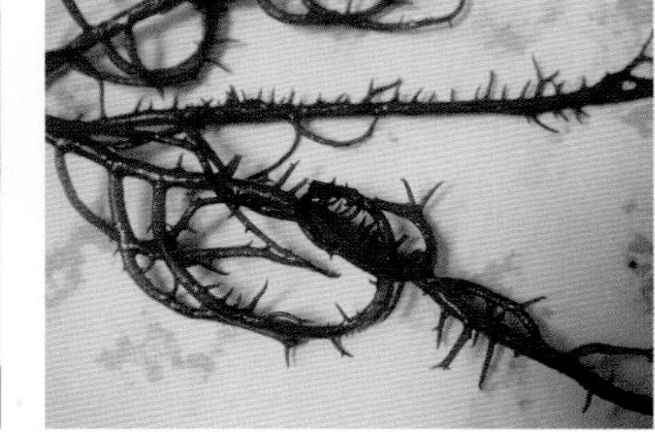

红藻门：江篱（*Gracilaria*）

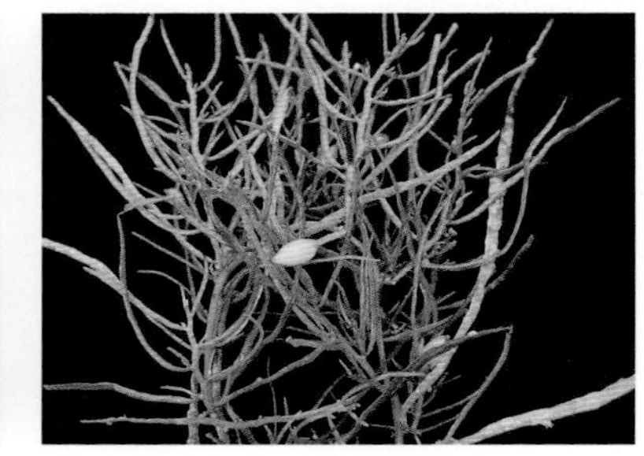

褐藻门：马尾藻（*Sargassum*）

孢子植物2：发网菌、青霉、羊肚菌、多孔菌、银耳、木耳、马勃、地星

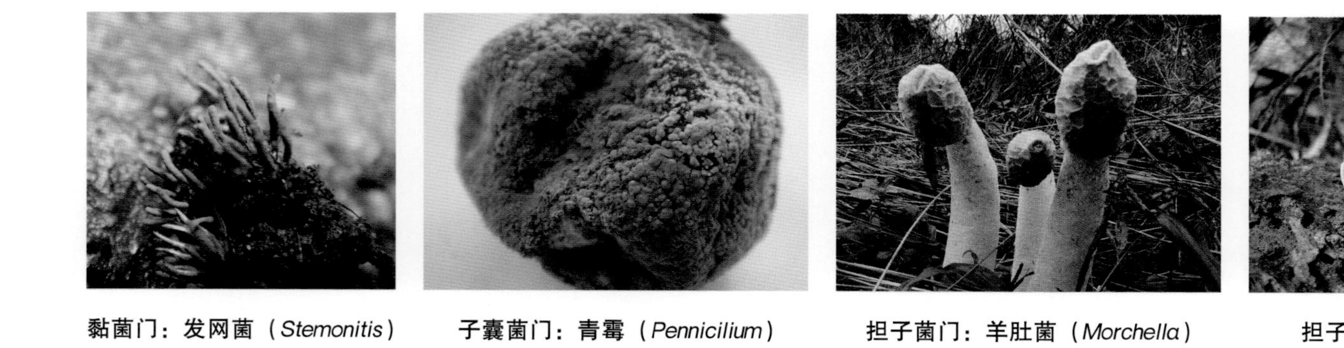

黏菌门：发网菌（*Stemonitis*）

子囊菌门：青霉（*Pennicilium*）

担子菌门：羊肚菌（*Morchella*）

担子菌门：多孔菌（*Polyporus*）

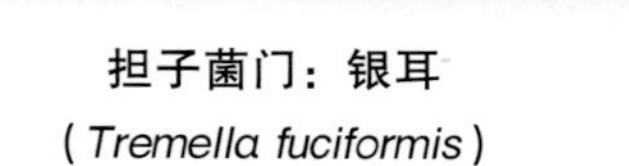

担子菌门：银耳（*Tremella fuciformis*）

担子菌门：木耳（*Auricularia auricula*）

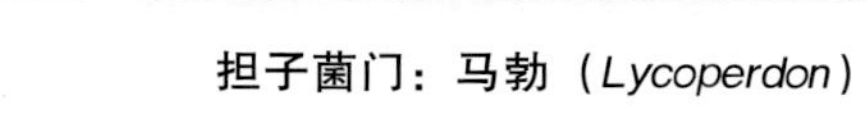

担子菌门：马勃（*Lycoperdon*）

担子菌门：地星（*Geaster*）

孢子植物 3：毛地钱、蛇苔、合叶苔、褐角苔、泥炭藓、金发藓、葫芦藓、大灰藓

苔纲：毛地钱（*Ricciocarpus natans*）

苔纲：蛇苔（*Conocephalum conicum*）

苔纲：合叶苔（*Scapania*）

苔纲：褐角苔*（*Folioceros fuciformis*）

藓纲：泥炭藓（*Sphagnum*）

藓纲：金发藓（*Polytrichum commune*）

藓纲：葫芦藓*（*Funaria hygrometrica*）

藓纲：大灰藓（*Hypnum plumaeforme*）

* 褐角苔、葫芦藓照片由张力提供。

孢子植物 4：松叶兰、垂穗石松、翠云草、深绿卷柏、瓶尔小草、福建莲座蕨、紫萁、瘤足蕨

松叶兰科：松叶兰（*Psilotum nudum*）

石松科：垂穗石松（*Lycopodium cernum*）

卷柏科：翠云草（*Selaginella uncinata*）

卷柏科：深绿卷柏（*Selaginella doederleinii*）

箭蕨科：瓶尔小草（*Ophioglossum vulgamm*）

观音座莲科：福建莲座蕨（*Angiopteris fokiensls*）

紫萁科：紫萁（*Osmunda japonica*）

瘤足蕨科：瘤足蕨（*Plagiogyria adnata*）

孢子植物5：铁芒萁、海金沙、狗脊、肾蕨、蜈蚣草、水蕨、刺齿贯众、满江红

里白科：铁芒萁
(*Dicranopteris dichotoma*)

海金沙科：海金沙
(*Lygodium japonicum*)

金星蕨科：狗脊
(*Woodwardia japonica*)

肾蕨科：肾蕨
(*Nephrolepis cordifolia*)

凤尾蕨科：蜈蚣草
(*Pteris vittata*)

水蕨科：水蕨
(*Ceratopteris thalictroides*)

鳞毛蕨科：刺齿贯众
(*Cyrtomium caryotideum*)

满江红科：满江红
(*Azolla imbricata*)

种子植物 1：苏铁雄株、苏铁雌株、银杏、油松、水松、青海云杉、竹柏、三尖杉

苏铁科：苏铁雄株 (*Cycas revoluta*) ♂

苏铁科：苏铁雌株 (*Cycas revoluta*) ♀

银杏科：银杏 (*Ginkgo biloba*)

松科：油松 (*Pinus tabulaeformis*)

杉科：水松 (*Glyptostrobus pensilis*)

松科：青海云杉 (*Picea crassifolia*)

罗汉松科：竹柏 (*Podocarpus nagi*)

三尖杉科：三尖杉 (*Cephalotaxus fortunei*)

种子植物 2：矮紫杉、木贼麻黄、小叶买麻藤、杨梅、胡桃、垂柳、茅栗、烟斗柯

紫杉科：矮紫杉
(*Taxus cuspidata cv. Nana*)

麻黄科：木贼麻黄
(*Ephedra equisetina*)

买麻藤科：小叶买麻藤
(*Gnetum parvifolium*)

杨梅科：杨梅
(*Myrica rubra*)

胡桃科：胡桃
(*Juglans regia*)

杨柳科：垂柳
(*Salix babylonica*)

壳斗科：茅栗
(*Castanea seguinii*)

壳斗科：烟斗柯
(*Lithocarpus corneus*)

种子植物 3：榔榆、杜仲、垂叶榕、苎麻、火炭母、石竹、梭梭、玉兰

榆科：榔榆
(*Ulmus parvifolia*)

杜仲科：杜仲
(*Eucommia ulmoides*)

桑科：垂叶榕
(*Ficus benjamina*)

荨麻科：苎麻
(*Boehmeria nivea*)

蓼科：火炭母
(*Polygonum chinense*)

石竹科：石竹
(*Dianthus chinensis*)

藜科：梭梭
(*Haloxylon ammodendron*)

木兰科：玉兰
(*Magnolia denudata*)

种子植物 4：北美鹅掌楸、紫玉盘、肉豆蔻、八角、阴香、连香树、大花飞燕草、川陕金莲花

木兰科：北美鹅掌楸
（*Liriodendron tulipifera*）

番荔枝科：紫玉盘
（*Uvaria macr ophy-lla* var. *microcarpa*）

肉豆蔻科：肉豆蔻
（*Myristica fragrans*）

八角茴香科：八角
（*Illicium verum*）

樟科：阴香
（*Cinnamomus burmannii*）

连香树科：连香树
（*Cercidiphylla japonica*）

毛茛科：大花飞燕草
（*Delphinium grandiflorum*）

毛茛科：川陕金莲花
（*Trollius buddae*）

种子植物5：胡椒、牡丹、中华猕猴桃、猪笼草、荷包牡丹、荠菜、红苞木、黄常山

胡椒科：胡椒（*Piper nigrum*）

芍药牡丹科：牡丹（*Paeonia suffruticosa*）

猕猴桃科：中华猕猴桃（*Actinidia chinensis*）

猪笼草科：猪笼草（*Nepenthes distillatoria*）

紫堇科：荷包牡丹（*Dicentra spectabilis*）

十字花科：荠菜（*Capsella bursapastoris*）

金缕梅科：红苞木（*Rhodoleia championii*）

虎耳草科：黄常山（*Dichroa febrifuga*）

种子植物 6：麻叶绣线菊、红刺玫、金露梅、栒子、紫荆、油桐、两面针、荔枝

蔷薇科：麻叶绣线菊（*Spiraea cantoniensis*）

蔷薇科：红刺玫（*Rosa multiflora* var. *cathayensis*）

蔷薇科：金露梅（*Potentilla fruticosa*）

蔷薇科：栒子（*Cotoneaster horizontalis*）

豆科：紫荆（*Cercis chinensis*）

大戟科：油桐（*Vernicia fordii*）

芸香科：两面针（*Zanthoxylum nitidum*）

无患子科：荔枝（*Litchi chinensis*）

种子植物 7：七叶树、枣、木槿、华椴、洋蒲桃、木榄、喜树、山茱萸

七叶树科：七叶树（*Aesculus chinensis*）

鼠李科：枣（*Ziziphus jujube* var. *inermis*）

锦葵科：木槿（*Hibiscus syriacus*）

椴树科：华椴（*Tilia chinensis*）

桃金娘科：洋蒲桃（*Syzygium cumini*）

红树科：木榄（*Bruguiera gymnorhiza*）

珙桐科：喜树（*Camptohteca acuminata*）

山茱萸科：山茱萸（*Cornus officinalis*）

种子植物 8：楤木、茴香、马缨花、过路黄、连翘、钩吻、沙漠玫瑰、马利筋

五加科：楤木
（*Aralia chinensis*）

伞形花科：茴香
（*Foeniculum vulgare*）

杜鹃花科：马缨花
（*Rhododendron delavayi*）

报春花科：过路黄
（*Lysimachia christinae*）

木樨科：连翘
（*Forsythia suspensa*）

马钱科：钩吻
（*Gelsemium elegans*）

夹竹桃科：沙漠玫瑰
（*Adenium obesum*）

萝摩科：马利筋
（*Asclepias curasavica*）

种子植物 9：大粒咖啡、打碗花、赪桐、一串红、马铃薯、山银花、牛蒡、百合

茜草科：大粒咖啡
(*Coffea liberica*)

旋花科：打碗花
(*Calystegia hederacea*)

马鞭草科：赪桐
(*Clerodendrum japonicum*)

唇形科：一串红
(*Salvia splendens*)

茄科：马铃薯
(*Solanum tuberosum*)

忍冬科：山银花
(*Lonicera confusa*)

菊科：牛蒡
(*Arctium lappa*)

百合科：百合
(*Lilium brownie var. viridulum*)

种子植物 10：毛竹、芦苇、椰子、犁头尖、香附子、地涌金莲、姜花、鹤顶兰

禾本科：毛竹（*Phyllostachys heterocycla*）

禾本科：芦苇（*Phragmites australis*）

棕榈科：椰子（*Cocos nulifera*）

天南星科：犁头尖（*Typhonium blumei*）

莎草科：香附子（*Cyperus rotudata*）

芭蕉科：地涌金莲（*Musella lasiocarpa*）

姜科：姜花（*Hedychium coronarium*）

兰科：鹤顶兰（*Phaium tankervilliae*）

附录Ⅲ　芽、叶、花、果形态彩图

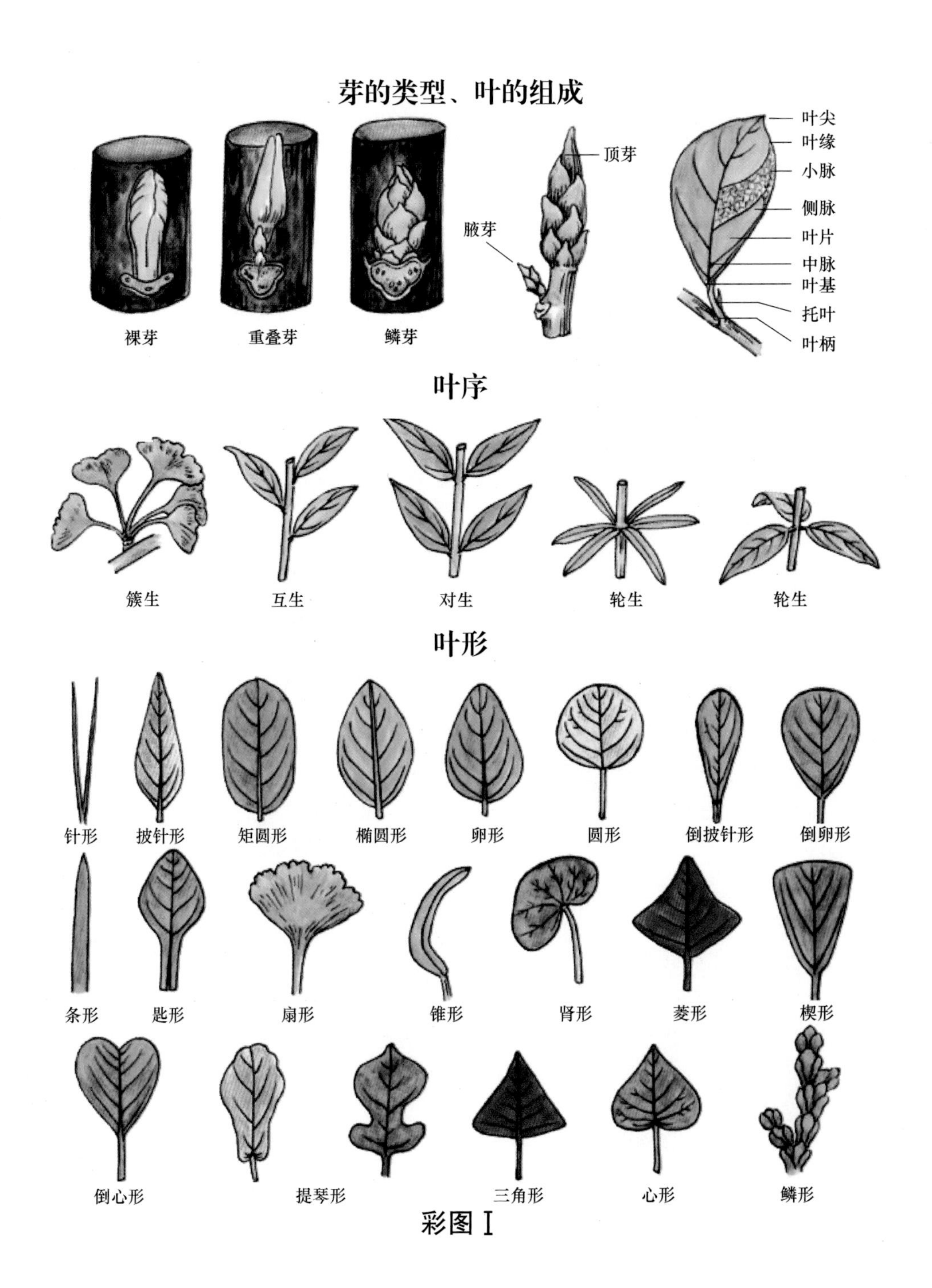

彩图Ⅰ

叶脉和叶鞘

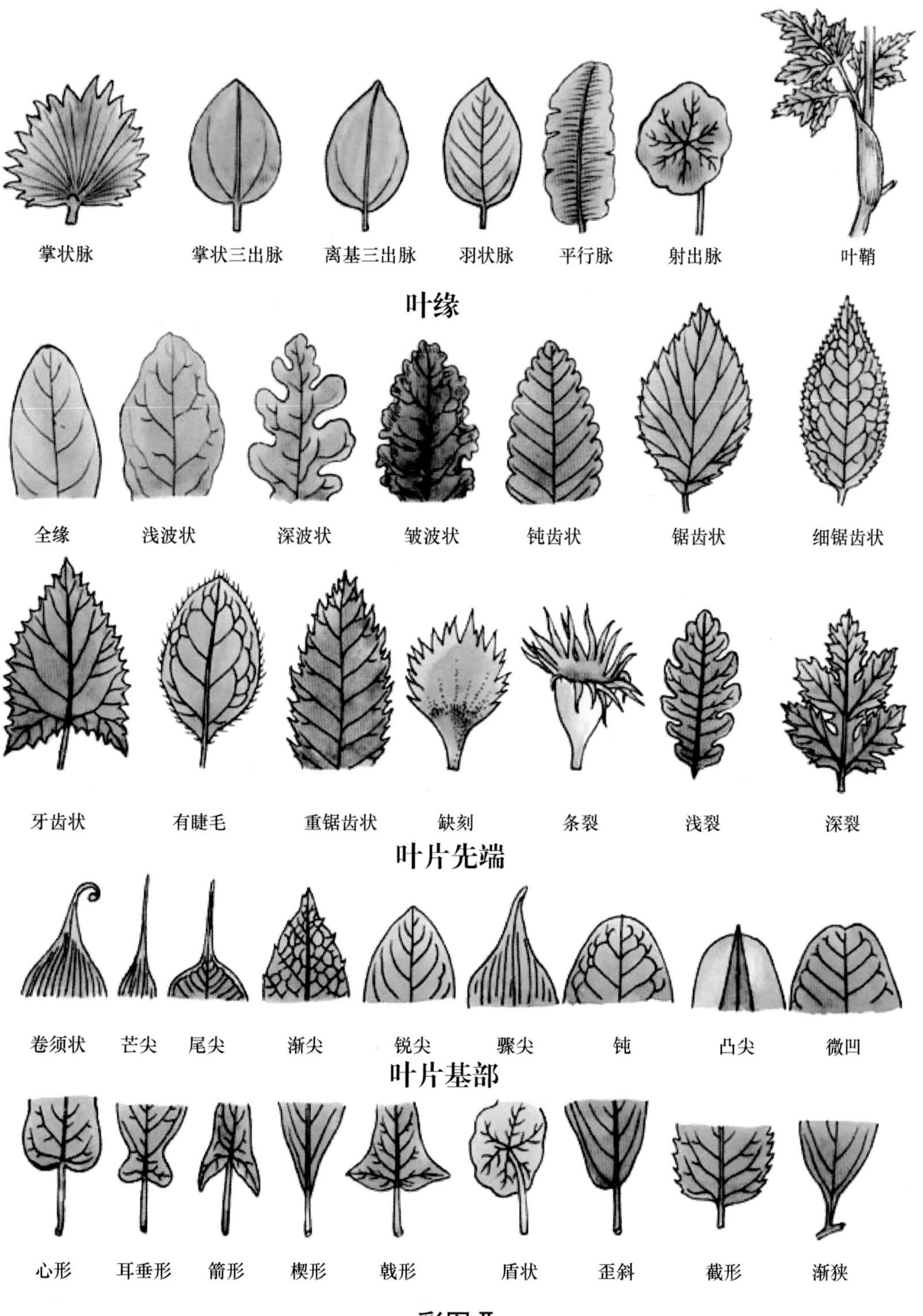
掌状脉
掌状三出脉
离基三出脉
羽状脉
平行脉
射出脉
叶鞘
叶缘
全缘
浅波状
深波状
皱波状
钝齿状
锯齿状
细锯齿状
牙齿状
有睫毛
重锯齿状
缺刻
条裂
浅裂
深裂
叶片先端
卷须状
芒尖
尾尖
渐尖
锐尖
骤尖
钝
凸尖
微凹
叶片基部
心形
耳垂形
箭形
楔形
戟形
盾状
歪斜
截形
渐狭

彩图Ⅱ

单叶和复叶

花的组成　　花被类型

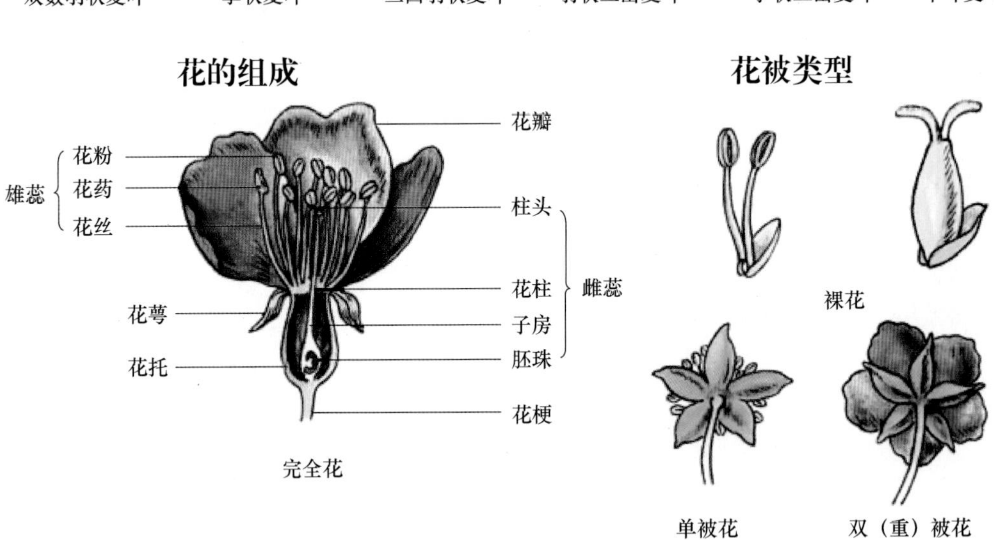

子房位置

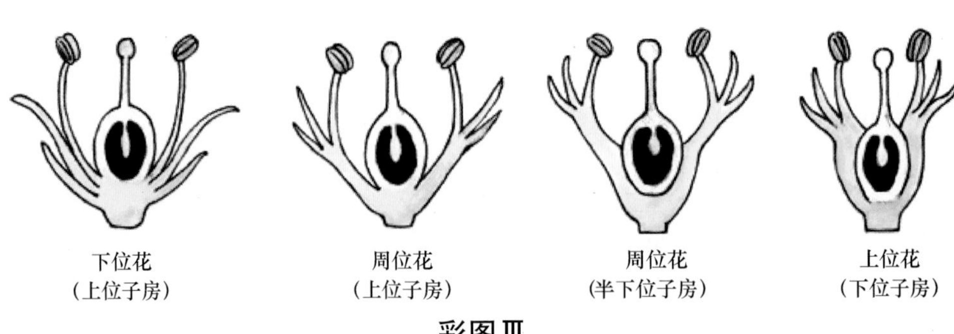

彩图Ⅲ

花冠类型

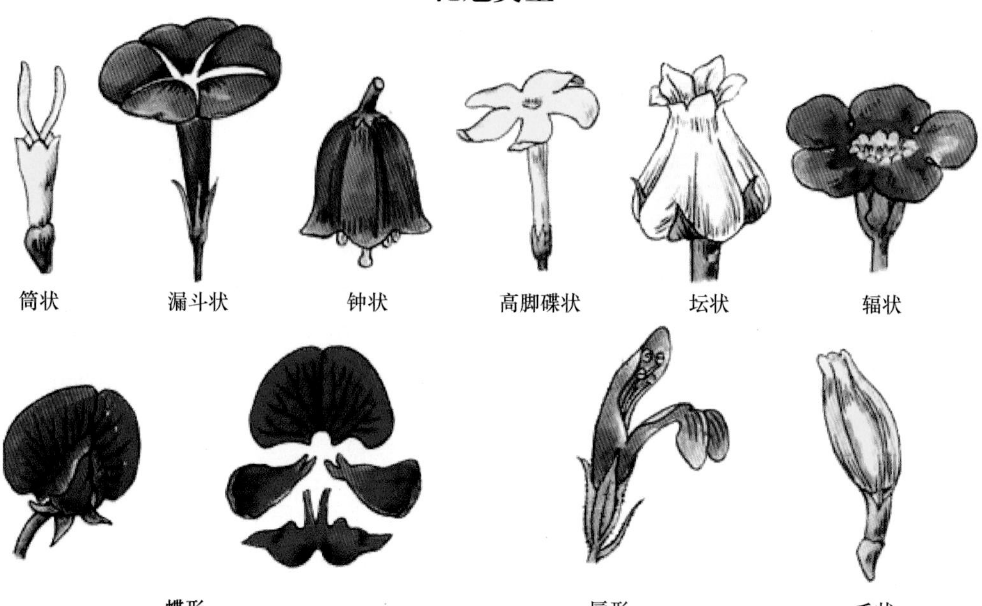

雄蕊类型

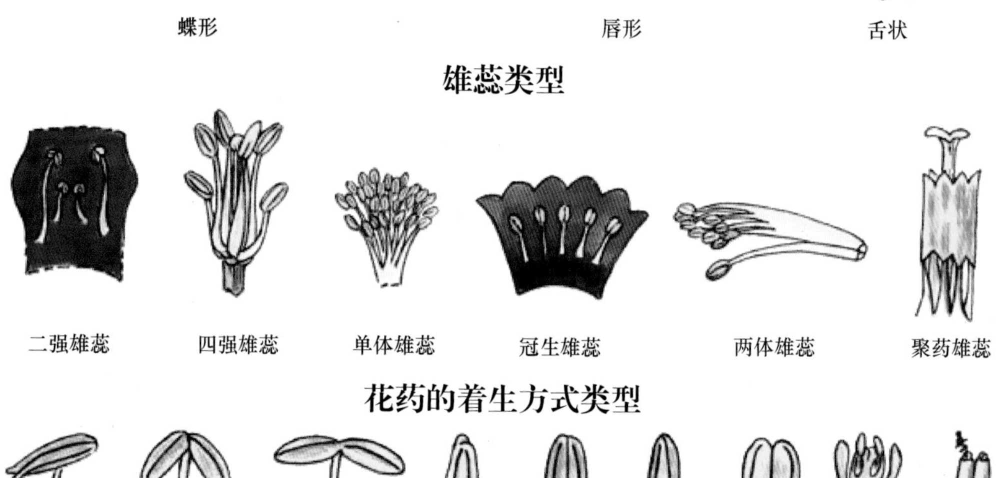

花药的着生方式类型

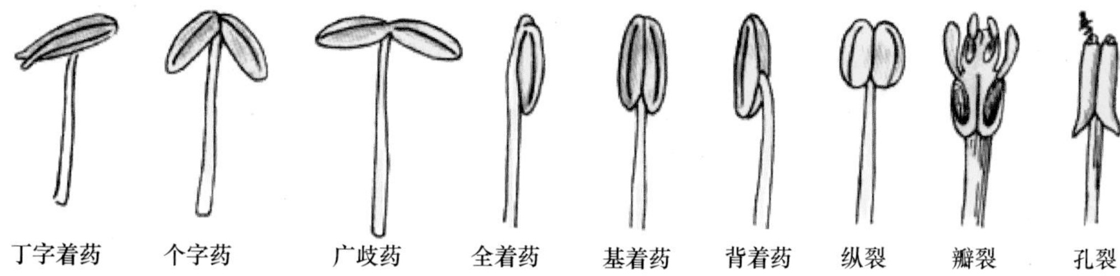

胎座类型

侧膜胎座

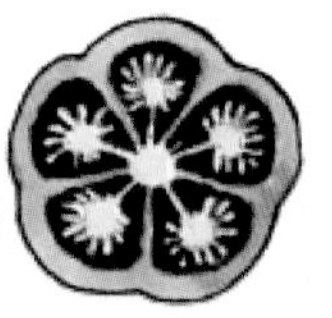

中轴胎座

特立中央胎座

边缘胎座

顶生胎座

基生胎座

彩图Ⅳ

花序类型

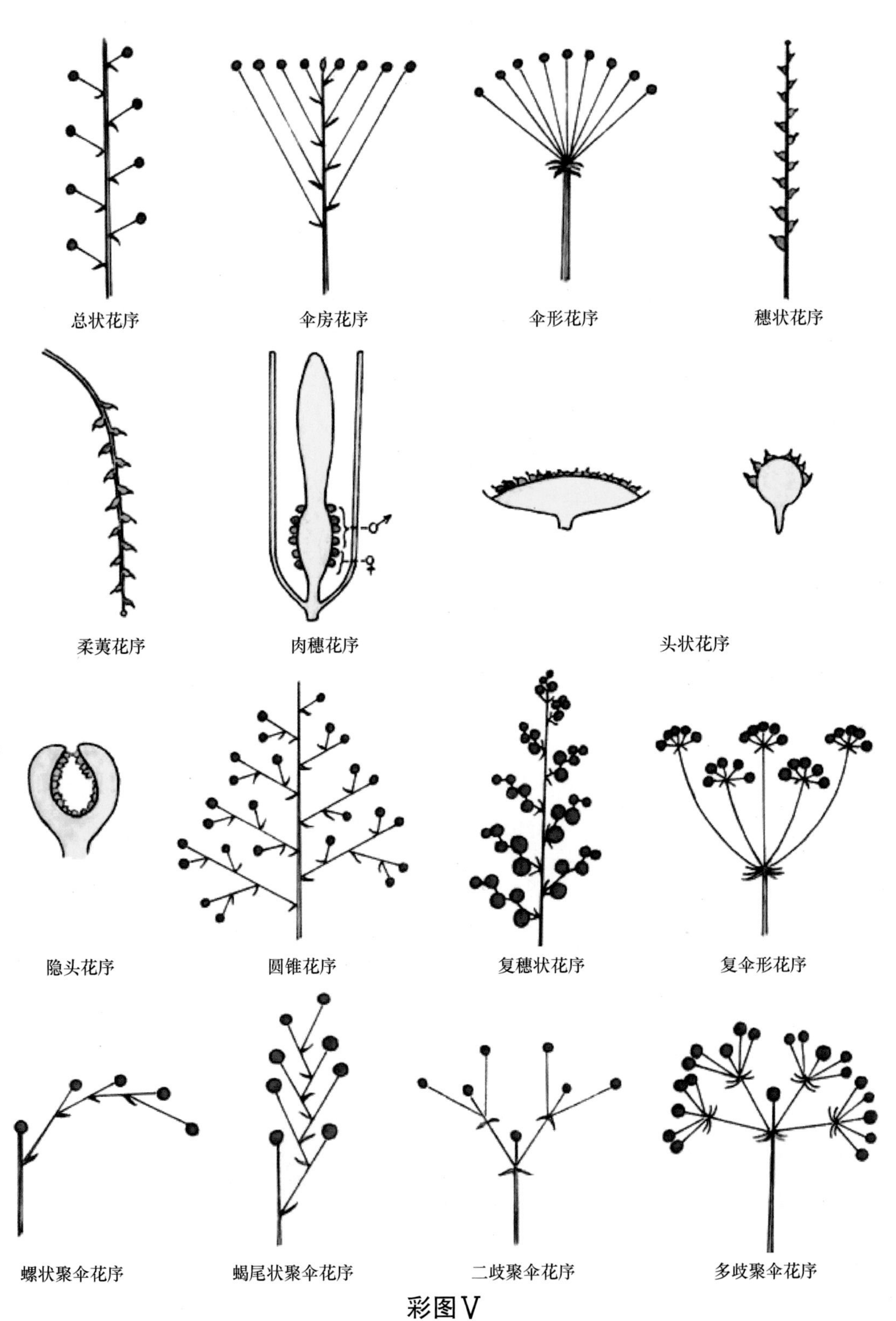
总状花序
伞房花序
伞形花序
穗状花序
柔荑花序
肉穗花序
头状花序
隐头花序
圆锥花序
复穗状花序
复伞形花序
螺状聚伞花序
蝎尾状聚伞花序
二歧聚伞花序
多歧聚伞花序

彩图Ⅴ

果实类型

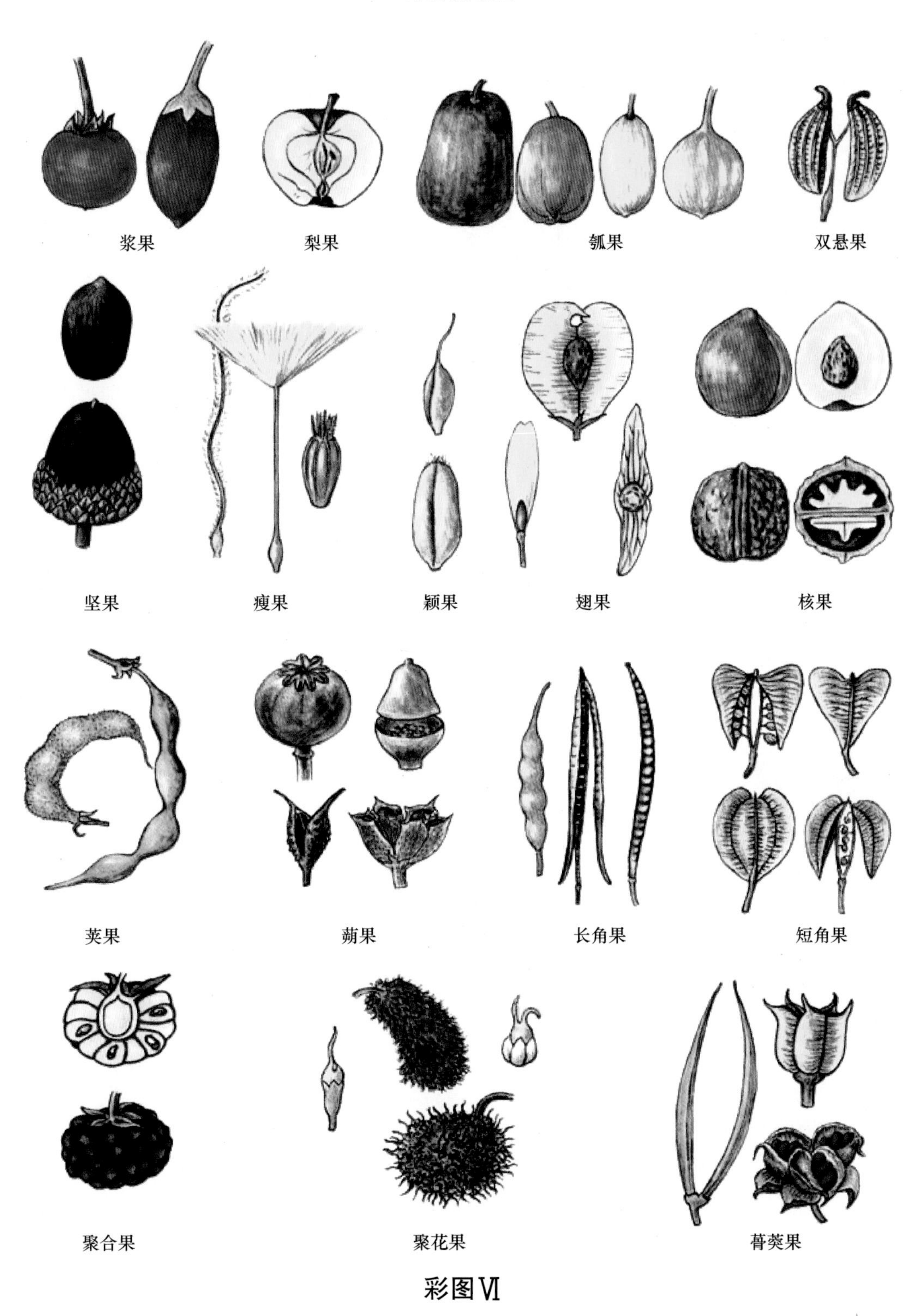
浆果
梨果
瓠果
双悬果
坚果
瘦果
颖果
翅果
核果
荚果
蒴果
长角果
短角果
聚合果
聚花果
膏葖果

彩图Ⅵ

禾本科的小穗和小花

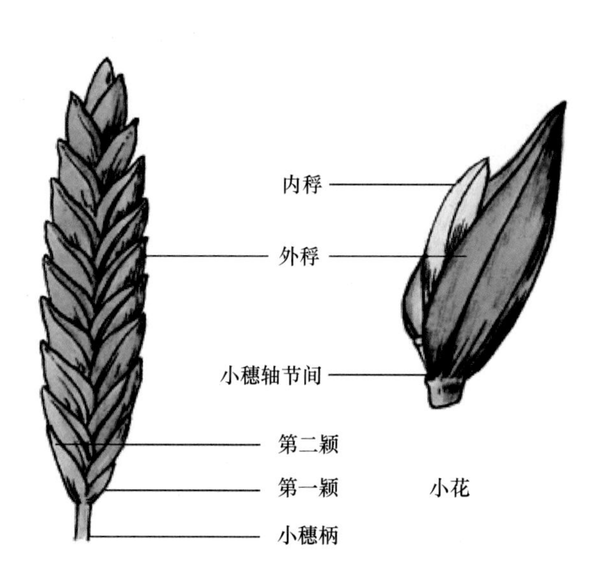

小穗（两侧压扁）

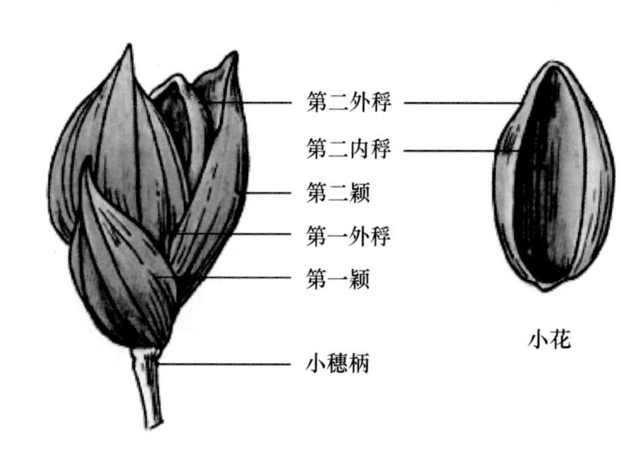

小穗（背腹压扁）

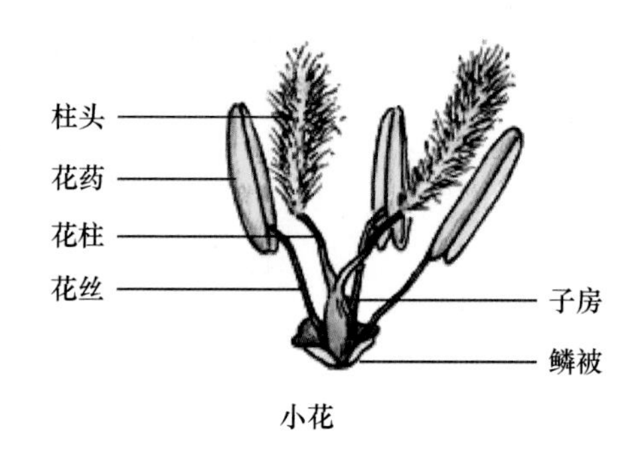

小花

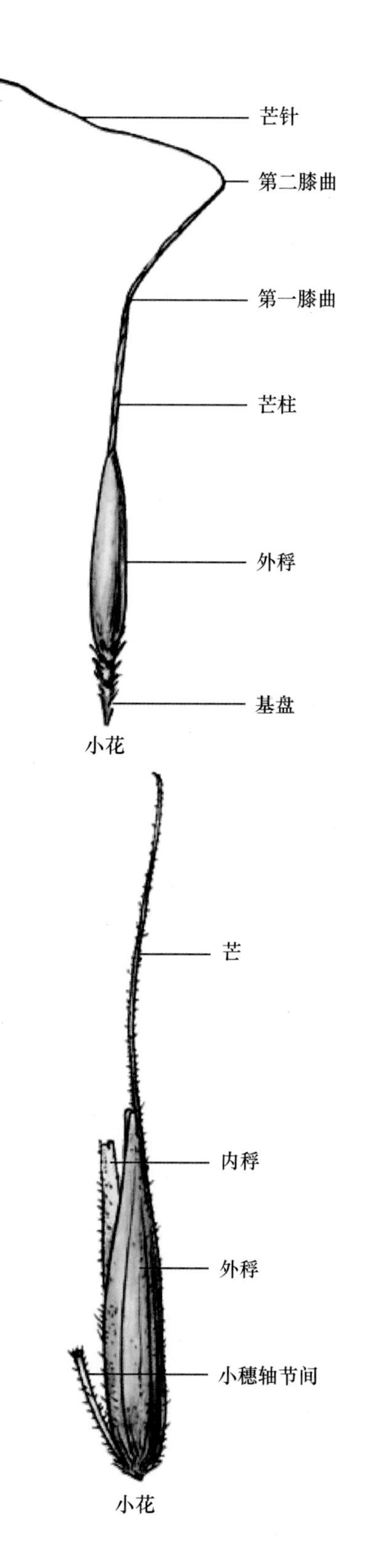

小花

彩图Ⅶ

莎草科的小穗和小花（一）

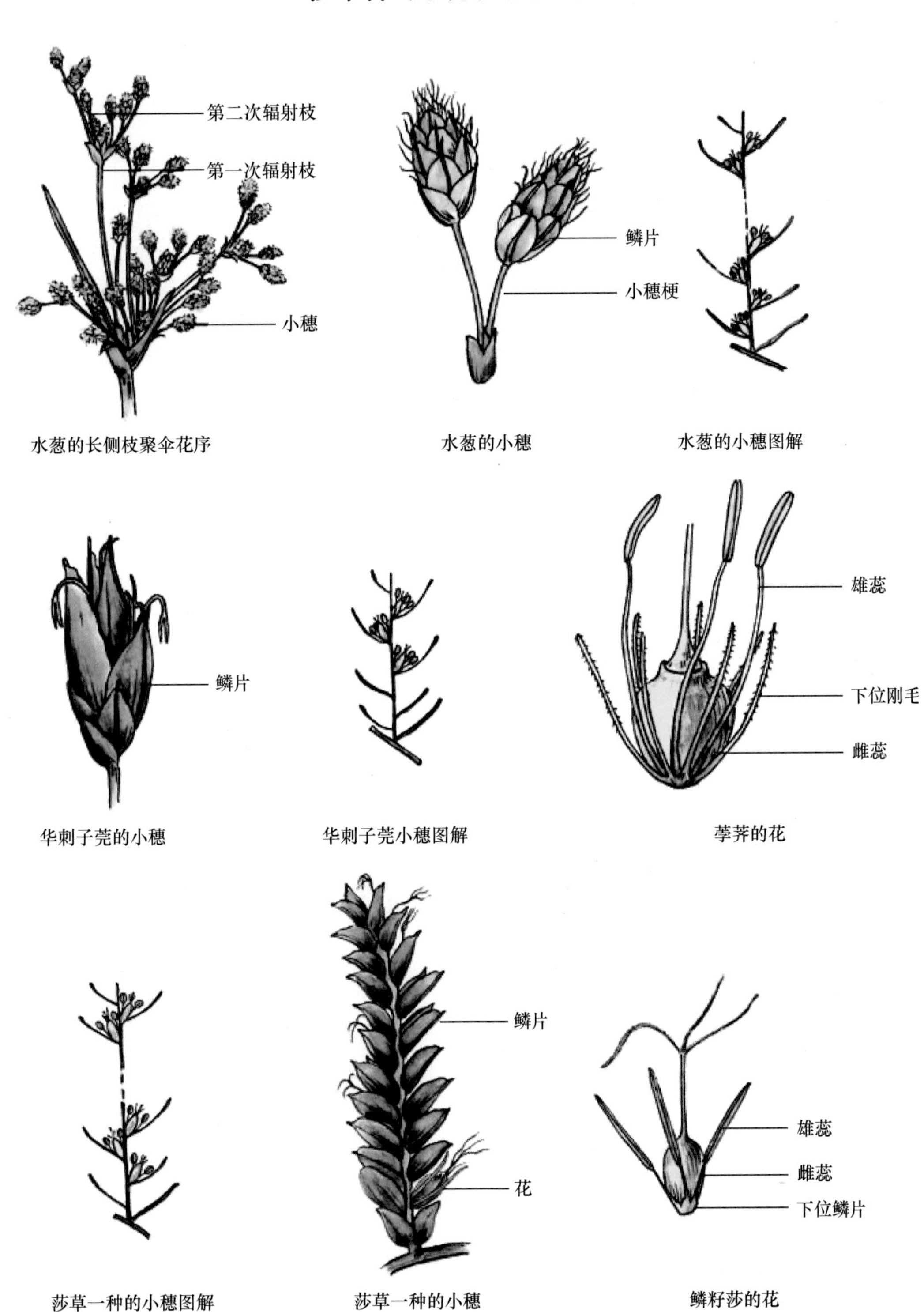

水葱的长侧枝聚伞花序　水葱的小穗　水葱的小穗图解

华刺子莞的小穗　华刺子莞小穗图解　荸荠的花

莎草一种的小穗图解　莎草一种的小穗　鳞籽莎的花

彩图Ⅷ

莎草科的小穗和小花（二）

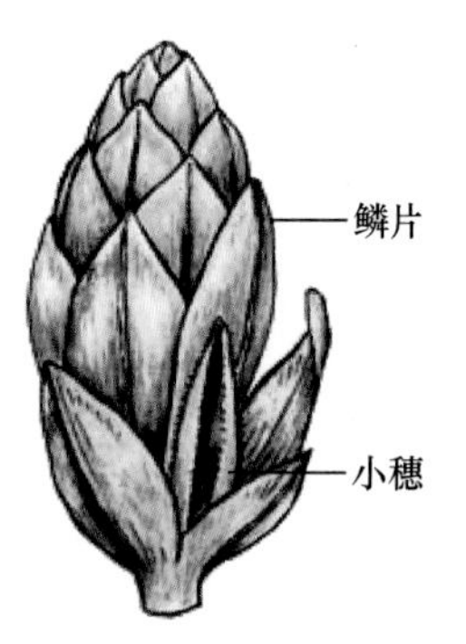

野长蒲的花序

雌花
雄花
舟状小鳞片
小鳞片

野长蒲的小穗

野长蒲的小穗图解

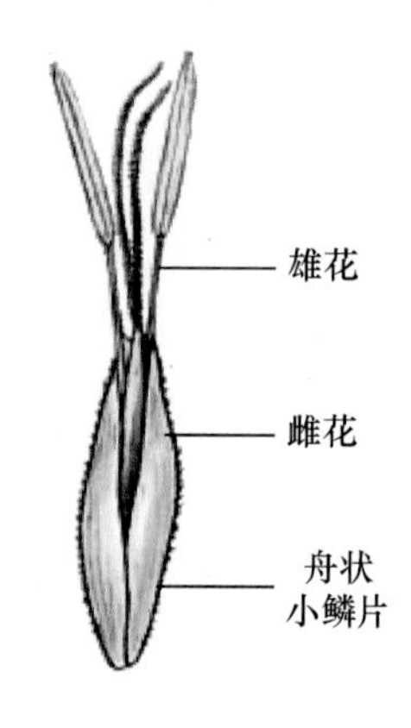

割鸡芒的小穗

湖瓜草的小穗图解

石龙刍属的小穗图解

纤秆珍珠茅
的两性小花

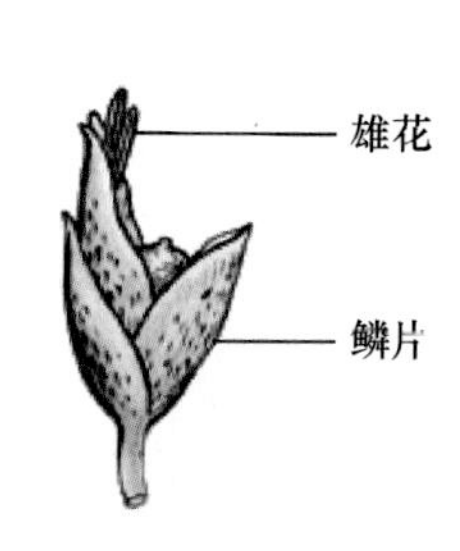

纤秆珍珠茅的小穗

纤秆珍珠茅
的小穗图解

二花珍珠茅
的雌性小穗

二花珍珠茅
的小穗图解

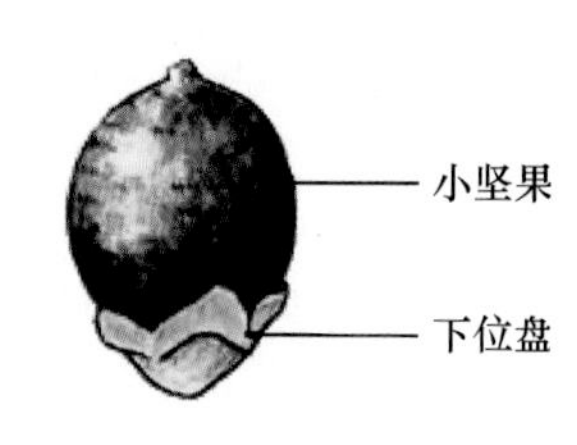

黑鳞珍珠茅的小坚果

彩图Ⅸ

莎草科的小穗和小花（三）

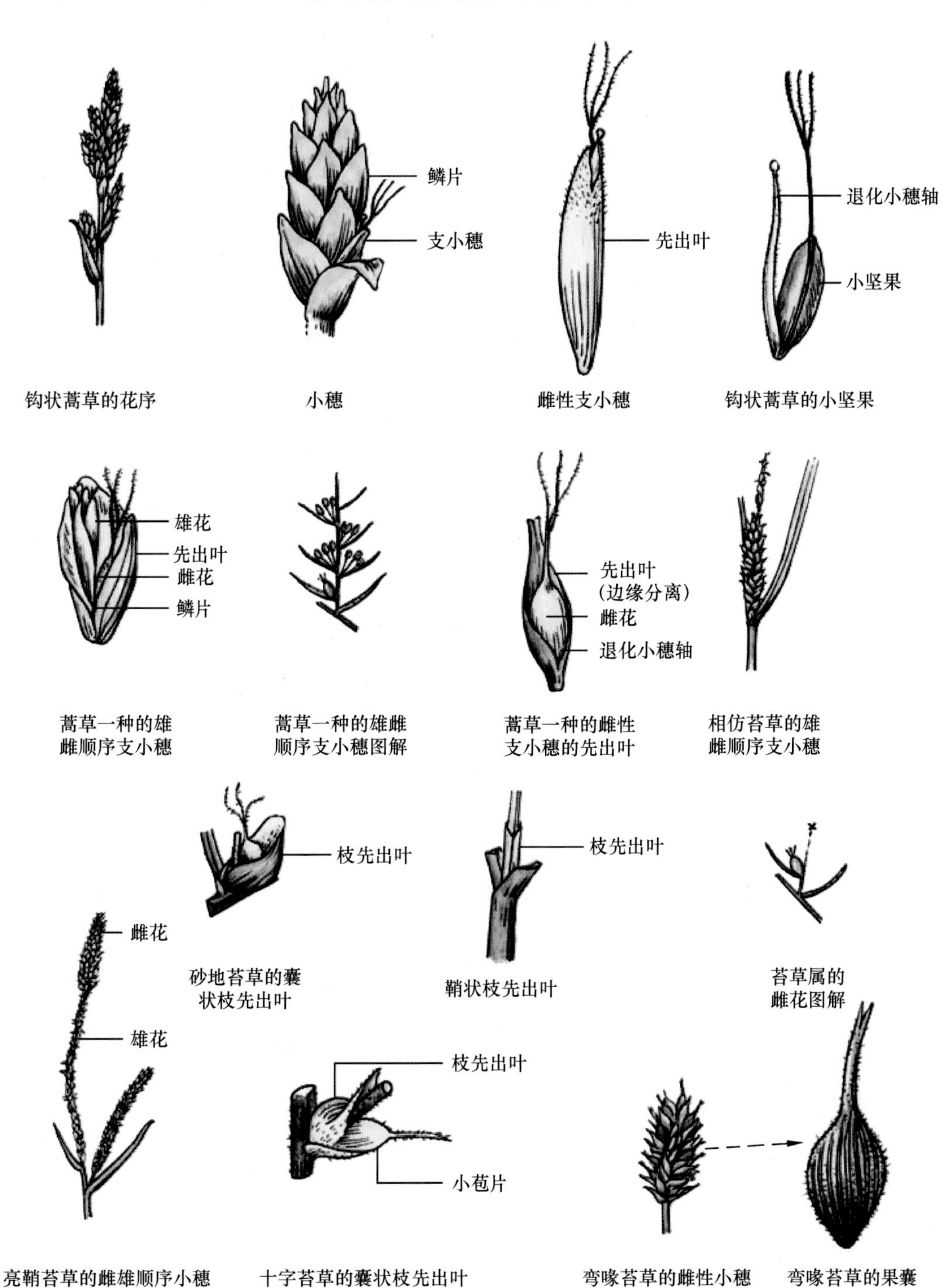
鳞片
支小穗
先出叶
退化小穗轴
小坚果
钩状嵩草的花序
小穗
雌性支小穗
钩状嵩草的小坚果
雄花
先出叶
雌花
鳞片
先出叶
(边缘分离)
雌花
退化小穗轴
嵩草一种的雄
雌顺序支小穗
嵩草一种的雄雌
顺序支小穗图解
嵩草一种的雌性
支小穗的先出叶
相仿苔草的雄
雌顺序支小穗
枝先出叶
枝先出叶
雌花
雄花
砂地苔草的囊
状枝先出叶
鞘状枝先出叶
苔草属的
雌花图解
枝先出叶
小苞片
亮鞘苔草的雌雄顺序小穗
十字苔草的囊状枝先出叶
弯喙苔草的雌性小穗
弯喙苔草的果囊

彩图Ⅹ

兰科花的结构（一）

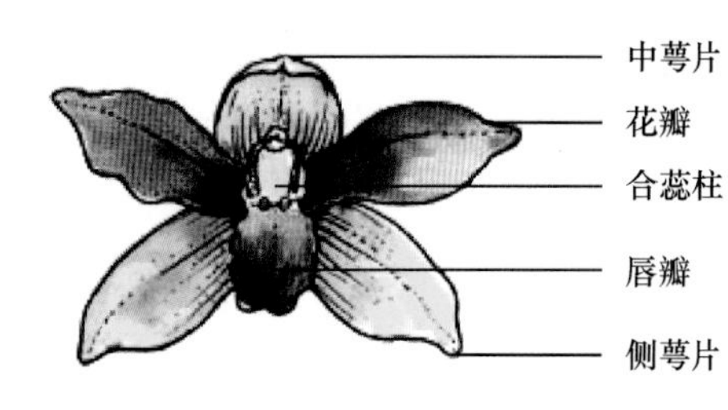

兰属花的花被片

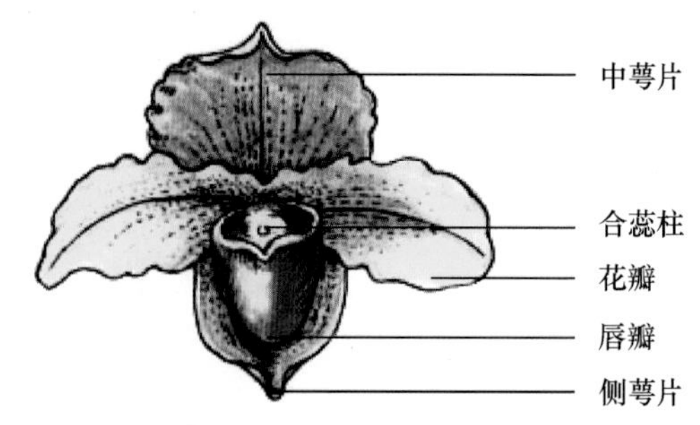

杓兰属花的花被片

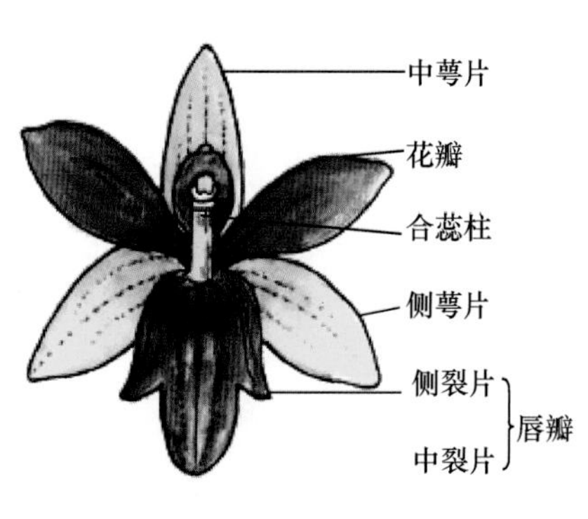

兰花的花被片各部分示意图

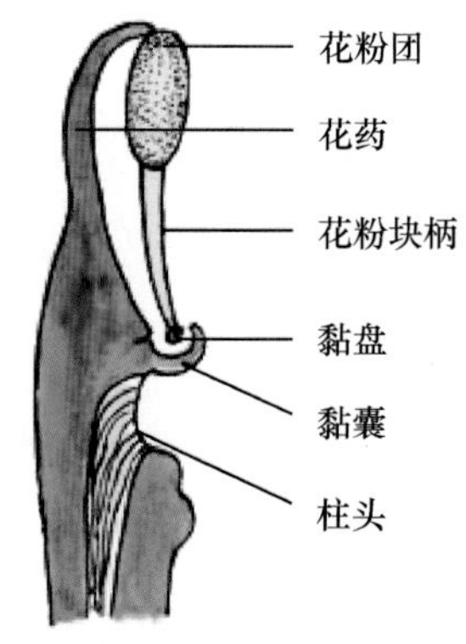

兰花的基盘部

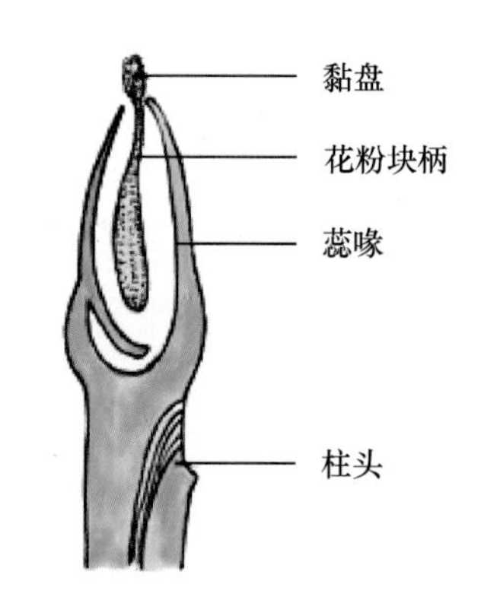

顶盘部

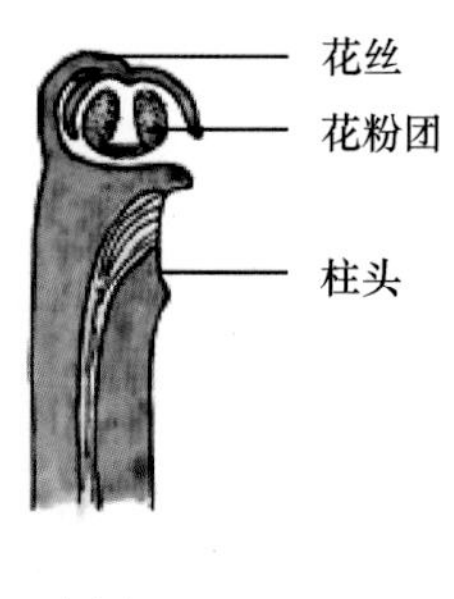

顶盘部

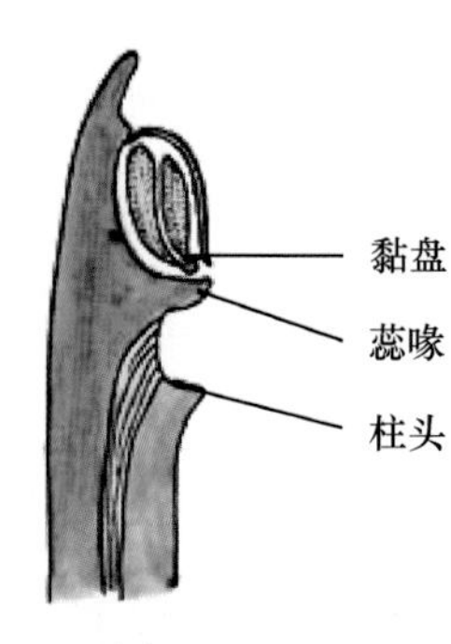

顶盘部

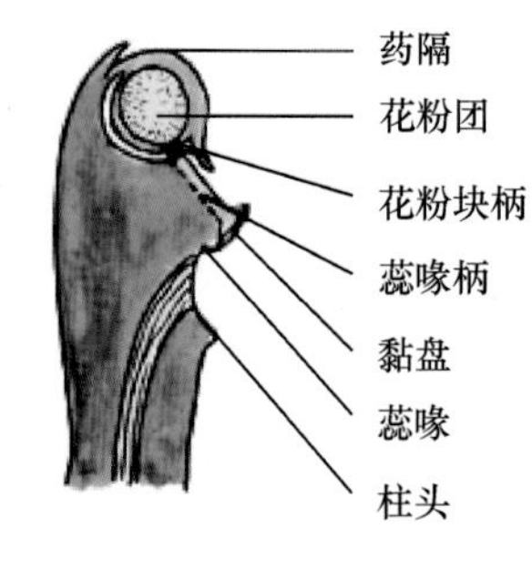

顶盘部

彩图Ⅺ

兰科花的结构（二）

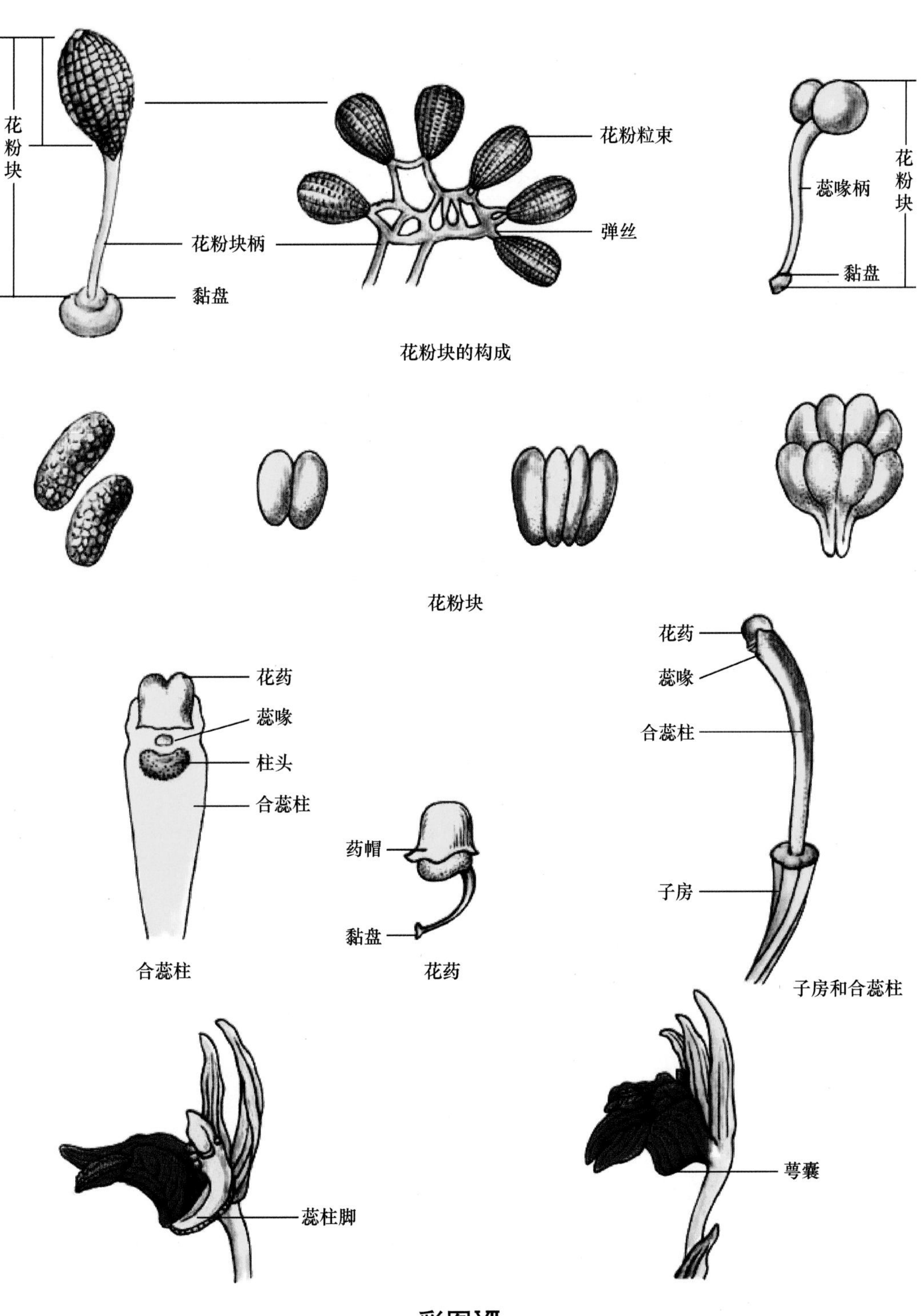
花粉块
花粉块柄
黏盘
花粉粒束
弹丝
蕊喙柄
花粉块
黏盘
花粉块的构成
花粉块
花药
蕊喙
柱头
合蕊柱
合蕊柱
药帽
黏盘
花药
花药
蕊喙
合蕊柱
子房
子房和合蕊柱
蕊柱脚
萼囊

彩图Ⅻ